STARK

2023

Abitur

Original-Prüfungsaufgaben
mit Lösungen

Gymnasium · Baden-Württemberg

Mathematik LF

STARK

21. neu bearbeitete und ergänzte Auflage
www.stark-verlag.de

Inhaltsverzeichnis

Hinweise und Tipps zur schriftlichen Abiturprüfung

Hilfsmittel

Aufgaben des offiziellen Aufgabenfundus

Übungsaufgabensatz 1 im Stil der Prüfung

Übungsaufgabensatz 2 im Stil der Prüfung

Übungsaufgabensatz 3 im Stil der Prüfung

Wahlteil Stochastik

Abiturprüfung 2022 .... www.stark-verlag.de/mystark

Sobald die Original-Prüfungsaufgaben 2022 freigegeben sind, können sie als PDF auf der Plattform MyStark heruntergeladen werden. (Den Zugangscode finden Sie auf den Farbseiten vorne im Buch.)

ActiveBook Interaktives Training

Ihr Coach zum Erfolg: Mit dem **interaktiven Training zum hilfsmittelfreien Teil des Abiturs** lösen Sie online Aufgaben, die speziell auf diesen Prüfungsteil zugeschnitten sind. Am besten gleich ausprobieren! Ausführliche Infos inkl. Zugangscode finden Sie auf den Farbseiten vorne in diesem Buch.

www.

Sitzen alle mathematischen Begriffe? Im interaktiven Training und unter www.stark-verlag.de/mathematik-glossar/ finden Sie ein kostenloses Glossar zum schnellen Nachschlagen aller wichtigen Definitionen mit hilfreichen Abbildungen und Erklärungen.

Autoren

Winfried König, Volker Stemberg, Dr. Raimund Ordowski

(Hinweise und Tipps zur schriftlichen Abiturprüfung, Übungsaufgabensätze im Stil der Prüfung sowie Lösungen aller Aufgaben)

HINWEISE UND TIPPS

Hinweise und Tipps zur schriftlichen Abiturprüfung

Das Abitur 2023

Die Einführung des fünfstündigen Leistungsfaches Mathematik im Abiturjahrgang 2021 hatte weitreichende Änderungen in der schriftlichen Abiturprüfung zur Folge, die für die Prüfung 2022 fortbestanden. Ab dem Abiturjahrgang 2023 werden weitere Inhalte neu dazukommen, andere werden hingegen nicht mehr relevant für die Prüfung sein (s. u.). Aus diesem Grund finden Sie in diesem Buch u. a. vier vollständige Übungsmustersätze im Stil der Abiturprüfung, die die neuen Herausforderungen und Inhalte präzise abbilden.

Dennoch bleiben zahlreiche frühere Abituraufgaben sowie vom Ministerium veröffentlichte Aufgaben zur Vorbereitung als Übungsmaterial weiterhin gut geeignet; dies gilt insbesondere für die Original-Abituraufgaben ab dem Jahr 2019. In diesem Abiturjahrgang war erstmals der WTR (und nicht mehr der GTR) zugelassenes Hilfsmittel.

Die Jahrgänge 2020 und 2021 finden Sie neben den erwähnten vier Übungssätzen und den offiziellen Beispielaufgaben mit gewohnt ausführlichen Lösungen in diesem Buch; die Abiturprüfung 2022 steht Ihnen – selbstverständlich ebenfalls inklusive ausführlicher Lösungen – auf der Plattform MyStark zum Download zur Verfügung. Dort finden Sie zusätzlich auch den Jahrgang 2019 und den Aufgabenfundus, der für die Abiturprüfungen 2021 und 2022 veröffentlicht wurde.

Die Aufgaben der schriftlichen Abiturprüfung Mathematik

Grundlage für das Abitur im Jahr 2023 ist nun erstmals der Bildungsplan 2016 für das achtjährige Gymnasium. Die schriftliche Prüfung in Mathematik erstreckt sich über die Gebiete Analysis, Analytische Geometrie und Stochastik. Folgende Inhalte können erst seit der Einführung des Leistungsfaches 2021 bzw. erstmals ab 2023 Gegenstand der Abiturprüfung sein:

Analysis:
- Wurzelfunktion (ab 2023)
- Logarithmusfunktion (ab 2023)

- Umkehrfunktion (ab 2023)
- Volumen von Rotationskörpern auch mithilfe der Integralrechnung

Analytische Geometrie:
- Vektorprodukt (ab 2023)
- Abstand windschiefer Geraden

Stochastik:
- elementare Kombinatorik (ab 2023)
- Vierfeldertafeln (ab 2023)
- bedingte Wahrscheinlichkeit (ab 2023)
- stochastische Unabhängigkeit (ab 2023)
- Standardabweichung der Binomialverteilung
- ein- und zweiseitige Tests mithilfe der Binomialverteilung, Fehler 1. und 2. Art
- Normalverteilung (Dichtefunktion, Erwartungswert, Standardabweichung, Glockenkurve)

Sie erkennen auf einen Blick, dass in der Stochastik die meisten Änderungen vorgenommen wurden.

Nicht Gegenstand der schriftlichen Prüfung sind:
- Folgen
- Wachstumsprozesse
- Differenzialgleichungen
- Ortslinien (Wegfall ab 2023)
- Beweise mithilfe von Vektoren (Wegfall ab 2023)
- allgemeine stetige Verteilungen (Wegfall ab 2023)

Die schriftliche Prüfung ist in einen **Pflichtteil** und einen **Wahlteil** unterteilt.

Pflichtteil

Ab der Abiturprüfung 2023 umfasst der **Pflichtteil** nur noch 15 Verrechnungspunkte (VP), also ein Viertel der Gesamtprüfung. Es werden darin Grundkompetenzen in Form von kleineren Aufgaben abgeprüft. Ab 2023 besteht der Pflichtteil aus **sechs Aufgaben mit jeweils 2,5 VP**. Wichtig für Sie: Im Pflichtteil sind die größten Änderungen im Vergleich zu den Prüfungen der Jahre vor 2021 zu erwarten.

Bis einschließlich zum Abitur 2020 übliche Fragestellungen, wie das isolierte Ableiten, Stammfunktionen bilden oder Berechnen von Integralen und das Lösen von Gleichungen, kommen so nicht mehr vor. Die dazu notwendigen inhaltlichen Kompetenzen bleiben zum Lösen der zukünftigen Pflichtteilaufgaben aber weiterhin unerlässlich, nur werden die Aufgaben in einen etwas größeren Kontext, durchaus auch mit entsprechendem Sachzusammenhang, eingekleidet.

Für den Pflichtteil sind **keinerlei Hilfsmittel** zugelassen.

Wahlteil

Der **Wahlteil** umfasst ab 2023 drei Viertel der Gesamtprüfung. Beim Wahlteil Analysis bleibt es unverändert bei 20 VP, bei den Wahlteilen Geometrie und Stochastik werden nun je 12,5 VP vergeben. Grundsätzlich beinhaltet der Wahlteil größere Aufgaben zu den drei Teilgebieten mit zusammenhängenden Fragestellungen, wobei verstärkt Transfer, Modellieren von realen Situationen und Entwickeln von Lösungsstrategien gefragt sind.

Beim Wahlteil sind als **Hilfsmittel** – neben einem Nachschlagewerk zur deutschen Rechtschreibung – die **Merkhilfe** sowie ein wissenschaftlicher Taschenrechner (**WTR**) mit dem mitgelieferten Handbuch zugelassen.

Notationen

Neben bekannten mathematischen Zeichen und Schreibweisen können insbesondere die folgenden Notationen innerhalb der Abiturprüfung verwendet werden und sollten Ihnen daher bekannt sein:

Notation	Erklärung
$\mathbb{R}^+$; $\mathbb{R}_0^+$; $\mathbb{R}\setminus\{2\}$	Mengen reeller Zahlen
$[a; b]$; $]a; b]$; $]-\infty; b]$	Intervalle reeller Zahlen
$\sum\limits_{i=1}^{n} x_i$	Summationszeichen
$\lim\limits_{x \to x_0} f(x)$ $f(x) \to +\infty$ für $x \to -\infty$ $f(x) \xrightarrow{x \to -\infty} +\infty$	Limes-Schreibweisen
$\overline{A} \cup B$; $\overline{A \cap B}$	Verknüpfung von Ereignissen (Negation, Vereinigung, Schnitt)
$P_A(B)$	Bedingte Wahrscheinlichkeit

Anforderungen an eine Schülerlösung

Erwartet wird eine saubere und nachvollziehbare Dokumentation in einer korrekten Fachsprache.
Die Darstellung sollte durch Ergebnissätze und gegebenenfalls durch verbale Beschreibung des Vorgehens übersichtlich strukturiert sein.
Neu eingeführte Bezeichnungen sind zu definieren, dies gilt insbesondere für Zufallsgrößen in der Stochastik.
Die Lösung sollte keine Angabe über Tastenfolgen von WTR-Eingaben enthalten.

Operatoren

In den Formulierungen der Aufgaben finden sich sogenannte Operatoren wie etwa *berechnen, zeichnen*, die den jeweiligen Arbeitsauftrag beschreiben. Ihre Bedeutung entspricht meist – wie etwa bei *deuten, interpretieren, erläutern, zuordnen* – dem üblichen Sprachgebrauch. Dennoch sollte man bei den am häufigsten auftretenden Operatoren wissen, in welchem Umfang und mit welcher Qualität eine Lösung erwartet wird. Dazu dient die folgende Übersicht:

Operatoren	Hinweise
angeben nennen darstellen	Es werden kein Ansatz, keine Begründung und kein Lösungsweg verlangt.
beschreiben	Es wird keine Begründung verlangt, doch werden sprachlich (auch fachsprachlich) angemessene Formulierungen erwartet.
begründen nachweisen zeigen	Es wird eine Lösung durch logisches Schließen bzw. Argumentieren erwartet.
beurteilen	Eine Begründung ist erforderlich.
berechnen	Es werden ein mathematischer Ansatz und ein nachvollziehbar dokumentierter rechnerischer Lösungsweg erwartet.
bestimmen ermitteln untersuchen	Die Art des Vorgehens ist frei wählbar (beispielsweise auch grafisch), sofern nicht anders angegeben (z. B. „Ermitteln Sie rechnerisch …“). Ihr Lösungsweg muss nachvollziehbar dokumentiert sein.
grafisch darstellen zeichnen	Es wird eine möglichst genaue Darstellung erwartet.
skizzieren	Es genügt die Beschränkung auf charakteristische Eigenschaften (bei Funktionsgraphen z. B. Extrempunkte, Asymptoten, …). Koordinatensysteme sollten beschriftete und skalierte Achsen haben.

Verlangt die Aufgabenstellung einen **exakten** Wert, so ist ein mathematisch exakter Ausdruck wie z. B. $\frac{3}{7}$, $\sqrt{7}$, $\ln(3)$, $\frac{\pi}{2}$, … gemeint; die Angabe einer gerundeten Dezimalzahl genügt in diesem Fall nicht.

Ablauf der schriftlichen Abiturprüfung

- Der*die **Lehrer*in** erhält

für den **Pflichtteil**	**1** Aufgabensatz bestehend aus sechs kleinen Aufgaben zu jeweils 2,5 VP. Insgesamt sind **15** Verrechnungspunkte dafür vorgesehen. Eine Wahlmöglichkeit hat der*die Lehrer*in hier nicht!
für den **Wahlteil**	**2** Aufgabenvorschläge **A 1** und **A 2** aus der **Analysis** mit jeweils **20** Verrechnungspunkten. Der*die Lehrer*in wählt **einen** Vorschlag aus.
	2 Aufgabenvorschläge **B 1** und **B 2** aus der **Geometrie** mit jeweils **12,5** Verrechnungspunkten. Der*die Lehrer*in wählt **einen** Vorschlag aus.
	2 Aufgabenvorschläge **C 1** und **C 2** aus der **Stochastik** mit jeweils **12,5** Verrechnungspunkten. Der*die Lehrer*in wählt **einen** Vorschlag aus.

- Der*die **Schüler*in**

erhält **alle** von der Lehrkraft ausgewählten Aufgaben ohne Hilfsmittel und bearbeitet	
die **Pflichtteilaufgaben <u>ohne</u>** Hilfsmittel.	die drei **Wahlteilaufgaben** aus der Analysis, Geometrie und Stochastik. **Erst nach Abgabe des Pflichtteils erhält er*sie die Hilfsmittel WTR und Merkhilfe!**
Maximal kann er*sie im Pflichtteil **15 Verrechnungspunkte** erzielen.	Maximal kann er*sie im Wahlteil **45 Verrechnungspunkte** erzielen.
Insgesamt kann er*sie in der Prüfungsarbeit maximal **60 Verrechnungspunkte** erzielen.	

- Die **Prüfungszeit** beträgt **270 Minuten**.

Bewertung der Prüfungsarbeiten

Die Umrechnung von Verrechnungspunkten in Notenpunkte erfolgt nach folgender Tabelle:

Note	sehr gut			gut			befriedigend			ausreichend			mangelhaft			ungenügend
Notenpunkte	15	14	13	12	11	10	9	8	7	6	5	4	3	2	1	0
Verrechnungspunkte	60 ⋮ 57	56 ⋮ 54	53 ⋮ 51	50 ⋮ 48	47 ⋮ 45	44 ⋮ 42	41 ⋮ 39	38 ⋮ 36	35 ⋮ 33	32 ⋮ 30	29 ⋮ 27	26 ⋮ 24	23 ⋮ 20	19 ⋮ 16	15 ⋮ 12	11 ⋮ 0

Merkhilfe

Die Merkhilfe ersetzt seit dem Abitur 2017 die bisher üblichen Formelsammlungen während der Prüfung.
Für das Leistungsfach gibt es seit der schriftlichen Abiturprüfung 2021 eine leicht überarbeitete Version der Merkhilfe.

WTR-Anleitung

Ein Überblick über die für das Bearbeiten der Aufgaben wichtigsten Funktionen, die über die elementaren Rechenoperationen hinausgehen, am Beispiel des TI-30X Plus.

Aufgaben

Aufgaben des offiziellen Aufgabenfundus

Der Fundus und die Beispielaufgabe stellen das offizielle Material zur Vorbereitung der Abiturprüfung 2023 dar. Ein besonderes Augenmerk wird auf die neuen Inhalte, insbesondere in der Stochastik, gelegt. Die Lösungen zu diesen Aufgaben sind daher auch bewusst sehr ausführlich gehalten. Der Fundus enthält teilweise Aufgaben aus früheren IQB-Aufgabenpools; dies ist entsprechend bei den Aufgaben vermerkt.

Hinweis: Den offiziellen Fundus für die Abiturprüfungen 2021 und 2022 finden Sie ergänzend auf der Plattform MyStark. Hier wurden einige wenige Aufgaben, die sich auf Inhalte beziehen, die nicht Gegenstand der Prüfung ab 2023 sein können, entsprechend gekennzeichnet.

Übungsmustersätze im Stil der Abiturprüfung

Da Ihr Abitur auch Inhalte enthalten kann, die erst ab dem Abiturjahrgang 2023 relevant sind, finden Sie hier vier vollständige Mustersätze im Stil der Abiturprüfung, die präzise die neuen Anforderungen abbilden.

Offizielle Beispielaufgabe

Die offizielle Beispielaufgabe entspricht exakt dem Umfang und Anforderungsniveau einer Abiturprüfung für das Leistungsfach ab 2023. Sie enthält viele der neuen Inhalte und Aufgabentypen.

Abituraufgaben

Hier finden Sie die offiziellen Aufgaben der Abiturjahrgänge 2020 und 2021; die Abiturprüfungen 2022 und 2019 stehen Ihnen auf der Plattform MyStark zum Download zur Verfügung.

Wem die Anzahl der Aufgaben nicht ausreicht, der sei auf die drei Bücher „Abitur-Training“ des Stark Verlags verwiesen:

- Analysis, Verlagsnummer 840068
- Analytische Geometrie, Verlagsnummer 840078
- Stochastik, Verlagsnummer 840088

Neben weiterem umfangreichen Übungsmaterial zum Pflicht- und Wahlteil findet man in diesen Büchern auch eine ausführliche und systematische **Wiederholung der Grundlagen**.

Sollten nach Erscheinen dieses Bandes noch wichtige Änderungen in der Abiturprüfung 2023 vom Kultusministerium Baden-Württemberg bekannt gegeben werden, finden Sie aktuelle Informationen dazu ebenfalls bei MyStark.

Wir wünschen Ihnen viel Erfolg für Ihre Abiturprüfung!

Winfried König und Volker Stemberg

Anmerkungen zur Bedienung

Der TI-30X Plus startet beim Einschalten mit dem Hauptbildschirm. Dort werden die üblichen Berechnungen wie Grundrechenarten, Wurzelbestimmung usw. durchgeführt.

Die blau markierten Funktionen und Menüs über den Tasten erreichen Sie, indem Sie zuvor die Taste [2nd] drücken.
Z. B. erhält man die Wurzel [√] durch die Tastenfolge [2nd] [x^2]. Zur Vereinfachung der Schreibweise wird im Folgenden auf die Angabe dieser Tastenfolge verzichtet und die entsprechenden Funktionen und Menüs werden nur in eckigen Klammern wie etwa [√] oder [quit] angegeben.

Einige Tasten sind mit mehreren Funktionen belegt, die Sie durch wiederholtes Drücken aufrufen. Z. B. bietet die Multifunktionstaste [x^{yzt}_{abcd}] den Zugriff auf acht Variablen. Für die Variable **x** drücken Sie die Taste einmal, für die fünfte Variable **a** müssen Sie die Taste fünfmal betätigen. Entsprechendes gilt für die anderen Variablen. Mit [clear var] setzen Sie alle Variablen auf den Wert 0 zurück.

Menüs werden mit Tasten aufgerufen. Z. B. gelangen Sie über die Taste [math] in das **math**-Menü mit einer Reihe von Untermenüs.
Mit den Pfeiltasten ▶ und ◀ wechseln Sie zwischen den Untermenüs. Einen Menüeintrag wählen Sie mit den Pfeiltasten ▲ und ▼ aus und bestätigen ihn mit der [enter]-Taste – oder einfacher, indem Sie die Nummer vor dem Menüeintrag eingeben.
Entsprechendes gilt für alle übrigen Menüs.

Eingegebene Werte löschen Sie mit der Taste [clear]. Jedes Menü können Sie mit [quit] verlassen und zum Hauptbildschirm zurückkehren.

Es empfiehlt sich, vor der weiteren Lektüre den Rechner mit [reset] auf die Grundeinstellungen zurückzusetzen.

Einsatz bei Abituraufgaben

Die einfachen Berechnungen mit dem WTR wie Grundrechenarten, Umgang mit Brüchen, Potenzen usw. werden Ihnen sicher vertraut sein. Im Folgenden werden anhand von Beispielen einige wenige Techniken mit dem WTR vorgestellt, die beim Lösen von Abituraufgaben hilfreich bzw. unentbehrlich sind. Auf diese Beispiele wird bei den Lösungen der Aufgaben in diesem Buch Bezug genommen. Bei den folgenden Darstellungen wird der TI-30X Plus im **MATHPRINT**-Modus verwendet. Die Einstellung dieses Modus erfolgt – wie insbesondere auch die Umschaltung von Grad- auf Bogenmaß – über die [mode]-Taste.

Beispiel 1 – Funktionsuntersuchung

Gegeben ist die Funktion f mit $f(x)=\frac{1}{2}x^3-x^2$.

WTR 1 **Berechnung von Funktionswerten**

$$f(4)=\frac{1}{2}\cdot 4^3-4^2=16$$

Rechnung mit dem WTR:
Ist nur dieser eine Funktionswert zu berechnen, so ist in der Regel eine direkte Berechnung der schnellste Weg.
Geben Sie dazu den Term oben mithilfe der Tasten [$\frac{\square}{\square}$], [$x^\square$] und der Pfeiltasten ein und berechnen Sie ihn durch Drücken der [enter]-Taste.

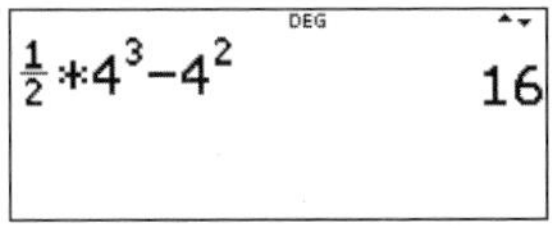

Wollen Sie mehrere Funktionswerte berechnen, so kommen Sie mit der Taste [table] in ein Menü, in dem Sie **1 : Add/Edit Func** auswählen.

Geben Sie dann den Funktionsterm für f unter Verwendung der Variablentaste [x^{yzt}_{abcd}] ein und bestätigen Sie mit der [enter]-Taste. Bei Bedarf können Sie noch eine zweite Funktion g definieren, andernfalls wechseln Sie mit [quit] zum Hauptbildschirm.

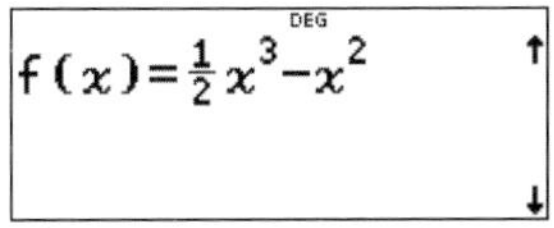

Wählen Sie mit der Taste [table] jetzt **2 : f(** aus. Geben Sie dann den x-Wert 4 ein und berechnen Sie den Funktionswert mit der [enter]-Taste.
Um weitere Funktionswerte zu berechnen, wählen Sie wieder mit der Taste [table] **2 : f(** aus und verfahren analog.

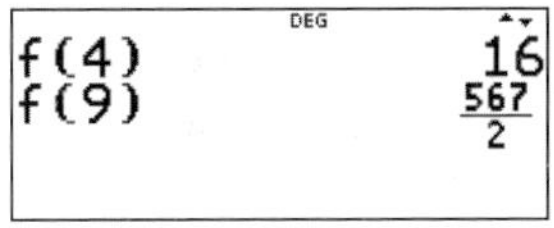

WTR 2 **Erstellen einer Wertetabelle**

x	−2	−1,5	−1	−0,5	0	0,5	1	1,5	2
f(x)	−8	$-\frac{63}{16}$	$-\frac{3}{2}$	$-\frac{5}{16}$	0	$-\frac{3}{16}$	$-\frac{1}{2}$	$-\frac{9}{16}$	0

Rechnung mit dem WTR:
Mit der Taste [table] gelangen Sie in das Funktionsmenü, in dem Sie **1 : Add/Edit Func** auswählen.

Geben Sie hier den Funktionsterm ein und bestätigen Sie mit der [enter]-Taste. Falls Sie keine zweite Funktion g betrachten wollen, drücken Sie die [enter]-Taste.

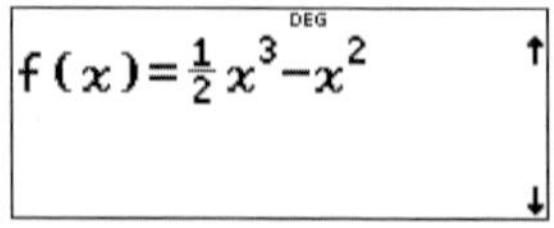

Im nächsten Fenster können Sie den Startwert (hier –2) und die Schrittweite (hier 0,5) der Wertetabelle eingeben.
Belassen Sie die Einstellung **Auto**.

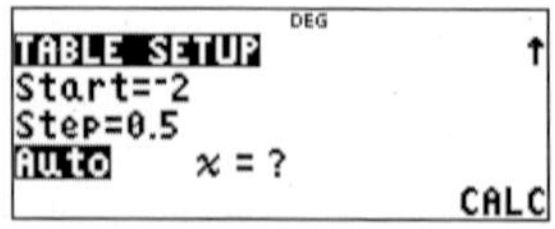

Bestätigen Sie **CALC** mit der [enter]-Taste. Sie kommen so zu der Wertetabelle, durch die Sie mit den Pfeiltasten scrollen können. Mit der Taste [◂▸≈] können Sie – sofern möglich – das Zahlenformat eines ausgewählten Funktionswertes ändern.
Mit der Taste [clear] kommen Sie zurück zum **TABLE SETUP**.

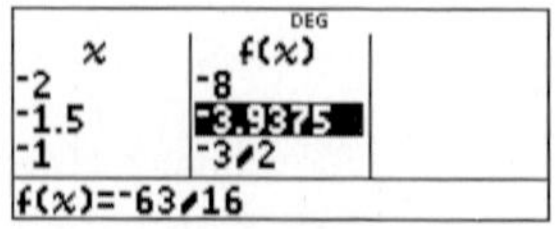

Wenn Sie für ganz bestimmte x-Werte die Funktionswerte in einer Tabelle darstellen wollen, wechseln Sie im Vorgabefenster der Tabelle von **Auto** zu **x = ?** mithilfe der Pfeiltasten und der [enter]-Taste.
Über **CALC** kommen Sie wieder zu der Wertetabelle, bei der Sie jetzt für x beliebige Werte eingeben können.

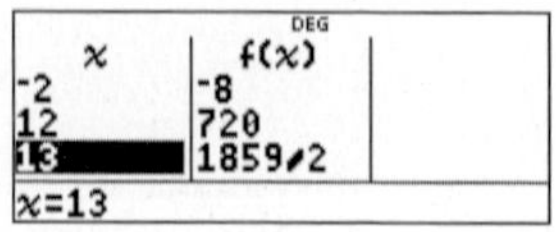

WTR 3 **Berechnung eines Integrals**

Die Funktion F mit $F(x) = \frac{1}{8}x^4 - \frac{1}{3}x^3$ ist eine Stammfunktion von f.

$$\int_2^4 f(x)\,dx = [F(x)]_2^4 = F(4) - F(2) = \left(\frac{1}{8}\cdot 4^4 - \frac{1}{3}\cdot 4^3\right) - \left(\frac{1}{8}\cdot 2^4 - \frac{1}{3}\cdot 2^3\right)$$

$$= \frac{32}{3} - \left(-\frac{2}{3}\right) = \frac{34}{3}$$

Rechnung mit dem WTR:
Mit der Taste [table] gelangen Sie in das Funktionsmenü, in dem Sie **1 : Add/Edit Func** auswählen.

Geben Sie hier den Funktionsterm der Stammfunktion F unter Verwendung der Variablentaste [x^{yzt}_{abcd}] ein und bestätigen Sie mit der [enter]-Taste.

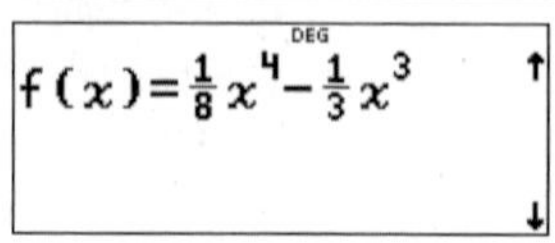

Im Hauptfenster bilden Sie die Differenz F(4) – F(2) über die Taste [table] und **2:f(** . Berechnen Sie die Differenz durch Drücken der [enter]-Taste.

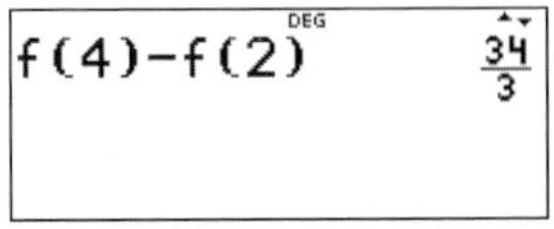

Es bleibt abzuwägen, ob bei einer einfachen Stammfunktion oder bei sehr einfachen Grenzen des Integrals eine direkte Berechnung nicht schneller zum Ziel führt.

Beispiel 2 – Binomialverteilung

Die Zufallsgröße X beschreibt die Treffer bei einer Bernoulli-Kette der Länge $n = 10$ und der Trefferwahrscheinlichkeit $p = 0{,}4$. X ist $B_{10;\,0,4}$-verteilt.

WTR 4 Berechnung der Wahrscheinlichkeiten $P(X = k)$, $P(X \neq k)$

a) Wahrscheinlichkeit für genau drei Treffer:
$P(X = 3) \approx 0{,}2150 = 21{,}5\,\%$

b) Wahrscheinlichkeit für weniger als drei oder mehr als drei Treffer:
$P(X \neq 3) = 1 - P(X = 3) \approx 1 - 0{,}2150 = 0{,}7850 = 78{,}5\,\%$

Rechnung mit dem WTR:

a) Mit der Taste [stat-reg/distr] und der Pfeiltaste ⊙ gelangen Sie in das Menü **DISTR**, in dem Sie **4:Binomialpdf** auswählen.

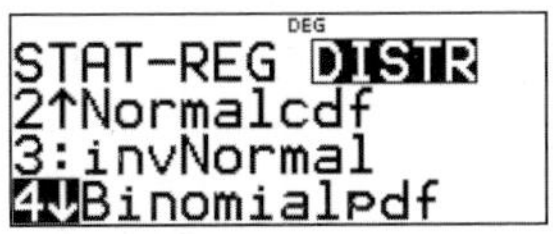

Bestätigen Sie **SINGLE** mit der [enter]-Taste.

Im Eingabefenster geben Sie $n = 10$, $p = 0{,}4$ und $x = 3$ ein. Bestätigen Sie jede Eingabe mit der [enter]-Taste. Zwischen den einzelnen Zeilen können Sie anschließend mithilfe der Pfeiltasten noch navigieren.

Bestätigen Sie den Befehl **CALC** mit der [enter]-Taste und Sie erhalten das Ergebnisfenster mit $P(X = 3)$.
Bei **STORE** können Sie mit der Pfeiltaste ⊙ und der [enter]-Taste das Ergebnis in einer Variablen, z. B. **a**, speichern. Anschließend wechseln Sie mit **SOLVE AGAIN** zurück in das Eingabefenster oder mit **QUIT** in den Hauptbildschirm.

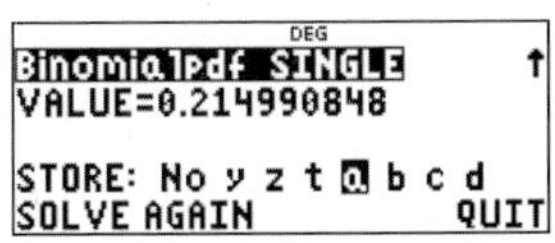

b) Wenn Sie den Wert $P(X=3)$ in der Variablen **a** gespeichert haben, können Sie damit $P(X \neq 3) = 1 - P(X=3)$ direkt berechnen.
Im Hauptbildschirm subtrahieren Sie dazu von 1 den Wert von **a**, wobei Sie die Taste [xyzt abcd] fünfmal drücken, um auf den Wert von **a** zuzugreifen.

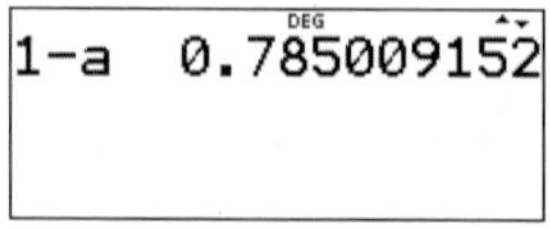

WTR 5 **Berechnung der Wahrscheinlichkeiten $P(X \leq k)$, $P(X > k)$, $P(k_1 \leq X \leq k_2)$**

a) Wahrscheinlichkeit für höchstens drei Treffer:
$P(X \leq 3) \approx 0{,}3823 = 38{,}23\ \%$

b) Wahrscheinlichkeit für mehr als drei Treffer:
$P(X > 3) = 1 - P(X \leq 3) \approx 1 - 0{,}3823 = 0{,}6177 = 61{,}77\ \%$

c) Wahrscheinlichkeit für mindestens drei und höchstens sieben Treffer:
$P(3 \leq X \leq 7) = P(X \leq 7) - P(X \leq 2) \approx 0{,}9877 - 0{,}1673 = 0{,}8204 = 82{,}04\ \%$

Rechnung mit WTR:

a) Mit der Taste [stat-reg/distr] und der Pfeiltaste ▶ gelangen Sie in das Menü **DISTR**, in dem Sie **5 : Binomialcdf** auswählen.

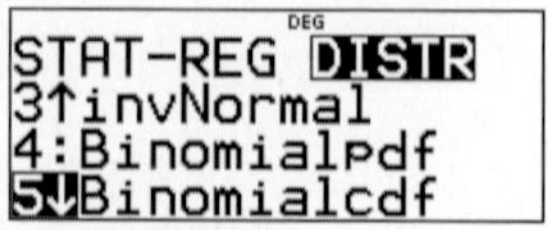

Bestätigen Sie **SINGLE** mit der [enter]-Taste.

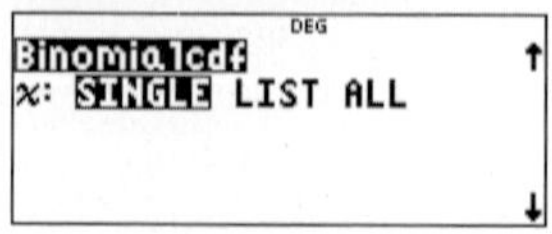

Im Eingabefenster geben Sie $n = 10$, $p = 0{,}4$ und $x = 3$ ein. Bestätigen Sie jede Eingabe mit der [enter]-Taste. Zwischen den einzelnen Zeilen können Sie anschließend mithilfe der Pfeiltasten noch navigieren.

Bestätigen Sie den Befehl **CALC** mit der [enter]-Taste und Sie erhalten das Ergebnisfenster mit $P(X \leq 3)$.
Bei **STORE** können Sie mit der Pfeiltaste ▶ und der [enter]-Taste das Ergebnis in einer Variablen, z. B. **a**, speichern. Anschließend wechseln Sie mit **SOLVE AGAIN** zurück in das Eingabefenster oder mit **QUIT** in den Hauptbildschirm.

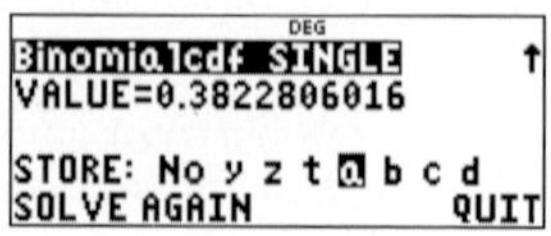

b) Wenn Sie den Wert P(X ≤ 3) in der Variablen **a** gespeichert haben, können Sie damit P(X > 3) = 1 − P(X ≤ 3) direkt berechnen.
Im Hauptbildschirm subtrahieren Sie dazu von 1 den Wert von **a**, wobei Sie die Taste [x yzt abcd] fünfmal drücken, um auf den Wert von **a** zuzugreifen.

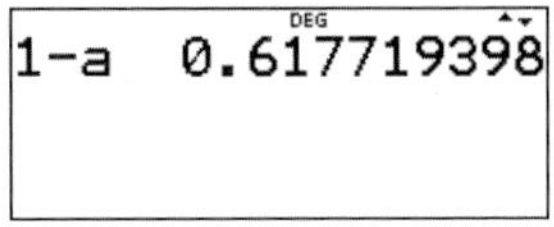

c) Berechnen Sie zunächst wie in Teilaufgabe a den Wert P(X ≤ 7).
Speichern Sie das Ergebnis unter **b** ab.
Mit **SOLVE AGAIN** kommen Sie zurück in das Eingabefenster.

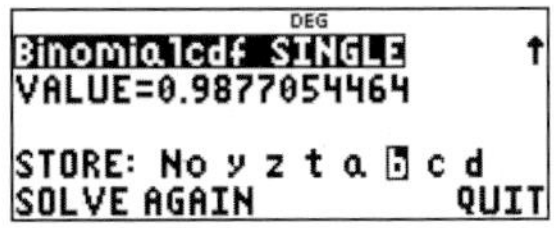

Ändern Sie dort den Wert von **x** in 2 ab und berechnen Sie damit P(X ≤ 2).
Speichern Sie das Ergebnis unter **a** ab.
Wenn Sie die beiden Werte gespeichert haben, brauchen Sie keine Zwischenergebnisse zu notieren, um P(X ≤ 7) − P(X ≤ 2) zu berechnen.

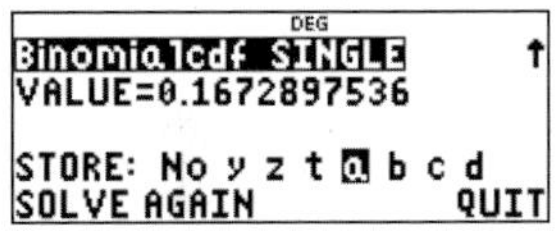

Wechseln Sie mit **QUIT** in den Hauptbildschirm und berechnen Sie dort **b** − **a**, wobei Sie mit der Taste [x yzt abcd] auf die Inhalte von **a** und **b** zugreifen.

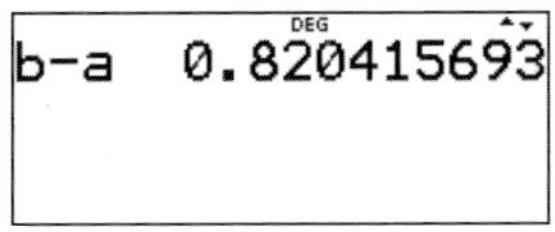

WTR 6 Tabelle mit Wahrscheinlichkeiten P(X ≤ k)

k	P(X ≤ k)
2	0,1673
4	0,6331
7	0,9877
8	0,9983

Rechnung mit WTR:
Mit der Taste [data] wechseln Sie in den Statistik-Editor und geben in der Liste **L1** die k-Werte ein, die Sie untersuchen wollen (maximal 49 Werte sind möglich).
Sollten die Listen nicht leer sein, führt Sie ein weiteres Drücken der [data]-Taste zu den Möglichkeiten, diese zu löschen.

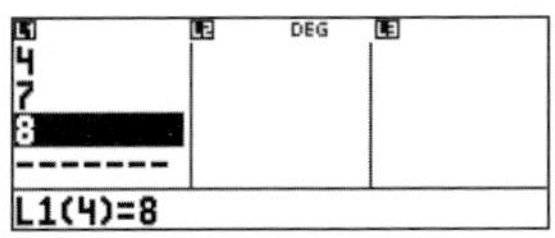

Im Menü **DISTR → 5 : Binomialcdf** (s. WTR 5) wählen Sie jetzt **LIST** aus und bestätigen mit der [enter]-Taste.

Im Eingabefenster geben Sie n = 10 und p = 0,4 ein und bestätigen dies mit der [enter]-Taste.

Das folgende Fenster zeigt, dass sich die k-Werte in Liste **L1** befinden und die Wahrscheinlichkeiten $P(X \leq k)$ in Liste **L2** eingetragen werden (Änderungen sind möglich). Starten Sie die Berechnung der Tabelle mit **CALC**.

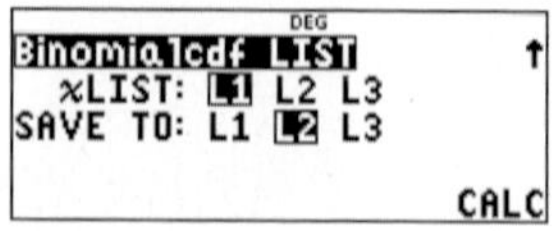

Wenn Sie mit den Pfeiltasten ein Listenelement in **L2** auswählen, erhalten Sie in der untersten Zeile das Ergebnis mit einer größeren Genauigkeit.

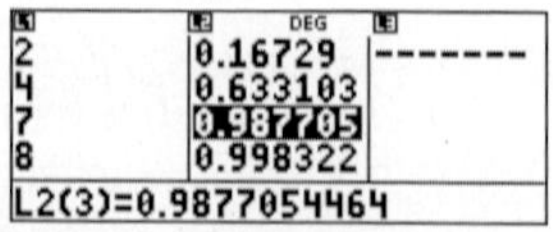

Bei einer Bernoulli-Kette mit einer Länge $n \leq 49$ ist es möglich, alle Wahrscheinlichkeiten $P(X \leq k)$ auszugeben. Dazu müssen Sie im Menü **5 : Binomialcdf** statt **LIST** den Punkt **ALL** auswählen.

Eine Tabelle mit Wahrscheinlichkeiten $P(X = k)$ bestimmt man ganz analog mit dem Menü **4 : Binomialpdf** (s. WTR 4).

Beispiel 3 – Kombinatorische Hilfsmittel

WTR 7 n Fakultät, Binomialkoeffizient

a) $4! = 4 \cdot 3 \cdot 2 \cdot 1 = 24$

b) $\binom{7}{4} = \frac{7 \cdot 6 \cdot 5 \cdot 4}{4 \cdot 3 \cdot 2 \cdot 1} = \frac{7 \cdot 5}{1} = 35$

Rechnung mit WTR:

a) Geben Sie zunächst die Zahl 4 ein und anschließend das Fakultätszeichen, indem Sie die Taste [! nCr nPr] einmal drücken. Nach Drücken der [enter]-Taste gibt der WTR das Ergebnis aus.

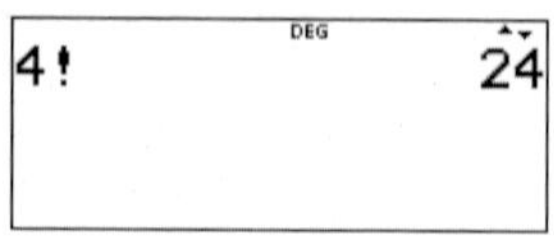

b) Geben Sie zunächst die Zahl 7 ein. Drücken Sie anschließend zweimal die Taste [! nCr nPr] gefolgt von der Zahl 4. Nach Drücken der [enter]-Taste gibt der WTR das Ergebnis aus.

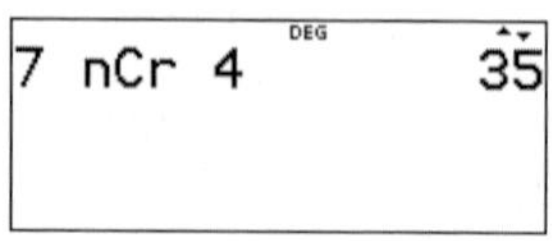

Beispiel 4 – Normalverteilung

Die Zufallsgröße X ist normalverteilt mit dem Erwartungswert $\mu = 500$ und der Standardabweichung $\sigma = 6$. X ist N(500; 6) -verteilt.

WTR 8 **Berechnung der Wahrscheinlichkeiten $P(X \leq a)$, $P(X > a)$, $P(a \leq X \leq b)$**

a) Wahrscheinlichkeit für einen Wert von X größer 495 und kleiner 505:
$P(495 < X < 505) = P(495 \leq X \leq 505) \approx 0{,}5953 = 59{,}53\ \%$

b) Wahrscheinlichkeit für einen Wert von X von höchstens 490:
$P(X \leq 490) \approx 0{,}0478 = 4{,}78\ \%$

c) Wahrscheinlichkeit für einen Wert von X größer als 490:
$P(X > 490) = P(X \geq 490) \approx 0{,}9522 = 95{,}22\ \%$

Rechnung mit WTR:

Mit der Taste [stat-reg/distr] und der Pfeiltaste ⊙ gelangen Sie in das Menü **DISTR**, in dem Sie **2:Normalcdf** auswählen.

Im ersten Eingabefenster geben Sie bei **mean=μ** 500 und bei **sigma** 6 ein. Bestätigen Sie jede Eingabe mit der [enter]-Taste.

a) Im zweiten Eingabefenster geben Sie bei **LOWERbnd** 495, bei **UPPERbnd** 505 ein. Bestätigen Sie jede Eingabe mit der [enter]-Taste.

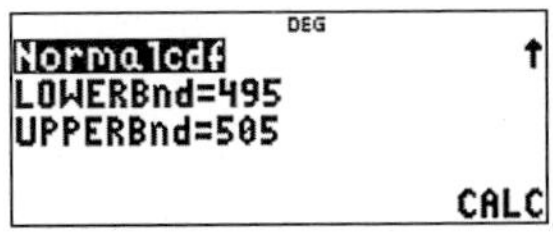

Bestätigen Sie den Befehl **CALC** mit der [enter]-Taste und Sie erhalten das Ergebnisfenster mit dem Wert für $P(495 \leq X \leq 505)$.

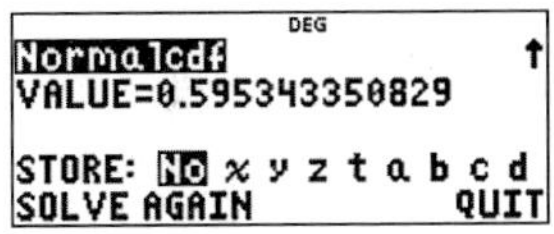

b) Geben Sie im zweiten Eingabefenster bei **UPPERbnd** 490 ein.
Bei **LOWERbnd** müsste mathematisch korrekt $-\infty$ stehen. Da dies nicht möglich ist, ist die sehr kleine Zahl -10^{99} voreingestellt, die Sie so belassen.

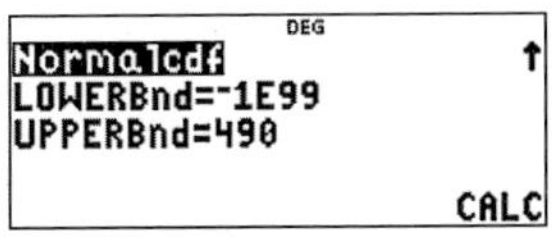

Bestätigen Sie den Befehl **CALC** mit der [enter]-Taste und Sie erhalten das Ergebnisfenster mit dem Wert für $P(X \leq 490)$.

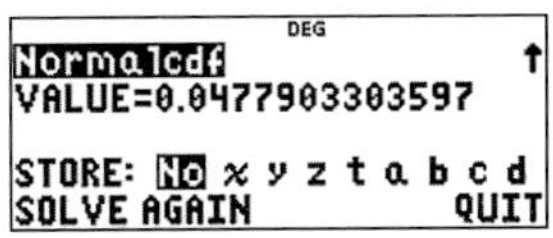

c) Geben Sie im zweiten Eingabefenster bei **LOWERbnd** 490 ein.
Bei **UPPERbnd** müsste mathematisch korrekt $+\infty$ stehen. Da dies nicht möglich ist, ist die sehr große Zahl 10^{99} voreingestellt, die Sie so belassen.

Bestätigen Sie den Befehl **CALC** mit der [enter]-Taste und Sie erhalten das Ergebnisfenster mit dem Wert für $P(X > 490)$.

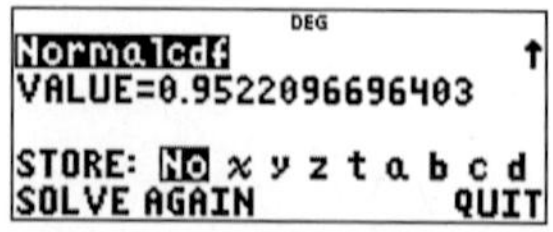

WTR 9 **Berechnung von Grenzen**

Für die Zahl a mit der Eigenschaft $P(X \leq a) = 0{,}03$ erhält man $a \approx 488{,}7$.

Rechnung mit WTR:
Mit der Taste [stat-reg/distr] und der Pfeiltaste ⊳ gelangen Sie in das Menü **DISTR**, in dem Sie **3 : invNormal** auswählen.

In dem Eingabefenster geben Sie bei **area** 0,03 ein. Ferner bei **mean=μ** 500 und bei **sigma** 6. Bestätigen Sie jede Eingabe mit der [enter]-Taste.

Bestätigen Sie den Befehl **CALC** mit der [enter]-Taste und Sie erhalten das Ergebnisfenster mit dem Wert für a.

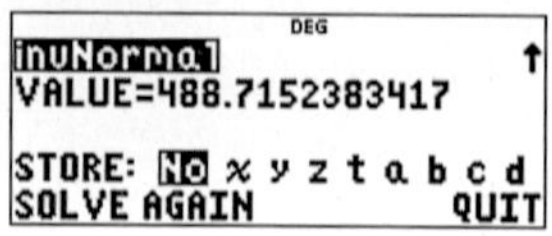

HILFSMITTEL

Mathematische Merkhilfe*
Abiturprüfung Baden-Württemberg

Ebene Figuren

Dreieck 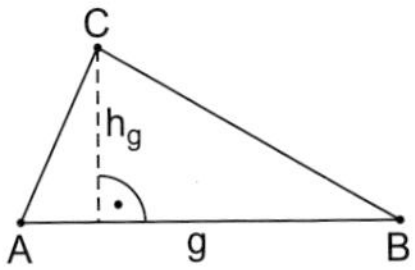		$A = \frac{1}{2} g \cdot h_g$
gleichschenkliges Dreieck 	Zwei Seiten sind gleich lang.	
gleichseitiges Dreieck 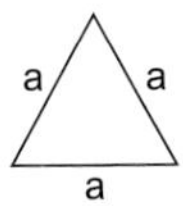	Alle drei Seiten sind gleich lang.	$A = \frac{\sqrt{3}}{4} \cdot a^2$
Parallelogramm 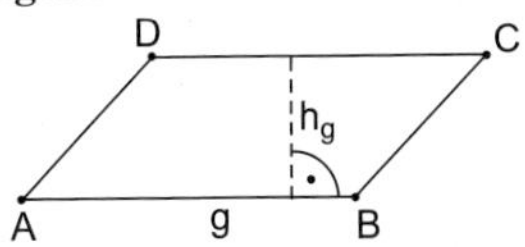	Gegenüberliegende Seiten sind jeweils parallel.	$A = g \cdot h_g$
Raute 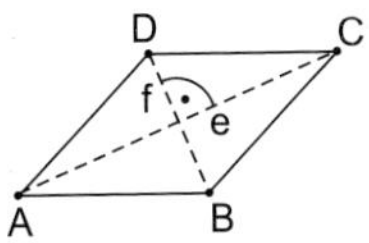	Alle vier Seiten sind gleich lang.	$A = \frac{1}{2} e \cdot f$
Trapez 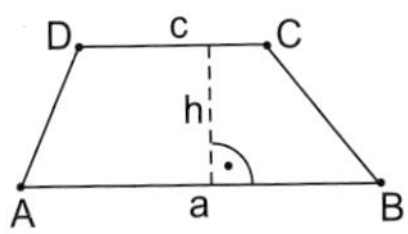	Zwei gegenüberliegende Seiten sind parallel.	$A = \frac{a + c}{2} \cdot h$
Drachenviereck 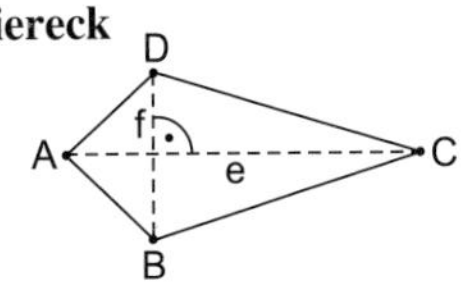	Eine Diagonale ist Symmetrieachse.	$A = \frac{1}{2} e \cdot f$
Kreis 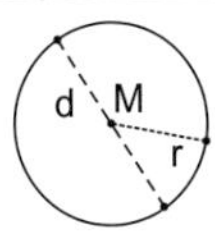		$u = 2\pi \cdot r = \pi \cdot d$ $A = \pi \cdot r^2$

Körperberechnungen

Prisma 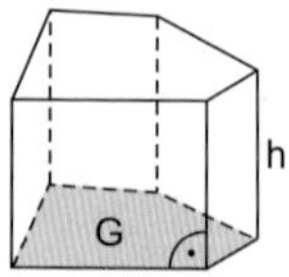	$V = G \cdot h$
Zylinder 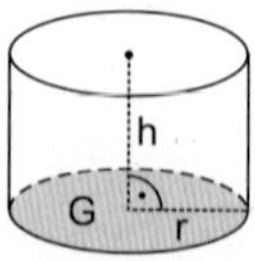	$V = G \cdot h = \pi \cdot r^2 \cdot h$ $M = 2\pi \cdot r \cdot h$
Quader 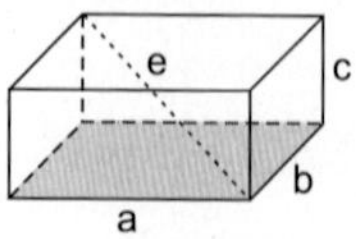	$V = a \cdot b \cdot c$ $e = \sqrt{a^2 + b^2 + c^2}$
Pyramide 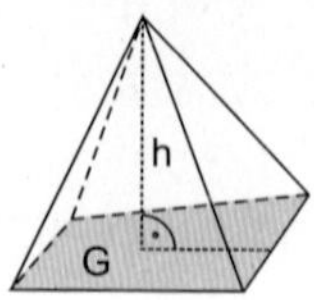	$V = \frac{1}{3} G \cdot h$
Kegel 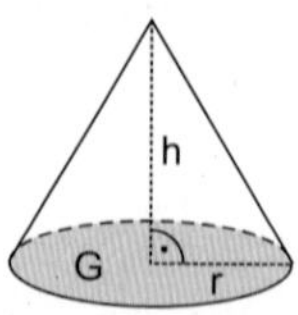	$V = \frac{1}{3} \pi \cdot r^2 \cdot h$ $M = \pi \cdot r \cdot s$
Kugel 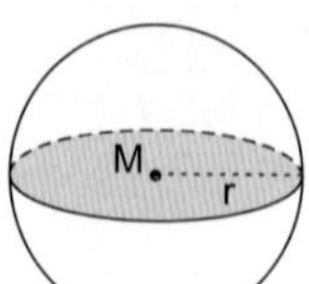	$V = \frac{4}{3} \pi \cdot r^3$ $O = 4\pi \cdot r^2$

Elementargeometrie

Strahlensätze

Falls $g \parallel h$, gilt: $\frac{a}{b} = \frac{c}{d}$; $\frac{a+b}{a} = \frac{c+d}{c}$

$\frac{a+b}{a} = \frac{v}{u}$

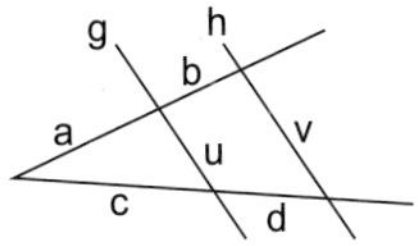

Winkelsummensatz Die Summe der Innenwinkel im Dreieck beträgt 180°.

Satz des Thales Liegt C auf dem Halbkreis über AB, so ist der Winkel bei C ein rechter Winkel.

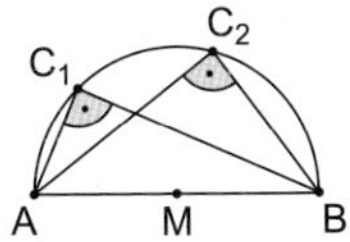

Rechtwinkliges Dreieck

Satz des Pythagoras $a^2 + b^2 = c^2$

Trigonometrie $\sin\alpha = \frac{a}{c}$, $\cos\alpha = \frac{b}{c}$, $\tan\alpha = \frac{a}{b}$

$\tan\alpha = \frac{\sin\alpha}{\cos\alpha}$, $(\sin\alpha)^2 + (\cos\alpha)^2 = 1$

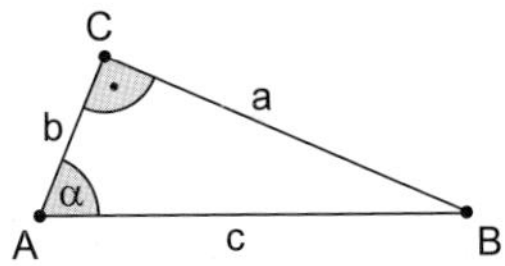

Winkelfunktionen

Gradmaß α	0°	30°	45°	60°	90°
Bogenmaß x	0	$\frac{1}{6}\pi$	$\frac{1}{4}\pi$	$\frac{1}{3}\pi$	$\frac{1}{2}\pi$
sin	0	$\frac{1}{2}$	$\frac{1}{2}\sqrt{2}$	$\frac{1}{2}\sqrt{3}$	1
cos	1	$\frac{1}{2}\sqrt{3}$	$\frac{1}{2}\sqrt{2}$	$\frac{1}{2}$	0

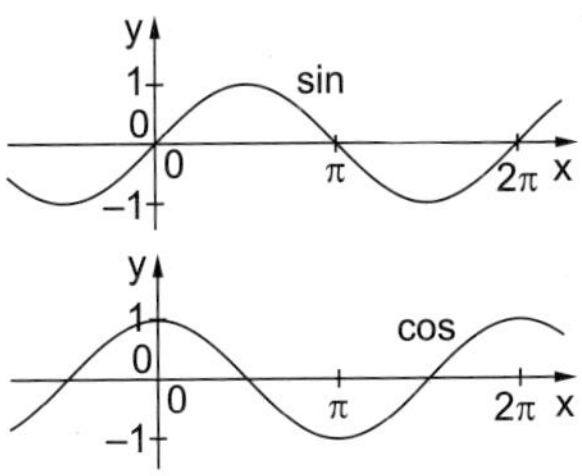

Potenzen und Logarithmen

Potenzen

$x^0 = 1$ $\qquad x^{-a} = \frac{1}{x^a}$ $\qquad x^{\left(\frac{1}{n}\right)} = \sqrt[n]{x}$

$x^a \cdot x^b = x^{a+b}$ $\qquad \frac{x^a}{x^b} = x^{a-b}$ $\qquad (x^a)^b = x^{ab}$

$x^a \cdot y^a = (xy)^a$ $\qquad \frac{x^a}{y^a} = \left(\frac{x}{y}\right)^a$

Logarithmen

$\log_a(1) = 0$ $\qquad \log_a(a) = 1$ $\qquad \log_a(a^x) = a^{\log_a(x)} = x$

$\log_a(b) = \frac{\ln(b)}{\ln(a)}$ $\qquad \log_a(b^x) = x \cdot \log_a(b)$ $\qquad \log_a\left(\frac{1}{b}\right) = -\log_a(b)$

Terme und Gleichungen

Binomische Formeln $(a \pm b)^2 = a^2 \pm 2ab + b^2$ $(a+b)\cdot(a-b) = a^2 - b^2$

Quadratische Gleichung $x^2 + px + q = 0$ $x_{1;2} = -\frac{p}{2} \pm \sqrt{\left(\frac{p}{2}\right)^2 - q}$

$ax^2 + bx + c = 0$ $x_{1;2} = \frac{-b \pm \sqrt{b^2 - 4ac}}{2a}$

Potenzgleichungen $x^n = a \ (a > 0)$ falls n gerade: $x_{1;2} = \pm\sqrt[n]{a}$

falls n ungerade: $x = \sqrt[n]{a}$

$x^n = a \ (a < 0)$ falls n ungerade: $x = -\sqrt[n]{-a}$

Exponentialgleichungen $a^x = b \Leftrightarrow x = \log_a(b) \ (a, b > 0)$

Geraden in der Ebene

Hauptform $y = mx + c$

Steigung $m = \frac{y_Q - y_P}{x_Q - x_P}$

Punktsteigungsform $y = m \cdot (x - x_Q) + y_Q$

Parallele zur y-Achse $x = u$

Steigungswinkel α $m = \tan\alpha$

Orthogonalität $m_g \cdot m_h = -1 \Rightarrow g \perp h$

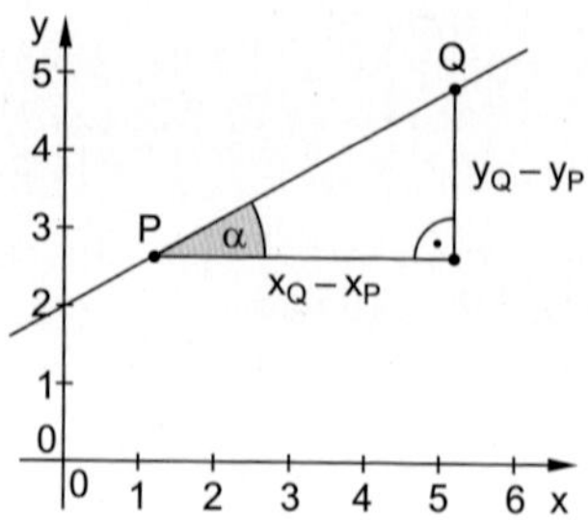

Ableitungen

	f(x)	f'(x)
Summenregel	$g(x) + h(x)$	$g'(x) + h'(x)$
Faktorregel	$c \cdot g(x)$	$c \cdot g'(x)$
Potenzregel	x^r	$r \cdot x^{r-1}$
Produktregel	$u(x) \cdot v(x)$	$u'(x) \cdot v(x) + u(x) \cdot v'(x)$
Kettenregel	$u(v(x))$	$u'(v(x)) \cdot v'(x)$

Spezielle Ableitungen

$(\sqrt{x})' = \frac{1}{2\sqrt{x}}$ $\left(\frac{1}{x}\right)' = -\frac{1}{x^2}$ $(\sin x)' = \cos x$ $(\cos x)' = -\sin x$ $(e^x)' = e^x$

Untersuchung von Funktionen und Graphen

Symmetrie
Achsensymmetrie zur y-Achse $\Leftrightarrow$ $f(-x) = f(x)$ für alle x
Punktsymmetrie zum Ursprung $\Leftrightarrow$ $f(-x) = -f(x)$ für alle x

Spiegelung
an der x-Achse: $y = -f(x)$
an der y-Achse: $y = f(-x)$

Verschiebung
um c in x-Richtung: $y = f(x-c)$
um d in y-Richtung: $y = f(x) + d$

Streckung
mit Faktor b in x-Richtung: $y = f\left(\frac{1}{b} \cdot x\right)$
mit Faktor a in y-Richtung: $y = a \cdot f(x)$

Monotonie
$f'(x) > 0$ für alle $x \in I$ $\Rightarrow$ f streng monoton wachsend auf I
$f'(x) < 0$ für alle $x \in I$ $\Rightarrow$ f streng monoton fallend auf I

Hochpunkt
$H(x_0 | f(x_0))$, falls
$f'(x_0) = 0$ und Vorzeichenwechsel „+ nach –" von f' bei x_0
oder $f'(x_0) = 0$ und $f''(x_0) < 0$

Tiefpunkt
$T(x_0 | f(x_0))$, falls
$f'(x_0) = 0$ und Vorzeichenwechsel „– nach +" von f' bei x_0
oder $f'(x_0) = 0$ und $f''(x_0) > 0$

Wendepunkt
$W(x_0 | f(x_0))$, falls
$f''(x_0) = 0$ und Vorzeichenwechsel von f'' bei x_0
oder $f''(x_0) = 0$ und $f'''(x_0) \neq 0$

Tangente
Steigung $m_t = f'(u)$ $y = f'(u)\,(x-u) + f(u)$

Normale
Steigung $m_n = \frac{-1}{f'(u)}$ $y = \frac{-1}{f'(u)}(x-u) + f(u)$

allgemeine Sinusfunktion

$f(x) = a \cdot \sin(b(x-c)) + d$ $\left(\text{Amplitude } |a|, \text{ Periode } \frac{2\pi}{b}\right)$

Integralrechnung

Integralfunktion $I_a(x) = \int_a^x f(u)\,du$

Hauptsatz $I_a'(x) = f(x)$

$$\int_a^b f(x)\,dx = [F(x)]_a^b = F(b) - F(a)$$

Bestandsfunktion $F(t) = F(t_0) + \int_{t_0}^t f(x)\,dx$

Mittelwert $m = \frac{1}{b-a} \int_a^b f(x)\,dx$

Volumen eines Rotationskörpers $V = \pi \cdot \int_a^b (f(x))^2\,dx$

Stammfunktionen

	Funktion	Stammfunktion
Summenregel	$f(x) + g(x)$	$F(x) + G(x)$
Faktorregel	$k \cdot f(x)$	$k \cdot F(x)$
Potenzregel	$x^r \quad (r \neq -1)$	$\frac{1}{r+1} \cdot x^{r+1}$
Lineare Verkettung	$f(a \cdot x + b)$	$\frac{1}{a} \cdot F(a \cdot x + b)$
Spezielle Stammfunktionen	$\frac{1}{x} \quad (x > 0)$	$\ln(x)$
	$\sin x$	$-\cos x$
	$\cos x$	$\sin x$
	e^x	e^x

Mittelpunkt der Strecke AB	$M\left(\frac{a_1+b_1}{2} \middle| \frac{a_2+b_2}{2} \middle| \frac{a_3+b_3}{2}\right)$
Betrag eines Vektors	$\lvert\vec{a}\rvert = \sqrt{a_1^2+a_2^2+a_3^2}$
Einheitsvektor	$\vec{a}_0 = \frac{1}{\lvert\vec{a}\rvert}\cdot\vec{a}$
Skalarprodukt	$\vec{a}\cdot\vec{b} = a_1b_1+a_2b_2+a_3b_3$ $\vec{a}\cdot\vec{b} = \lvert\vec{a}\rvert\cdot\lvert\vec{b}\rvert\cdot\cos\varphi$
Winkel zwischen zwei Vektoren	$\cos\varphi = \frac{\vec{a}\cdot\vec{b}}{\lvert\vec{a}\rvert\cdot\lvert\vec{b}\rvert}$
Orthogonalität	$\vec{a}\perp\vec{b} \Leftrightarrow \vec{a}\cdot\vec{b}=0$
Geradengleichung	$g\colon \vec{x} = \vec{p}+r\cdot\vec{u} \quad (r\in\mathbb{R})$
Ebenengleichungen	
Parameterform	$E\colon \vec{x} = \vec{p}+r\cdot\vec{u}+s\cdot\vec{v} \quad (r,s\in\mathbb{R})$
Normalenform	$E\colon (\vec{x}-\vec{p})\cdot\vec{n}=0$
Koordinatenform	$E\colon ax_1+bx_2+cx_3=d$
Schnittwinkel	
Gerade – Gerade	$\cos\varphi = \frac{\lvert\vec{u}_1\cdot\vec{u}_2\rvert}{\lvert\vec{u}_1\rvert\cdot\lvert\vec{u}_2\rvert}$
Gerade – Ebene	$\sin\varphi = \frac{\lvert\vec{u}\cdot\vec{n}\rvert}{\lvert\vec{u}\rvert\cdot\lvert\vec{n}\rvert}$
Ebene – Ebene	$\cos\varphi = \frac{\lvert\vec{n}_1\cdot\vec{n}_2\rvert}{\lvert\vec{n}_1\rvert\cdot\lvert\vec{n}_2\rvert}$
Abstandsberechnungen	
Punkt – Punkt	$d(A;B) = \lvert\overrightarrow{AB}\rvert = \sqrt{(b_1-a_1)^2+(b_2-a_2)^2+(b_3-a_3)^2}$
Punkt – Ebene	HNF von E: $(\vec{x}-\vec{p})\cdot\vec{n}_0=0$ bzw. $\frac{ax_1+bx_2+cx_3-d}{\sqrt{a^2+b^2+c^2}}=0$ $d(Q;E) = \lvert(\vec{q}-\vec{p})\cdot\vec{n}_0\rvert$ bzw. $d(Q;E) = \left\lvert\frac{aq_1+bq_2+cq_3-d}{\sqrt{a^2+b^2+c^2}}\right\rvert$
Windschiefe Geraden	$g\colon \vec{x}=\vec{p}+r\cdot\vec{u};\ h\colon \vec{x}=\vec{q}+s\cdot\vec{v}$ $d(g;h) = \lvert(\vec{q}-\vec{p})\cdot\vec{n}_0\rvert$, wobei $\vec{n}_0\perp\vec{u}$ und $\vec{n}_0\perp\vec{v}$

Wahrscheinlichkeit

Gegenereignis $P(\overline{A}) = 1 - P(A)$

Additionssatz $P(A \cup B) = P(A) + P(B) - P(A \cap B)$

Spezieller Multiplikationssatz $P(A \cap B) = P(A) \cdot P(B)$ A, B unabhängig

Pfadregeln für Baumdiagramme

Die Wahrscheinlichkeiten längs eines Pfades werden multipliziert.

Die Wahrscheinlichkeiten der einzelnen Pfade werden addiert.

Erwartungswert einer **Zufallsgröße** X mit den Werten $x_1, x_2, \ldots, x_n$:

$$\mu = x_1 \cdot P(X = x_1) + x_2 \cdot P(X = x_2) + \ldots + x_n \cdot P(X = x_n)$$

Binomialverteilung:

Formel von Bernoulli $P(X = k) = \binom{n}{k} \cdot p^k \cdot (1-p)^{n-k}$

Erwartungswert $\mu = n \cdot p$

Standardabweichung $\sigma = \sqrt{n \cdot p \cdot (1-p)}$

Normalverteilung:

Dichtefunktion $\varphi_{\mu;\sigma}(x) = \frac{1}{\sigma \cdot \sqrt{2\pi}} e^{-\frac{(x-\mu)^2}{2\sigma^2}}$

Statistische Tests

Beim Testen einer Hypothese H_0 können folgende Fehler auftreten:

	H_0 ist wahr	H_0 ist falsch
H_0 wird verworfen	Fehler 1. Art	richtige Entscheidung
H_0 wird nicht verworfen	richtige Entscheidung	Fehler 2. Art

Als **Signifikanzniveau** bezeichnet man den Wert, den die Wahrscheinlichkeit für den Fehler 1. Art nicht überschreiten darf.

Signifikanztest

	Nullhypothese H_0	Gegenhypothese H_1	Ablehnungsbereich
linksseitiger Test	$p \geq p_0$	$p < p_0$	$\{0; 1; \ldots; g\}$
rechtsseitiger Test	$p \leq p_0$	$p > p_0$	$\{g; g+1; \ldots; n\}$
zweiseitiger Test	$p = p_0$	$p \neq p_0$	$\{0; \ldots; g_l\} \cup \{g_r; \ldots; n\}$

Hinweis:

Die Merkhilfe stellt keine Formelsammlung im klassischen Sinn dar. Bezeichnungen werden nicht erklärt und Voraussetzungen für die Gültigkeit der Formeln in der Regel nicht dargestellt.

ÜBUNGSAUFGABEN

Baden-Württemberg ▪ Leistungsfach Mathematik
Aufgaben des offiziellen Aufgabenfundus

Aufgaben mit neuen inhaltlichen Anforderungen ab 2023

Aufgabe 1 (IQB 2015)

Gegeben ist die Funktion f mit $f(x) = \ln(e^2 - x)$ mit maximalem Definitionsbereich D.

a) Geben Sie D an.

b) Bestimmen Sie die Nullstelle von f.

c) Weisen Sie rechnerisch nach, dass $y = -\frac{1}{e^2} \cdot x + 2$ eine Gleichung der Tangente an den Graphen von f im Punkt $(0 \mid f(0))$ ist.

Aufgabe 2

Gegeben ist die Funktion f mit $f(x) = 2 \cdot \sqrt{4 - x}$ mit maximaler Definitionsmenge.

a) Bestimmen Sie Definitionsmenge und Wertemenge von f.

b) Die Tangente an den Graphen von f im Punkt $P(3 \mid f(3))$ schließt mit den Koordinatenachsen eine Fläche A ein. Berechnen Sie den Inhalt dieser Fläche.

c) Der Graph der Funktion f schließt mit den Koordinatenachsen ebenfalls eine Fläche ein. Bestimmen Sie den Anteil dieser Fläche an der Fläche A.

Aufgabe 3

Gegeben ist die Funktion f mit $f(x) = 2 \cdot \ln(x + 3)$ mit maximaler Definitionsmenge.

a) Bestimmen Sie Definitionsmenge und Wertemenge von f.

b) Begründen Sie, dass die Funktion f umkehrbar ist, und bestimmen Sie einen Term der Umkehrfunktion $\overline{f}$.

c) Geben Sie Definitionsmenge und Wertemenge von $\overline{f}$ an.

Aufgabe 4

Die Funktion f mit $f(x) = (x - 1)^3 + 1$, $x \in \mathbb{R}$, ist umkehrbar. Der Graph von f wird mit G_f, der Graph der Umkehrfunktion $\overline{f}$ mit $G_{\overline{f}}$ bezeichnet. G_f und $G_{\overline{f}}$ schneiden sich in den Punkten $S_1(0 \mid 0)$, $S_2(1 \mid 1)$ und $S_3(2 \mid 2)$.

a) Beschreiben Sie, wie G_f aus dem Graphen der Funktion g mit $g(x) = x^3$ hervorgeht.

b) Bestimmen Sie ohne Bestimmung eines Terms von $\overline{f}$ den Inhalt der Fläche, die G_f und $G_{\overline{f}}$ im Bereich $0 \leq x \leq 1$ einschließen.

c) Ermitteln Sie ohne Bestimmung eines Terms von $\overline{f}$ die Größe des Winkels, unter dem sich G_f und $G_{\overline{f}}$ im Punkt S_2 schneiden.

Aufgabe 5

Gegeben ist die Funktion f mit $f(x) = \sqrt{4+3x}$ mit maximaler Definitionsmenge.

a) Bestimmen Sie die Nullstelle, Definitions- und Wertemenge von f.
Zeigen Sie, dass die Funktion f umkehrbar ist.

b) Der Graph von f schneidet die erste Winkelhalbierende in einem Punkt P.
Bestimmen Sie dessen Koordinaten.
Die Tangente t an den Graphen von f im Punkt P hat die Gleichung $y = \frac{3}{8}x + \frac{5}{2}$.
Ermitteln Sie ohne Verwendung eines Terms der Umkehrfunktion $\overline{f}$ eine Gleichung der Tangente an den Graphen von $\overline{f}$ im Punkt P.

c) Bestimmen Sie einen Term der Umkehrfunktion $\overline{f}$ und geben deren Definitions- und Wertemenge an.

d) Die Graphen von f und $\overline{f}$ schließen mit der x-Achse eine Fläche ein.
Skizzieren Sie diese Fläche und berechnen Sie deren Inhalt.

Aufgabe 6 (Auszug aus IQB 2018)

In einem Behälter befinden sich insgesamt 380 Geldscheine. Deren Verteilung kann der folgenden Tabelle entnommen werden:

Wert des Scheins	5 €	10 €	20 €	50 €
Anzahl	44	60	72	204

Sechs dieser Geldscheine sind nicht mehr umlauffähig, darunter zwei mit einem Wert von jeweils 50 €.

a) Aus dem Behälter wird ein Geldschein zufällig entnommen. Berechnen Sie die Wahrscheinlichkeit dafür, dass dieser Schein einen Wert unter 50 € hat und umlauffähig ist.

b) Beschreiben Sie im Sachzusammenhang ein Zufallsexperiment, bei dem die Wahrscheinlichkeit eines Ereignisses mit dem Term $\frac{\binom{6}{2} \cdot \binom{374}{5}}{\binom{380}{7}}$ berechnet werden kann.
Geben Sie dieses Ereignis an.

Aufgabe 7

Die Abbildung zeigt die Vierfeldertafel zu zwei stochastisch unabhängigen Ereignissen A und B. Ermitteln Sie die fehlenden Wahrscheinlichkeiten.

	B	$\overline{B}$	
A	0,18		
$\overline{A}$	0,12		
			1

Aufgabe 8

Die Abbildung zeigt die Vierfeldertafel zu zwei stochastisch unabhängigen Ereignissen A und B. Es ist $P(A) > P(B)$. Bestimmen Sie P(A).

	B	$\overline{B}$	
A	0,18		
$\overline{A}$		0,28	
			1

Aufgabe 9 (IQB 2015)

Die Flächen zweier Würfel sind mit jeweils einem Buchstaben beschriftet:
Würfel 1: B, B, C, C, C, C
Würfel 2: A, A, A, B, B, C

a) Würfel 1 wird zweimal geworfen. Eine Zufallsgröße beschreibt, wie oft dabei eine Fläche mit dem Buchstaben B gewürfelt wird. Berechnen Sie den Erwartungswert dieser Zufallsgröße.

b) Einer der beiden Würfel wird zufällig ausgewählt und einmal geworfen; es wird eine Fläche mit dem Buchstaben C gewürfelt. Bestimmen Sie die Wahrscheinlichkeit dafür, dass dabei der Würfel 2 geworfen wurde.

Aufgabe 10 (IQB 2020)

An einem Fest nehmen Erwachsene und Jugendliche teil, einige der Gäste sind verkleidet. Unter allen Gästen beträgt der Anteil der verkleideten Erwachsenen 12 %, der Anteil aller Erwachsenen 60 %. Von den Jugendlichen sind 75 % verkleidet.

a) Bestimmen Sie den Anteil derjenigen, die nicht verkleidet sind, unter allen Gästen.

b) Beschreiben Sie die Bedeutung des Terms $\frac{0{,}12}{0{,}12 + 0{,}75 \cdot 0{,}4}$ im Sachzusammenhang.

Aufgabe 11 (Auszug aus IQB 2018)

Bei fehlerhaften Flachbildschirmen treten Fehler am häufigsten in Form eines defekten Displays sowie in Form eines defekten Netzteils auf. Für einen zufällig ausgewählten Bildschirm beträgt die Wahrscheinlichkeit dafür, dass

- das Display defekt ist, 10,7 %,
- weder das Display noch das Netzteil defekt ist, 87,3 %,
- entweder das Display oder das Netzteil defekt ist, 11,7 %.

a) Stellen Sie den Sachverhalt in einer vollständig ausgefüllten Vierfeldertafel dar.

b) Untersuchen Sie, ob die beiden betrachteten Defekte unabhängig voneinander auftreten.

c) Berechnen Sie die Wahrscheinlichkeit dafür, dass bei einem zufällig ausgewählten Bildschirm mit nicht defektem Netzteil das Display defekt ist.

Aufgabe 12 (Auszug aus IQB 2020)

In einem großen Unternehmen sind 29 % der Beschäftigten weiblich. Unter allen Beschäftigten wurde eine Befragung zur Zufriedenheit am Arbeitsplatz durchgeführt. Dabei ergab sich, dass 3,5 % der weiblichen und 10,5 % der anderen Beschäftigten unzufrieden sind. Unter allen Beschäftigten wird eine Person zufällig ausgewählt. Das abgebildete Baumdiagramm stellt den Sachverhalt dar.

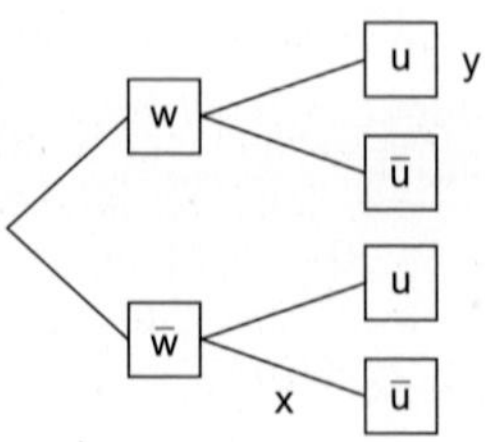

a) Ermitteln Sie die Werte von x und y.

b) Die ausgewählte Person ist an ihrem Arbeitsplatz unzufrieden. Bestimmen Sie die Wahrscheinlichkeit dafür, dass sie nicht weiblich ist.

c) Für eine Abteilung des Unternehmens ergab die Befragung, dass 4 % der weiblichen und 10 % der anderen Beschäftigten an ihrem jeweiligen Arbeitsplatz unzufrieden sind. Unter allen Beschäftigten dieser Abteilung ist der Anteil der unzufriedenen Beschäftigten, die nicht weiblich sind, fünfmal so groß wie der Anteil der unzufriedenen weiblichen Beschäftigten. Bestimmen Sie für diese Abteilung den Anteil der weiblichen Beschäftigten.

Lösungsvorschlag

Aufgabe 1

a) Die Funktion g mit $g(x) = \ln(x)$ ist definiert für $x > 0$. Dies führt für den Definitionsbereich der Funktion f auf den Ansatz:

$$e^2 - x > 0$$
$$-x > -e^2 \quad |\cdot(-1)$$
$$x < e^2 \quad \text{(Relationszeichen umdrehen bei Multiplikation mit negativer Zahl)}$$

Für den Definitionsbereich erhält man also $\mathbf{D =]-\infty; e^2[}$.

Hinweis: Beim Operator „angeben" ist keine Rechnung verlangt.

b) Wegen $\ln(1) = 0$ führt $f(x) = 0$ auf:

$$e^2 - x = 1$$
$$x = e^2 - 1$$

Die Funktion f hat die Nullstelle $\mathbf{x = e^2 - 1}$.

c) Für die Steigung m der gegebenen Tangente gilt $m = -\frac{1}{e^2}$; ihr y-Achsenabschnitt ist 2. Somit ist zu zeigen:

(I) $f'(0) = m = -\frac{1}{e^2}$

(II) $f(0) = 2$

Für die Ableitung der Grundfunktion $g(x) = \ln(x)$ gilt $g'(x) = \frac{1}{x}$. Damit erhält man für f' mithilfe der Kettenregel:

$$f'(x) = \frac{1}{e^2 - x} \cdot (-1) = \frac{1}{x - e^2}$$

Für $x = 0$ ergibt sich folglich:

(I) $f'(0) = \frac{1}{0 - e^2} = -\frac{1}{e^2}$

(II) $f(0) = \ln(e^2) = 2 \cdot \ln(e) = 2$

Damit ist $\mathbf{y = -\frac{1}{e^2} \cdot x + 2}$ eine Gleichung der Tangente.

Aufgabe 2

a) **Definitionsmenge:**
Da die Funktion g mit $g(x) = \sqrt{x}$ für $x \geq 0$ definiert ist, erhält man die Definitionsmenge von f mithilfe des Ansatzes:

$$4 - x \geq 0$$
$$-x \geq -4 \quad |\cdot(-1) \quad \text{(Multiplikation mit einer negativen Zahl!)}$$
$$x \leq 4$$

Man erhält damit für die Definitionsmenge $\mathbf{D_f =]-\infty; 4]}$.

Wertemenge:
Die Wertemenge stimmt mit der der Grundfunktion überein:
$\mathbf{W_f = \mathbb{R}_0^+}$

b) Für die Ableitung von f mit $f(x) = 2 \cdot (4-x)^{\frac{1}{2}}$ erhält man mithilfe der Kettenregel:

$$f'(x) = 2 \cdot \frac{1}{2} \cdot (4-x)^{-\frac{1}{2}} \cdot (-1) = -\frac{1}{\sqrt{4-x}}$$

Damit ergibt sich für $x = 3$:

$$f'(3) = -\frac{1}{\sqrt{4-3}} = -1$$

Da $f(3) = 2\sqrt{4-3} = 2$ ist, erhält man für die Gleichung der Tangente:

$$y = \underbrace{f'(3)}_{-1} \cdot (x-3) + \underbrace{f(3)}_{2} = -x + 3 + 2 = -x + 5$$

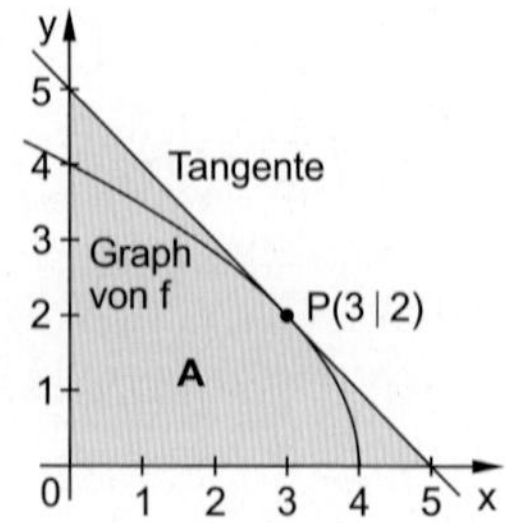

Der y-Achsenabschnitt ist also 5.
Den Schnittpunkt mit der x-Achse liefert die lineare Gleichung $-x + 5 = 0$; damit ist $x = 5$.
Für den Flächeninhalt des rechtwinkligen Dreiecks (vgl. Skizze) erhält man also:

$$A = \frac{1}{2} \cdot 5 \cdot 5 = \mathbf{\frac{25}{2}}$$

c) Der Graph von f schneidet die x-Achse an der Stelle $x = 4$ (siehe Skizze). Eine mögliche Stammfunktion F von f mit $f(x) = 2 \cdot (4-x)^{\frac{1}{2}}$ ist:

$$F(x) = -\frac{4}{3} \cdot (4-x)^{\frac{3}{2}} \quad \text{(lineare Substitution!)}$$

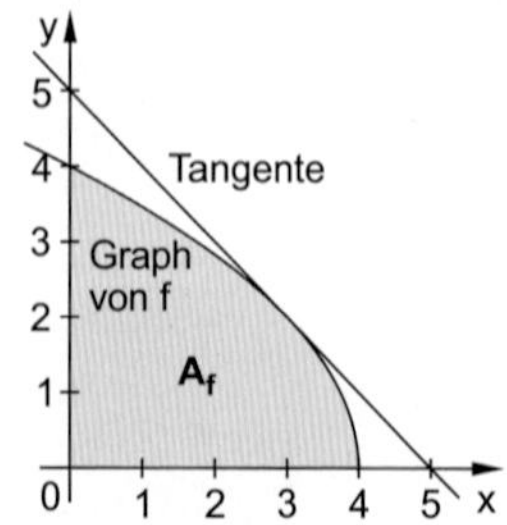

Damit erhält man für die gesuchte Fläche:

$$A_f = \int_0^4 f(x)\,dx = \left[-\frac{4}{3} \cdot (4-x)^{\frac{3}{2}}\right]_0^4$$

$$= -\frac{4}{3} \cdot 0 - \left(-\frac{4}{3} \cdot \underbrace{4^{\frac{3}{2}}}_{=2^3}\right) = \frac{32}{3}$$

Für den Anteil gilt:

$$\frac{A_f}{A} = \frac{32}{3} : \frac{25}{2} = \frac{64}{75} \approx 85\,\%$$

Der Anteil dieser Fläche an der Fläche A beträgt **ca. 85 %**.

Aufgabe 3

a) **Definitionsmenge:**
Die natürliche Logarithmusfunktion g mit $g(x)=\ln(x)$ ist definiert für $x>0$. Dies führt für die Definitionsmenge der Funktion f auf den Ansatz:

$$x+3>0$$
$$x>-3$$

Für die Definitionsmenge erhält man also $\mathbf{D_f=]-3;\,\infty[}$.

Wertemenge:
Weder eine Verschiebung in x-Richtung um –3 (um 3 Einheiten nach links) noch eine Streckung in y-Richtung mit dem Faktor 2 ändert die Wertemenge. Diese ist wie bei der Grundfunktion:

$\mathbf{W_f=\mathbb{R}}$

b) **Begründung:**
Es genügt zu zeigen, dass die Funktion f streng monoton ist.
Da für die Ableitung

$$f'(x)=\frac{2}{x+3}>0 \text{ für } x\in D_f$$

gilt, ist f streng monoton und damit umkehrbar.

Term:
Zunächst löst man nach x auf:

$$y=2\cdot\ln(x+3) \quad |:2$$
$$\frac{y}{2}=\ln(x+3) \quad |e^{\square}$$
$$e^{\frac{y}{2}}=x+3 \quad |-3$$
$$x=e^{\frac{y}{2}}-3$$

Nun sind noch die Variablen zu tauschen:

$$y=e^{\frac{x}{2}}-3$$

Ein Term der Umkehrfunktion lautet $\mathbf{\overline{f}(x)=e^{\frac{1}{2}x}-3}$.

c) Die Definitionsmenge der Umkehrfunktion $\overline{f}$ entspricht der Wertemenge von f; die Wertemenge von $\overline{f}$ der Definitionsmenge von f.

Damit ist $\mathbf{D_{\overline{f}}=\mathbb{R}}$ und $\mathbf{W_{\overline{f}}=]-3;\,\infty[}$.

Aufgabe 4

a) Der Graph von f entsteht, indem der Graph von g **um eine Einheit nach rechts und um eine Einheit nach oben verschoben** wird.

$$f(x) = (\underbrace{x-1}_{\text{Verschiebung in x-Richtung}})^3 + \underbrace{1}_{\text{Verschiebung in y-Richtung}}$$

Hinweis: Für x = +1 wird die Klammer 0, also handelt es sich um eine Verschiebung nach rechts.

b) Die Graphen der Funktionen f und $\overline{f}$ liegen symmetrisch zur Winkelhalbierenden y = x.

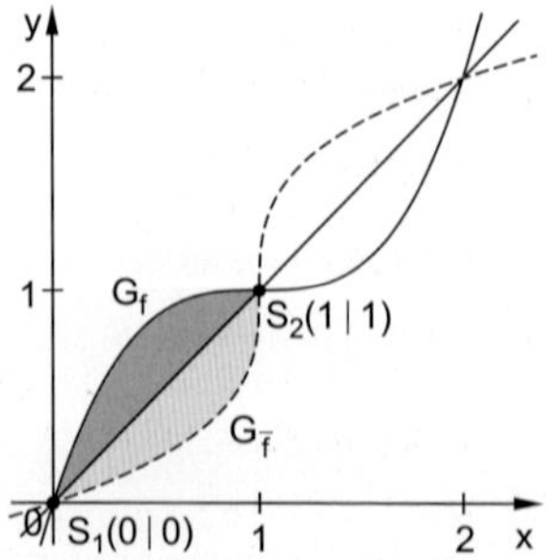

Weil sich die Graphen in $S_1(0|0)$ und $S_2(1|1)$ schneiden, erhält man damit den gesuchten Flächeninhalt aus Symmetriegründen durch

$$A = 2 \cdot \int_0^1 (f(x) - x)\,dx \quad \text{(siehe Abbildung).}$$

Eine mögliche Stammfunktion von f ist F mit:

$$F(x) = \frac{1}{4} \cdot (x-1)^4 + x$$

Damit erhält man:

$$A = 2 \cdot \int_0^1 (f(x) - x)\,dx = 2 \cdot \left[\frac{1}{4} \cdot (x-1)^4 + x - \frac{1}{2}x^2\right]_0^1$$

$$= 2 \cdot \left[\frac{1}{4} \cdot 0 + 1 - \frac{1}{2} - \left(\frac{1}{4} + 0\right)\right] = 2 \cdot \frac{1}{4} = \frac{1}{2}$$

Die eingeschlossene Fläche hat den Inhalt $\mathbf{A = \frac{1}{2}}$.

c) Für die Ableitung von f erhält man:

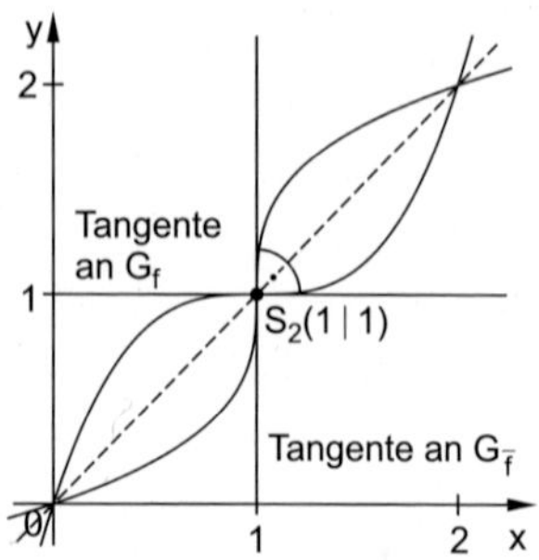

$f'(x) = 3 \cdot (x-1)^2$

Daher ist $f'(1) = 0$.

Der Graph G_f besitzt also bei x = 1 eine waagerechte Tangente.

Da der Graph $G_{\overline{f}}$ der Umkehrfunktion durch Spiegelung von G_f an der ersten Winkelhalbierenden hervorgeht, besitzt $G_{\overline{f}}$ bei x = 1 eine senkrechte Tangente.

Die Größe des Winkels, unter dem sich G_f und $G_{\overline{f}}$ im Punkt S_2 schneiden, ist also **90°**.

Aufgabe 5

a) **Nullstelle:**

Der Ansatz $f(x)=0$ führt auf:

$$\begin{aligned} \sqrt{4+3x} &= 0 \qquad |(\ )^2 \\ 4+3x &= 0 \qquad |-4 \quad |:3 \\ x &= -\frac{4}{3} \end{aligned}$$

Die Funktion f hat die Nullstelle $\mathbf{x=-\frac{4}{3}}$.

Definitionsmenge:

Die Funktion g mit $g(x)=\sqrt{x}$ ist definiert für $x \geq 0$. Die Ungleichung $4+3x \geq 0$ liefert $x \geq -\frac{4}{3}$.

Für die Definitionsmenge erhält man $\mathbf{D_f = \left[-\frac{4}{3}; \infty\right[}$.

Hinweis: Auch eine Argumentation mithilfe der Nullstelle wäre möglich.

Wertemenge:

Die Wertemenge stimmt mit der von g mit $g(x)=\sqrt{x}$ überein. Nach Definition ist $\sqrt{x} \geq 0$ und somit ist $\mathbf{W_f = \mathbb{R}_0^+}$.

Umkehrbarkeit:

Es genügt zu zeigen, dass die Funktion f streng monoton ist. Mit $f(x)=(4+3x)^{\frac{1}{2}}$ erhält man für die Ableitung von f mithilfe der Kettenregel:

$$f'(x)=\frac{1}{2}\cdot(4+3x)^{-\frac{1}{2}}\cdot 3=\frac{3}{2\cdot\sqrt{4+3x}}>0 \text{ für alle } x>-\frac{4}{3}$$

Damit ist f streng monoton und umkehrbar.

Hinweis: Für $x=-\frac{4}{3}$ ist die Funktion f nicht differenzierbar.

b) **Schnittpunkt:**

Den Schnittpunkt des Graphen von f mit der ersten Winkelhalbierenden $(y=x)$ erhält man durch Lösen der Gleichung:

$$\begin{aligned} \sqrt{4+3x} &= x \\ 4+3x &= x^2 \\ x^2-3x-4 &= 0 \end{aligned}$$

Mithilfe der Lösungsformel ergibt sich

$$x_{1,2}=\frac{3\pm\sqrt{9-4\cdot 1\cdot(-4)}}{2}=\frac{3\pm\sqrt{25}}{2}=\frac{3\pm 5}{2}$$

mit der einzigen Lösung: $x_1=4$

Die wegen des Quadrierens notwendige Probe zeigt, dass $x_2=-1$ keine Lösung ist.

Damit hat P die Koordinaten $\mathbf{P(4\,|\,4)}$.

Tangente:

Die gesuchte Tangente $\overline{t}$ geht hier durch Spiegelung von t an der ersten Winkelhalbierenden hervor (vgl. Skizze).

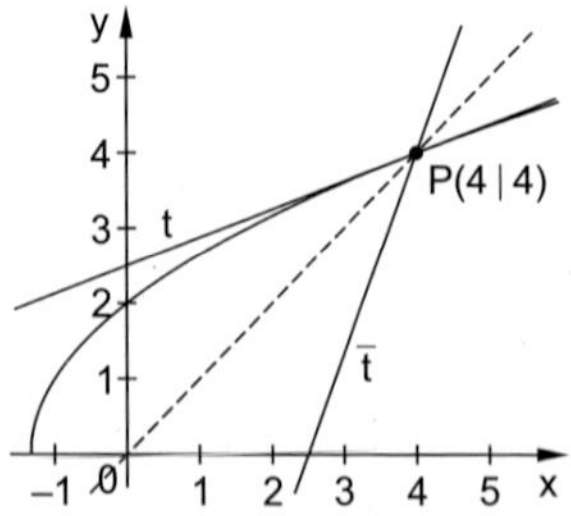

Da für die Steigung einer Geraden allgemein $m = \frac{y_2 - y_1}{x_2 - x_1}$ gilt und bei der Umkehrfunktion x und y vertauscht werden, besitzt die Tangente $\overline{t}$ an den Graphen der Umkehrfunktion die Steigung $\frac{8}{3}$.

Einsetzen der Koordinaten von P und der Steigung $\frac{8}{3}$ in die allgemeine Tangentengleichung führt auf:

$$\overline{t}(x) = \frac{8}{3} \cdot (x-4) + 4 = \frac{8}{3}x - \frac{32}{3} + 4 = \frac{8}{3}x - \frac{20}{3}$$

Eine Gleichung der Tangente $\overline{t}$ lautet $\mathbf{\overline{t}(x) = \frac{8}{3}x - \frac{20}{3}}$.

c) **Term:**

Im ersten Schritt löst man nach x auf:

$$\begin{aligned} y &= \sqrt{4+3x} && |(\ )^2 \\ y^2 &= 4+3x && |-4 \\ y^2 - 4 &= 3x && |:3 \\ \frac{1}{3}y^2 - \frac{4}{3} &= x \end{aligned}$$

Nun vertauscht man die Variablen und erhält:

$$\mathbf{\overline{f}(x) = \frac{1}{3}x^2 - \frac{4}{3}}$$

Definitions- und Wertemenge:

Definitions- und Wertemenge der Umkehrfunktion ergeben sich durch den allgemeingültigen Zusammenhang $D_{\overline{f}} = W_f$ und $W_{\overline{f}} = D_f$.

Also ist $\mathbf{D_{\overline{f}} = \mathbb{R}_0^+}$ und $\mathbf{W_{\overline{f}} = \left[-\frac{4}{3}; \infty\right[}$.

Anmerkung: Die Definitionsmenge der Umkehrfunktion kann nicht mithilfe des Terms von $\overline{f}$ bestimmt werden.

d) **Skizze:**

Beachten Sie Definitions- und Wertemenge von f und $\overline{f}$.

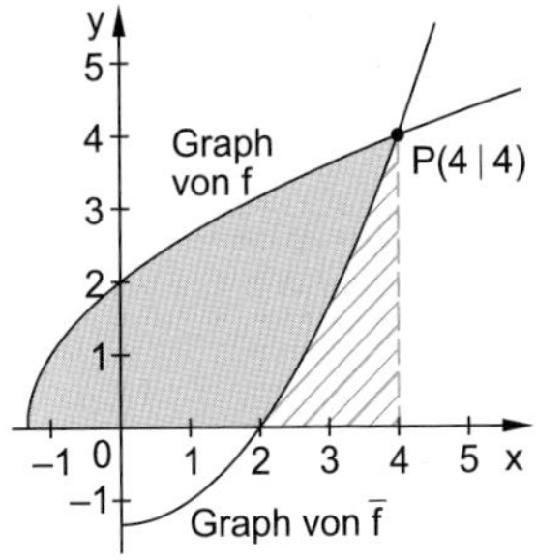

Flächeninhalt:

Da der Punkt Q(0 | 2) auf dem Graphen von f liegt, ist $x_2 = 2$ Nullstelle von $\overline{f}$ (siehe Abbildung).

Somit ergibt sich für den Inhalt der gesuchten Fläche:

$$A = \int_{-\frac{4}{3}}^{4} f(x)\,dx - \int_{2}^{4} \overline{f}(x)\,dx = \left[\frac{2}{9}\cdot(3x+4)^{\frac{3}{2}}\right]_{-\frac{4}{3}}^{4} - \left[\frac{1}{9}x^3 - \frac{4}{3}x\right]_2^4$$

$$= \frac{2}{9}\cdot(16^{\frac{3}{2}} - 0) - \left(\frac{1}{9}\cdot 4^3 - \frac{16}{3} - \left(\frac{1}{9}\cdot 2^3 - \frac{8}{3}\right)\right)$$

$$= \frac{128}{9} - \left(\frac{16}{9} - \left(-\frac{16}{9}\right)\right)$$

$$= \frac{128}{9} - \frac{32}{9} = \frac{96}{9} = \frac{32}{3}$$

Die eingeschlossene Fläche hat den Inhalt $\mathbf{\frac{32}{3}}$.

Alternative Lösung unter Ausnutzung der Symmetrie:

$$A = \int_0^4 (f(x) - \overline{f}(x))\,dx$$

$$= \left[\frac{2}{9}\cdot(3x+4)^{\frac{3}{2}} - \left(\frac{1}{9}x^3 - \frac{4}{3}x\right)\right]_0^4$$

$$= \frac{128}{9} - \frac{16}{9} - \left(\frac{16}{9} - 0\right) = \frac{96}{9} = \frac{32}{3}$$

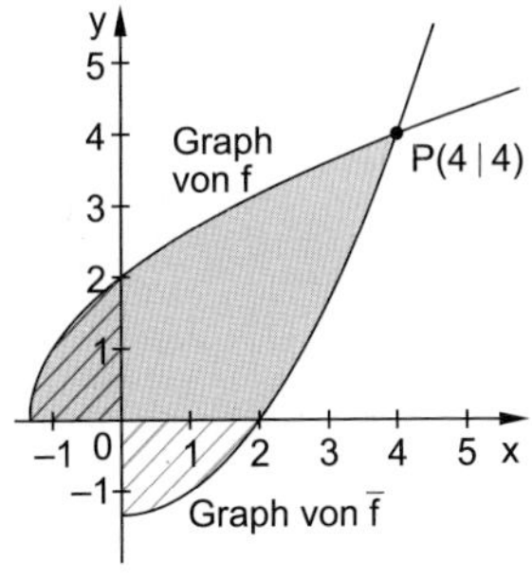

Aufgabe 6

a) In dem Behälter mit 380 Scheinen befinden sich insgesamt 176 Scheine, deren Wert unter 50 € liegt. Vier davon sind nicht mehr umlauffähig, $176-4$ sind also umlauffähig.

Damit gilt für die gesuchte Wahrscheinlichkeit p:

$$p=\frac{176-4}{380}=\frac{172}{380}\approx \mathbf{45{,}3\,\%}$$

b) **Beschreibung des Zufallsexperiments:**

Dem Nenner $\binom{380}{7}$ entnimmt man, dass 7 Scheine (ohne Zurücklegen) zufällig ausgewählt bzw. dem Behälter entnommen werden.

Angabe des Ereignisses:
Von den 7 entnommenen Scheinen sind genau zwei nicht umlauffähig.

Begründung (hier nicht verlangt):
Da sechs Scheine nicht umlauffähig sind, steht $\binom{6}{2}$ dafür, dass von den entnommenen Scheinen zwei nicht mehr umlauffähig sind. Ferner werden von den 374 umlauffähigen Scheinen $7-2=5$ Scheine entnommen.

Aufgabe 7

Durch einfache Summen- bzw. Differenzenbildung ergibt sich zunächst:
$P(B)=0{,}18+0{,}12=0{,}3$

$P(\overline{B})=1-P(B)=0{,}7$

Da A und B stochastisch unabhängig sind, gilt:
$P(A\cap B)=P(A)\cdot P(B)$ bzw.

$$P(A)=\frac{P(A\cap B)}{P(B)}=\frac{0{,}18}{0{,}3}=0{,}6$$

Damit erhält man:

$P(A\cap \overline{B})=0{,}6-0{,}18=0{,}42$

$P(\overline{A})=1-P(A)=1-0{,}6=0{,}4$

Daraus folgt:
$P(\overline{A}\cap \overline{B})=0{,}4-0{,}12=0{,}28$

Vollständige Vierfeldertafel:

	B	$\overline{B}$	
A	0,18	0,42	0,6
$\overline{A}$	0,12	0,28	0,4
	0,3	0,7	1

Alternative Lösung:
Da A und B stochastisch unabhängig sind, gilt zeilen- und spaltenweise eine „Verhältnisgleichheit“ in der Vierfeldertafel.
Damit kann nach der Berechnung von P(B) und $P(\overline{B})$ (siehe oben) auch wie folgt vorgegangen werden:

$\frac{P(A \cap \overline{B})}{0{,}7} = \frac{0{,}18}{0{,}3}$ liefert $P(A \cap \overline{B}) = 0{,}42$ und $P(\overline{A} \cap \overline{B}) = 0{,}7 - 0{,}42 = 0{,}28$

Bemerkung: Diese Verhältnisgleichheit gilt nur bei stochastischer Unabhängigkeit!

Aufgabe 8

Um Schreibarbeit zu reduzieren, führt man z. B. die Bezeichnung $x = P(A \cap \overline{B})$ ein.
Dann gilt: $P(A) = 0{,}18 + x$

Da die Summe der vier inneren Felder 1 ist, erhält man ferner:

$P(\overline{A} \cap B) = 1 - (0{,}18 + x + 0{,}28) = 1 - 0{,}46 - x = 0{,}54 - x$

$P(B) = P(A \cap B) + P(\overline{A} \cap B) = 0{,}18 + (0{,}54 - x) = 0{,}72 - x$

Wegen der stochastischen Unabhängigkeit der Ereignisse A und B gilt:

$$P(A \cap B) = P(A) \cdot P(B)$$
$$0{,}18 = (0{,}18 + x) \cdot (0{,}72 - x)$$
$$0{,}18 = 0{,}1296 - 0{,}18x + 0{,}72x - x^2$$

$x^2 - 0{,}54x + 0{,}0504 = 0$

Verwendet man z. B. die pq-Formel, erhält man:

$x_{1,2} = 0{,}27 \pm \sqrt{0{,}27^2 - 0{,}0504} = 0{,}27 \pm \sqrt{0{,}0225} = 0{,}27 \pm 0{,}15$

$x_1 = 0{,}12$ und $x_2 = 0{,}42$

Mit $x_1 = P(A \cap \overline{B}) = 0{,}12$ gilt: $P(A) = P(A \cap B) + P(\overline{A} \cap B) = 0{,}18 + 0{,}12 = 0{,}3$

Mit $x_2 = P(A \cap \overline{B}) = 0{,}42$ gilt entsprechend: $P(A) = 0{,}18 + 0{,}42 = 0{,}6$

Da nur x_2 die Bedingung $P(A) > P(B)$ erfüllt, ist $\mathbf{P(A) = 0{,}6}$.

Aufgabe 9

a) Die Zufallsgröße X beschreibt, wie oft beim zweimaligen Werfen von Würfel 1 der Buchstabe B gewürfelt wird. Mit $P(B) = \frac{2}{6} = \frac{1}{3}$ gilt:

$P(X = 1) = P(B; \overline{B}) + P(\overline{B}; B) = \frac{1}{3} \cdot \frac{2}{3} + \frac{2}{3} \cdot \frac{1}{3} = 2 \cdot \frac{1}{3} \cdot \frac{2}{3} = \frac{4}{9}$ und

$P(X = 2) = \frac{1}{3} \cdot \frac{1}{3} = \frac{1}{9}$

Die Wahrscheinlichkeit für $P(X = 0)$ wird nicht benötigt.

Damit erhält man für den Erwartungswert:

$E(X) = 1 \cdot P(X = 1) + 2 \cdot P(X = 2) = 1 \cdot \frac{4}{9} + 2 \cdot \frac{1}{9} = \frac{6}{9} = \mathbf{\frac{2}{3}}$

b) Mit den Bezeichnungen
C: „Eine Fläche mit dem Buchstaben C erscheint" und
W2: „Der Würfel 2 wird geworfen" bzw. W1: „Der Würfel 1 wird geworfen" entspricht die gesuchte Wahrscheinlichkeit der bedingten Wahrscheinlichkeit $P_C(W2)$.

Für die Wahrscheinlichkeit, dass eine Fläche mit dem Buchstaben C erscheint, gilt:

$$P(C) = P(W1 \cap C) + P(W2 \cap C) = \frac{1}{2} \cdot \frac{4}{6} + \frac{1}{2} \cdot \frac{1}{6}$$

Damit erhält man:

$$P_C(W2) = \frac{P(W2 \cap C)}{P(C)} = \frac{\frac{1}{2} \cdot \frac{1}{6}}{\frac{1}{2} \cdot \frac{4}{6} + \frac{1}{2} \cdot \frac{1}{6}} = \frac{\frac{1}{12}}{\frac{5}{12}} = \frac{1}{5}$$

Die bedingte Wahrscheinlichkeit dafür, dass der Würfel 2 geworfen wurde, wenn der Buchstabe C erscheint, beträgt **20 %**.

Alternative Lösung:
Beide Würfel haben jeweils sechs Seiten, beim ersten Würfel sind vier Seiten mit dem Buchstaben C beschriftet, beim zweiten Würfel eine. Damit beträgt die Wahrscheinlichkeit dafür, dass Würfel 2 geworfen wurde, wenn der Buchstabe C erscheint:

$$P = \frac{\text{Anzahl der Seiten mit C bei Würfel 2}}{\text{Anzahl der Seiten mit C bei beiden Würfeln}} = \frac{1}{4+1} = \frac{1}{5} = 20\ \%$$

Aufgabe 10

a) Der Anteil aller Erwachsenen beträgt 60 %, unter allen Gästen sind 12 % verkleidete Erwachsene. Damit sind 48 % aller Gäste unverkleidete Erwachsene.

Da $(100\ \% - 60\ \% =)$ 40 % der Gäste Jugendliche sind und von den Jugendlichen 75 % verkleidet sind, ergibt sich für den Anteil der Gäste, die nicht verkleidet sind:
$0{,}48 + 0{,}4 \cdot (1 - 0{,}75) = 0{,}48 + 0{,}4 \cdot 0{,}25 = 0{,}58 = 58\ \%$

Von den Gästen sind **58 %** nicht verkleidet.

b) Der Zähler 0,12 des Terms $\frac{0{,}12}{0{,}12 + 0{,}75 \cdot 0{,}4}$ entspricht dem Anteil der verkleideten Erwachsenen unter den Gästen.

Da von den Jugendlichen (Anteil 40 %, siehe oben) 75 % verkleidet sind, beschreibt der Nenner $0{,}12 + 0{,}75 \cdot 0{,}4$ den Anteil der verkleideten Gäste insgesamt.

Damit gibt der Term den **Anteil der Erwachsenen unter allen Verkleideten an**.

Alternative Lösung:
Diese Aufgabe lässt sich auch mithilfe einer Vierfeldertafel bearbeiten. Mit den Bezeichnungen E: „Erwachsener" und V: „Gast ist verkleidet" ergibt sich:

	V	$\overline{V}$	
E	0,12	0,48	0,6
$\overline{E}$	0,3	0,1	0,4
	0,42	0,58	1

a) Der Vierfeldertafel lässt sich $P(\overline{V}) = 0{,}58$ direkt entnehmen.

b) Der angegebene Term entspricht der bedingten Wahrscheinlichkeit

$$P_V(E) = \frac{P(E \cap V)}{P(V)} \text{ mit } P(E \cap V) = 0{,}12 \text{ und } P(V) = 0{,}12 + 0{,}3 = 0{,}12 + 0{,}75 \cdot 0{,}4.$$

Aufgabe 11

a) Mit den Bezeichnungen
D: „Das Display ist defekt" und
N: „Das Netzteil ist defekt"
entnimmt man zunächst dem Text:

	D	$\overline{D}$	
N			
$\overline{N}$		87,3 %	
	10,7 %		100 %

$P(D) = 10{,}7\,\%$

$P(\overline{D} \cap \overline{N}) = 87{,}3\,\%$

$P(D \cap \overline{N}) + P(\overline{D} \cap N) = 11{,}7\,\%$

Der Reihe nach berechnet man:

$P(\overline{D}) = 100\,\% - 10{,}7\,\% = 89{,}3\,\%$

$P(\overline{D} \cap N) = 89{,}3\,\% - 87{,}3\,\% = 2\,\%$

$P(D \cap \overline{N}) = 11{,}7\,\% - P(\overline{D} \cap N) = 11{,}7\,\% - 2\,\% = 9{,}7\,\%$

$P(D \cap N) = 10{,}7\,\% - 9{,}7\,\% = 1\,\%$

Damit ergibt sich folgende Vierfeldertafel:

	D	$\overline{D}$	
N	1 %	2 %	3 %
$\overline{N}$	9,7 %	87,3 %	97 %
	10,7 %	89,3 %	100 %

b) Wenn die Defekte unabhängig voneinander auftreten, gilt:
$P(D \cap N) = P(D) \cdot P(N)$

Der Vierfeldertafel entnimmt man:

$P(D \cap N) = 0{,}01$

Ferner gilt:

$P(D) \cdot P(N) = 0{,}107 \cdot 0{,}03 = 0{,}00321$

Die beiden Defekte treten **nicht unabhängig voneinander** auf.

c) Die gesuchte Wahrscheinlichkeit entspricht der bedingten Wahrscheinlichkeit $P_{\overline{N}}(D)$.
Es gilt:

$$P_{\overline{N}}(D) = \frac{P(D \cap \overline{N})}{P(\overline{N})} = \frac{9{,}7\,\%}{97\,\%} = 10\,\%$$

Die gesuchte Wahrscheinlichkeit beträgt **10 %**.

Aufgabe 12

a) Da 10,5 % der nicht weiblichen Beschäftigten unzufrieden sind, sind 100 % – 10,5 % davon nicht unzufrieden.
$\mathbf{x} = 100\,\% - 10{,}5\,\% = \mathbf{89{,}5\,\%}$

Der Aufgabenstellung entnimmt man, dass 29 % der Beschäftigten weiblich und davon 3,5 % unzufrieden sind. Mithilfe der Pfadregel ergibt sich:
$\mathbf{y} = P(w;\, u) = 29\,\% \cdot 3{,}5\,\% = 0{,}29 \cdot 0{,}035 \approx \mathbf{0{,}01}$

b) Mit den Bezeichnungen
w: „Die beschäftigte Person ist weiblich" und
u: „Die beschäftigte Person ist unzufrieden"
entspricht die gesuchte Wahrscheinlichkeit der bedingten Wahrscheinlichkeit $P_u(\overline{w})$.

Es gilt: $P_u(\overline{w}) = \dfrac{P(\overline{w} \cap u)}{P(u)}$

Betrachtet man die beiden Pfade, die zu „u" führen, erhält man:
$P(u) = P(w;\, u) + P(\overline{w};\, u) = 0{,}29 \cdot 0{,}035 + 0{,}71 \cdot 0{,}105$

Mit der Pfadregel ergibt sich $P(\overline{w} \cap u) = 0{,}71 \cdot 0{,}105$ und insgesamt:

$$P_u(\overline{w}) = \frac{P(\overline{w} \cap u)}{P(u)} = \frac{0{,}71 \cdot 0{,}105}{0{,}29 \cdot 0{,}035 + 0{,}71 \cdot 0{,}105} \approx 88\,\%$$

Die bedingte Wahrscheinlichkeit, dass eine an ihrem Arbeitsplatz unzufriedene Person nicht weiblich ist, beträgt **ca. 88 %**.

c) Den Anteil der weiblichen Beschäftigten bezeichnet man z. B. mit a.
Da 4 % der weiblichen Beschäftigten unzufrieden sind, erhält man für deren Anteil an allen Beschäftigten der Abteilung damit $a \cdot 0{,}04$.

Der Anteil der nicht weiblichen unzufriedenen Beschäftigten ist $(1-a) \cdot 0{,}1$ (10 % der nicht weiblichen Beschäftigten sind unzufrieden).

Die Bedingung, dass dieser Anteil fünfmal so groß ist wie der Anteil der unzufriedenen weiblichen Beschäftigten, führt auf die Gleichung:
$5 \cdot a \cdot 0{,}04 = (1-a) \cdot 0{,}1$

Lösen dieser Gleichung ergibt:

$$0{,}2a = 0{,}1 - 0{,}1a \quad \big|\, +0{,}1a$$
$$0{,}3a = 0{,}1 \quad \big|\, :0{,}3$$
$$\mathbf{a = \frac{1}{3}}$$

Ein Drittel der Beschäftigten in dieser Abteilung ist weiblich.

Baden-Württemberg ▪ Leistungsfach Mathematik

Übungsaufgabensatz 1 im Stil der Prüfung

Pflichtteil

Aufgabe 1

Für ein $k > 0$ ist die Funktion f mit $f(x) = 1 + e^{k \cdot x}$ gegeben.
Der Graph G_f schneidet die y-Achse im Punkt M.
Die Abbildung zeigt G_f sowie die Tangente t an G_f im Punkt M.

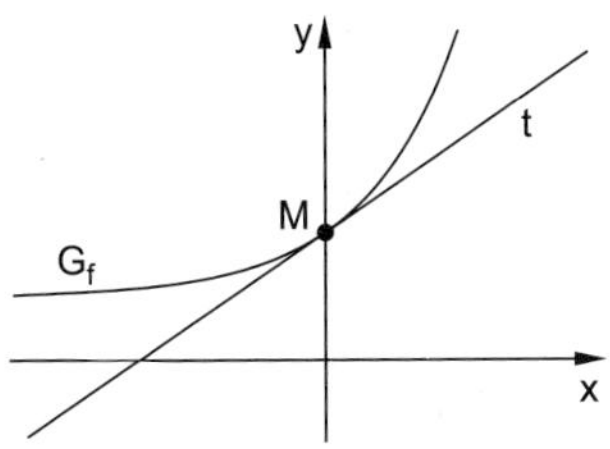

a) Weisen Sie nach, dass die Tangente t die Gleichung $y = kx + 2$ hat. 1 VP

b) Die Tangente t schließt mit den beiden Koordinatenachsen ein Dreieck mit dem Flächeninhalt $\frac{k}{8}$ ein. Bestimmen Sie den Wert von k. 1,5 VP

Aufgabe 2

Gegeben ist die Funktion f mit $f(x) = 2\ln\left(\frac{x}{2}\right) + 2$ mit maximaler Definitionsmenge. Die Abbildung zeigt den Graphen von f.

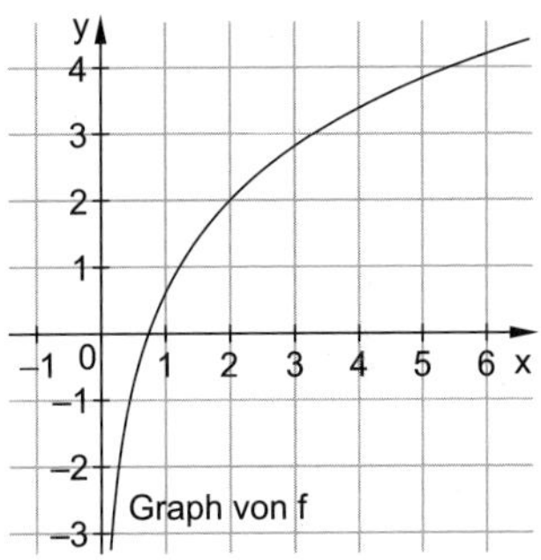

a) Begründen Sie anhand des Graphen, dass f im abgebildeten Bereich umkehrbar ist. 0,5 VP

b) Bestimmen Sie einen Term der Umkehrfunktion $\overline{f}$. 1 VP

c) Es gilt: $\int_0^2 (2 - \overline{f}(x))\,dx = \int_a^2 f(x)\,dx$
Bestimmen Sie den Wert von a. 1 VP

Aufgabe 3

Gegeben ist die Funktion f mit $f(x) = 2\sqrt{4 - x}$; $x \leq 4$.

a) Skizzieren Sie den Graphen von f im Intervall [–5; 4]. 1 VP

b) Für $m \in \left[-\frac{1}{4}; 0\right[$ schneiden die Geraden mit der Gleichung $y = mx + 1$ den Graphen von f in zwei Punkten $A(a \mid f(a))$ und $B(b \mid f(b))$ mit $a < b$. Bestimmen Sie alle möglichen Werte von b. 1,5 VP

Aufgabe 4

Die Abbildung zeigt den Graphen einer Funktion f.
Entscheiden Sie, ob folgende Aussagen wahr oder falsch sind.
Begründen Sie jeweils Ihre Entscheidung.

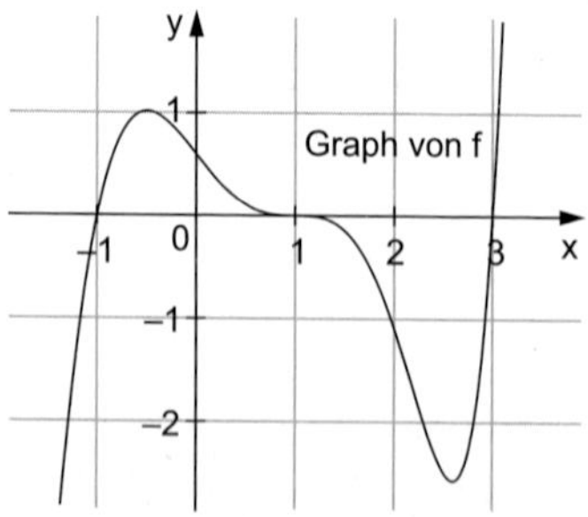

(1) Die Integralfunktion

$$J_{-1}(x) = \int_{-1}^{x} f(t)\,dt$$

von f hat im abgebildeten Bereich genau eine Nullstelle. 1,5 VP

(2) $\int_{-1}^{1} f''(x)\,dx > 0$ 1 VP

Aufgabe 5

Die beiden Geraden g: $\vec{x} = \begin{pmatrix} 1 \\ -1 \\ 2 \end{pmatrix} + s \cdot \begin{pmatrix} 1 \\ -2 \\ 0 \end{pmatrix}$ und h: $\vec{x} = \begin{pmatrix} 1 \\ -1 \\ 0 \end{pmatrix} + t \cdot \begin{pmatrix} -2 \\ 4 \\ 0 \end{pmatrix}$ sind parallel.

a) Bestimmen Sie eine Gleichung der Ebene E, in der die Geraden g und h liegen. 1 VP

b) Weisen Sie nach, dass die Gerade h durch Spiegelung der Geraden g am Punkt $P(0\,|\,1\,|\,1)$ entsteht. 1,5 VP

Aufgabe 6

Die Abbildung zeigt den Graphen der Dichtefunktion einer normalverteilten Zufallsgröße X mit $\mu = 7$ und $\sigma = 2$.

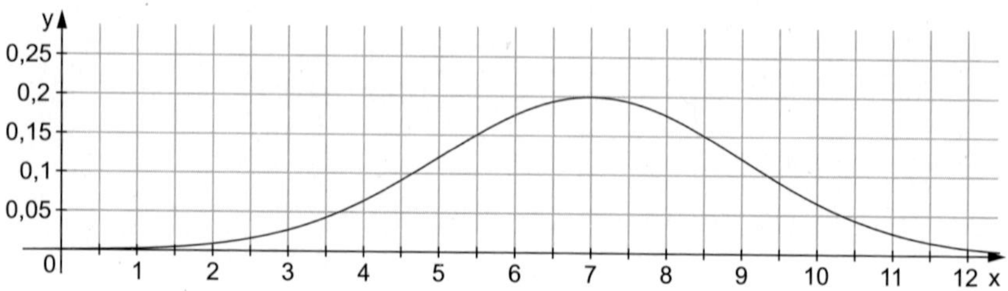

a) Bestimmen Sie $P(|X - \mu| \geq 1{,}5)$. 1,5 VP

b) Beurteilen Sie, ob es normalverteilte Zufallsgrößen X mit $\mu = 7$ gibt, sodass $P(6 \leq X \leq 8) \geq 0{,}4$ gilt. 1 VP

TIPP Lösungshinweise zum Pflichtteil

Aufgabe 1

Teilaufgabe a

Welche x-Koordinate besitzt der Punkt M?

Bestimmen Sie die Gleichung der ersten Ableitung von f und berechnen Sie damit die Steigung der Tangente t.

Zeigen Sie, dass der Funktionswert von f an der Stelle 0 mit dem y-Achsenabschnitt von t übereinstimmt.

Teilaufgabe b

Welche besondere Eigenschaft hat dieses Dreieck?

Bestimmen Sie zunächst den Flächeninhalt in Abhängigkeit von k.

Aufgabe 2

Teilaufgabe a

Wie kann man am Monotonieverhalten des Graphen von f erkennen, ob die Funktion f in einem Intervall umkehrbar ist?

Teilaufgabe b

Wie bestimmt man allgemein aus der Funktionsgleichung einer Funktion f den Funktionsterm der Umkehrfunktion $\overline{f}$?

Wie löst man eine logarithmische Gleichung der Form $a = \ln(x)$?
(Beachten Sie: $e^{\ln(x)} = x$)

Teilaufgabe c

Erstellen Sie eine Skizze, welche die Graphen von f, $\overline{f}$, der ersten Winkelhalbierenden und der konstanten Funktion $y = 2$ enthält.

Beachten Sie die Symmetrie zwischen den Graphen von f und $\overline{f}$.

Markieren Sie die durch die Integrale festgelegten Flächen und überlegen Sie, welchen Wert a haben muss, damit die Flächen gleich groß sind.

Aufgabe 3

Teilaufgabe a

Erstellen Sie eine Wertetabelle für geeignete Werte.

Berücksichtigen Sie das angegebene Intervall.

Teilaufgabe b

Veranschaulichen Sie sich mit einer Skizze, wie die Geraden $y = mx + 1$ für $m \in \left[-\frac{1}{4}; 0 \right[$ verlaufen und wo die Schnittpunkte $B(b \mid f(b))$ mit dem Graphen von f liegen.

Betrachten Sie dann die Geraden mit $m = 0$ und $m = -\frac{1}{4}$ und ermitteln Sie die zugehörigen Werte von b.

Berücksichtigen Sie, dass $m = 0$ nicht im vorgegebenen Intervall liegt.

Aufgabe 4

Aussage (1)

Die Integralfunktion hat auf jeden Fall mindestens eine Nullstelle. Warum?

Zu überprüfen ist also, ob es noch (mindestens) eine weitere gibt.

Das Integral gibt den orientierten Flächeninhalt bzw. die Flächenbilanz an.

Betrachten und vergleichen Sie daher die vom Graphen von f und der x-Achse eingeschlossenen Flächen ober- und unterhalb der Achse.

Aussage (2)

Wie berechnen Sie (nach dem Hauptsatz der Differenzial- und Integralrechnung) im Allgemeinen ein Integral?

Was können Sie dem Graphen von f für $f'(1)$ und $f'(-1)$ entnehmen?

Welches Vorzeichen ergibt sich damit für das angegebene Integral?

Aufgabe 5

Teilaufgabe a

In der Aufgabenstellung ist nicht vorgegeben, wie die Ebene darzustellen ist. Wählen Sie in diesem Fall die Parameterform.

Die Geraden g und h liegen in E. Wählen Sie damit einen Stützvektor und einen Spannvektor der Ebene E.

Bestimmen Sie dann einen möglichen zweiten Spannvektor. (Die Spannvektoren dürfen nicht kollinear bzw. Vielfache voneinander sein, d. h., Sie dürfen nicht beide Richtungsvektoren der Geraden g und h verwenden.)

Teilaufgabe b

Spiegelt man eine Gerade g an einem Punkt P, so erhält man eine zur Geraden g parallele Gerade. Was ist also nur nachzuweisen?

Spiegeln Sie einen beliebigen Punkt A von g an P.

Welche Bedingung muss der Bildpunkt A' erfüllen? Wie führen Sie den entsprechenden Nachweis?

Aufgabe 6

Teilaufgabe a

Wahrscheinlichkeiten bestimmt man mithilfe von Integralen über die Dichtefunktion. Markieren Sie die gesuchte Fläche in der Abbildung.

Betrachten Sie die nicht markierte Fläche unter dem Graphen (Gegenereignis).

Bestimmen Sie deren Inhalt näherungsweise mithilfe eines Rechtecks, von dem kleine „Ecken" abgeschnitten werden.

Damit können Sie einen Näherungswert für die gesuchte Wahrscheinlichkeit angeben.

Teilaufgabe b

Der Graph der Dichtefunktion $\varphi_{\mu;\,\sigma}$ wird ausgehend von der Standardglockenkurve um σ in x-Richtung und gleichzeitig um $\frac{1}{\sigma}$ in y-Richtung gestreckt.

Wie entsteht ein großer maximaler Funktionswert bei $x = \mu$?

Welchem Wert kann sich die Wahrscheinlichkeit $P(6 \leq X \leq 8)$ also annähern?
Ist damit $P(6 \leq X \leq 8) \geq 0{,}4$ möglich?

Aufgabe 1

a) Für ein $k > 0$ ist die Funktion f mit $f(x) = 1 + e^{k \cdot x}$ gegeben.
Für die erste Ableitung erhält man mithilfe der Kettenregel $f'(x) = k \cdot e^{k \cdot x}$.
Die Tangente t hat die Gleichung $y = kx + 2$, wenn $f'(0) = k$ und $f(0) = 2$ gilt.
Nachweis:
(1) $f'(0) = k \cdot e^{k \cdot 0} = k \cdot e^0 = k$
(2) $f(0) = 1 + e^{k \cdot 0} = 1 + 1 = 2$

Damit ist gezeigt, dass die Tangente t die Gleichung $y = kx + 2$ hat.

b) Die Tangente t schließt mit den beiden Koordinatenachsen ein rechtwinkliges Dreieck ein.

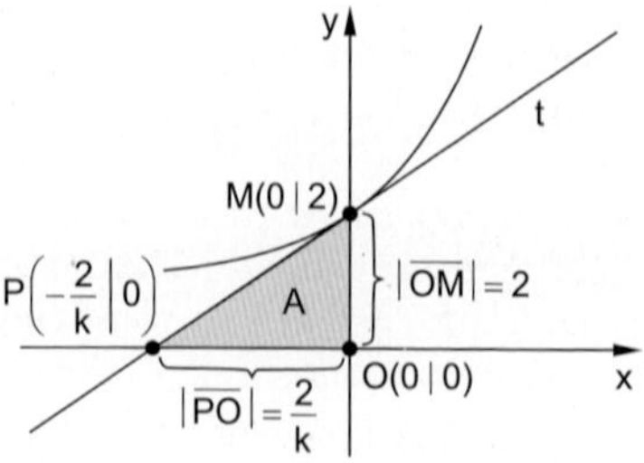

Zunächst bestimmt man den Schnittpunkt P der Tangente mit der x-Achse:

$$k \cdot x + 2 = 0 \quad |-2$$
$$k \cdot x = -2 \quad |:k$$
$$x = -\frac{2}{k} \quad \Rightarrow \quad P\left(-\frac{2}{k} \,\middle|\, 0\right)$$

Nun berechnet man den Flächeninhalt A des rechtwinkligen Dreiecks POM in Abhängigkeit von k:

$$A = \frac{1}{2} \cdot |\overline{PO}| \cdot |\overline{OM}| = \frac{1}{2} \cdot \frac{2}{k} \cdot 2 = \frac{2}{k} \qquad \text{(Wegen } k > 0 \text{ gilt: } \left|-\frac{2}{k}\right| = \frac{2}{k}\text{)}$$

Da der Flächeninhalt des Dreiecks laut Aufgabenstellung $A = \frac{k}{8}$ ist, muss folgende Gleichung gelöst werden:

$$\frac{2}{k} = \frac{k}{8} \quad |\cdot k \quad |\cdot 8$$
$$k^2 = 16 \quad |\sqrt{\ }$$
$$\mathbf{k = 4} \qquad \text{(Die zweite Lösung entfällt wegen } k > 0.\text{)}$$

Der gesuchte Wert von k ist 4.

Aufgabe 2

a) Der Abbildung kann man entnehmen, dass der Graph von f im abgebildeten Bereich streng monoton steigend ist.
Damit ist die Funktion f in diesem Bereich umkehrbar.

Hinweis: Nicht jede umkehrbare Funktion verläuft zwingend streng monoton.
Die Funktion g mit $g(x) = \frac{1}{x}$ ist z. B. für alle $x \neq 0$ umkehrbar, aber nicht streng monoton.

b) Um einen Term der Umkehrfunktion zu bestimmen, löst man im ersten Schritt die Gleichung $y = 2\ln\left(\frac{x}{2}\right) + 2$ nach x auf:

$$y = 2\ln\left(\frac{x}{2}\right) + 2 \quad |-2$$

$$y - 2 = 2\ln\left(\frac{x}{2}\right) \quad |:2$$

$$\frac{y}{2} - 1 = \ln\left(\frac{x}{2}\right) \quad |e^{\square}$$

$$e^{\frac{y}{2} - 1} = \frac{x}{2} \quad |\cdot 2$$

$$x = 2e^{\frac{y}{2} - 1}$$

Im zweiten Schritt tauscht man die Variablen.

Ein möglicher Term der Umkehrfunktion $\overline{f}$ ist $\mathbf{\overline{f}(x) = 2e^{\frac{x}{2} - 1}}$.

c) Den Graphen der Umkehrfunktion $\overline{f}$ erhält man durch Spiegelung des Graphen von f an der ersten Winkelhalbierenden.

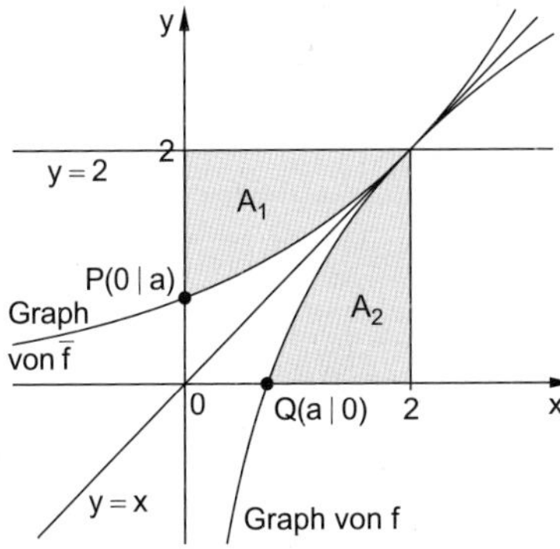

Die Graphen von f und $\overline{f}$ haben den Punkt (2 | 2) gemeinsam.

Das Integral $\int_0^2 (2 - \overline{f}(x))\,dx$ gibt den Flächeninhalt A_1 zwischen der konstanten Funktion $y = 2$ und dem Graphen von $\overline{f}$ im Intervall [0; 2] an (s. Skizze).

Wenn a wie in der Skizze als Nullstelle von f gewählt wird, erhält man mit dem Integral $\int_a^2 f(x)\,dx$ den Flächeninhalt A_2 zwischen dem Graphen von f und der x-Achse im Intervall [a; 2].

Da die Graphen von f und $\overline{f}$ symmetrisch zur ersten Winkelhalbierenden sind, gilt $A_1 = A_2$.

Der Schnittpunkt Q(a | 0) des Graphen von f mit der x-Achse und der Schnittpunkt P(0 | a) des Graphen von $\overline{f}$ mit der y-Achse liegen ebenfalls symmetrisch zur ersten Winkelhalbierenden. Den Wert von a kann man deshalb bestimmen, indem man den Funktionswert von $\overline{f}$ für $x = 0$ berechnet:

$$a = \overline{f}(0) = 2e^{0-1} = \frac{2}{e}$$

Für $\mathbf{a = \frac{2}{e}}$ gilt $\int_0^2 (2 - \overline{f}(x))\,dx = \int_a^2 f(x)\,dx$.

Alternative Bestimmung von a (ohne Verwendung des Teilergebnisses aus Teilaufgabe b):

Man berechnet die Nullstelle a von f:

$$2\ln\left(\frac{a}{2}\right)+2=0 \qquad |-2 \quad |:2$$

$$\ln\left(\frac{a}{2}\right)=-1 \qquad |e^{\square}$$

$$\frac{a}{2}=e^{-1} \qquad |\cdot 2$$

$$a=2e^{-1}=\frac{2}{e}$$

Aufgabe 3

a) Wertetabelle:

x_0	$f(x_0)$
4	$f(4)=0$
3	$f(3)=2\cdot\sqrt{1}=2$
0	$f(0)=2\cdot\sqrt{4}=4$
–5	$f(-5)=2\cdot\sqrt{4-(-5)}=6$

Skizze:

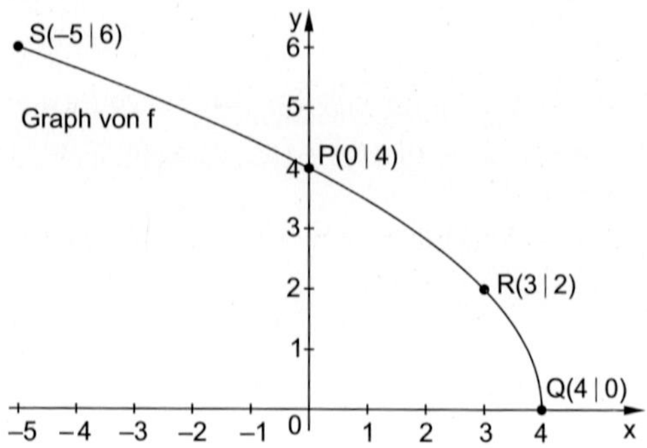

Bemerkung: Auch beim Operator „skizzieren“ müssen die Koordinatenachsen beschriftet und skaliert sein. Es genügt die Beschränkung auf charakteristische Eigenschaften des Graphen; hier: Nullstelle, Schnittpunkt mit der y-Achse, Verlauf des Graphen einer Wurzelfunktion.

b) Alle Geraden $y=mx+1$ verlaufen durch den Punkt $Z(0|1)$.

Um sich den Verlauf der Geraden für $m\in\left[-\frac{1}{4};0\right[$ besser vorstellen zu können, stellt man die beiden Geraden für $m=-\frac{1}{4}$ und $m=0$ dar, obwohl zu berücksichtigen ist, dass $m=0\notin\left[-\frac{1}{4};0\right[$.

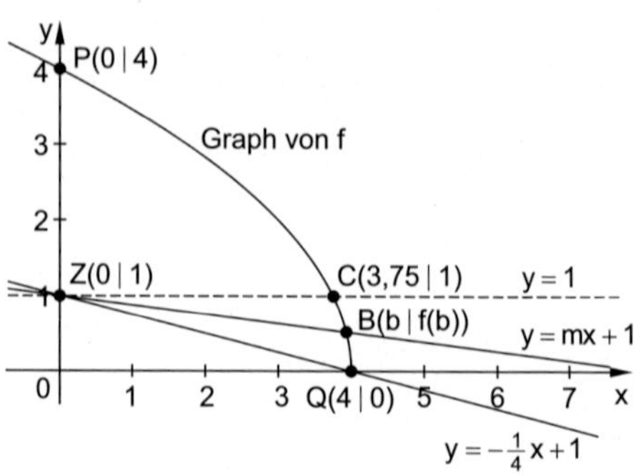

Für $m=-\frac{1}{4}$ erhält man die Gerade $y=-\frac{1}{4}x+1$, welche den Graphen von f im Punkt $Q(4\,|\,0)$ schneidet.

Für $m=0$ ergibt sich die Geradengleichung $y=1$. Den Schnittpunkt C dieser Geraden mit dem Graphen von f bestimmt man rechnerisch:

$$
\begin{aligned}
2\sqrt{4-x} &= 1 && |:2\\
\sqrt{4-x} &= \frac{1}{2} && |(\,)^2\\
4-x &= \frac{1}{4} && |-4\\
-x &= -\frac{15}{4} && |\cdot(-1)\\
x &= \frac{15}{4} = 3{,}75
\end{aligned}
$$

D. h., die Gerade $y=1$ schneidet den Graphen von f im Punkt $C(3{,}75\,|\,1)$. Die gesuchten Schnittpunkte $B(b\,|\,f(b))$ liegen also zwischen $Q(4\,|\,0)$ und $C(3{,}75\,|\,1)$.

Da $m \in \left[-\frac{1}{4}; 0\right[$ und daher $m \neq 0$ gilt, ist $b > 3{,}75$.

Insgesamt liegen somit alle möglichen Werte von b im Intervall $\mathbf{3{,}75 < b \leq 4}$.

Ergänzung:
Für $m \geq 0$ (siehe Abb. 1) und $m < -\frac{1}{4}$ (siehe Abb. 2) schneidet die Gerade den Graphen von f in nur einem Punkt.

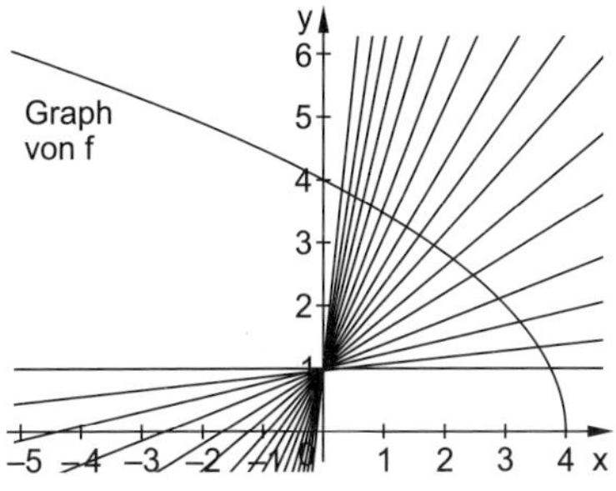

Abb. 1

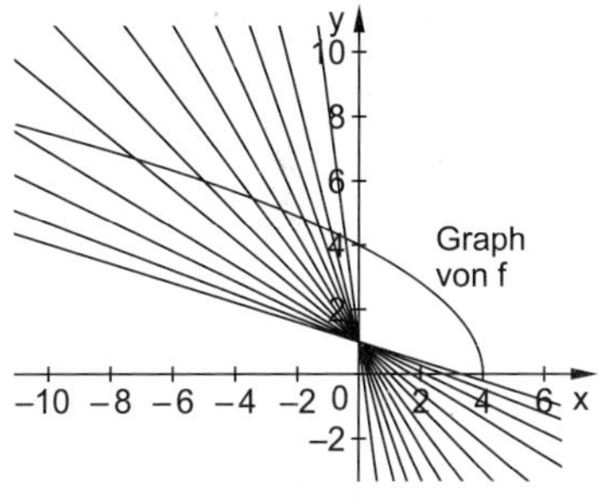

Abb. 2

Für $m \in \left[-\frac{1}{4}; 0\right[$ hat der im Aufgabentext genannte zweite Schnittpunkt $A(a\,|\,f(a))$ eine x-Koordinate $a \leq -60$.

Aufgabe 4

Die Abbildung zeigt den Graphen einer Funktion f.

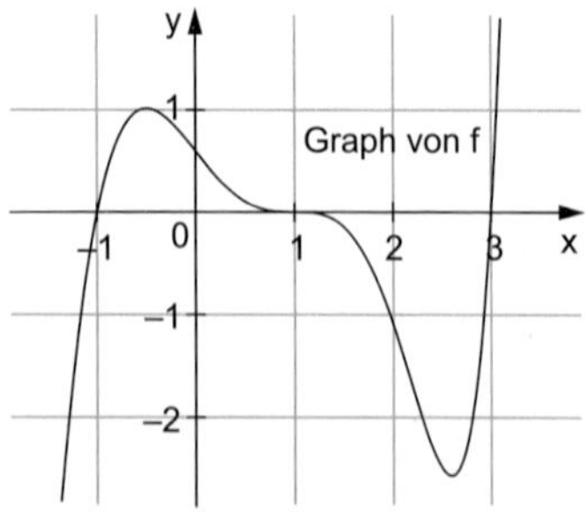

(1) Die Integralfunktion $J_{-1}(x) = \int_{-1}^{x} f(t)\,dt$ hat genau eine Nullstelle.

Die Aussage ist **falsch**.

Die Integralfunktion hat bei Übereinstimmung der Integrationsgrenzen immer eine Nullstelle und somit gilt: $J_{-1}(-1) = 0$

Eine weitere Nullstelle gibt es im Intervall [1; 3], da das Integral den orientierten Flächeninhalt angibt: Die eingeschlossene Fläche im Intervall [1; 3] liegt unterhalb der x-Achse und hat einen sichtbar größeren Flächeninhalt als die oberhalb der x-Achse liegende Fläche im Intervall [−1; 1]. Da also $J_{-1}(1) > 0$ und $J_{-1}(3) < 0$, existiert eine zweite Nullstelle im Intervall [1; 3].

(2) $\int_{-1}^{1} f''(x)\,dx > 0$

Die Aussage ist **falsch**.

Der Abbildung entnimmt man $f'(1) = 0$ und $f'(-1) > 0$ (Steigung des Graphen von f). Damit gilt nach dem Hauptsatz der Differenzial- und Integralrechnung:

$$\int_{-1}^{1} f''(x)\,dx = \underbrace{f'(1)}_{=0} - \underbrace{f'(-1)}_{>0} < 0$$

Aufgabe 5

Gegeben sind die beiden parallelen Geraden

$$g\colon \vec{x} = \begin{pmatrix} 1 \\ -1 \\ 2 \end{pmatrix} + s \cdot \begin{pmatrix} 1 \\ -2 \\ 0 \end{pmatrix} \text{ und } h\colon \vec{x} = \begin{pmatrix} 1 \\ -1 \\ 0 \end{pmatrix} + t \cdot \begin{pmatrix} -2 \\ 4 \\ 0 \end{pmatrix}.$$

a) Die Aufgabenstellung lässt offen, wie die Ebene E dargestellt werden soll. In diesem Fall wählt man die Parameterform, da hier zwei Spannvektoren der Ebene im Gegensatz zu einem Normalenvektor einfacher zu ermitteln sind.

$E\colon \vec{x} = \vec{p} + r \cdot \vec{u} + s \cdot \vec{v} \quad (r, s \in \mathbb{R})$

Den Stützvektor $\vec{p}$ und einen ersten Spannvektor $\vec{u}$ der Ebene entnimmt man z. B. der Geraden g, die in E liegt:

$$\vec{p} = \begin{pmatrix} 1 \\ -1 \\ 2 \end{pmatrix}; \quad \vec{u} = \begin{pmatrix} 1 \\ -2 \\ 0 \end{pmatrix}$$

Für einen zweiten Spannvektor $\vec{v}$ wählt man z. B. die Differenz der Stützvektoren von g und h:

$$\vec{v} = \begin{pmatrix} 1 \\ -1 \\ 2 \end{pmatrix} - \begin{pmatrix} 1 \\ -1 \\ 0 \end{pmatrix} = \begin{pmatrix} 0 \\ 0 \\ 2 \end{pmatrix}$$

Man erkennt sofort, dass der Vektor $\vec{v}$ kein Vielfaches von $\vec{u}$ ist.
(Beachten Sie: Da die Geraden g und h parallel sind, ist der Richtungsvektor von h ein Vielfaches des Richtungsvektors von g und kann somit nicht als zweiter Spannvektor gewählt werden!)

Damit lautet eine mögliche Gleichung der Ebene E:

$$\mathbf{E:}\ \vec{\mathbf{x}} = \begin{pmatrix} \mathbf{1} \\ \mathbf{-1} \\ \mathbf{2} \end{pmatrix} + \mathbf{r} \cdot \begin{pmatrix} \mathbf{1} \\ \mathbf{-2} \\ \mathbf{0} \end{pmatrix} + \mathbf{s} \cdot \begin{pmatrix} \mathbf{0} \\ \mathbf{0} \\ \mathbf{1} \end{pmatrix} \quad (\mathbf{r}, \mathbf{s} \in \mathbb{R})$$

Hinweis: Selbstverständlich kann als zweiter Spannvektor auch $\vec{v} = \begin{pmatrix} 0 \\ 0 \\ 2 \end{pmatrix}$ gewählt werden.

Ergänzung: Darstellung von E in Koordinatenform *(nicht verlangt!)*

In einem ersten Schritt bestimmt man Spannvektoren der Ebene E (siehe oben).

Mit den Spannvektoren $\vec{u} = \begin{pmatrix} 1 \\ -2 \\ 0 \end{pmatrix}$ und $\vec{v} = \begin{pmatrix} 0 \\ 0 \\ 1 \end{pmatrix}$ ergibt sich für den Normalenvektor $\vec{n} = \begin{pmatrix} n_1 \\ n_2 \\ n_3 \end{pmatrix}$ von E:

$$\left.\begin{array}{l} \vec{u} \cdot \vec{n} = 0 \\ \vec{v} \cdot \vec{n} = 0 \end{array}\right|; \quad \left.\begin{array}{r} n_1 - 2n_2 \quad = 0 \\ n_3 = 0 \end{array}\right|; \quad \left.\begin{array}{l} n_1 = 2n_2 \\ n_3 = 0 \end{array}\right|$$

Eine Lösung des LGS ist: $n_1 = 2;\ n_2 = 1;\ n_3 = 0$

Als Ansatz für eine Koordinatengleichung erhält man: $2x_1 + x_2 = c$

Einsetzen der Koordinaten eines Punktes A in E mit z. B. $A(1\,|\,-1\,|\,2)$ liefert $c = 1$.

Eine Koordinatengleichung der Ebene ist E: $2x_1 + x_2 = 1$.

Hinweis: Alternativ wäre zur Bestimmung eines Normalenvektors auch die Verwendung des Vektorproduktes möglich.

b) Spiegelt man eine Gerade g an einem Punkt P, so erhält man eine zur Geraden g parallele Gerade. Da die Parallelität der Geraden g und h schon gegeben ist, genügt es zu zeigen, dass ein beliebiger Punkt von g, der an P gespiegelt wird, ein Punkt von h ist.

Spiegelt man z. B. den Punkt $A(1\,|\,-1\,|\,2)$ an P, erhält man für den Bildpunkt A':

$$\overrightarrow{OA'} = \overrightarrow{OP} + \overrightarrow{AP} = \begin{pmatrix} 0 \\ 1 \\ 1 \end{pmatrix} + \begin{pmatrix} 0-1 \\ 1-(-1) \\ 1-2 \end{pmatrix} = \begin{pmatrix} 0 \\ 1 \\ 1 \end{pmatrix} + \begin{pmatrix} -1 \\ 2 \\ -1 \end{pmatrix} = \begin{pmatrix} -1 \\ 3 \\ 0 \end{pmatrix}, \text{ also } A'(-1\,|\,3\,|\,0).$$

Die Punktprobe mit der Geraden h

$$\begin{pmatrix}-1\\3\\0\end{pmatrix}=\begin{pmatrix}1\\-1\\0\end{pmatrix}+t\cdot\begin{pmatrix}-2\\4\\0\end{pmatrix}$$ ergibt, dass $A'\in h$ $(t=1)$, und damit folgt die Behauptung.

Aufgabe 6

a) Die gesuchte Wahrscheinlichkeit erhält man durch Bestimmung des Inhalts der dunkel getönten Fläche. Dazu ermittelt man den Inhalt des dick umrandeten Rechtecks, von dem der Inhalt der hell getönten „Ecken“ (näherungsweise 2 Kästchen) subtrahiert wird, und subtrahiert dieses Ergebnis von 1:

$$\begin{aligned}P(|X-\mu|\geq 1{,}5)=1-P(5{,}5\leq X\leq 8{,}5)&\approx 1-(3\cdot 0{,}2-0{,}05)\\&=1-(0{,}6-0{,}05)\\&=1-0{,}55=\mathbf{0{,}45}\end{aligned}$$

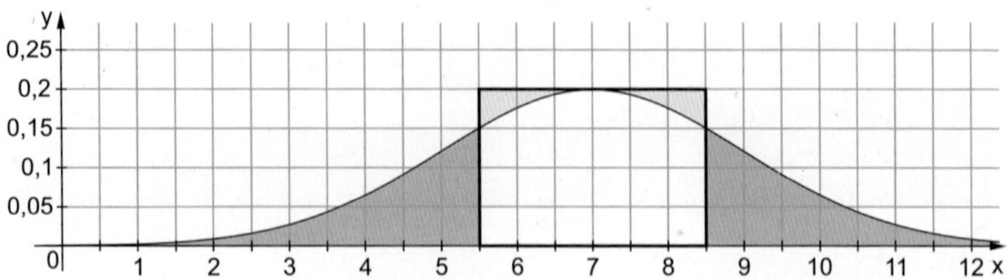

b) Da der Graph der Dichtefunktion $\varphi_{\mu;\,\sigma}$ ausgehend von der Standardglockenkurve um σ in x-Richtung und gleichzeitig um $\frac{1}{\sigma}$ in y-Richtung gestreckt wird, führt ein kleines σ zu einem großen maximalen Funktionswert bei $x=\mu$. Mit einem hinreichend kleinen σ wird $P(6\leq X\leq 8)=0{,}4$.

Anmerkung: Für noch kleinere σ gilt $P(6\leq X\leq 8)>0{,}4$, für $\sigma\to 0$ gilt $P(6\leq X\leq 8)\to 1$.

Aufgabe A 1.1

Ein Unternehmen stellt Rutschen für Spielplätze her. Das Profil einer bestimmten Rutsche von der Seite betrachtet ist durch den Graphen der Funktion r mit $r(x) = -0{,}1x^2 \cdot (x-6)$ für $0 \le x \le 6$ gegeben. Links vom Hochpunkt H befindet sich die Rutschfläche, rechts davon der Aufstieg. Alle Angaben sind in m.

In der Abbildung ist der Graph von r dargestellt.

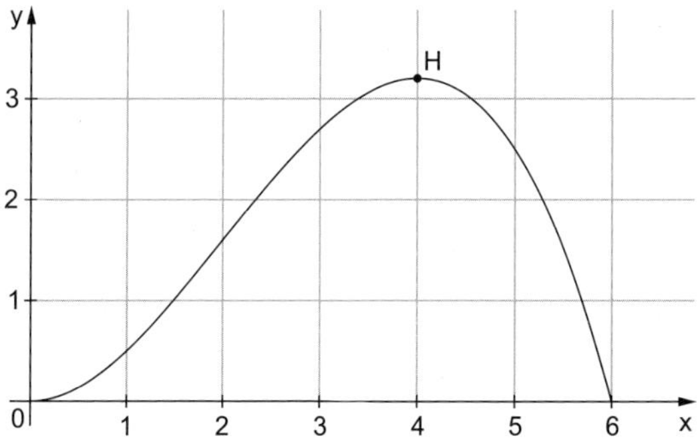

a) Berechnen Sie die durchschnittliche Steigung der Rutschfläche.
Bestimmen Sie den zugehörigen Steigungswinkel im Gradmaß.
Weisen Sie rechnerisch nach, dass der Graph von r den Hochpunkt $H(4\,|\,3{,}2)$ hat. 3 VP

b) Zur Verstärkung der Konstruktion und um weitere Spielmöglichkeiten zu schaffen, wird ein kreisförmiges Stahlgerüst durch horizontale Träger mit dem Gestell der Rutsche verbunden. Der Mittelpunkt des Kreises im Querschnitt ist $M(4\,|\,1{,}6)$ und sein Radius beträgt $r = 1{,}6$. Der Kreis schneidet den Graphen von r außer im Hochpunkt noch in zwei weiteren Punkten.
Erläutern Sie, weshalb die Lösungen der Gleichung
$(4-x)^2 + (1{,}6 - r(x))^2 = 2{,}56$ die x-Koordinaten dieser drei Punkte sind. 1 VP

c) Die Augenhöhe eines Kindes befindet sich zu Beginn einer Rutschfahrt 65 cm senkrecht über dem Hochpunkt.
Untersuchen Sie, ob das Kind aus dieser Position die gesamte Rutschfläche einsehen kann. 2,5 VP

d) Eine andere von dem Unternehmen produzierte Rutsche soll die gleiche Form haben, aber nur halb so hoch und halb so breit sein.
Ermitteln Sie einen Term der Funktion q, deren Graph das Profil dieser Rutsche darstellt. 1 VP

Die Funktion r gehört zur Funktionenschar
$r_k(x) = -kx^2 \cdot (x-6);\ 0 \le x \le 6;\ k > 0.$
Der Graph von r_k hat den Hochpunkt H_k.

e) Begründen Sie, dass alle Hochpunkte H_k den x-Wert 4 haben. 1 VP

f) Ein kreisförmiges Stahlgerüst wird wie in Teilaufgabe b beschrieben so angebracht, dass der Kreis im Querschnitt durch den Hochpunkt verläuft. Weisen Sie nach, dass für $k = 0{,}125$ einer der beiden weiteren Schnittpunkte des Kreises und des Graphen von r_k auf der gleichen Höhe wie der Mittelpunkt des Kreises liegt. 2 VP

g) Die Form der Rutsche wird nun so gewählt, dass das Dreieck mit den Eckpunkten $O(0|0)$, $P(6|0)$ und H_k rechtwinklig ist. Berechnen Sie den Wert von k. 2,5 VP

Aufgabe A 1.2

Gegeben ist die Funktionenschar f_a mit $f_a(x) = \sin(x) - \frac{1}{a} \cdot \sin(ax);\ a \in \mathbb{Z};\ a \neq 0.$

a) Abgebildet ist der Graph der Funktion f_2 und die Tangente an den Graphen im Punkt $T(\pi|0)$. Weisen Sie rechnerisch nach, dass die Tangente die Steigung –2 hat. Geben Sie eine Gleichung der Normalen durch den Punkt T an.

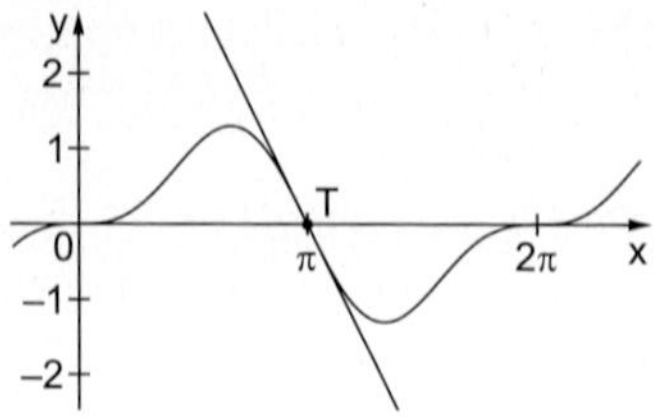

2 VP

b) Begründen Sie, dass der Graph von f_{-a} mit dem Graphen von f_a übereinstimmt. 1 VP

c) Zeigen Sie, dass das Integral $\int_0^{\pi} f_a(x)\,dx$ für gerade Werte von a ein von a unabhängiges Ergebnis liefert. 2 VP

d) Der abgebildete Graph gehört zu einer Funktion f_a. Begründen Sie, dass der zugehörige Wert von a ungerade ist.

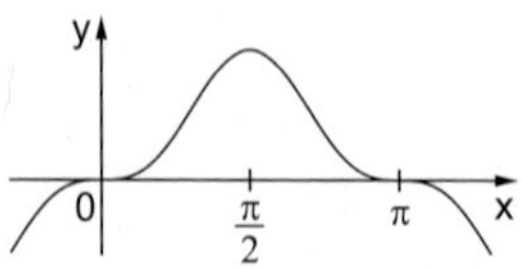

2 VP

TIPP Lösungshinweise zum Wahlteil Analysis – Aufgabe A 1

Aufgabe A 1.1 – Teilaufgabe a

Durchschnittliche Steigung der Rutschfläche und Steigungswinkel

Wo befindet sich die Rutschfläche in der Abbildung?

Wie bestimmt man die mittlere Änderungsrate in einem Bereich? Diese entspricht der gesuchten durchschnittlichen Steigung.

Wie berechnet man aus der Steigung den Steigungswinkel?

Nachweis des Hochpunktes

Wie lautet die notwendige Bedingung für Extrema, wie die hinreichende?

Bestimmen Sie die zur gefundenen Stelle gehörende y-Koordinate.

Aufgabe A 1.1 – Teilaufgabe b

Erläuterung

Wie berechnet man den Abstand zweier Punkte im Koordinatensystem?

Der Punkt R sei ein Punkt auf dem Graphen von r. Welcher Term gibt den Abstand d der Punkte M und R an? Was gilt für diesen, wenn R auf dem Kreis liegt?

Vergleichen Sie dies mit der gegebenen Gleichung.

Aufgabe A 1.1 – Teilaufgabe c

Untersuchung, ob die Rutschfläche eingesehen werden kann

Sie benötigen die Gleichung der Tangente an der Stelle mit der größten Steigung.

An welcher Stelle ist die Steigung der Rutschfläche maximal?

Welcher Ansatz führt auf die Gleichung der Tangente?

Prüfen Sie mithilfe dieser Gleichung und der Position der Augen des Kindes, ob die Rutschfläche vollständig eingesehen werden kann.

Aufgabe A 1.1 – Teilaufgabe d

Ermitteln des Funktionsterms

Wie muss der Term von r angepasst werden, um die Höhe zu halbieren?

Wodurch müssen Sie x im ursprünglichen Term ersetzen, um auf die halbe Breite zu kommen? (Kontrollieren Sie Ihren Ansatz mithilfe der rechten Nullstelle.)

Eine Vereinfachung des Terms ist nicht verlangt.

Aufgabe A 1.1 – Teilaufgabe e

Begründung

Wie gehen die Graphen auseinander hervor bzw. wodurch unterscheiden sich die Terme lediglich?

Was bedeutet dies für die Lage des Hochpunktes?

Aufgabe A 1.1 – Teilaufgabe f

Nachweis

Berechnen Sie zunächst die Koordinaten des Hochpunktes in Abhängigkeit von k.

Wie lauten diese Koordinaten für $k = 0{,}125$?

Wie müssen folglich Mittelpunkt M und Radius r des Kreises gewählt werden?

Was wissen Sie über die Differenz der x-Koordinaten von M und dem Schnittpunkt von Kreis und Graph, wenn der Schnittpunkt die gleiche Höhe wie der Mittelpunkt hat?

Damit können Sie die Behauptung durch Einsetzen entsprechender Werte überprüfen.

Aufgabe A 1.1 – Teilaufgabe g

Berechnung von k

Wie berechnen Sie die Längen der Seiten des Dreiecks in Abhängigkeit von k?

Welcher Satz muss gelten, wenn das Dreieck rechtwinklig ist?

Auch die Umkehrung dieses Satzes ist richtig. Berechnen Sie also k so, dass die entsprechende Gleichung erfüllt ist.

Alternative Lösung

Wie Sie es sonst aus der Geometrie gewohnt sind, können Sie die Seiten des Dreiecks als Vektoren (in der Ebene) angeben. Welche Bedingung erfüllen Vektoren, die senkrecht aufeinander stehen?

Aufgabe A 1.2 – Teilaufgabe a

Nachweis der Steigung

Wie berechnet man allgemein die Steigung der Tangente an einen Graphen in einem Punkt?

Welchen Wert müssen Sie für x einsetzen?

Gleichung der Normalen

Welche Bedingung erfüllen die Steigungen von Tangente und Normale?

Damit erhalten Sie die Steigung der Normalen.

Einsetzen der Koordinaten von T liefert den y-Achsenabschnitt bzw. die Gleichung der Normalen.

Aufgabe A 1.2 – Teilaufgabe b

Begründung

Notieren Sie den Term von f_{-a}.

Welche Symmetrie besitzt der Graph von $\sin(x)$?

Wie können Sie deshalb den Term $\frac{1}{a} \cdot \sin(-ax)$ umformen?

Aufgabe A 1.2 – Teilaufgabe c

Nachweis der Unabhängigkeit von a

Berechnen Sie das Integral mithilfe des Hauptsatzes.

Überlegen Sie, welchen Wert $\cos(a \cdot \pi)$ für gerade Werte von a annimmt.

Sie erhalten damit ein Ergebnis, das nicht von a abhängt.

Aufgabe A 1.2 – Teilaufgabe d

Begründung für ungerades a

Welche Steigung hat der abgebildete Graph an der Stelle $x = \frac{\pi}{2}$?

Setzen Sie in die Ableitung f_a' den Wert $x = \frac{\pi}{2}$ ein.

Nun können Sie begründen, dass nur ungerade Werte von a infrage kommen.

Lösungsvorschlag – Wahlteil: Analysis A 1

Aufgabe A 1.1

Das Profil der Rutsche von der Seite betrachtet ist gegeben durch den Graphen der Funktion r mit $r(x) = -0{,}1x^2 \cdot (x-6)$ für $0 \le x \le 6$.

a) **Durchschnittliche Steigung der Rutschfläche:**

Betrachtet wird das Intervall [0; 4].

Für die durchschnittliche Steigung gilt:

$$m = \frac{r(4)-r(0)}{4-0} = \frac{3{,}2-0}{4} = 0{,}8$$

Die durchschnittliche Steigung der Rutschfläche beträgt **0,8**.

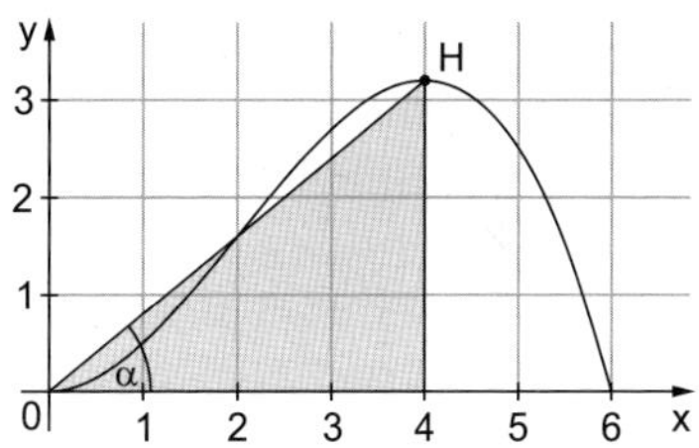

Steigungswinkel:

Den Steigungswinkel α berechnet man mit $\tan(\alpha) = 0{,}8$ (siehe Merkhilfe).

Daraus ergibt sich $\alpha \approx 38{,}7°$.

Der Steigungswinkel beträgt **38,7°**.

Nachweis des Hochpunktes:

Mit $r(x) = -0{,}1x^3 + 0{,}6x^2$ erhält man für die Ableitungen:

$r'(x) = -0{,}3x^2 + 1{,}2x$

$r''(x) = -0{,}6x + 1{,}2$

Die notwendige Bedingung $r'(x) = 0$ führt auf:

$-0{,}3x^2 + 1{,}2x = 0$

$-0{,}3x \cdot (x - 4) = 0$

$x_1 = 0; \quad x_2 = 4$

Wegen $r''(0) = 1{,}2 > 0$ und $r''(4) = -1{,}2 < 0$ sowie $r(4) = 3{,}2$ erhält man für die Koordinaten des Hochpunktes **H(4 | 3,2)**.

b) **Erläuterung:**

Der Punkt R mit $R(x \mid r(x))$ sei ein Punkt auf dem Graphen von r.

Für den Abstand d der Punkte R und $M(4 \mid 1{,}6)$ erhält man mithilfe des Satzes von Pythagoras:

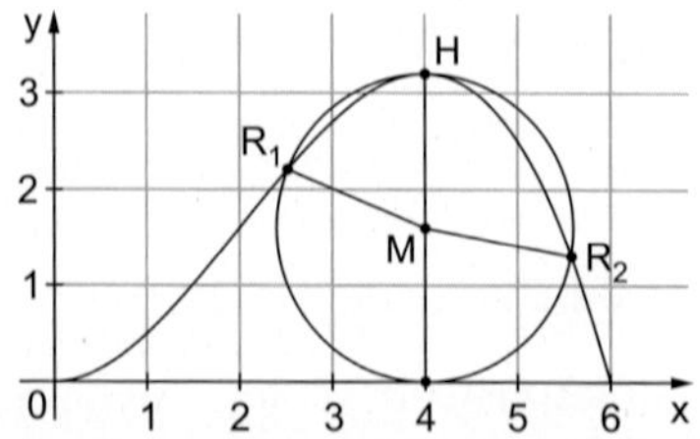

$d = \sqrt{(4 - x)^2 + (1{,}6 - r(x))^2}$

Aus der gegebenen Gleichung

$(4 - x)^2 + (1{,}6 - r(x))^2 = 2{,}56$ folgt:

$\sqrt{(4 - x)^2 + (1{,}6 - r(x))^2} = 1{,}6$

Die Lösungen dieser Gleichung sind die x-Koordinaten aller Punkte R, die auf dem Graphen von r liegen und deren Abstand zu M dem Radius 1,6 des Kreises entspricht. Dies sind genau die Schnittpunkte des Graphen von r mit dem Kreis.

c) **Untersuchung, ob die Rutschfläche eingesehen werden kann:**

Zunächst wird die Gleichung der Tangente mit der größten Steigung benötigt (siehe Abbildung), also die Gleichung der Tangente im Wendepunkt.

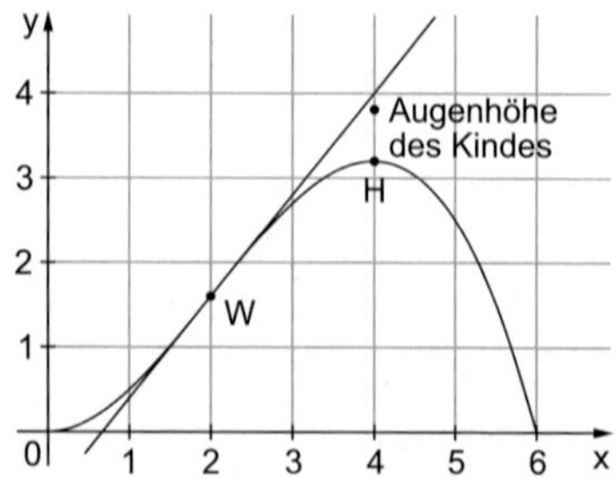

Die notwendige Bedingung für ein Extremum von $r'(x)$ ist:

$r''(x) = -0{,}6x + 1{,}2 = 0$

Die Bedingung $r''(u) = 0$ führt auf:

$-0{,}6u + 1{,}2 = 0$

$u = 2$

Der Ansatz $t(x) = r'(u) \cdot (x - u) + r(u)$ liefert wegen $r'(2) = 1{,}2$ und $r(2) = 1{,}6$ für die Tangente an der Wendestelle $u = 2$:

$t(x) = 1{,}2 \cdot (x - 2) + 1{,}6$

$t(x) = 1{,}2x - 0{,}8$

Da $t(4) = 4$ ist, sich die Augen des Kindes aber in der Höhe $3{,}2 + 0{,}65 = 3{,}85$ befinden, kann das Kind **nicht die gesamte Rutschfläche einsehen**.

d) **Ermitteln des Funktionsterms:**

Die Halbierung der Höhe entspricht einer Streckung in y-Richtung mit dem Faktor $\frac{1}{2}$; die Halbierung der Breite einer Streckung in x-Richtung mit dem Faktor $\frac{1}{2}$.

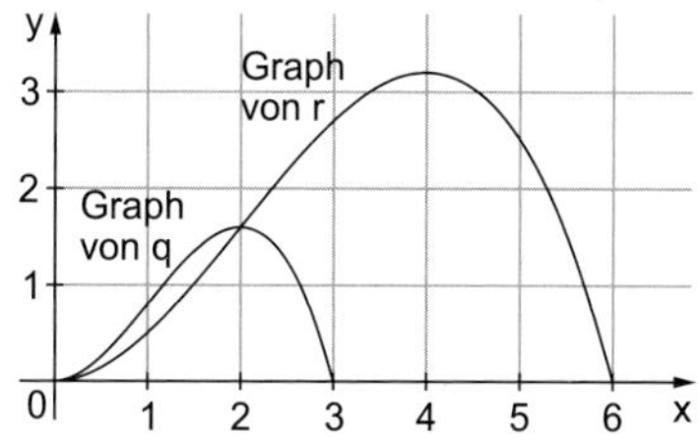

Damit erhält man für q (vgl. Merkhilfe):

$\mathbf{q(x) = 0{,}5 \cdot r(2x)}$

$\mathbf{\quad = 0{,}5 \cdot (-0{,}1) \cdot (2x)^2 \cdot (2x-6)}$

Anmerkung: Der Term lässt sich wie folgt vereinfachen; dies ist aber in der Aufgabenstellung nicht verlangt.

$q(x) = -0{,}1 \cdot 4x^2 \cdot (x-3) = -0{,}4x^2 \cdot (x-3)$

e) **Begründung:**

Die Graphen von r_k gehen durch Streckung in y-Richtung auseinander hervor. Dabei bleibt die x-Koordinate des Hochpunktes unverändert.

Alternative Lösung:

Mit $r_k(x) = -kx^3 + 6kx^2$ erhält man $r_k'(x) = -3kx^2 + 12kx$.

Der Ansatz $r_k'(x) = 0$ führt auf:

$-3kx^2 + 12kx = 0$

$-3kx \cdot (x-4) = 0$

Für $x = 4$ ist die notwendige Bedingung für jedes k erfüllt, es kann sich dabei nur um die x-Koordinate des Hochpunktes handeln (siehe oben).

f) **Nachweis:**

Wegen $r_k(4) = 32k$ erhält man für die Koordinaten des Hochpunktes $H_k(4\,|\,32k)$ bzw. $H_{0,125}(4\,|\,4)$.

Damit ergeben sich für die Koordinaten des Mittelpunktes $M(4\,|\,2)$ und für den Radius $r = 2$ (vgl. Skizze).

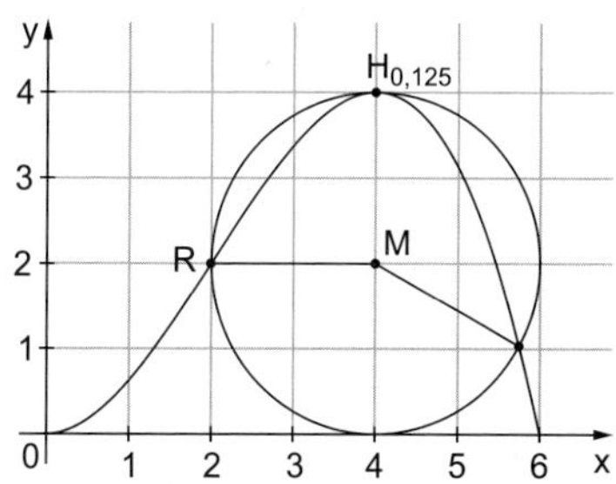

Liegt einer der Schnittpunkte von Kreis und Graph auf der gleichen Höhe wie M, muss die Differenz der x-Koordinaten dieses Punktes und M dem Radius $r = 2$ entsprechen.

Es sind also lediglich die Funktionswerte $r_{0,125}(2)$ und $r_{0,125}(6)$ zu berechnen.

Da $r_{0,125}(2) = 2$ ist, liegt der Schnittpunkt **R(2 | 2) auf der Höhe des Mittelpunktes**.

Anmerkung: Wegen $r_{0,125}(6) = 0$ liegt bei $x = 6$ kein Schnittpunkt vor.

g) **Berechnung von k:**

Ein Dreieck ist genau dann rechtwinklig, wenn der Satz des Pythagoras gilt.
Für die Längen der Seiten erhält man (siehe Skizze):

$a = \sqrt{4^2 + (32k)^2}$

$b = \sqrt{2^2 + (32k)^2}$

$c = 6$

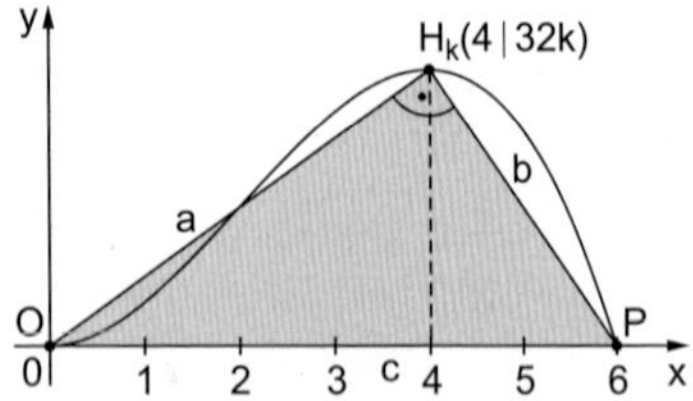

Dies führt auf den Ansatz:

$$4^2 + (32k)^2 + 2^2 + (32k)^2 = 6^2$$

$$2\,048k^2 = 16$$

$$k^2 = \frac{1}{128}$$

$$\mathbf{k = \frac{1}{\sqrt{128}} \approx 0{,}088} \quad \text{(wegen } k > 0\text{)}$$

Alternativer Lösungsweg:

Ist das Dreieck rechtwinklig, gilt für die Vektoren $\overrightarrow{OH_k} = \begin{pmatrix} 4 \\ 32k \end{pmatrix}$ und $\overrightarrow{H_kP} = \begin{pmatrix} 2 \\ -32k \end{pmatrix}$:

$\overrightarrow{OH_k} \cdot \overrightarrow{H_kP} = 0$

Damit ist:

$$8 - 1\,024k^2 = 0$$

$$k = \frac{1}{\sqrt{128}} \approx 0{,}088$$

Aufgabe A 1.2

Gegeben ist die Funktionenschar f_a mit $f_a(x) = \sin(x) - \frac{1}{a} \cdot \sin(ax)$; $a \in \mathbb{Z}$; $a \neq 0$.

a) **Nachweis der Steigung:**

Für die Ableitung f_2' erhält man mithilfe der Kettenregel:

$f_2'(x) = \cos(x) - \cos(2x)$

Für die Steigung der Tangente in $T(\pi | 0)$ folgt:

$f_2'(\pi) = \cos(\pi) - \cos(2\pi) = -1 - 1 = -2$

Gleichung der Normalen:

Aus der Orthogonalitätsbedingung $m_1 \cdot m_2 = -1$ folgt für die Steigung der Normalen n:

$$m_n = -\frac{1}{-2} = \frac{1}{2}$$

Setzt man die Koordinaten von T in den Ansatz n: $y = m_n \cdot x + c$ ein, erhält man:

$$0 = \frac{1}{2} \cdot \pi + c \quad \Rightarrow \quad c = -\frac{\pi}{2}$$

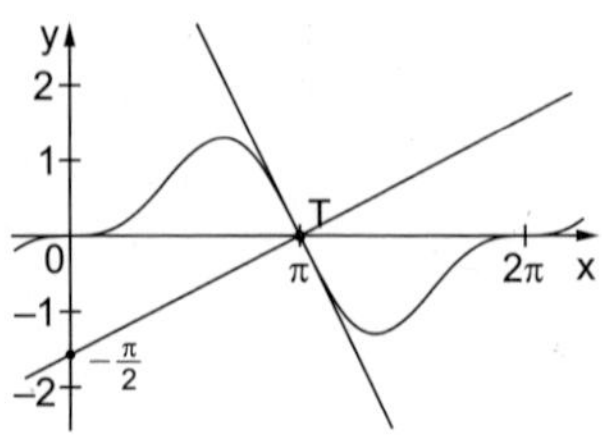

Eine Gleichung der Normalen lautet:

$$\mathbf{n: y = \frac{1}{2} \cdot x - \frac{\pi}{2}}$$

b) **Begründung:**

Für f_{-a} ergibt sich:

$$f_{-a}(x) = \sin(x) - \frac{1}{-a} \cdot \sin(-ax) = \sin(x) + \frac{1}{a} \cdot \sin(-ax)$$

Wegen der Punktsymmetrie des Graphen von sin(x) zum Ursprung ist:

$$\frac{1}{a} \cdot \sin(-ax) = -\frac{1}{a} \cdot \sin(ax)$$

Es folgt:

$$f_{-a}(x) = \sin(x) + \frac{1}{a} \cdot \sin(-ax) = \sin(x) - \frac{1}{a} \cdot \sin(ax) = f_a(x)$$

c) **Nachweis der Unabhängigkeit von a:**

Für gerade Werte von a gilt:

$$\begin{aligned}\int_0^{\pi} f_a(x)\,dx = \int_0^{\pi} \left(\sin(x) - \frac{1}{a} \cdot \sin(ax)\right) dx &= \left[-\cos(x) + \frac{1}{a^2} \cdot \cos(ax)\right]_0^{\pi} \\ &= 1 + \frac{1}{a^2} \cdot \underbrace{\cos(a\pi)}_{=1 \text{ für gerade a}} - \left(-1 + \frac{1}{a^2}\right) \\ &= 1 + \frac{1}{a^2} + 1 - \frac{1}{a^2} \\ &= 2\end{aligned}$$

Für gerade Werte von a ist unabhängig von a stets $\mathbf{\int_0^{\pi} f_a(x)\,dx = 2.}$

d) **Begründung für ungerades a:**

Der Abbildung entnimmt man z. B., dass $f'_a\left(\frac{\pi}{2}\right) = 0$ gelten muss.

Für die Ableitung von f_a erhält man:

$$f'_a(x) = \cos(x) - \cos(ax)$$

Also gilt:

$$f'_a\left(\frac{\pi}{2}\right) = \underbrace{\cos\left(\frac{\pi}{2}\right)}_{=0} - \underbrace{\cos\left(a \cdot \frac{\pi}{2}\right)}_{=0 \text{ für ungerade a}}$$

Für gerade Werte von a gilt $\cos\left(a \cdot \frac{\pi}{2}\right) \neq 0$ und damit $f'_a\left(\frac{\pi}{2}\right) \neq 0$, also muss der zum abgebildeten Graphen gehörende Wert von a ungerade sein.

Wahlteil: Analytische Geometrie B 1

Gegeben ist die in der Abbildung dargestellte Pyramide mit einer quadratischen Grundfläche und den Eckpunkten $A(0|0|0)$, $B(6|0|0)$, C, $D(0|6|0)$ und $S(3|3|4)$.

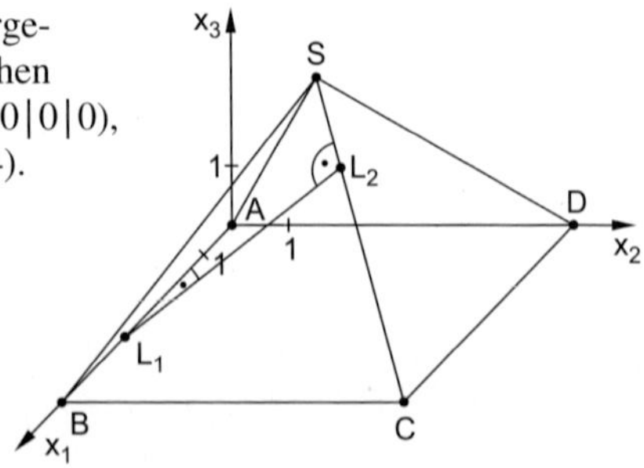

a) Weisen Sie rechnerisch nach, dass der Punkt C die Koordinaten $C(6|6|0)$ hat.
Bestimmen Sie die Weite des Winkels, den die Kanten $\overline{CS}$ und $\overline{CD}$ einschließen. 2 VP

b) Innerhalb des Dreiecks CDS gibt es einen Punkt R, der von allen drei Eckpunkten des Dreiecks gleich weit entfernt ist.
Bestimmen Sie die Koordinaten von R. 2,5 VP

c) Der Punkt L_1 liegt auf der Kante $\overline{AB}$, der Punkt L_2 auf der Kante $\overline{CS}$.
Die Strecke $\overline{L_1L_2}$ ist sowohl zur Kante $\overline{AB}$ als auch zur Kante $\overline{CS}$ orthogonal.
Berechnen Sie den Abstand der Punkte L_1 und L_2. 2,5 VP

Die Pyramide verändert ihre Form, wenn sich der Eckpunkt D auf der positiven x_2-Achse bewegt. Der Eckpunkt wird dann mit D_k bezeichnet und es gilt $D_k(0|k|0)$ für $k>0$.

d) Zeigen Sie, dass das Dreieck SCD_k für $k=\frac{2}{3}$ rechtwinklig ist. 1 VP

e) Das Dreieck SCD_k wird um die Kante $\overline{CD_k}$ gedreht, bis sich ein Eckpunkt des Dreiecks im Punkt $P(9|11|0)$ befindet.
Bestimmen Sie den zugehörigen Wert von k. 2,5 VP

f) Zusätzlich zum Eckpunkt D_k verändert sich nun auch die x_3-Koordinate der Spitze S der Pyramide in Abhängigkeit von k. Für die Koordinaten der Spitze S_k gilt $S_k(3|3|h(k))$ mit einer für $k>0$ definierten Funktion h.
Ermitteln Sie einen Funktionsterm der Funktion h so, dass die Pyramide für jeden Wert von k ein Volumen von 48 besitzt. 2 VP

TIPP Lösungshinweise zum Wahlteil Geometrie – Aufgabe B 1

Aufgabe B 1 – Teilaufgabe a

Nachweis

Die Grundfläche der Pyramide ist ein Quadrat.

Welche Eigenschaft eines Quadrates können Sie nutzen, um die Koordinaten des Punktes C zu berechnen?

Erstellen Sie ggf. eine Skizze. Welche Vektoren entsprechen sich jeweils?

Weite des Winkels

Der von den Kanten $\overline{CS}$ und $\overline{CD}$ eingeschlossene Winkel stimmt mit dem Winkel zwischen den Vektoren $\overrightarrow{CS}$ und $\overrightarrow{CD}$ überein.

Wie berechnet man die Weite eines Winkels zwischen zwei Vektoren? Nutzen Sie ggf. die Merkhilfe.

Aufgabe B 1 – Teilaufgabe b

Koordinaten von R

Welche besondere Form besitzt das Dreieck CDS?

Auf welcher Geraden durch S haben alle Punkte jeweils denselben Abstand zu C und zu D?

Bestimmen Sie den Abstand eines Punktes auf dieser Geraden zu C oder zu D. Wie können Sie den Abstand zwischen einem allgemeinen Geradenpunkt und einem festen Punkt berechnen?

Einer der Punkte auf dieser Geraden hat denselben Abstand zu S wie zu C und D.

Aufgabe B 1 – Teilaufgabe c

Abstand der Punkte

Welche besondere Lagebeziehung gilt zwischen den Kanten $\overline{AB}$ bzw. $\overline{CS}$ und der Strecke $\overline{L_1L_2}$?

Der Abstand der Lotfußpunkte L_1 und L_2 entspricht dem Abstand zweier Strecken bzw. zweier Geraden. Damit können Sie den gesuchten Abstand berechnen.

Wie liegen diese Geraden zueinander?

Nutzen Sie die Merkhilfe, um die benötigte Formel nachzuschlagen.

Wie normiert man einen Vektor bzw. welche Länge hat ein normierter Vektor?

Aufgabe B 1 – Teilaufgabe d

Nachweis

Bestimmen Sie die Vektoren $\overrightarrow{SC}$ und $\overrightarrow{SD_{\frac{2}{3}}}$.

Wie weist man die Orthogonalität zweier Vektoren nach?

Aufgabe B 1 – Teilaufgabe e

Bestimmung von k

Welcher Punkt wird bei der Drehung auf P abgebildet?

Der Bildpunkt P befindet sich in einer Ebene H_k, die orthogonal zur Kante $\overline{CD_k}$ ist.

Welcher Punkt liegt ebenfalls in H_k?

Bestimmen Sie einen Normalenvektor der Ebene H_k.

Einsetzen der Koordinaten von S liefert die Ebenengleichung.

Wie können Sie nun mithilfe des Bildpunktes P den Wert von k berechnen?

Aufgabe B 1 – Teilaufgabe f

Ermitteln eines Funktionsterms

Wie berechnet man das Volumen einer Pyramide?

Welche Form besitzt die Grundfläche, nachdem der Eckpunkt D bewegt wurde?

Wie können Sie den Flächeninhalt dieser Grundfläche berechnen? Schlagen Sie ggf. in der Merkhilfe nach.

Durch Einsetzen des Terms für die Grundfläche, der von k abhängt, in die Formel für die Berechnung des Volumens erhalten Sie eine Gleichung für h(k).

Lösen Sie nach h(k) auf.

Gegeben ist eine Pyramide mit quadratischer Grundfläche und den Eckpunkten $A(0|0|0)$, $B(6|0|0)$, C, $D(0|6|0)$ und $S(3|3|4)$.

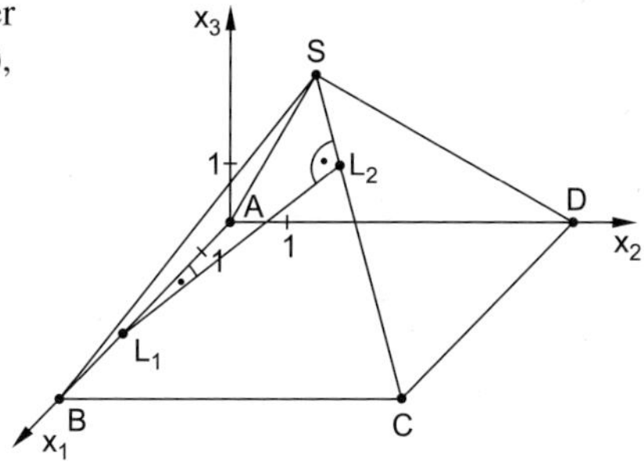

a) **Nachweis:**

Da die Grundfläche der Pyramide ein Quadrat ist, gilt:

$$\vec{c} = \vec{b} + \overrightarrow{BC} = \vec{b} + \overrightarrow{AD}$$

$$= \begin{pmatrix} 6 \\ 0 \\ 0 \end{pmatrix} + \left(\begin{pmatrix} 0 \\ 6 \\ 0 \end{pmatrix} - \begin{pmatrix} 0 \\ 0 \\ 0 \end{pmatrix} \right) = \begin{pmatrix} 6 \\ 6 \\ 0 \end{pmatrix}$$

Der Punkt C hat die Koordinaten $\mathbf{C(6|6|0)}$.

Weite des Winkels:

Für die Weite des Winkels ergibt sich mit

$$\overrightarrow{CS} = \begin{pmatrix} 3 \\ 3 \\ 4 \end{pmatrix} - \begin{pmatrix} 6 \\ 6 \\ 0 \end{pmatrix} = \begin{pmatrix} -3 \\ -3 \\ 4 \end{pmatrix} \text{ und } \overrightarrow{CD} = \begin{pmatrix} 0 \\ 6 \\ 0 \end{pmatrix} - \begin{pmatrix} 6 \\ 6 \\ 0 \end{pmatrix} = \begin{pmatrix} -6 \\ 0 \\ 0 \end{pmatrix}:$$

$$\cos\alpha = \frac{\overrightarrow{CS} \cdot \overrightarrow{CD}}{|\overrightarrow{CS}| \cdot |\overrightarrow{CD}|} = \frac{\begin{pmatrix} -3 \\ -3 \\ 4 \end{pmatrix} \cdot \begin{pmatrix} -6 \\ 0 \\ 0 \end{pmatrix}}{\sqrt{(-3)^2 + (-3)^2 + 4^2} \cdot 6} = \frac{18}{\sqrt{34} \cdot 6} = \frac{3}{\sqrt{34}}$$

Damit erhält man:

$$\alpha = \cos^{-1}\left(\frac{3}{\sqrt{34}} \right) \approx \mathbf{59{,}04°}$$

b) **Koordinaten von R:**

Wegen $\overrightarrow{CS} = \begin{pmatrix} -3 \\ -3 \\ 4 \end{pmatrix}$ und $\overrightarrow{DS} = \begin{pmatrix} 3 \\ -3 \\ 4 \end{pmatrix}$ ist das Dreieck CDS gleichschenklig.

Als Mittelpunkt der Strecke $\overline{CD}$ erhält man $M\left(\frac{6+0}{2} \,\middle|\, \frac{6+6}{2} \,\middle|\, 0 \right)$, d. h. $M(3|6|0)$.

Da das Dreieck CDS gleichschenklig ist, ist die Gerade g durch die Punkte $M(3|6|0)$ und $S(3|3|4)$ die Symmetriegerade des Dreiecks. Alle Punkte auf der Geraden g sind von den Punkten C und D gleich weit entfernt. Es gilt:

$$g: \vec{x} = \begin{pmatrix} 3 \\ 6 \\ 0 \end{pmatrix} + t \cdot \begin{pmatrix} 0 \\ -3 \\ 4 \end{pmatrix}; \ t \in \mathbb{R}$$

Der gesuchte Punkt R liegt auf der Strecke $\overline{MS}$ und somit auf der Geraden g für ein $t \in (0; 1)$. Der allgemeine Geradenpunkt der Geraden g lautet $G_t(3|6-3t|4t)$.

Damit R von allen Eckpunkten des Dreiecks CDS gleich weit entfernt ist, muss gelten: $|\overrightarrow{CR}|=|\overrightarrow{DR}|=|\overrightarrow{SR}|$

Da g die Symmetriegerade des Dreiecks ist, gilt für alle $t \in (0; 1)$: $|\overrightarrow{CG_t}|=|\overrightarrow{DG_t}|$

Somit ist der Wert von t so zu bestimmen, dass zusätzlich auch $|\overrightarrow{CG_t}|=|\overrightarrow{SG_t}|$ gilt.

Für $|\overrightarrow{CG_t}|$ und $|\overrightarrow{SG_t}|$ ergibt sich:

$$|\overrightarrow{CG_t}|=\left|\begin{pmatrix}-3\\-3t\\4t\end{pmatrix}\right|=\sqrt{9+9t^2+16t^2}=\sqrt{9+25t^2}$$

$$|\overrightarrow{SG_t}|=\left|\begin{pmatrix}0\\3-3t\\4t-4\end{pmatrix}\right|=\sqrt{9-18t+9t^2+16t^2-32t+16}=\sqrt{25t^2-50t+25}$$

Gleichsetzen dieser beiden Abstände ergibt:

$$|\overrightarrow{CG_t}|=|\overrightarrow{SG_t}|$$

$$\sqrt{9+25t^2}=\sqrt{25t^2-50t+25} \qquad |\text{quadrieren}$$

$$9=-50t+25$$

$$50t=16$$

$$t=\frac{8}{25}=0{,}32$$

Der Punkt $\mathbf{R=G_{0,32}(3\,|\,5{,}04\,|\,1{,}28)}$ liegt von allen drei Eckpunkten des Dreiecks CDS gleich weit entfernt.

c) **Abstand der Punkte:**

Die Strecke $\overline{L_1L_2}$ ist sowohl zur Kante $\overline{AB}$ als auch zur Kante $\overline{CS}$ orthogonal. Dies bedeutet, dass L_1 und L_2 als Lotfußpunkte interpretiert werden können, deren Abstand dem der Strecken $\overline{AB}$ und $\overline{CS}$ entspricht.

Dieser Abstand stimmt mit dem Abstand der windschiefen Geraden g_1 durch A und B und g_2 durch C und S überein.

Somit gilt (siehe Merkhilfe):

$$d(L_1; L_2)=d(g_1; g_2)=|(\vec{c}-\vec{a})\cdot\vec{n}_0|$$

Um den benötigten normierten Normalenvektor $\vec{n}_0$ zu bestimmen, setzt man zunächst mit $\overrightarrow{AB}=\begin{pmatrix}6\\0\\0\end{pmatrix}$ für einen beliebigen Normalenvektor $\vec{n}=\begin{pmatrix}n_1\\n_2\\n_3\end{pmatrix}$ an:

$$\left.\begin{matrix}\vec{n}\cdot\overrightarrow{AB}=0\\ \vec{n}\cdot\overrightarrow{CS}=0\end{matrix}\right|;\quad \left.\begin{matrix}6n_1 \qquad\qquad\quad =0\\ -3n_1-3n_2+4n_3=0\end{matrix}\right|$$

Eine mögliche Lösung des LGS ist:

$n_1=0;\quad n_2=4;\quad n_3=3$

Für $\vec{n}=\begin{pmatrix}0\\4\\3\end{pmatrix}$ mit $|\vec{n}|=\left|\begin{pmatrix}0\\4\\3\end{pmatrix}\right|=\sqrt{16+9}=5$ erhält man schließlich: $\vec{n}_0=\frac{1}{5}\cdot\begin{pmatrix}0\\4\\3\end{pmatrix}$

Einsetzen in die Formel liefert:

$$d(L_1; L_2) = |(\vec{c}-\vec{a})\cdot\vec{n}_0| = \frac{1}{5}\cdot\left|\begin{pmatrix}6\\6\\0\end{pmatrix}\cdot\begin{pmatrix}0\\4\\3\end{pmatrix}\right| = \frac{24}{5} = 4{,}8$$

Der Abstand der Punkte L_1 und L_2 beträgt **4,8**.

Anmerkung: Ein zunächst beliebiger Normalenvektor $\vec{n}^*$ lässt sich auch mithilfe des Vektorprodukts bestimmen:

$$\vec{n}^* = \overrightarrow{AB}\times\overrightarrow{CS} = \begin{pmatrix}6\\0\\0\end{pmatrix}\times\begin{pmatrix}-3\\-3\\4\end{pmatrix} = \begin{pmatrix}0\\-24\\-18\end{pmatrix} = -6\cdot\begin{pmatrix}0\\4\\3\end{pmatrix}$$

Alternative Lösung:

Der Punkt L_1 auf der Kante $\overline{AB}$ hat die Koordinaten $L_1(x\,|\,0\,|\,0)$ mit $0 \le x \le 6$, der Punkt L_2 auf der Kante $\overline{CS}$ hat die Koordinaten $L_2(6-3r\,|\,6-3r\,|\,4r)$ mit $0 \le r \le 1$.

Da die Strecke $\overline{L_1L_2}$ sowohl zu $\overline{AB}$ als auch zu $\overline{CS}$ orthogonal ist, muss gelten:

$\overrightarrow{L_1L_2}\cdot\overrightarrow{AB} = 0$ und $\overrightarrow{L_1L_2}\cdot\overrightarrow{CS} = 0$

Aus der ersten Bedingung folgt:

$$\begin{pmatrix}6-3r-x\\6-3r\\4r\end{pmatrix}\cdot\begin{pmatrix}6\\0\\0\end{pmatrix} = 0$$

$$(6-3r-x)\cdot 6 = 0$$

$$x = 6-3r$$

Eingesetzt in die zweite Bedingung ergibt sich:

$$\begin{pmatrix}0\\6-3r\\4r\end{pmatrix}\cdot\begin{pmatrix}-3\\-3\\4\end{pmatrix} = 0$$

$$-18+9r+16r = 0 \;\Rightarrow\; r = \frac{18}{25} = 0{,}72 \quad \text{und damit } x = 3{,}84$$

Die Punkte lauten also $L_1(3{,}84\,|\,0\,|\,0)$ und $L_2(3{,}84\,|\,3{,}84\,|\,2{,}88)$ und ihr Abstand ist:

$$d(L_1; L_2) = \sqrt{3{,}84^2 + 2{,}88^2} = \sqrt{23{,}04} = 4{,}8$$

d) **Nachweis:**

Um unnötige Rechnungen zu vermeiden, kann man sich zunächst wie folgt klarmachen, dass der rechte Winkel bei S sein muss: Bei D_k kann aufgrund der Lage der drei Punkte grundsätzlich kein rechter Winkel sein, bei C ist für $k < 6$ auch kein rechter Winkel möglich.

Damit sind nur $\overrightarrow{SC}$ und $\overrightarrow{SD_{\frac{2}{3}}}$ relevant.

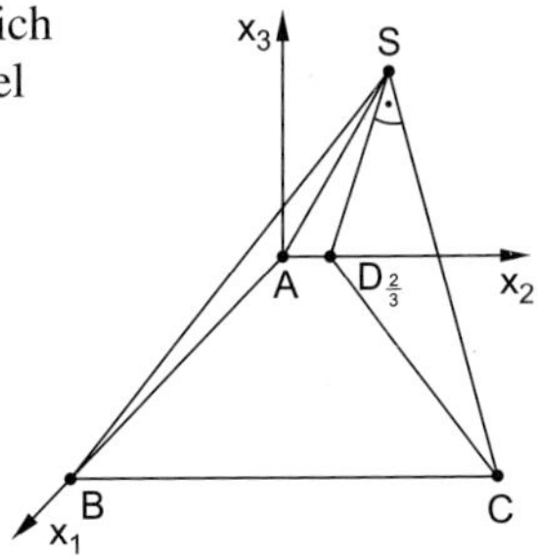

$$\overrightarrow{SC} = \begin{pmatrix}3\\3\\-4\end{pmatrix} \text{ und } \overrightarrow{SD_{\frac{2}{3}}} = \begin{pmatrix}0\\\frac{2}{3}\\0\end{pmatrix} - \begin{pmatrix}3\\3\\4\end{pmatrix} = \begin{pmatrix}-3\\-\frac{7}{3}\\-4\end{pmatrix}$$

Damit erhält man:

$\overrightarrow{SC} \cdot \overrightarrow{SD_{\frac{2}{3}}} = -9 - 7 + 16 = 0$

Somit stehen die Vektoren $\overrightarrow{SC}$ und $\overrightarrow{SD_{\frac{2}{3}}}$ senkrecht aufeinander, das Dreieck SCD_k ist also rechtwinklig für $k = \frac{2}{3}$.

e) **Bestimmung von k:**

Da um die Kante $\overline{CD_k}$ gedreht wird, muss es sich bei dem Punkt P um den Bildpunkt von S handeln.

Der Bildpunkt P befindet sich in einer Ebene H_k, die orthogonal zur Kante $\overline{CD_k}$ ist und den Punkt S enthält.

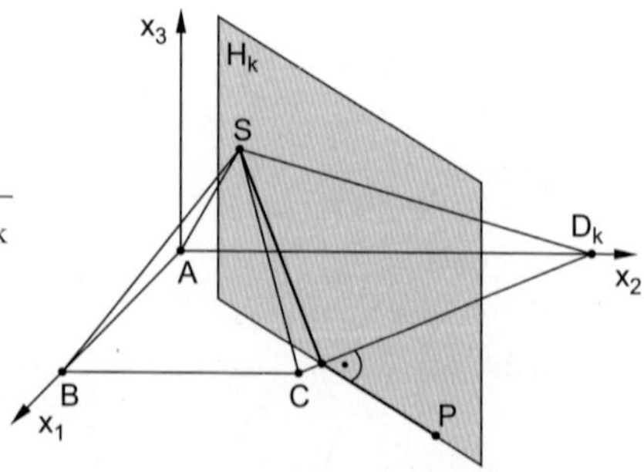

Ein Normalenvektor von H_k ist:

$$\vec{n}_{H_k} = \overrightarrow{CD_k} = \begin{pmatrix} 0 \\ k \\ 0 \end{pmatrix} - \begin{pmatrix} 6 \\ 6 \\ 0 \end{pmatrix} = \begin{pmatrix} -6 \\ k-6 \\ 0 \end{pmatrix}$$

Somit ist ein Ansatz für die Ebenengleichung von H_k:

H_k: $-6x_1 + (k-6) \cdot x_2 = b$

Einsetzen von S liefert $b = -6 \cdot 3 + (k-6) \cdot 3 = 3k - 36$ und damit:

H_k: $-6x_1 + (k-6) \cdot x_2 = 3k - 36$

Da $P \in H_k$, kann durch eine Punktprobe mit $P(9 \mid 11 \mid 0)$ der Wert von k berechnet werden:

$$\begin{aligned} -6 \cdot 9 + (k-6) \cdot 11 &= 3k - 36 \\ 11k - 120 &= 3k - 36 \\ 8k &= 84 \\ k &= 10{,}5 \end{aligned}$$

Für $\mathbf{k = 10{,}5}$ befindet sich ein Eckpunkt des gedrehten Dreiecks im Punkt P.

f) **Ermitteln eines Funktionsterms:**

Für das Volumen einer Pyramide gilt $V = \frac{1}{3} \cdot G \cdot h$.

Die Höhe h der Pyramide ist durch h(k) gegeben, da die Grundfläche in der x_1x_2-Ebene liegt.

Die Grundfläche der Pyramide ist ein Trapez. Für dessen Flächeninhalt erhält man:

$$G = \frac{|\overrightarrow{BC}| + |\overrightarrow{AD_k}|}{2} \cdot |\overrightarrow{AB}| = \frac{6+k}{2} \cdot 6 \quad \text{(siehe Merkhilfe)}$$

Somit ergibt sich:

$$V = \frac{1}{3} \cdot \left(\frac{6+k}{2} \cdot 6 \right) \cdot h(k) = 48$$

Vereinfachen und Auflösen nach h(k) liefert:

$$\frac{1}{3}\cdot\left(\frac{6+k}{2}\cdot 6\right)\cdot h(k)=48$$

$$(6+k)\cdot h(k)=48$$

$$h(k)=\frac{48}{6+k}$$

Für $\mathbf{h(k)=\frac{48}{6+k}}$ erhält man für jedes k ein Volumen von 48.

Zur Veranschaulichung sind zwei mögliche Pyramiden (für $k=2$ und $k=8$) dargestellt:

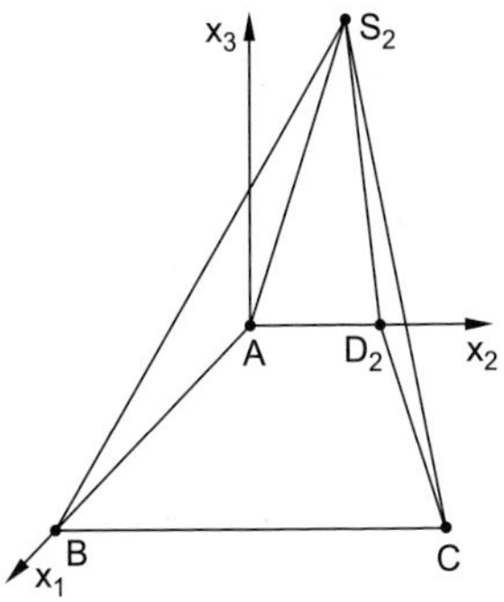

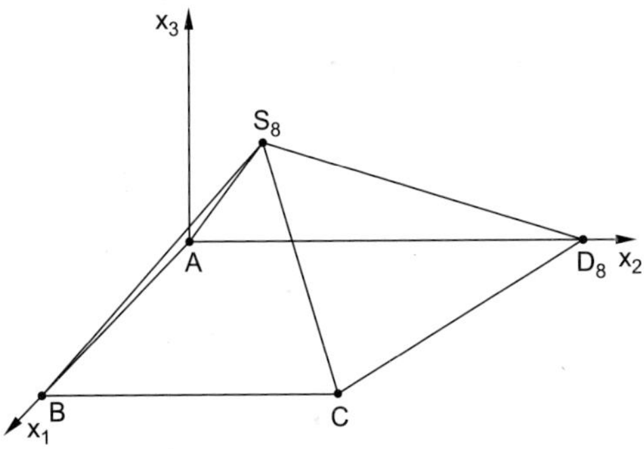

Wahlteil: Stochastik C 1

Die Tabelle zeigt die Häufigkeitsverteilung von Rauchern und Nichtrauchern unter den Personen im Alter von 50 bis 55 Jahren in Deutschland.

Raucher		**Nichtraucher**	
insgesamt: 32,1 %		insgesamt: 67,9 %	
gelegentlich: 4,0 %	regelmäßig: 28,1 %	früher geraucht: 22,1 %	nie geraucht: 45,8 %

(Quelle: Mikrozensus 2013, © Statistisches Bundesamt)

Im Folgenden werden nur Personen der angegebenen Altersgruppe betrachtet.

a) Es werden 100 Personen zufällig ausgewählt. Begründen Sie, dass die Anzahl der Nichtraucher mit einer binomialverteilten Zufallsgröße X beschrieben werden kann. Berechnen Sie den Erwartungswert E(X) von X. Bestimmen Sie die Wahrscheinlichkeit dafür, dass die Anzahl der Nichtraucher in dieser Gruppe um mindestens fünf größer als E(X) ist. 3 VP

b) Zwanzig zufällig ausgewählte Personen gehen nacheinander zu einer Untersuchung. Bestimmen Sie die Wahrscheinlichkeiten der Ereignisse:
A: Genau acht Personen sind Raucher, wobei die zuletzt eintreffende Person ein Raucher ist.
B: Genau zwei Personen sind Gelegenheitsraucher (sie rauchen gelegentlich) und diese zwei Personen kommen unmittelbar nacheinander. 2,5 VP

c) Weisen Sie nach, dass unter den Rauchern der Anteil der Personen, die regelmäßig rauchen, etwa 88 % beträgt. 0,5 VP

d) Unter den Personen, die regelmäßig rauchen oder früher regelmäßig geraucht haben, beträgt der Anteil der Nichtraucher 42 %. Bestimmen Sie unter den Personen, die früher geraucht haben, den Anteil derer, die dies regelmäßig taten. 2 VP

e) Acht Raucher beginnen eine Entwöhnungskur. Sieben von ihnen sind regelmäßige Raucher. Die Erfolgschancen betragen unabhängig voneinander für regelmäßige Raucher 60 %, für Gelegenheitsraucher 80 %. Berechnen Sie die Wahrscheinlichkeit dafür, dass mindestens sieben Personen die Kur mit Erfolg beenden. 2 VP

f) Eine Gesundheitsbehörde vermutet, dass sich der Anteil der Raucher im Vergleich zu 2013 verändert haben könnte. Um einen Hinweis auf die Richtigkeit dieser Vermutung zu erhalten, soll ein Hypothesentest durchgeführt werden. Dabei soll möglichst vermieden werden, irrtümlich von einem kleiner gewordenen Anteil an Rauchern auszugehen, da die staatliche Förderung für eine geplante Kampagne sonst evtl. gekürzt würde.
Formulieren Sie eine Nullhypothese, die der Zielsetzung der Gesundheitsbehörde entspricht, und begründen Sie Ihre Wahl.
Entscheiden Sie, ob bei der von Ihnen gewählten Nullhypothese die Vermutung auf einen gestiegenen oder einen gesunkenen Anteil der Raucher statistisch gestützt werden könnte. Begründen Sie Ihre Entscheidung.
Nehmen Sie Stellung zu folgender Aussage:
„Liegt das Ergebnis der Stichprobe im Ablehnungsbereich, so ist damit nachgewiesen, dass sich der Anteil der Raucher verändert hat." 2,5 VP

TIPP Lösungshinweise zum Wahlteil Stochastik – Aufgabe C 1

Aufgabe C 1 – Teilaufgabe a

Begründung für Binomialverteilung

Welche Voraussetzungen für das Vorliegen einer Binomialverteilung kennen Sie?

Vergleichen Sie auch die Anzahl der ausgewählten Personen mit der Grundgesamtheit.

Erwartungswert von X

Wie berechnet man den Erwartungswert einer binomialverteilten Zufallsgröße?

Welchen Wert für die Trefferwahrscheinlichkeit müssen Sie einsetzen, wenn X die Anzahl der Nichtraucher beschreibt?

Wahrscheinlichkeit

Zu bestimmen ist die Wahrscheinlichkeit $P(X \geq E(X) + 5)$.

Um diesen Wert mit dem WTR berechnen zu können, müssen Sie wegen des „≥" zunächst umformen.

Hinweise zum Vorgehen finden Sie unter WTR 5.

Aufgabe C 1 – Teilaufgabe b

Ereignis A

Wie viele Personen unter den ersten 19 müssen Raucher sein? Wie ist die Anzahl X_1 der Raucher unter den 19 Personen verteilt? Bestimmen Sie damit die entsprechende Wahrscheinlichkeit.

Mit welcher Wahrscheinlichkeit ist die letzte Person ein Raucher?

Wie berechnen Sie aus den beiden Teilergebnissen P(A)?

Ereignis B

Wie groß ist die Wahrscheinlichkeit dafür, dass eine Person kein Gelegenheitsraucher ist? Wie viele Personen der Gruppe sind keine Gelegenheitsraucher?

Wie viele Möglichkeiten gibt es dafür, dass die beiden Gelegenheitsraucher unmittelbar nacheinander kommen?

Damit und mit den einzelnen Wahrscheinlichkeiten können Sie P(B) berechnen.

Aufgabe C 1 – Teilaufgabe c

Nachweis

Um einen Anteil zu bestimmen, benötigen Sie die Größe der Gesamtheit der betrachteten Gruppe und die Größe der Gruppe mit dem genannten Merkmal.

Welche Gruppe wird betrachtet und wie lautet das Merkmal?

Aufgabe C 1 – Teilaufgabe d

Anteil

Überlegen Sie sich, welche zwei verschiedenen Personengruppen hier betrachtet werden.

Beachten Sie, dass die im Aufgabentext angegebene Prozentzahl eine bedingte Wahrscheinlichkeit ist.

Welche Wahrscheinlichkeit steht bei einer bedingten Wahrscheinlichkeit im Zähler und welche im Nenner?

Der gesuchte Anteil x tritt im Zähler und im Nenner des Quotienten zur Berechnung der bedingten Wahrscheinlichkeit auf.

Zur Bestimmung von x müssen Sie eine Bruchgleichung lösen.

Aufgabe C 1 – Teilaufgabe e

Sieben Personen beenden die Kur erfolgreich

Führen Sie die Zufallsgröße Y ein für die Anzahl der regelmäßigen Raucher, deren Kur erfolgreich ist. Wie ist diese Zufallsgröße verteilt?

Machen Sie sich klar, welche Fälle auftreten können, damit mindestens sieben Personen die Kur erfolgreich beenden. Denken Sie dabei an das „mindestens" und an die Zusammensetzung der acht Personen. Ein Baumdiagramm kann Ihnen dabei helfen, ist aber nicht verlangt.

Für alle zum beschriebenen Ereignis gehörenden Fälle ist die Wahrscheinlichkeit zu berechnen.

Geben Sie abschließend die gesuchte Wahrscheinlichkeit als Summe dieser Wahrscheinlichkeiten an.

Aufgabe C 1 – Teilaufgabe f

Formulierung der Nullhypothese

Bei einem Test sind zwei Fehler möglich. Welchen der beiden kann man kontrollieren, d. h. durch die Wahl des Signifikanzniveaus klein halten?

Die Nullhypothese ist so zu wählen, dass die Wahrscheinlichkeit, irrtümlich von einem kleiner gewordenen Anteil der Raucher auszugehen, kontrolliert werden kann.

Vermutung statistisch stützen

Bei einem Test kann grundsätzlich nur die Alternativhypothese statistisch gestützt werden. Woran liegt das?

Frage des möglichen Nachweises

Kann mithilfe eines Hypothesentests etwas bewiesen werden?

Was steckt letztlich immer hinter einem Test?

a) **Begründung für Binomialverteilung:**
Die 100 Personen werden zufällig, d. h. unabhängig voneinander, aus einer sehr großen Grundgesamtheit ausgewählt. Die Wahrscheinlichkeit, Nichtraucher zu sein, kann daher für jede der Personen als gleich angenommen werden, da sich der Anteil der Nichtraucher in der gesamten Altersgruppe durch die Auswahl weniger Personen praktisch nicht ändert.
Die Anzahl X der Nichtraucher kann daher als $B_{100;\,0{,}679}$-verteilt angenommen werden.

Erwartungswert von X:
$\mathbf{E(X)} = 100 \cdot 0{,}679 = \mathbf{67{,}9}$

Wahrscheinlichkeit:
$P(X \geq E(X)+5) = P(X \geq 72{,}9) = P(X \geq 73) = 1 - P(X \leq 72) \approx 0{,}162 = 16{,}2\ \%$

Mit einer Wahrscheinlichkeit von **etwa 16,2 %** ist die Anzahl der Nichtraucher um mindestens fünf größer als der Erwartungswert.

b) **A: Genau acht Personen sind Raucher, wobei die zuletzt eintreffende Person ein Raucher ist.**
Wenn die letzte Person ein Raucher ist, so müssen unter den 19 Personen davor genau sieben Raucher sein. Die Anzahl X_1 der Raucher unter 19 Personen kann als $B_{19;\,0{,}321}$-verteilt angenommen werden.
$\mathbf{P(A)} = P(X_1 = 7) \cdot 0{,}321 \approx 0{,}055 = \mathbf{5{,}5\ \%}$ (WTR 4)

B: Genau zwei Personen sind Gelegenheitsraucher und diese zwei Personen kommen unmittelbar nacheinander.
18 Personen der Gruppe sind keine Gelegenheitsraucher (d. h., sie sind regelmäßige Raucher oder Nichtraucher).
Die Wahrscheinlichkeit dafür, dass eine Person regelmäßig oder nicht raucht, ist $1 - 0{,}04 = 0{,}96$.

Es gibt 19 Möglichkeiten dafür, dass die beiden Gelegenheitsraucher unmittelbar nacheinander kommen (als 1. und 2., als 2. und 3., …, als 19. und 20.). Jede dieser Möglichkeiten hat die gleiche Wahrscheinlichkeit $0{,}04^2 \cdot 0{,}96^{18}$.

Somit gilt:

$\mathbf{P(B)} = 19 \cdot 0{,}04^2 \cdot 0{,}96^{18} \approx 0{,}015 = \mathbf{1{,}5\ \%}$

c) **Nachweis:**
Insgesamt gehören 32,1 % der Personen im Alter von 50 bis 55 Jahren zur Gruppe der Raucher. Der Anteil der Personen, die regelmäßig rauchen, beträgt 28,1 %.

Damit ergibt sich der angegebene Anteil $\frac{28{,}1\ \%}{32{,}1\ \%} \approx 88\ \%$.

d) **Anteil:**

Sei x der gesuchte Anteil der Personen, die früher regelmäßig geraucht haben, unter allen Personen, die früher geraucht haben.
Dann gibt $22{,}1\,\% \cdot x$ den Anteil der Personen an, die früher regelmäßig geraucht haben (und aktuell Nichtraucher sind).
Die Personen, die aktuell noch regelmäßig rauchen, haben einen Anteil von 28,1 %.

Dann gilt nach Vorgabe:

$$\frac{22{,}1\,\% \cdot x}{22{,}1\,\% \cdot x + 28{,}1\,\%} = 42\,\%$$

$$\begin{aligned} 0{,}221x &= 0{,}42 \cdot (0{,}221x + 0{,}281) \\ 0{,}221x - 0{,}42 \cdot 0{,}221x &= 0{,}42 \cdot 0{,}281 \\ 0{,}58 \cdot 0{,}221x &= 0{,}42 \cdot 0{,}281 \\ x &= \frac{0{,}42 \cdot 0{,}281}{0{,}58 \cdot 0{,}221} \\ x &\approx 92\,\% \end{aligned}$$

Der Anteil derer, die regelmäßig geraucht haben, unter den Personen, die früher geraucht haben, beträgt **ca. 92 %**.

e) **Sieben Personen beenden die Kur erfolgreich:**

Unter den acht Personen sind sieben regelmäßige Raucher und ein Gelegenheitsraucher.
Die Anzahl Y der regelmäßigen Raucher, bei denen die Kur erfolgreich ist, kann als $B_{7;\,0,6}$-verteilt angenommen werden.

Der Gelegenheitsraucher beendet die Kur mit einer Wahrscheinlichkeit von 0,8 erfolgreich und mit einer Wahrscheinlichkeit von 0,2 ohne Erfolg.

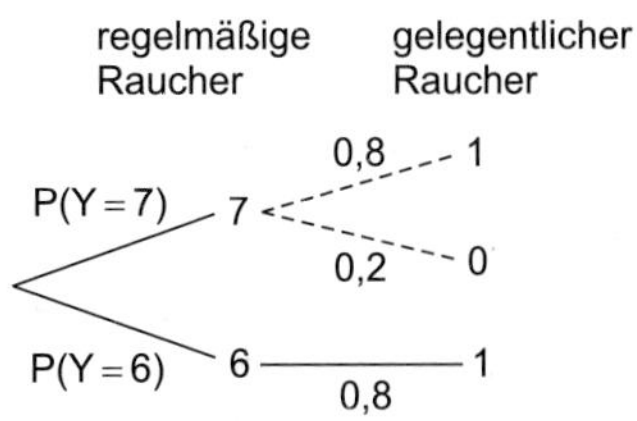

Die möglichen Fälle für mindestens sieben erfolgreiche Personen entnimmt man dem Baumdiagramm und berechnet damit die Wahrscheinlichkeit:

$$\begin{aligned} w &= \underbrace{P(Y=7) \cdot 0{,}8 + P(Y=7) \cdot 0{,}2} + P(Y=6) \cdot 0{,}8 \\ &= \qquad\qquad P(Y=7) \qquad\qquad + P(Y=6) \cdot 0{,}8 \\ &\approx 0{,}133 = 13{,}3\,\% \end{aligned}$$

Mit einer Wahrscheinlichkeit von **etwa 13,3 %** ist die Kur bei mindestens sieben der acht Personen erfolgreich.

Alternative Berechnung von w:

$$w = \underbrace{P(Y=7)\cdot 0{,}8 + P(Y=7)\cdot 0{,}2}_{} + P(Y=6)\cdot 0{,}8$$

$$= \qquad P(Y=7) \qquad + P(Y=6)\cdot 0{,}8$$

$$= 0{,}6^7 + \left(\binom{7}{6}\cdot 0{,}6^6\cdot 0{,}4\right)\cdot 0{,}8$$

$$= 0{,}6^7 + 7\cdot 0{,}6^6\cdot 0{,}4\cdot 0{,}8 \approx 0{,}133 = 13{,}3\,\%$$

f) **Formulierung der Nullhypothese:**

Bei einem Test können zwei Arten von Fehlern auftreten, die beide nicht vermieden werden können. Wird eine Nullhypothese fälschlicherweise abgelehnt, spricht man von einem Fehler 1. Art. Dieser Fehler kann zwar nicht vermieden, aber kontrolliert werden: Durch die Wahl des entsprechenden Signifikanzniveaus kann die Wahrscheinlichkeit für diesen Fehler 1. Art entsprechend klein gehalten werden.

Da hier möglichst vermieden werden soll, irrtümlich von einem kleiner gewordenen Anteil der Raucher auszugehen, wählt man als Nullhypothese das „Gegenteil", also $\mathbf{H_0: p \geq 0{,}321}$.

Die Wahrscheinlichkeit dafür, dass der Anteil der Raucher in Wirklichkeit gleich geblieben bzw. gestiegen ist, aber fälschlicherweise von einem gesunkenen Anteil ausgegangen wird, kann folglich wie vorgegeben (beliebig) klein gehalten werden.

Vermutung statistisch stützen:

Kontrolliert wird – wie erwähnt – der Fehler dafür, die Nullhypothese fälschlicherweise abzulehnen. Das bedeutet, hier wird die Vermutung, der Anteil der Raucher sei gesunken, statistisch gestützt. (Grundsätzlich kann immer nur die Alternativhypothese bei einem Test statistisch gestützt werden.)

Frage des möglichen Nachweises:

Die Aussage ist **falsch**, da mithilfe eines Hypothesentests prinzipiell nichts bewiesen werden kann. (Es steckt letztlich immer ein Zufallsexperiment hinter einem Test!)

Auch wenn die Wahrscheinlichkeit für einen Fehler 1. Art klein gehalten werden kann, lässt er sich nie ganz ausschließen.

Pflichtteil

Aufgabe 1

Abgebildet ist der Graph der Funktion f mit:

$f(x) = -\frac{4}{(x+2)^2} + 2;\; x > -2$

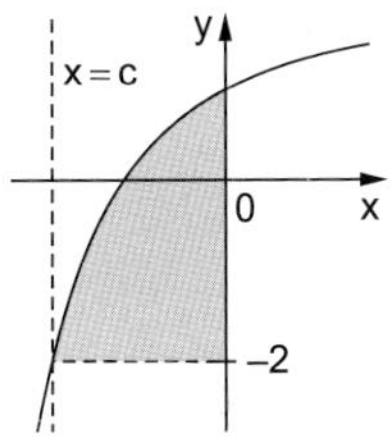

a) Begründen Sie, dass c den Wert –1 hat. 1 VP

b) Berechnen Sie den Inhalt der markierten Fläche. 1,5 VP

Aufgabe 2

Gegeben ist die Funktion f mit $f(x) = a \cdot \ln(bx+3);\; a \neq 0;\; b > 0$ mit maximaler Definitionsmenge D_f.

a) Bestimmen Sie D_f und geben Sie die Wertemenge von f an. 1 VP

b) An der Stelle $x = -1$ schneidet der Graph von f die x-Achse und die Tangente an den Graphen von f verläuft parallel zur Geraden $y = \frac{3}{2}x + 3$.
Ermitteln Sie die Werte von a und b. 1,5 VP

Aufgabe 3

Gegeben ist eine auf $\mathbb{R}$ differenzierbare Funktion g, deren Graph K punktsymmetrisch zum Koordinatenursprung ist und in $P(-4\,|\,2)$ einen Extrempunkt hat.
Der Graph der Funktion h mit $h(x) = \sqrt{x} \cdot g(x);\; x > 0$ besitzt im Punkt $Q(4\,|\,h(4))$ die Tangente t.
Bestimmen Sie eine Gleichung von t. 2,5 VP

Aufgabe 4

Gegeben sind die Punkte $A(1\,|\,4\,|\,3)$ und $B(1\,|\,4\,|\,-2)$ sowie die Ebene E mit

E: $x_2 = 4$ und die Gerade k mit k: $\vec{x} = \begin{pmatrix} 1 \\ 4 \\ -2 \end{pmatrix} + r \cdot \begin{pmatrix} 0 \\ 3 \\ 0 \end{pmatrix}$ $(r \in \mathbb{R})$.

a) Begründen Sie, dass die Ebene E orthogonal zur Geraden k ist und den Punkt A enthält. 1 VP

b) Der Punkt C liegt auf der Geraden k und das Dreieck ABC hat den Flächeninhalt 15.
Bestimmen Sie alle möglichen Koordinaten von C. 1,5 VP

Aufgabe 5

Gegeben sind die Ebene E: $3x_1 - 4x_3 = 3$ und für $a \in \mathbb{R}$ die Ebenen F_a: $6x_1 - a \cdot x_3 = -9$.

a) Für $a = 8$ sind die Ebenen parallel.
Berechnen Sie den Abstand von E und F_8. 1,5 VP

b) Bestimmen Sie den Wert von a so, dass E und F_a einen Punkt auf der x_3-Achse gemeinsam haben. 1 VP

Aufgabe 6

In einer Mensa steht den Gästen ein Wasserspender zur Verfügung, an dem Wasser entnommen werden darf. Dabei kann jeder Gast zwischen stillem Wasser und Sprudelwasser wählen. Alle Gäste nehmen sich zum Essen ein Glas Wasser. Zusätzlich stehen auf jedem Tisch Karaffen mit Apfelsaft bereit.

Für einen zufällig ausgewählten Gast beträgt die Wahrscheinlichkeit dafür, dass
- er seinem Wasser Apfelsaft zugibt, 70 %,
- er weder stilles Wasser wählt noch Apfelsaft zugibt, 5 %,
- er entweder stilles Wasser wählt oder Apfelsaft zugibt, 70 %.

a) Stellen Sie den Sachverhalt in einer vollständig ausgefüllten Vierfeldertafel dar. 1,5 VP

b) Berechnen Sie die Wahrscheinlichkeit dafür, dass ein zufällig ausgewählter Gast, der Sprudelwasser gewählt hat, anschließend Apfelsaft zugibt. 1 VP

TIPP **Lösungshinweise zum Pflichtteil**

Aufgabe 1

Teilaufgabe a

Welche Gerade schneidet der Graph von f bei $x = c$ in der Abbildung?

Was muss damit für f(c) gelten?

Beachten Sie, wie viele Schnittpunkte es im sichtbaren Bereich gibt.

Teilaufgabe b

Wodurch ist die markierte Fläche begrenzt?

Wie berechnet man den Inhalt einer Fläche, die zwischen zwei Graphen liegt?

Ist die Lage der Fläche relevant, d. h., spielt es eine Rolle, ob Teile ober- bzw. unterhalb der x-Achse liegen?

Aufgabe 2

Teilaufgabe a

Welche Definitions- und welche Wertemenge hat die natürliche Logarithmusfunktion g mit $g(x) = \ln(x)$?

Ändert sich die Wertemenge, wenn der Graph von g in y-Richtung gestreckt oder gestaucht wird?

Teilaufgabe b

Was gilt für f(–1), wenn der Graph dort die x-Achse schneidet?

Welche Steigung hat der Graph von f an der Stelle $x = -1$?

Sie erhalten damit zwei Gleichungen, mithilfe derer Sie die Werte von a und b berechnen können.

Aufgabe 3

Welche Koordinaten hat ein Punkt P*, wenn er durch eine Punktspiegelung des Punktes $P(a \mid b)$ am Koordinatenursprung hervorgeht?

Welche Aussage können Sie über den Verlauf des Graphen K im Punkt P* machen, wenn bekannt ist, dass der Punkt P ein Extrempunkt von K ist?

Die erste Ableitung von h erhalten Sie mithilfe der Produktregel.

Zur Bestimmung der Tangentengleichung benötigen Sie die Werte h(4) und h'(4), welche Sie unter Verwendung der Werte g(4) und g'(4) berechnen können.

Aufgabe 4

Teilaufgabe a

Wie lautet ein Normalenvektor von E?

Welche Lagebeziehung muss für einen Normalenvektor von E und einen Richtungsvektor von k bestehen, wenn E orthogonal ist zu k?

Wie überprüft man, ob ein Punkt in einer Ebene liegt?

Teilaufgabe b

Der Punkt B ist offensichtlich der Schnittpunkt von E und k. Warum?

Fertigen Sie eine Skizze an, um sich die Situation zu veranschaulichen.

Um welche Art Dreieck handelt es sich beim Dreieck ABC? Wie können Sie daher dessen Flächeninhalt berechnen?

Berechnen Sie die Länge der Grundseite als $|\overrightarrow{AB}|$.

Welche Höhe muss das Dreieck ABC folglich haben?

Welche Punkte liegen auf k und haben diese Höhe als Abstand zu B?

Aufgabe 5

Teilaufgabe a

Haben alle Punkte der Ebene E denselben Abstand zu F_8?

Wie kann man also den Abstand paralleler Ebenen berechnen?

Welche Darstellungsform einer Ebene verwendet man für eine entsprechende Abstandsberechnung?

Teilaufgabe b

Wie lässt sich jeder Punkt der x_3-Achse darstellen?

Bestimmen Sie den Punkt Q, den E und die x_3-Achse gemeinsam haben.

Berechnen Sie dann a so, dass Q auch in F_a liegt.

Aufgabe 6

Teilaufgabe a

Führen Sie Bezeichnungen ein (z. B. A: wählt Apfelsaft; S: wählt stilles Wasser).

Welche Bedeutung haben Wahrscheinlichkeiten wie $P(A)$, $P(\overline{A})$, $P(\overline{S} \cap \overline{A})$ usw. im Sachzusammenhang?

Welche dieser Wahrscheinlichkeiten sind bereits im Aufgabentext gegeben? Beachten Sie die Formulierungen „weder … noch …“ und „entweder … oder …“.

In einer Vierfeldertafel lassen sich noch unbekannte Wahrscheinlichkeiten durch Summen- oder Differenzbildungen berechnen.

Teilaufgabe b

Es handelt sich um eine bedingte Wahrscheinlichkeit $P_{\overline{S}}(A)$.

Wie berechnet man diese Wahrscheinlichkeit von A unter der Bedingung $\overline{S}$?

Aufgabe 1

a) Da der Graph von f und die Parallele zur x-Achse $y = -2$ im sichtbaren Bereich genau einen gemeinsamen Punkt besitzen, genügt es zu zeigen, dass $f(-1) = -2$ gilt. Durch Einsetzen erhält man:

$$f(-1) = -\frac{4}{(-1+2)^2} + 2 = -4 + 2 = -2$$

Damit hat c den Wert –1.

b) Die markierte Fläche wird begrenzt durch den Graphen der Funktion f mit

$$f(x) = -\frac{4}{(x+2)^2} + 2,$$

die Parallele zur x-Achse $y = -2$ bzw. $g(x) = -2$ und die y-Achse.

Da es bei Flächen, die von den Graphen zweier Funktionen begrenzt werden, keine Rolle spielt, ob Teile der Fläche unter- oder oberhalb der x-Achse liegen, erhält man für $c = -1$ für den gesuchten Flächeninhalt A:

$$A = \int_{-1}^{0} (f(x) - g(x))\,dx = \int_{-1}^{0} \left(-\frac{4}{(x+2)^2} + 2 - (-2)\right) dx$$

$$= \left[\frac{4}{x+2} + 4x\right]_{-1}^{0}$$

$$= 2 - (4 - 4) = 2$$

Die markierte Fläche hat den **Inhalt 2**.

Aufgabe 2

a) **Definitionsmenge:**

Die natürliche Logarithmusfunktion g mit $g(x) = \ln(x)$ ist für $x > 0$ definiert. Die maximale Definitionsmenge von f mit $f(x) = a \cdot \ln(bx + 3)$; $a \neq 0$; $b > 0$ erhält man daher durch Lösen der linearen Ungleichung $bx + 3 > 0$.

$$\begin{aligned} bx + 3 &> 0 && \mid -3 \\ bx &> -3 && \mid :b \quad \text{(keine Fallunterscheidung nötig, da } b > 0\text{)} \\ x &> -\frac{3}{b} \end{aligned}$$

Die Funktion f hat die Definitionsmenge $\mathbf{D_f = \left]-\frac{3}{b}; +\infty\right[}$.

Hinweis: Die Schreibweisen $D_f = \left(-\frac{3}{b}; +\infty\right)$ oder $D_f = \left\{x \in \mathbb{R} \;\middle|\; x > -\frac{3}{b}\right\}$ können auch verwendet werden.

Wertemenge:

Die natürliche Logarithmusfunktion g mit $g(x)=\ln(x)$ hat die Wertemenge $W_g=\mathbb{R}$. Jede Funktion, deren Graph durch Streckung oder Stauchung in y-Richtung aus dem Graphen von g hervorgeht, besitzt ebenfalls die Wertemenge $W=\mathbb{R}$.

Für die Wertemenge von f mit $f(x)=a\cdot\ln(bx+3)$ gilt damit $\mathbf{W_f=\mathbb{R}}$.

Anmerkung: Beim Operator „angeben" wird kein Ansatz und keine Begründung verlangt (siehe Hinweise und Tipps zur schriftlichen Prüfung auf Seite IV vorne in diesem Buch).

b) Gegeben ist die Funktion f mit $f(x)=a\cdot\ln(bx+3)$; $a\neq 0$; $b>0$.
Für die Ableitung von f erhält man mithilfe der Kettenregel:

$$f'(x)=\frac{a\cdot b}{bx+3}$$

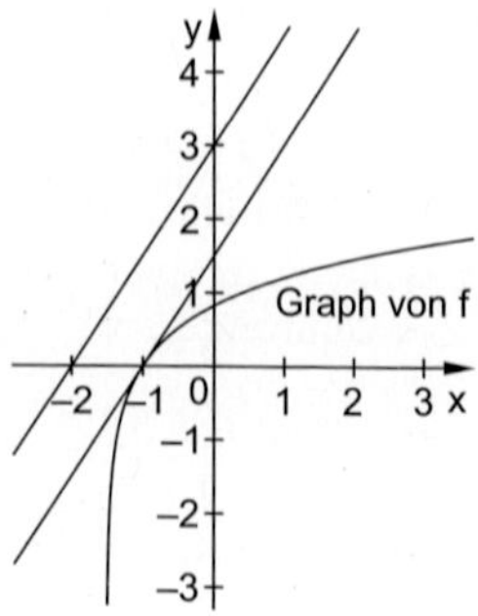

Dem Aufgabentext entnimmt man folgende zwei Bedingungen für den Verlauf des Graphen von f:

(1) „Der Graph von f schneidet die x-Achse an der Stelle $x=-1$", d. h. $f(-1)=0$.

(2) „Die Tangente an den Graphen von f verläuft an der Stelle $x=-1$ parallel zur Geraden $y=\frac{3}{2}x+3$", d. h., der Graph von f hat an der Stelle $x=-1$ die Steigung $f'(-1)=\frac{3}{2}$.

Daraus ergibt sich folgendes Gleichungssystem:

(1) $f(-1)=0$ bzw. (1) $a\cdot\ln(-b+3)=0$

(2) $f'(-1)=\frac{3}{2}$ bzw. (2) $\frac{a\cdot b}{-b+3}=\frac{3}{2}$

Auflösen der Gleichung (1) liefert:

$$\begin{aligned} a\cdot\ln(-b+3)&=0 \quad &&|\text{ (wegen } a\neq 0 \text{ ist nur die Gleichung } \ln(-b+3)=0 \text{ zu lösen)}\\ \ln(-b+3)&=0 &&|\, e^{\square}\\ -b+3&=1\\ b&=2 \end{aligned}$$

Einsetzen von $b=2$ in Gleichung (2):

$$\begin{aligned} \frac{a\cdot 2}{-2+3}&=\frac{3}{2}\\ 2a&=\frac{3}{2}\\ a&=\frac{3}{4} \end{aligned}$$

Für die gesuchten Werte erhält man $\mathbf{a=\frac{3}{4}}$ und $\mathbf{b=2}$.

Aufgabe 3

Der Punkt P(−4 | 2) ist ein Extrempunkt von K. Also gilt: $g(-4)=2$ und $g'(-4)=0$

Da K punktsymmetrisch zum Ursprung ist, liegt der Punkt P*(4 | −2) auf K und ist ebenfalls ein Extrempunkt von K. Es gilt somit: $g(4)=-2$ und $g'(4)=0$

Mithilfe der Produktregel erhält man die erste Ableitung h' der Funktion h mit $h(x)=\underbrace{\sqrt{x}}_{u(x)}\cdot\underbrace{g(x)}_{v(x)}$:

$$h'(x)=\underbrace{\frac{1}{2\sqrt{x}}}_{u'(x)}\cdot\underbrace{g(x)}_{v(x)}+\underbrace{\sqrt{x}}_{u(x)}\cdot\underbrace{g'(x)}_{v'(x)};\quad x>0$$

An der Stelle $x=4$ gilt für die Steigung der Tangente t an den Graphen von h:

$$h'(4)=\frac{1}{2\cdot\sqrt{4}}\cdot\underbrace{g(4)}_{=-2}+\sqrt{4}\cdot\underbrace{g'(4)}_{=0}=\frac{1}{4}\cdot(-2)+2\cdot 0=-\frac{1}{2}$$

Die y-Koordinate des Punktes Q(4 | h(4)) ist $h(4)=\sqrt{4}\cdot\underbrace{g(4)}_{=-2}=2\cdot(-2)=-4.$

Einsetzen von $h'(4)=-\frac{1}{2}$ und $h(4)=-4$ in die allgemeine Tangentengleichung $y=h'(a)\cdot(x-a)+h(a)$ ergibt:

$$y=\underbrace{-\frac{1}{2}}_{h'(4)}\cdot(x-4)+\underbrace{(-4)}_{h(4)}=-\frac{1}{2}x+2-4=-\frac{1}{2}x-2$$

Die Tangente t an den Graphen von h im Punk Q(4 | h(4)) hat die Gleichung

$$\mathbf{y=-\frac{1}{2}x-2.}$$

Anmerkung: Sie erhalten dasselbe Ergebnis mit dem Ansatz $y=mx+c$.
Es ist $m=h'(4)=-\frac{1}{2}$; die Punktprobe mit Q(4 | −4) ergibt $-4=-\frac{1}{2}\cdot 4+c$ und somit $c=-2$.

Aufgabe 4

Gegeben sind die Punkte A(1 | 4 | 3) und B(1 | 4 | −2) sowie die Ebene E mit E: $x_2=4$ und die Gerade k mit k: $\vec{x}=\begin{pmatrix}1\\4\\-2\end{pmatrix}+r\cdot\begin{pmatrix}0\\3\\0\end{pmatrix}$.

a) Die Ebene E ist orthogonal zur Geraden k, wenn ihr Normalenvektor $\vec{n}$ ein Vielfaches des Richtungsvektors von k ist (bzw. die Vektoren kollinear sind).

Da $\vec{n}=\begin{pmatrix}0\\1\\0\end{pmatrix}=\frac{1}{3}\cdot\begin{pmatrix}0\\3\\0\end{pmatrix}$ gilt, ist **E orthogonal zu k**.

Einsetzen des Punktes A in E führt zur wahren Aussage $4=4$, damit ist $\mathbf{A\in E}$.

b) Da offensichtlich $B \in k$ (Stützpunkt) und $B \in E$ ist, muss B der Schnittpunkt von E und k sein. Da die Ebene E und die Gerade k nach Teilaufgabe a orthogonal zueinander sind, ist damit das Dreieck ABC rechtwinklig, vgl. Skizze.

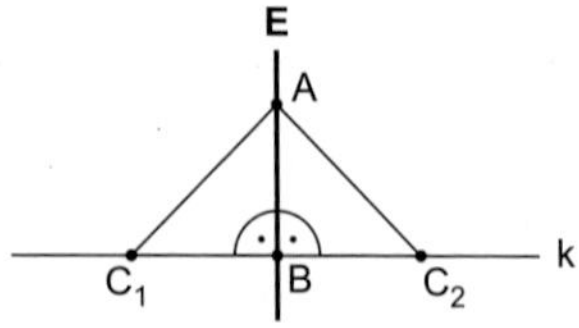

Den Flächeninhalt I eines rechtwinkligen Dreiecks berechnet man mithilfe von:

$$I = \frac{1}{2} \cdot g \cdot h$$

Für die Länge der Grundseite g des Dreiecks ABC erhält man:

$$g = |\overrightarrow{AB}| = \left|\begin{pmatrix} 0 \\ 0 \\ -5 \end{pmatrix}\right| = 5$$

Daraus folgt wegen der Vorgabe $I = 15$:

$$\frac{1}{2} \cdot g \cdot h = 15$$

$$h = \frac{30}{g} = \frac{30}{5} = 6$$

Damit ist $|\overrightarrow{BC_1}| = |\overrightarrow{BC_2}| = h = 6$.

Da B der Stützpunkt der Geraden k ist und für deren Richtungsvektor $\left|\begin{pmatrix} 0 \\ 3 \\ 0 \end{pmatrix}\right| = 3$ gilt, führt der Ansatz

$$\overrightarrow{OC_1} = \begin{pmatrix} 1 \\ 4 \\ -2 \end{pmatrix} + 2 \cdot \begin{pmatrix} 0 \\ 3 \\ 0 \end{pmatrix} \quad \text{bzw.} \quad \overrightarrow{OC_2} = \begin{pmatrix} 1 \\ 4 \\ -2 \end{pmatrix} - 2 \cdot \begin{pmatrix} 0 \\ 3 \\ 0 \end{pmatrix}$$

auf die Punkte $\mathbf{C_1(1\,|\,10\,|\,{-2})}$ und $\mathbf{C_2(1\,|\,{-2}\,|\,{-2})}$.

Hinweis: Selbstverständlich ist auch der allgemeinere Ansatz $C(1\,|\,4+3r\,|\,-2)$ und $|\overrightarrow{BC}| = 6$ möglich.

Aufgabe 5

Gegeben sind die Ebene E: $3x_1 - 4x_3 = 3$ und für $a \in \mathbb{R}$ die Ebenen F_a: $6x_1 - a \cdot x_3 = -9$.

a) Da die Ebenen E und F_8 parallel sind, genügt es, den Abstand eines beliebigen Punktes von E zu F_8: $6x_1 - 8x_3 = -9$ zu berechnen.

Wählt man z. B. $P(1\,|\,0\,|\,0) \in E$, ergibt sich mithilfe der HNF von F_8:

$$d(E; F_8) = d(P; F_8) = \frac{|6 \cdot 1 - 8 \cdot 0 + 9|}{\sqrt{6^2 + (-8)^2}} = \frac{|6+9|}{\sqrt{100}} = \frac{15}{10} = 1{,}5$$

Der Abstand der beiden Ebenen beträgt **1,5**.

Ergänzende Anmerkung (Ebenen E und F_a sind nur für $a=8$ parallel):
Bei parallelen Ebenen sind die Normalenvektoren Vielfache voneinander (bzw. sie sind kollinear):

Mit $\vec{n}_E = \begin{pmatrix} 3 \\ 0 \\ -4 \end{pmatrix}$ und $\vec{n}_{F_a} = \begin{pmatrix} 6 \\ 0 \\ -a \end{pmatrix}$ erhält man $\begin{pmatrix} 3 \\ 0 \\ -4 \end{pmatrix} = s \cdot \begin{pmatrix} 6 \\ 0 \\ -a \end{pmatrix}$ mit der einzigen Lösung $a=8$ (für $s=\frac{1}{2}$), d. h., nur die Ebene F_8 ist parallel zu E.

b) Jeder Punkt der x_3-Achse lässt sich darstellen in der Form $Q(0\,|\,0\,|\,z)$.
Einsetzen in E liefert $-4z=3$, also $z=-\frac{3}{4}$.
Damit auch $Q \in F_a$ gilt, muss gelten:

$$-a \cdot \left(-\frac{3}{4}\right) = -9$$
$$3a = -36$$
$$a = -12$$

Der gesuchte Wert lautet $\mathbf{a = -12}$.

Aufgabe 6

a) Mit den Bezeichnungen
S: Gast wählt stilles Wasser
A: Gast mischt sein Wasser mit Apfelsaft
können dem Aufgabentext folgende Werte entnommen werden:

	S	$\overline{S}$	
A			0,7
$\overline{A}$		0,05	
			1

$P(A)=0{,}7$ „Wahrscheinlichkeit, dass der Gast seinem Wasser Apfelsaft zugibt, beträgt 70 %“

$P(\overline{S} \cap \overline{A}) = 0{,}05$ „Wahrscheinlichkeit, dass der Gast weder stilles Wasser wählt noch Apfelsaft zugibt, beträgt 5 %“ (gleichbedeutend mit der Wahl von purem Sprudelwasser)

$P(S \cap \overline{A}) + P(\overline{S} \cap A) = 0{,}7$ „Wahrscheinlichkeit, dass der Gast <u>entweder</u> stilles Wasser wählt <u>oder</u> Apfelsaft zugibt, beträgt 70 %“

Anmerkung zur Formulierung „entweder ... oder ...“:
Die Formulierung „entweder … oder“ bezieht anders als die Formulierung „oder“ nicht den Fall ein, dass beide Merkmale vorliegen.

Der Reihe nach berechnet man dann:
$P(\overline{A}) = 1 - P(A) = 1 - 0{,}7 = 0{,}3$
$P(S \cap \overline{A}) = P(\overline{A}) - P(\overline{S} \cap \overline{A}) = 0{,}3 - 0{,}05 = 0{,}25$
$P(\overline{S} \cap A) = 0{,}7 - P(S \cap \overline{A}) = 0{,}7 - 0{,}25 = 0{,}45$

	S	$\overline{S}$	
A		0,45	0,7
$\overline{A}$	0,25	0,05	0,3
			1

Die restlichen Werte der Vierfeldertafel ergeben sich durch Summen- bzw. Differenzbildung. Damit erhält man folgende vollständig ausgefüllte Vierfeldertafel:

	S	$\overline{S}$	
A	0,25	0,45	0,7
$\overline{A}$	0,25	0,05	0,3
	0,5	0,5	1

b) Die gesuchte Wahrscheinlichkeit, dass ein zufällig ausgewählter Gast, von dem bekannt ist, dass er Sprudelwasser ($\overline{S}$: „kein stilles Wasser") gewählt hat, auch Apfelsaft (A) wählt, entspricht der bedingten Wahrscheinlichkeit $P_{\overline{S}}(A)$.

$$P_{\overline{S}}(A) = \frac{P(\overline{S} \cap A)}{P(\overline{S})} = \frac{0{,}45}{0{,}5} = \frac{9}{10} = \mathbf{90\ \%}$$

(Wahrscheinlichkeit von A unter der Bedingung $\overline{S}$)

Anmerkung: Die bedingte Wahrscheinlichkeit $P_{\overline{S}}(A)$ ist nicht mit der Wahrscheinlichkeit $P(\overline{S} \cap A)$ zu verwechseln, wobei $\overline{S} \cap A$ das Ereignis „ein zufällig ausgewählter Gast mischt Sprudelwasser mit Apfelsaft" bedeutet.

Aufgabe A 1.1

Ein Getränkehersteller bringt ein neues Mineralwasser auf den Markt, von dem er maximal 90 000 Hektoliter produzieren kann.
Die Gesamtkosten bei der Herstellung werden durch die Kostenfunktion f mit $f(x) = 0{,}01x^3 - x^2 + 40x + 250$ modelliert (x in 1 000 Hektoliter, f(x) in 1 000 Euro).
Die Abbildung in der Anlage zeigt den Graphen von f im Bereich $0 \leq x \leq 90$.

a) Erläutern Sie die Bedeutung des Funktionswertes f(0) im Sachzusammenhang.
Bestimmen Sie rechnerisch die Produktionsmenge im beschriebenen Bereich, bei der die momentane Zunahme der Gesamtkosten am kleinsten ist. 3 VP

Als Verkaufspreis legt der Hersteller zunächst 30 Euro pro Hektoliter fest.
Die Gesamteinnahmen (der Erlös) werden dann durch die Funktion g mit $g(x) = 30 \cdot x$ beschrieben (x in 1 000 Hektoliter, g(x) in 1 000 Euro).
Man geht vereinfachend davon aus, dass die gesamte produzierte Getränkemenge auch verkauft wird.

b) Bestimmen Sie grafisch die Gewinnzone, d. h. den Bereich an Produktionsmengen, bei denen der Hersteller Gewinn macht.
Beschreiben Sie, wie man grafisch näherungsweise die Produktionsmenge bestimmen kann, bei der der maximale Gewinn erzielt wird.
Ermitteln Sie einen Näherungswert für den maximalen Gewinn. 3 VP

c) Aufgrund der Konkurrenzsituation muss der Verkaufspreis gesenkt werden.
Die Gewinnzone beginnt nun bei 40 000 Hektoliter.
Berechnen Sie den neuen Verkaufspreis.
Bestimmen Sie die Produktionsmenge, bei der die Gewinnzone endet.
Ermitteln Sie den Bereich der Verkaufspreise, für die es keine Gewinnzone gibt. 4 VP

Aufgabe A 1.2

In einem zylinderförmigen Behälter mit einem Grundkreisradius von 20 cm befindet sich eine bestimmte Menge an Wasser mit dem Volumen V. Der Behälter rotiert um seine Symmetrieachse. Dabei nimmt die Wasseroberfläche im Längsschnitt ein parabelförmiges Profil an (siehe Abbildung). Je schneller der Behälter rotiert, umso tiefer liegt der Scheitelpunkt der Parabel. Die Wassermenge ändert sich dabei nicht.

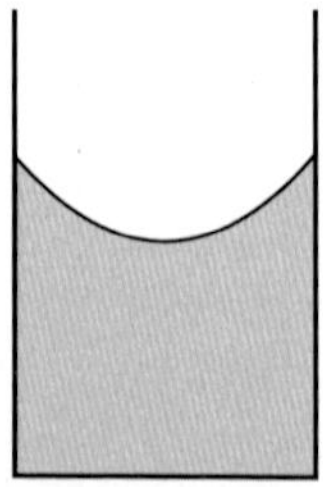

Um das Volumen V des Wassers zu berechnen, wird eine Hälfte des zu einer bestimmten Geschwindigkeit gehörenden Graphen einer Funktion f mit $f(x) = \frac{1}{4}x^2 + 3$ (x und f(x) in Dezimeter) an der ersten Winkelhalbierenden gespiegelt und der sich so ergebende Graph um die x-Achse rotiert.

a) Die Funktion f ist im Intervall $I = [0; 2]$ umkehrbar. Weisen Sie nach, dass für ihre Umkehrfunktion g gilt: $g(x) = 2\sqrt{x-3}$ 1,5 VP

b) Geben Sie den Definitionsbereich von g an und skizzieren Sie den Graphen von g. 1,5 VP

c) Mit folgenden Termen soll das Volumen V des Wassers berechnet werden. Entscheiden Sie, welche der Terme zu dem richtigen Wert für das Volumen V führen, und begründen Sie Ihre Entscheidung.

(1) $12\pi + \pi \cdot \int_3^4 (2^2 - 2^2 \cdot (x-3))\,dx$ (2) $12\pi + \pi \cdot \int_3^4 (2 - g(x))^2\,dx$

(3) $16\pi - \pi \cdot \int_0^1 4x\,dx$ 3 VP

Nun rotiert der Behälter schneller, sodass sich der niedrigste Punkt der Wasseroberfläche nur noch 20 cm über dem Boden befindet.

d) Begründen Sie, dass das Parabelprofil nun durch die Funktion p mit $p(x) = ax^2 + 2$ (x und p(x) in Dezimeter) modelliert werden kann, und beurteilen Sie, ob $a < \frac{1}{4}$, $a = \frac{1}{4}$ oder $a > \frac{1}{4}$ gilt. 2 VP

e) Geben Sie eine Gleichung an, deren Lösung den Wert von a aus Teilaufgabe d ergibt. 2 VP

Abbildung zu Aufgabe A 1.1

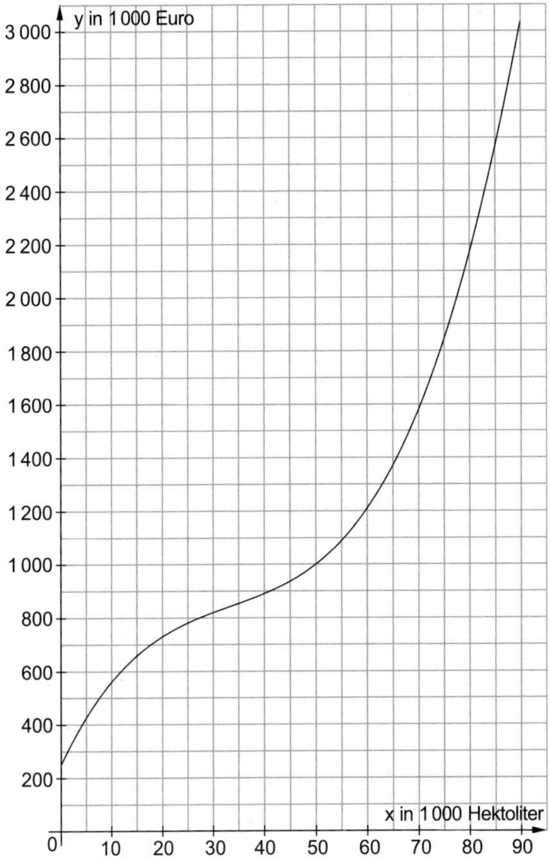

TIPP Lösungshinweise zum Wahlteil Analysis – Aufgabe A 1

Aufgabe A 1.1 – Teilaufgabe a

Bedeutung des Funktionswertes f(0)

Erläutern Sie, warum $f(0) \neq 0$ gilt, also auch Kosten anfallen, obwohl nichts produziert wird.

Geringste Zunahme der Kosten

Wodurch wird die momentane Änderungsrate der Kosten beschrieben?

Welche (notwendige) Bedingung kennen Sie für Extrema? Beachten Sie aber, dass Sie kein Extremum von f, sondern von der Änderungsrate suchen.

Vergessen Sie die hinreichende Bedingung für Extrema nicht und prüfen Sie, ob es sich beim gefundenen Minimum um ein globales handelt.

Aufgabe A 1.1 – Teilaufgabe b

Gewinnzone

Zeichnen Sie den Graphen von g in die Abbildung ein und lesen Sie dann die Schnittstellen mit dem Graphen von f ab.

Was bedeutet es für die Lage der Graphen von f und g, wenn der Hersteller Gewinn macht?

Geben Sie das entsprechende Intervall an.

Maximaler Gewinn

Der Gewinn ergibt sich als Differenz von Erlös und Kosten, also $g(x) - f(x)$.

Wie könnten Sie für ein bestimmtes x den Gewinn grafisch ermitteln?

Was muss dann also gelten, wenn dieser Gewinn maximal sein soll?

Zeichnen Sie die entsprechende Parallele zur y-Achse ein und lesen Sie die zugehörigen Werte ab.

Denken Sie beim Antwortsatz daran, dass f(x) und g(x) in 1 000 € gegeben sind.

Aufgabe A 1.1 – Teilaufgabe c

Neuer Verkaufspreis

Führen Sie z. B. p für den neuen Verkaufspreis und die Funktion $g_1(x)$ für den neuen Erlös ein. Der Graph von g_1 ist wieder eine Ursprungsgerade.

Was bedeutet es für den Graphen von g_1, dass die Gewinnzone bei 40 000 Hektoliter beginnt? Denken Sie an Teilaufgabe b.

Wie können Sie damit p berechnen?

Ende der Gewinnzone

Wie liegen die Graphen von f und g_1, wenn kein Gewinn mehr gemacht wird?

Wie können Sie dann das Ende der Gewinnzone grafisch bestimmen?

Verkaufspreise ohne Gewinnzone

Was folgt für die Lage der Graphen von f und g, wenn es überhaupt keine Gewinnzone gibt?

Der Graph von g bleibt eine Ursprungsgerade. Was gilt im Grenzfall? Wie viele gemeinsame Punkte haben die Graphen von f und g dann?

Zeichnen Sie die entsprechende Gerade ein und lesen Sie die Koordinaten des Berührpunktes ab.

Damit können Sie den höchsten Verkaufspreis bestimmen, für den es keine Gewinnzone gibt.

Aufgabe A 1.2 – Teilaufgabe a

Nachweis Umkehrfunktion

Welche Gleichung muss erfüllt sein, wenn g die Umkehrfunktion von f ist?

Aufgabe A 1.2 – Teilaufgabe b

Definitionsbereich

Welcher Zusammenhang besteht zwischen dem Wertebereich einer Funktion und dem Definitionsbereich ihrer Umkehrfunktion?

Wie lautet der Wertebereich der Funktion f für $0 \leq x \leq 2$?

Skizze

Beim Anfertigen einer Skizze hilft ggf. das Erstellen einer Wertetabelle.

Wie berechnet der WTR Funktionswerte einer Funktion bzw. erstellt eine Wertetabelle (vgl. WTR 1 bzw. WTR 2)?

Aufgabe A 1.2 – Teilaufgabe c

Mögliche Terme zur Berechnung des Wasservolumens V

Falls möglich, entwickeln Sie selbstständig einen richtigen Term zur Berechnung des Wasservolumens V und untersuchen Sie, ob Sie Ihren Term jeweils in die angegebenen Terme überführen können.

Das Gesamtvolumen lässt sich in zwei Teilvolumina zerlegen. Ein Teilkörper ist ein Zylinder, dessen Grundkreisradius gegeben ist und dessen Höhe dem Abstand vom Boden des Behälters zum tiefsten Punkt des Parabelprofils entspricht.

Der zweite Teilkörper entsteht, indem man einen Zylinder aushöhlt, d. h., das Volumen des durch Rotation des Graphen von g um die x-Achse entstehenden Körpers vom Zylindervolumen subtrahiert.

Wichtig ist bei der Berechnung des Rotationsvolumens die Reihenfolge des Quadrierens. Werden zuerst die Funktionswerte subtrahiert und dann quadriert, erhält man nicht das Volumen des gesuchten Körpers. Aus diesem Grund scheidet einer der drei Terme sofort aus.

Aufgabe A 1.2 – Teilaufgabe d

Begründung des Ansatzes $p(x) = ax^2 + 2$

Da p eine quadratische Funktion ist, lautet der allgemeine Ansatz für den Funktionsterm $p(x) = ax^2 + bx + c$. Warum gilt hier $b = 0$ und $c = 2$?

Größenordnung von a

Das Wasservolumen V bleibt auch bei größerer Rotationsgeschwindigkeit erhalten.

Der tiefste Punkt liegt dann tiefer. Was folgt unter Berücksichtigung der Erhaltung des Volumens daraus für die Höhe des Wassers am Rand des Behälters im Vergleich zu der Höhe bei einer kleineren Rotationsgeschwindigkeit?

Was bedeutet dies für den Parameter a? Welche Wirkung hat eine Vergrößerung bzw. eine Verkleinerung des Wertes von a auf die zugehörige Parabel?

Aufgabe A 1.2 – Teilaufgabe e

Gleichung für den Wert von a

Das Gesamtvolumen V bleibt erhalten und setzt sich wieder aus zwei Körpern zusammen.

Der eine ist ein Zylinder. Welchen Grundkreisradius und welche Höhe hat dieser Zylinder?

Der zweite Körper ist ein durch eine rotierende Parabel ausgehöhlter Zylinder. Betrachtet man wie in Teilaufgabe c für die Berechnung des Volumens die Rotation des Graphen der Umkehrfunktion um die x-Achse, so benötigt man zum einen den Funktionsterm der Umkehrfunktion von p und zum anderen die Integrationsgrenzen, um das Volumen des entsprechenden Rotationskörpers berechnen zu können.

Die obere Grenze lässt sich mithilfe des Parameters a ausdrücken.

Aufgabe A 1.1

Die Gesamtkosten werden durch die Kostenfunktion f mit
$f(x) = 0{,}01x^3 - x^2 + 40x + 250$
beschrieben (x in 1 000 Hektoliter, f(x) in 1 000 Euro).

a) **Bedeutung des Funktionswertes f(0):**
Der Funktionswert $f(0) = 250$ beschreibt die Kosten in Höhe von 250 000 Euro, die unabhängig von der Produktion in jedem Fall anfallen, die sog. **Fixkosten**. Dies sind z. B. Ausgaben für Gebäude und Gehälter.

Geringste Zunahme der Kosten:
Die momentane Änderungsrate der Kosten wird durch die Ableitung f' von f beschrieben. Die Ableitungen von f sind:
$f'(x) = 0{,}03x^2 - 2x + 40; \quad f''(x) = 0{,}06x - 2; \quad f'''(x) = 0{,}06$
Aus der notwendigen Bedingung für ein Extremum von f' erhält man:

$$f''(x) = 0$$
$$0{,}06x - 2 = 0$$
$$x_0 = \frac{2}{0{,}06} = \frac{100}{3} \approx 33{,}33$$

Wegen $f'''(x_0) = 0{,}06 > 0$ hat f' an der Stelle x_0 ein Minimum.
Da die Gleichung $f''(x) = 0$ nur eine Lösung hat, ist das Minimum im betrachteten Bereich $0 \le x \le 90$ global.
Es gilt (beachten Sie auch WTR 1):

$$f'\left(\frac{100}{3}\right) = 0{,}03 \cdot \left(\frac{100}{3}\right)^2 - 2 \cdot \frac{100}{3} + 40 = \frac{20}{3} \approx 6{,}67$$

Da der Wert positiv ist, nehmen die Kosten zu.
Bei einer Produktionsmenge von **ca. 33 330 Hektoliter** ist die momentane Zunahme der Gesamtkosten am geringsten.

b) Der Verkaufspreis pro Hektoliter beträgt 30 Euro.
Der Erlös ist gegeben durch $g(x) = 30 \cdot x$ (x in 1 000 Hektoliter, g(x) in 1 000 Euro).
Der Graph von g ist eine Ursprungsgerade mit der Steigung 30.

Gewinnzone:
Die Firma macht Gewinn, wenn der Erlös größer ist als die Kosten.
Der Graph von g schneidet den Graphen von f in zwei Punkten.
Die Schnittstellen sind $x_1 \approx 26$ und $x_2 \approx 85$ (s. Abbildung auf der nächsten Seite).
Zwischen diesen Werten gilt $g(x) > f(x)$.
Die Firma macht Gewinn, wenn die Produktionsmenge **zwischen ca. 26 000 Hektoliter und ca. 85 000 Hektoliter** liegt.

Maximaler Gewinn:
Der Gewinn bei einer Produktionsmenge x wird beschrieben durch die Differenz $g(x) - f(x)$ (Gewinn = Erlös – Kosten).

Um die Produktionsmenge mit dem größten Gewinn grafisch zu ermitteln, zeichnet man die Parallele zur y-Achse im Bereich $x_1 < x < x_2$, bei der die von beiden Graphen ausgeschnittene Strecke die größte Länge hat.

Der Abbildung entnimmt man, dass dies für $x_3 \approx 60$ der Fall ist.

Es gilt $g(60) - f(60) = 590$.

Der maximale Gewinn beträgt **etwa 590 000 Euro**.

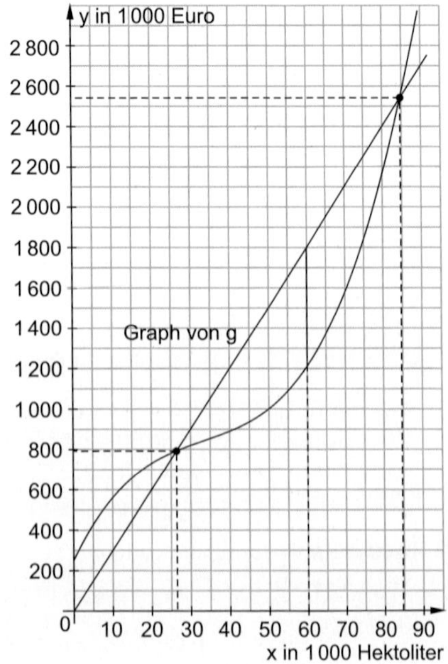

c) **Neuer Verkaufspreis:**
Die Gewinnzone beginnt jetzt bei 40 000 Hektoliter. Der neue Verkaufspreis sei p. Die Gesamteinnahmen werden dann durch die Funktion g_1 mit $g_1(x) = p \cdot x$ beschrieben (x in 1 000 Hektoliter, $g_1(x)$ in 1 000 Euro).

Der zugehörige Graph ist eine Ursprungsgerade durch den Punkt $P(40 \mid f(40))$ mit $f(40) = 890$ (WTR 1).

Somit gilt:

$f(40) = p \cdot 40$

$$p = \frac{f(40)}{40} = \frac{890}{40} = 22{,}25$$

Der neue Verkaufspreis beträgt **22,25 Euro pro Hektoliter**.

Ende der Gewinnzone:
Die Ursprungsgerade durch P schneidet den Graphen von f in einem weiteren Punkt an der Stelle $x_4 \approx 69$.

Bei dem neuen Verkaufspreis endet die Gewinnzone bei **etwa 69 000 Hektoliter**.

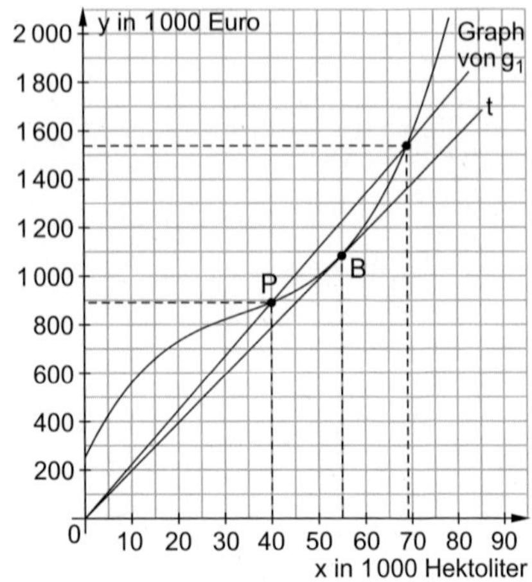

Verkaufspreise ohne Gewinnzone:

Es gibt keine Gewinnzone, wenn der Erlös $g(x) = p \cdot x$ bei jeder Produktionsmenge x die Gesamtkosten nicht übertrifft, d. h., wenn $g(x) \le f(x)$ für alle x im Bereich $0 \le x \le 90$ gilt.

Der Grenzfall für g wird durch die Tangente t an den Graphen von f beschrieben, die durch den Ursprung verläuft.
Man zeichnet diese Tangente in die Abbildung ein und bestimmt näherungsweise die Koordinaten des Berührpunktes: $B(55 \mid 1\,090)$

Die Steigung von t ist

$$m_t \approx \frac{1\,090}{55} \approx 19{,}82.$$

Sie entspricht dem Verkaufspreis.

Bei einem Verkaufspreis von **etwa 19,82 Euro pro Hektoliter und darunter** gibt es keine Gewinnzone mehr.

Aufgabe A 1.2

Die Hälfte des Graphen einer Funktion f mit $f(x) = \frac{1}{4}x^2 + 3$ (x und f(x) in Dezimeter) wird an der ersten Winkelhalbierenden gespiegelt und der sich so ergebende Graph um die x-Achse rotiert.

a) **Nachweis Umkehrfunktion:**

Die Funktion f ist nach Aufgabenstellung im Intervall $I = [0;\, 2]$ umkehrbar.

Nachzuweisen ist, dass $f(g(x)) = x$ bzw. $g(f(x)) = x$ gilt.

Es gilt: $f(g(x)) = \frac{1}{4} \cdot (2\sqrt{x-3})^2 + 3 = \frac{1}{4} \cdot 4(x-3) + 3 = x - 3 + 3 = x$

bzw.: $g(f(x)) = 2 \cdot \sqrt{\frac{1}{4}x^2 + 3 - 3} = 2 \cdot \sqrt{\frac{1}{4}x^2} = 2 \cdot \frac{1}{2}x = x$

b) **Definitionsbereich:**

Der Wertebereich der Funktion f für $0 \le x \le 2$ ist $W_f = \{x \in \mathbb{R} \mid 3 \le x \le 4\}$.

Daher ist $\mathbf{D_g = \{x \in \mathbb{R} \mid 3 \le x \le 4\}}$ der Definitionsbereich der Umkehrfunktion g.

Skizze:

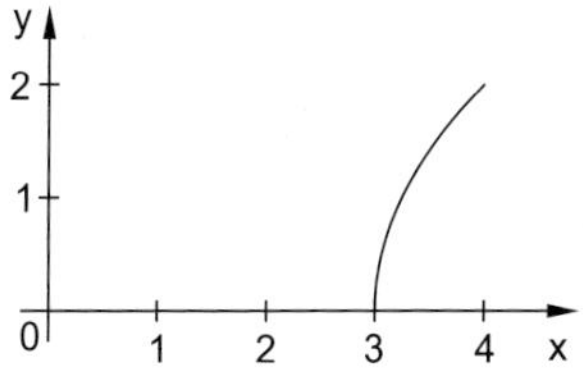

c) **Mögliche Terme zur Berechnung des Wasservolumens V:**

Das Wasservolumen V lässt sich z. B. berechnen, indem man zwei Teilkörper betrachtet: den Zylinder mit Radius 2 und Höhe 3 (Abstand vom Boden des Behälters zum tiefsten Punkt des Parabelprofils), also Volumen 12π, sowie den Körper, der entsteht, wenn aus dem Zylinder mit Radius 2 und Höhe 1 (Volumen 4π) der Körper ausgeschnitten wird, der durch Rotation des Graphen von g im Intervall [3; 4] um die x-Achse entsteht. Man erhält so den Term:

$$12\pi + \left(4\pi - \pi \cdot \int_3^4 (g(x))^2\,dx\right)$$

Damit lassen sich die gegebenen Terme bewerten:

(1): **richtig**, denn $\pi \cdot \int_3^4 2^2\,dx = 4\pi$ und $\pi \cdot \int_3^4 2^2 \cdot (x-3)\,dx = \pi \cdot \int_3^4 (g(x))^2\,dx$;

der Term entspricht also dem obigen Term.

(2): **falsch**, denn richtig wäre $12\pi + \pi \cdot \int_3^4 (2^2 - (g(x))^2)\,dx$ (entspricht Term (1)),

was aufgrund der zweiten binomischen Formel einen anderen Wert liefert als

$12\pi + \pi \cdot \int_3^4 (2 - g(x))^2\,dx$.

(3): **richtig**, denn ausgehend vom obigen Term ergibt sich:

$$12\pi + \left(4\pi - \pi \cdot \int_3^4 (g(x))^2\,dx\right) = 16\pi - \pi \cdot \int_3^4 4(x-3)\,dx = 16\pi - \pi \cdot \int_0^1 4x\,dx$$

Der letzte Schritt kann auch als Verschiebung der Funktion $4(x-3)$ um 3 nach links mit entsprechender Verschiebung der Integrationsgrenzen interpretiert werden.

Zur Kontrolle: Es ergibt sich bei richtiger Berechnung ein Volumen von $V = 14\pi$.

d) **Begründung des Ansatzes $p(x) = ax^2 + 2$:**

- Da es sich weiter um einen parabelförmigen Längsschnitt handelt, muss p eine quadratische Funktion sein; der allgemeine Ansatz lautet $p(x) = ax^2 + bx + c$.
- Da die Parabel weiterhin symmetrisch zur Rotationsachse $x = 0$ sein soll, muss p die Form $p(x) = ax^2 + c$ haben, d. h., es darf kein Summand der Form $b \cdot x$ in dem Funktionsterm vorkommen.
- Da sich der Scheitel der Parabel nun 20 cm über dem Boden befindet, muss der y-Achsenabschnitt c der Funktion p den Wert 2 (Angabe in Dezimeter) haben.

Größenordnung von a:

Es muss $\mathbf{a > \frac{1}{4}}$ sein.

Begründung:
Da der tiefste Punkt nun tiefer liegt, gilt $p(0) < f(0)$. Also muss $p(2) > f(2)$ sein, damit das Volumen V des Wassers konstant bleiben kann. Je größer der Wert von a ist, umso größer ist p(2).

Für $a = \frac{1}{4}$ wäre $p(2) = 3 < 4 = f(2)$, daher muss $a > \frac{1}{4}$ sein.

e) **Gleichung für den Wert von a:**

$$8\pi + \pi \cdot \int_2^{4a+2} \left(2^2 - \frac{1}{a} \cdot (x-2)\right) dx = V$$

Bemerkung:
Da in der Aufgabenstellung der Operator „angeben" verwendet wird, wäre hier in der Abiturprüfung keinerlei Begründung erforderlich. Trotzdem an dieser Stelle die Erklärung für das Zustandekommen der Gleichung:

- 8π ist das Volumen des Zylinders mit Radius 2 und Höhe 2.
- Es gilt $p(2) = 4a + 2$.
- Die Umkehrfunktion von p ist q mit $q(x) = \sqrt{\frac{1}{a}} \cdot \sqrt{x-2}$.
- Der Summand $\pi \cdot \int_2^{4a+2} \left(2^2 - \frac{1}{a} \cdot (x-2)\right) dx$ gibt das Volumen des Körpers an, der entsteht, wenn man aus dem Zylinder mit Radius 2 und Höhe 4a den Rotationskörper ausschneidet, der entsteht, wenn man den Graphen von q in den angegebenen Grenzen um die x-Achse rotiert.
- Da das Volumen des Wassers bei der Rotation erhalten bleibt, muss das Gesamtvolumen weiterhin den Wert V haben.

Alternative Lösung:
Auch die Gleichung $p(2) = a \cdot 2^2 + 2 = 5$ liefert den gesuchten Wert von a.

Begründung:
Da das Quadrieren der Wurzelfunktion bei der Berechnung des entsprechenden Rotationsvolumens hier jeweils zu einer linearen Funktion führt, muss der Mittelwert der Funktionswerte des Parabelprofils an den Stellen 0 und 2 jeweils den gleichen Wert annehmen.

Wegen $\frac{f(0)+f(2)}{2} = \frac{3+4}{2} = 3{,}5$ gilt $\frac{p(0)+p(2)}{2} = \frac{2+p(2)}{2} = 3{,}5$ und somit $p(2) = 5$.

Anmerkung:
Das Lösen jeder der angegebenen Gleichungen liefert für a den Wert $\frac{3}{4}$.

Aufgabe B 1

Ein Hubschrauber bewegt sich auf einer geradlinigen Bahn mit konstanter Geschwindigkeit über einer flachen Landschaft. Ein kartesisches Koordinatensystem ist so gewählt, dass die x_1x_2-Ebene die Landschaft beschreibt. Bezogen auf das Koordinatensystem wird die Position des Hubschraubers zum Zeitpunkt $t=0$ durch den Punkt $P(10|6|3)$, zwei Minuten später durch den Punkt $Q(16|14|3)$ dargestellt.
Die Position eines Flugzeugs zum Zeitpunkt $t=0$ ist durch den Punkt $F(6|17|1)$ gegeben, seine Bewegungsrichtung wird durch den Vektor $\begin{pmatrix} 2 \\ -2 \\ 1 \end{pmatrix}$ beschrieben.
(Längeneinheiten auf den Achsen in km, Zeit t in min seit Beobachtungsbeginn.)

a) Berechnen Sie die Geschwindigkeit des Hubschraubers in $\frac{\text{km}}{\text{h}}$.
Begründen Sie, dass sich die Position des Hubschraubers zum Zeitpunkt t durch die Gleichung $\vec{x} = \begin{pmatrix} 10 \\ 6 \\ 3 \end{pmatrix} + t \cdot \begin{pmatrix} 3 \\ 4 \\ 0 \end{pmatrix}$ beschreiben lässt.
Seit Beobachtungsbeginn hat der Hubschrauber eine Strecke von 60 km zurückgelegt. Bestimmen Sie die Koordinaten des Punktes, der die Position des Hubschraubers am Ende dieser Strecke beschreibt. 2,5 VP

b) Das Flugzeug befindet sich im Steigflug. Berechnen Sie den Steigwinkel.
Seit Beobachtungsbeginn hat die Flughöhe des Flugzeugs um 7 km zugenommen. Bestimmen Sie die Koordinaten des Punktes, der für diesen Fall die Position des Flugzeugs beschreibt. 2 VP

c) Der Punkt $R(35|31|0)$ beschreibt die Position einer Radarstation.
Sie übernimmt die Flugüberwachung des Hubschraubers bis zu dem Zeitpunkt, ab dem sich der Hubschrauber von der Radarstation entfernt.
Berechnen Sie diesen Zeitpunkt. 2,5 VP

d) Das Flugzeug bewegt sich mit konstanter Geschwindigkeit. Der Pilot des Hubschraubers beobachtet, dass das Flugzeug eine Minute nach Beobachtungsbeginn genau senkrecht über ihm ist.
Bestimmen Sie die Geschwindigkeit v_F des Flugzeugs. 3 VP

e) Der Hubschrauber beginnt 20 Minuten nach Beobachtungsbeginn mit dem Landeanflug. In den ersten 15 Sekunden des Landeanflugs bewegt sich der Hubschrauber geradlinig unter Beibehaltung seiner bisherigen Geschwindigkeit. Der Neigungswinkel der Flugbahn gegenüber der Landschaft beträgt beim Sinkflug 30°. Die horizontale Richtung über der Landschaft wird während dieser Phase des Landeanflugs beibehalten.
Bestimmen Sie die Position des Hubschraubers 15 Sekunden nach Beginn des Landeanflugs. 2,5 VP

TIPP Lösungshinweise zum Wahlteil Geometrie – Aufgabe B 1

Aufgabe B 1 – Teilaufgabe a

Geschwindigkeit des Hubschraubers

Wie berechnet man den Betrag eines Vektors?

Berechnen Sie damit die Länge der Strecke von P nach Q.

Da Sie wissen, dass der Hubschrauber für diese Strecke 2 Minuten benötigt, können Sie die Geschwindigkeit berechnen und in Kilometern pro Stunde angeben.

Position des Hubschraubers

Wo ist der Hubschrauber **eine** Minute nach Beobachtungsbeginn? Sie können ggf. in der Merkhilfe nachschlagen, wie man den Mittelpunkt einer Strecke berechnet.

Mithilfe dieser Position und P können Sie die gegebene Gleichung bestätigen.

Strecke von 60 km

Sie kennen die Geschwindigkeit des Hubschraubers. Wie lange benötigt er für 60 km?

Da hier t der Zeit entspricht, setzen Sie den entsprechenden Wert für t (in Minuten) einfach in die gegebene Gleichung ein.

Vergessen Sie nicht, die Position als Koordinaten eines Punktes anzugeben.

Aufgabe B 1 – Teilaufgabe b

Notieren Sie zunächst die Gleichung f für die Flugbahn des Flugzeugs. Stütz- und Richtungsvektor sind gegeben. Den Parameter, der übrigens nicht notwendig die Zeit angibt, sollten Sie nicht t nennen, sondern z. B. s.

Steigwinkel des Flugzeugs

Der Steigwinkel α entspricht dem Schnittwinkel von f mit der x_1x_2-Ebene.

Welchen möglichen Normalenvektor hat diese Ebene?

Für die Berechnung des Winkels können Sie ggf. in der Merkhilfe nachschlagen. Ihr WTR muss für eine sinnvolle Angabe des Ergebnisses auf Gradmaß (DEG) eingestellt sein.

Position bei neuer Flughöhe

Welcher Koordinate entnimmt man die Flughöhe?

Wie hoch über dem Boden ist das Flugzeug zum Zeitpunkt $t=0$?

Die Höhe hat um 7 km zugenommen. Welcher Wert ergibt sich dann für den Parameter s in der Gleichung f, wenn Sie die neue Höhe entsprechend einsetzen?

Einsetzen dieses Wertes von s in f liefert dann die gesuchte Position.

Aufgabe B 1 – Teilaufgabe c

Zeitpunkt

Der Zeitpunkt, ab dem sich der Hubschrauber von der Radarstation entfernt, ist der Zeitpunkt, an dem er den kleinsten Abstand zur Radarstation hat.

Bestimmen Sie eine Hilfsebene H, welche den Punkt R enthält und senkrecht zur Flugbahn des Hubschraubers liegt.

Schneiden Sie die Gerade für die Flugbahn des Hubschraubers mit der Hilfsebene H.

Aufgabe B 1 – Teilaufgabe d

Geschwindigkeit des Flugzeugs

Die Position des Hubschraubers nach einer Minute erhalten Sie mit der Gleichung aus Teilaufgabe a. Dort entspricht der Parameter t auch der Zeit.

Was bedeutet es für die x_1- und x_2-Koordinaten der jeweiligen Positionen, dass sich das Flugzeug genau senkrecht über dem Hubschrauber befindet?

Durch Einsetzen des entsprechenden Punktes in die Gleichung der Flugbahn f des Flugzeugs mit zunächst unbekannter x_3-Koordinate erhalten Sie zwei Gleichungen, die denselben Wert für den Parameter s liefern.

Damit können Sie die gesuchte x_3-Koordinate bestimmen.

Nun kennen Sie die Positionen des Flugzeugs für $t=0$ und $t=1$ und können wie für den Hubschrauber in Teilaufgabe a die Geschwindigkeit berechnen.

Aufgabe B 1 – Teilaufgabe e

Position des Hubschraubers beim Landeanflug

Welche Position hat der Hubschrauber zum Zeitpunkt $t=20$?

Welchen Richtungsvektor mit noch unbekannter x_3-Koordinate kann man für den Landeanflug wählen, wenn man berücksichtigt, dass der Hubschrauber die horizontale Richtung (x_1- und x_2-Richtung) über der Landschaft beibehält?

Bestimmen Sie die unbekannte x_3-Koordinate dieses Richtungsvektors mithilfe der Formel für den Winkel zwischen Gerade und Ebene.

Bestimmen Sie den Betrag des neuen Richtungsvektors.

Welche Strecke hat der Hubschrauber während der ersten 20 Minuten (horizontaler Flug) innerhalb von 15 Sekunden zurückgelegt?

Setzen Sie in der Geradengleichung für den Sinkflug für den Parameter denjenigen Wert ein, sodass der Hubschrauber während den 15 Sekunden die gleiche Strecke zurücklegt wie beim vorangegangenen horizontalen Flug.

Aufgabe B 1

a) **Geschwindigkeit des Hubschraubers:**

Der Hubschrauber legt in zwei Minuten den Weg (in km)

$$|\overrightarrow{PQ}| = \left|\begin{pmatrix}6\\8\\0\end{pmatrix}\right| = \sqrt{6^2+8^2} = 10$$

zurück. Damit ergibt sich als Geschwindigkeit des Hubschraubers:

$$v_H = \frac{10\text{ km}}{2\text{ min}} = 5\,\frac{\text{km}}{\text{min}} = \mathbf{300\,\frac{km}{h}}$$

Position des Hubschraubers:

Da der Hubschrauber den Weg $|\overrightarrow{PQ}|$ in zwei Minuten zurücklegt, kann man seine Position zum Zeitpunkt t (in Minuten seit Beobachtungsbeginn) beschreiben durch:

$$\vec{x} = \overrightarrow{OP} + t\cdot\left(\frac{1}{2}\cdot\overrightarrow{PQ}\right) = \begin{pmatrix}10\\6\\3\end{pmatrix} + t\cdot\begin{pmatrix}3\\4\\0\end{pmatrix}$$

Strecke von 60 km:

Bei einer Geschwindigkeit von $5\,\frac{\text{km}}{\text{min}}$ legt der Hubschrauber die 60 km in 12 Minuten zurück.

Einsetzen von $t = 12$ in die Gleichung oben ergibt den Punkt **S(46 | 54 | 3)**, der die Position des Hubschraubers am Ende der Strecke beschreibt.

b) Die Flugbahn des Flugzeugs wird durch die Gerade

$$f\colon\ \vec{x} = \begin{pmatrix}6\\17\\1\end{pmatrix} + s\cdot\begin{pmatrix}2\\-2\\1\end{pmatrix}$$

beschrieben. (Beachten Sie, dass der Parameter s hier nicht notwendig die Zeit angibt, denn die Geschwindigkeit des Flugzeugs ist nicht bekannt.)

Steigwinkel des Flugzeugs:

Der Steigwinkel α ist gleich dem Schnittwinkel der Flugbahn des Flugzeugs mit der x_1x_2-Ebene.

$$\sin\alpha = \frac{\left|\begin{pmatrix}0\\0\\1\end{pmatrix}\cdot\begin{pmatrix}2\\-2\\1\end{pmatrix}\right|}{1\cdot 3} = \frac{1}{3};\quad \alpha \approx 19{,}5^\circ$$

Der Steigwinkel des Flugzeugs beträgt **etwa 19,5°**.

Position bei neuer Flughöhe:
Die Position des Flugzeugs zum Zeitpunkt $t=0$ ist durch den Punkt $F(6|17|1)$ gegeben.
Der x_3-Koordinate entnimmt man die Flughöhe von 1 km bei Beobachtungsbeginn. Gesucht ist der Punkt auf f, dessen x_3-Koordinate um 7 größer ist als bei F, d. h. den Wert 8 hat.

Aus der Gleichung für f ergibt sich
$1+s=8$ bzw. $s=7$.
Für $s=7$ erhält man den Punkt $F_2(20|3|8)$ auf f.

Die Position des Flugzeugs ist durch den Punkt $\mathbf{F_2(20|3|8)}$ gegeben.

c) **Zeitpunkt:**
Der Zeitpunkt, ab dem sich der Hubschrauber von der Radarstation entfernt, ist der Zeitpunkt, an dem er den kleinsten Abstand zur Radarstation hat. Die Flugbahn des Hubschraubers wird durch die Gerade

$$h: \vec{x} = \begin{pmatrix} 10 \\ 6 \\ 3 \end{pmatrix} + t \cdot \begin{pmatrix} 3 \\ 4 \\ 0 \end{pmatrix}$$

aus Teilaufgabe a beschrieben. Zu bestimmen ist der Wert für t, für den der Abstand des Punktes $R(35|31|0)$ zur Geraden h am kleinsten ist.

Die Hilfsebene H verläuft durch R und ist orthogonal zu h.
Ansatz für H: $3x_1+4x_2=c$
Einsetzen der Koordinaten von $R(35|31|0)$ liefert: $c=229$
Eine Gleichung von H ist somit: $3x_1+4x_2=229$
Schnitt von H mit h:

$$\begin{aligned} 3\cdot(10+3t)+4\cdot(6+4t) &= 229 \\ 30+9t+24+16t &= 229 \\ 25t &= 175 \\ t &= 7 \end{aligned}$$

Da der Parameter t die Zeit beschreibt, erhält man:
Die Flugüberwachung durch die Radarstation **endet 7 Minuten** nach Beobachtungsbeginn.

d) **Geschwindigkeit des Flugzeugs:**
Die Position des Hubschraubers zum Zeitpunkt $t=1$ erhält man mit der Gleichung aus Teilaufgabe a:

$$\vec{x}_1 = \begin{pmatrix} 10 \\ 6 \\ 3 \end{pmatrix} + 1 \cdot \begin{pmatrix} 3 \\ 4 \\ 0 \end{pmatrix} = \begin{pmatrix} 13 \\ 10 \\ 3 \end{pmatrix}$$

Nach einer Minute ist die Position des Hubschraubers durch den Punkt $P^*(13|10|3)$ gegeben.

Da sich das Flugzeug nach einer Minute genau senkrecht über dem Hubschrauber befindet, kann man seine Position durch den Punkt F*(13 | 10 | a) ansetzen.

Mit der Gleichung für die Flugbahn des Flugzeugs aus Teilaufgabe b ergibt sich damit $\begin{pmatrix}13\\10\\a\end{pmatrix}=\begin{pmatrix}6\\17\\1\end{pmatrix}+s\cdot\begin{pmatrix}2\\-2\\1\end{pmatrix}$ und daraus das LGS:

$$\begin{aligned}13&=6+2s\\10&=17-2s\\a&=1+s\end{aligned}$$

Die ersten beiden Gleichungen ergeben jeweils $s=3{,}5$.
Einsetzen in die dritte Gleichung ergibt $a=4{,}5$.

Die Position des Flugzeugs nach einer Minute ist F*(13 | 10 | 4,5).

In einer Minute ist das Flugzeug vom Ausgangspunkt F(6 | 17 | 1) zum Punkt F* geflogen. Die zurückgelegte Wegstrecke (in km) ist

$$|\overrightarrow{FF^*}|=\left|\begin{pmatrix}7\\-7\\3{,}5\end{pmatrix}\right|=\sqrt{7^2+(-7)^2+3{,}5^2}=10{,}5.$$

Für die Geschwindigkeit des Flugzeugs gilt somit:

$$\mathbf{v_F=10{,}5\,\frac{km}{min}=630\,\frac{km}{h}}$$

Alternative Bestimmung der Koordinaten von F*:
Der Punkt F* ist der Schnittpunkt der Geraden f mit der Geraden g, die durch P* geht und orthogonal zur x_1x_2-Ebene ist (s. Skizze).

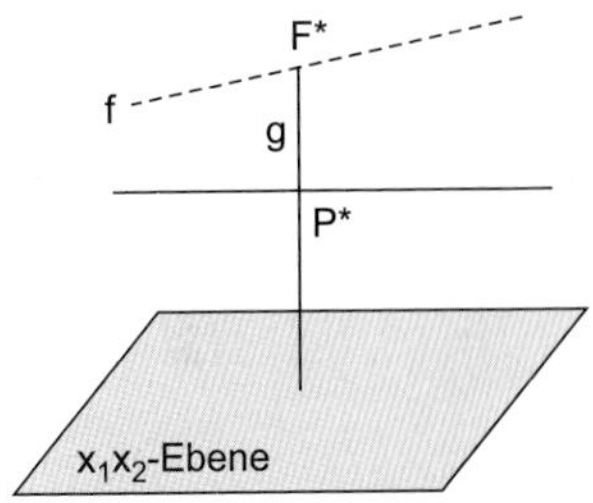

Eine Gleichung für g ist: $\vec{x}=\begin{pmatrix}13\\10\\3\end{pmatrix}+r\cdot\begin{pmatrix}0\\0\\1\end{pmatrix}$

Schnitt von f mit g führt auf das LGS:

$$\begin{aligned}6+2s&=13\\17-2s&=10\\1+s&=3+r\end{aligned}$$

Nach Aufgabenstellung gibt es einen Schnittpunkt von f und g. Es genügt daher, nur die erste Gleichung nach s aufzulösen:

$$\begin{aligned}6+2s&=13\\2s&=7\\s&=3{,}5\end{aligned}$$

Setzt man diesen Wert in die Geradengleichung von f ein, so erhält man für die Position des Flugzeugs nach einer Minute: F*(13 | 10 | 4,5)

e) **Position des Hubschraubers beim Landeanflug:**

Die Position des Hubschraubers zum Zeitpunkt $t = 20$ erhält man mit der Gleichung aus Teilaufgabe a:

$$\vec{x}_{20} = \begin{pmatrix} 10 \\ 6 \\ 3 \end{pmatrix} + 20 \cdot \begin{pmatrix} 3 \\ 4 \\ 0 \end{pmatrix} = \begin{pmatrix} 70 \\ 86 \\ 3 \end{pmatrix}$$

Nach 20 Minuten ist die Position des Hubschraubers durch den Punkt $P_{20}(70|86|3)$ gegeben.

Da der Hubschrauber die horizontale Richtung über der Landschaft beibehält, kann als Richtungsvektor der Geraden für die erste Phase des Landeanflugs z. B.

$\vec{u}^* = \begin{pmatrix} 3 \\ 4 \\ z \end{pmatrix}$ mit $z \in \mathbb{R}$ gewählt werden.

Der Neigungswinkel der Flugbahn gegenüber der Landschaft (x_1x_2-Ebene) beträgt beim Sinkflug 30°.

$$\underbrace{\sin 30°}_{=\frac{1}{2}} = \frac{\left|\begin{pmatrix} 0 \\ 0 \\ 1 \end{pmatrix} \cdot \begin{pmatrix} 3 \\ 4 \\ z \end{pmatrix}\right|}{\left|\begin{pmatrix} 0 \\ 0 \\ 1 \end{pmatrix}\right| \cdot \left|\begin{pmatrix} 3 \\ 4 \\ z \end{pmatrix}\right|} = \frac{|z|}{1 \cdot \sqrt{3^2 + 4^2 + z^2}} = \frac{|z|}{\sqrt{25 + z^2}}$$

$$\frac{1}{2} \cdot \sqrt{25 + z^2} = |z| \qquad \Big| \text{ Quadrieren; } |z|^2 = z^2$$

$$\frac{1}{4} \cdot (25 + z^2) = z^2 \qquad | \cdot 4$$

$$25 + z^2 = 4z^2 \qquad | - z^2$$

$$25 = 3z^2 \qquad | : 3$$

$$\frac{25}{3} = z^2 \qquad | \sqrt{}$$

$$\Rightarrow \quad z = -\frac{5\sqrt{3}}{3} \approx -2{,}89 \quad \text{(Die Lösung } z = \frac{5\sqrt{3}}{3} \text{ ist irrelevant wegen Sinkflug.)}$$

Damit erhält man eine Geradengleichung für den Sinkflug:

$$\vec{x} = \begin{pmatrix} 70 \\ 86 \\ 3 \end{pmatrix} + r \cdot \begin{pmatrix} 3 \\ 4 \\ -\frac{5\sqrt{3}}{3} \end{pmatrix} \quad (r \geq 0)$$

Der Betrag des neuen Richtungsvektors (in km) beträgt:

$$\left|\begin{pmatrix} 3 \\ 4 \\ -\frac{5\sqrt{3}}{3} \end{pmatrix}\right| = \sqrt{3^2 + 4^2 + \left(-\frac{5\sqrt{3}}{3}\right)^2} = \sqrt{9 + 16 + \frac{25}{3}} = \sqrt{\frac{100}{3}} = \frac{10\sqrt{3}}{3} \approx 5{,}77$$

Vor Beginn des Landeanflugs hat der Hubschrauber in 15 Sekunden folgende Strecke (in km) zurückgelegt:

$$\frac{1}{4}\cdot\left|\begin{pmatrix}3\\4\\0\end{pmatrix}\right|=\frac{1}{4}\cdot 5=1{,}25$$

Da der Hubschrauber seine bisherige Geschwindigkeit beibehält, erhält man für die gesuchte Position (1,25 km nach Beginn des Sinkflugs) näherungsweise:

$$\vec{x}=\begin{pmatrix}70\\86\\3\end{pmatrix}+1{,}25\cdot\underbrace{\frac{1}{\frac{10\sqrt{3}}{3}}\cdot\begin{pmatrix}3\\4\\-\frac{5\sqrt{3}}{3}\end{pmatrix}}_{\text{„normierter Richtungsvektor"}}\approx\begin{pmatrix}70{,}66\\86{,}88\\2{,}36\end{pmatrix}$$

15 Sekunden nach Beginn des Landeanflugs befindet sich der Hubschrauber etwa an der Position **(70,66 | 86,88 | 2,36)**.

Wahlteil: Stochastik C 1

Auf einem Glücksrad befinden sich zwei Sektoren mit den Zahlen 1 und 2. Die Wahrscheinlichkeit dafür, dass die Zahl 1 bei einer Drehung erscheint, beträgt $p = 0{,}3$.

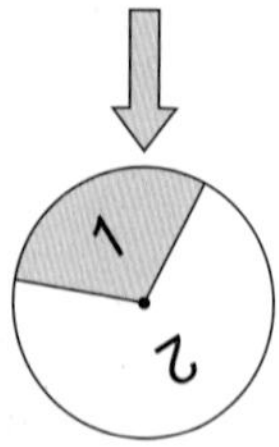

a) Das Glücksrad wird so oft gedreht, bis die Zahl 1 erscheint, höchstens aber fünfmal.
Bestimmen Sie die Wahrscheinlichkeiten der Ereignisse:
A: Das Glücksrad wird höchstens zweimal gedreht.
B: Das Glücksrad wird fünfmal gedreht. 1,5 VP

b) Das Glücksrad wird zehnmal gedreht.
Berechnen Sie die Wahrscheinlichkeiten der Ereignisse:
C: Die Zahl 2 erscheint bei der ersten Drehung und insgesamt viermal so häufig wie die Zahl 1.
D: Bei den zehn Drehungen beträgt die größte Anzahl aufeinanderfolgender Zweier sieben. 4 VP

Das Rad soll für ein Glücksspiel verwendet werden.

c) Bevor ein Glücksspiel angeboten werden darf, überprüft die staatliche Lotteriegesellschaft das Spielgerät hinsichtlich der vom Spielbetreiber gemachten Angaben. Hier wird die Behauptung, das Feld mit der Zahl 1 erscheint mit einer Wahrscheinlichkeit von 30 %, durch einen Hypothesentest überprüft. Da noch kein Verdacht bezüglich der Richtung einer möglichen Abweichung besteht, wird ein zweiseitiger Test durchgeführt. Die Nullhypothese H_0: „Die Wahrscheinlichkeit für die Zahl 1 beträgt 0,3" wird auf der Grundlage einer Stichprobe von 500 Drehungen auf einem Signifikanzniveau von 10 % getestet.
Bestimmen Sie die zugehörige Entscheidungsregel.
Vor dem Test bat der Spielbetreiber die staatliche Lotteriegesellschaft darum, das Signifikanzniveau auf 5 % zu senken.
Begründen Sie, weshalb dies im Interesse des Spielbetreibers gewesen sein könnte. 3,5 VP

d) Bei dem Glücksspiel wird das Rad zweimal gedreht und der folgende Auszahlungsplan festgelegt:
Erscheint zweimal die Zahl 1, so werden 4 € ausgezahlt, erscheint zweimal die Zahl 2, wird 1 € ausgezahlt. In allen anderen Fällen erfolgt keine Auszahlung. Der Einsatz beträgt 1 €.
Begründen Sie, dass dieses Spiel nicht fair ist.
Die Sektoren auf dem Glücksrad sollen so verändert werden, dass dieses Spiel fair wird.
Berechnen Sie für diesen Fall den Mittelpunktswinkel für den Sektor mit der Zahl 1. 3,5 VP

TIPP Lösungshinweise zum Wahlteil Stochastik – Aufgabe C 1

Aufgabe C 1 – Teilaufgabe a

Ereignis A

Welche Möglichkeiten gibt es für das Erscheinen der Eins, wenn das Glücksrad höchstens zweimal gedreht wird?

Erstellen Sie ggf. ein Baumdiagramm.

Berechnen Sie die entsprechenden Wahrscheinlichkeiten und geben Sie damit P(A) an.

Ereignis B

Was bedeutet es für die ersten vier Drehungen, wenn das Glücksrad fünfmal gedreht wird?

Das Glücksrad soll laut Aufgabenstellung höchstens fünfmal gedreht werden.

Spielt es dann für P(B) eine Rolle, ob bei der fünften Drehung eine Eins oder eine Zwei erscheint?

Aufgabe C 1 – Teilaufgabe b

Ereignis C

Wie oft muss die Zahl 2 bei den zehn Drehungen insgesamt erscheinen?

Wie groß ist die Wahrscheinlichkeit, beim ersten Drehen die Zahl 2 zu erhalten?

Wie oft muss bei den verbleibenden Drehungen noch die Zahl 2 erscheinen?

Die Zufallsgröße X zählt die Anzahl der Zweier bei den verbleibenden Drehungen. Wie ist X demnach verteilt?

Berechnen Sie die Wahrscheinlichkeit, dass X den entsprechenden Wert annimmt.

Wie erhalten Sie damit P(C)?

Ereignis D

Wie groß ist die Wahrscheinlichkeit dafür, die Zahl 2 bei sieben Drehungen siebenmal hintereinander zu erhalten?

Welche möglichen Ergebnisse gibt es für die weiteren drei Drehungen, wenn bei den ersten sieben Drehungen jeweils die Zahl 2 erscheint und die größte Anzahl aufeinanderfolgender Zweier sieben beträgt?

Berechnen Sie die Wahrscheinlichkeiten für jedes dieser möglichen Ergebnisse.

Welche möglichen Ergebnisse gibt es für die weiteren drei Drehungen, wenn ab der zweiten bis zur achten Drehung jeweils die Zahl 2 erscheint und die größte Anzahl aufeinanderfolgender Zweier sieben beträgt?

Übertragen Sie Ihre Erkenntnisse auf die Fälle, dass ab der dritten bis zur neunten Drehung bzw. in den letzten sieben Drehungen jeweils die Zahl 2 erscheint.

Aufgabe C 1 – Teilaufgabe c

Entscheidungsregel

Führen Sie die Zufallsgröße Y für die Anzahl der Einser ein.

Wie ist Y bei zutreffender Nullhypothese verteilt?

Wie sieht bei einem zweiseitigen Test der Ablehnungsbereich aus?

Gesucht sind zwei natürliche Zahlen k_1 und k_2, für die jeweils eine von Ihnen zu formulierende Bedingung erfüllt ist.

Was bedeutet bei einem zweiseitigen Test ein Signifikanzniveau von 10 % für diese Bedingungen?

Bestimmen Sie – durch systematisches Probieren – den größten Wert k_1 bzw. den kleinsten Wert k_2, für den die entsprechende Ungleichung noch erfüllt ist.

Notieren Sie auch den kleinsten bzw. größten Wert, für den die Bedingungen jeweils nicht erfüllt sind.

Geben Sie unter Verwendung von k_1 und k_2 den Ablehnungsbereich von H_0 an und formulieren Sie damit die Entscheidungsregel.

Begründung

Wie verändert sich der Ablehnungsbereich, wenn das Signifikanzniveau verkleinert wird?

Wieso könnte dies im Interesse des Betreibers sein?

Aufgabe C 1 – Teilaufgabe d

Nachweis, dass das Spiel nicht fair ist

Wie wahrscheinlich ist es, dass zweimal die Zahl 1 bzw. zweimal die Zahl 2 erscheint?

Berechnen Sie damit den Erwartungswert für die Auszahlung (siehe Merkhilfe).

Was ergibt sich damit für den Erwartungswert für den Gewinn? Beachten Sie, dass der Gewinn der Auszahlung abzüglich des Einsatzes entspricht.

Warum ist das Spiel folglich nicht fair?

Faires Spiel

Führen Sie p für die neue Wahrscheinlichkeit des Erscheinens der Zahl 1 ein.

Mit welcher Wahrscheinlichkeit erscheint dann die Zahl 2?

Berechnen Sie damit den Erwartungswert für die Auszahlung in Abhängigkeit von p und geben Sie anschließend den Erwartungswert für den Gewinn an.

Welche Bedingung muss erfüllt sein, damit das Spiel fair ist?

Der entsprechende Ansatz führt auf eine quadratische Gleichung für p.

Geben Sie durch Lösen dieser Gleichung den relevanten Wert von p an.

Wie muss dann der Winkel des Sektors mit der Zahl 1 gewählt werden?

a) Das Glücksrad wird so oft gedreht, bis die Zahl 1 erscheint, höchstens aber fünfmal. Die Wahrscheinlichkeit für eine Eins ist $p = 0{,}3$, für eine Zwei $1 - p = 0{,}7$.

Ereignis A:

A: Das Glücksrad wird höchstens zweimal gedreht.

Entweder erscheint bei der ersten Drehung die Zahl 1 oder bei der ersten Drehung die Zahl 2 und bei der zweiten Drehung die Zahl 1.

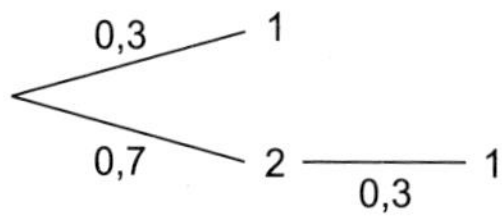

P(A) $= 0{,}3 + 0{,}7 \cdot 0{,}3 = 0{,}51 =$ **51 %**

Ereignis B:

B: Das Glücksrad wird fünfmal gedreht.

Dieses Ereignis tritt genau dann ein, wenn in den ersten vier Drehungen keine 1, d. h. die Zahl 2 erscheint. Somit gilt:

P(B) $= 0{,}7^4 = 0{,}2401 \approx$ **24 %**

Alternative:

Das Ereignis B tritt ein, wenn bei den ersten vier Drehungen die Zwei und bei der fünften Drehung die Eins erscheint oder wenn bei allen fünf Drehungen die Zwei erscheint.

$P(B) = 0{,}7^4 \cdot 0{,}3 + 0{,}7^5 = 0{,}2401 \approx 24\,\%$

b) **Ereignis C:**

C: Die Zahl 2 erscheint bei der ersten Drehung und insgesamt viermal so häufig wie die Zahl 1.

Das Glücksrad wird zehnmal gedreht. Wegen der zweiten Bedingung muss die Zahl 2 insgesamt achtmal erscheinen. Die Wahrscheinlichkeit für eine Zwei bei der ersten Drehung ist 0,7 (siehe Teilaufgabe a).
Zählt die Zufallsgröße X die Anzahl der Zweier bei den neun verbleibenden Drehungen, ist X $B_{9;\,0,7}$-verteilt.

Insgesamt erhält man also:

P(C) $= 0{,}7 \cdot P(X = 7) \approx 0{,}7 \cdot 0{,}267 \approx 0{,}187 =$ **18,7 %**

Ereignis D:

D: Bei den zehn Drehungen beträgt die größte Anzahl aufeinanderfolgender Zweier sieben.

Das Glücksrad wird zehnmal gedreht. Im Folgenden werden alle Pfade des zehnstufigen Baumdiagramms bestimmt, die zum Ereignis D gehören. Für das Ereignis D kommen nur diejenigen Pfade infrage, in denen siebenmal hintereinander die Zahl 2 erscheint. Somit muss der Faktor $0{,}7^7$ Bestandteil jeder zugehörigen Pfadwahrscheinlichkeit sein.

1. Fall: Bei den ersten sieben Drehungen erscheint jeweils die Zahl 2.
In diesem Fall muss bei der achten Drehung die Zahl 1 erscheinen, da ansonsten die Anzahl aufeinanderfolgender Zweier größer als sieben wäre. Für die neunte und zehnte Drehung gibt es dann jeweils keine Einschränkungen, d. h., es kann bei beiden Drehungen jeweils die Zahl 1 oder die Zahl 2 erscheinen. Daraus ergeben sich die folgenden $2^2 = 4$ verschiedenen möglichen Ergebnisse:
(2222222111); (2222222121); (2222222112); (2222222122)
Also:
$P(1.\,\text{Fall}) = 0{,}7^7 \cdot 0{,}3^3 + 2 \cdot 0{,}7^8 \cdot 0{,}3^2 + 0{,}7^9 \cdot 0{,}3^1$

2. Fall: Ab der zweiten bis zur achten Drehung erscheint jeweils die Zahl 2.
In diesem Fall muss bei der ersten und bei der neunten Drehung die Zahl 1 erscheinen, da ansonsten die Anzahl aufeinanderfolgender Zweier größer als sieben wäre. Für die zehnte Drehung gibt es dann keine Einschränkung, d. h., es kann die Zahl 1 oder die Zahl 2 erscheinen. Daraus ergeben sich die folgenden 2 verschiedenen möglichen Ergebnisse:
(1222222211); (1222222212)
Also:
$P(2.\,\text{Fall}) = 0{,}7^7 \cdot 0{,}3^3 + 0{,}7^8 \cdot 0{,}3^2$

3. Fall: Ab der dritten bis zur neunten Drehung erscheint jeweils die Zahl 2.
Dieser Fall lässt sich vollkommen analog zum 2. Fall behandeln, sodass gilt:
$P(3.\,\text{Fall}) = P(2.\,\text{Fall}) = 0{,}7^7 \cdot 0{,}3^3 + 0{,}7^8 \cdot 0{,}3^2$

4. Fall: Bei den letzten sieben Drehungen erscheint jeweils die Zahl 2.
Dieser Fall lässt sich vollkommen analog zum 1. Fall behandeln, sodass gilt:
$P(4.\,\text{Fall}) = P(1.\,\text{Fall}) = 0{,}7^7 \cdot 0{,}3^3 + 2 \cdot 0{,}7^8 \cdot 0{,}3^2 + 0{,}7^9 \cdot 0{,}3^1$

Insgesamt erhält man also:

$$\mathbf{P(D)} = 2 \cdot (0{,}7^7 \cdot 0{,}3^3 + 2 \cdot 0{,}7^8 \cdot 0{,}3^2 + 0{,}7^9 \cdot 0{,}3^1) + 2 \cdot (0{,}7^7 \cdot 0{,}3^3 + 0{,}7^8 \cdot 0{,}3^2)$$
$$= 4 \cdot 0{,}7^7 \cdot 0{,}3^3 + 6 \cdot 0{,}7^8 \cdot 0{,}3^2 + 2 \cdot 0{,}7^9 \cdot 0{,}3^1 \approx 0{,}064 = \mathbf{6{,}4\,\%}$$

c) **Entscheidungsregel:**
Es wird ein zweiseitiger Test durchgeführt mit der Nullhypothese
$H_0\colon\ p = 0{,}3$
und der Alternative
$H_1\colon\ p \neq 0{,}3$
auf der Grundlage einer Stichprobe von 500 Drehungen und einem Signifikanzniveau von 10 %.

Die Zufallsgröße Y beschreibt, wie häufig die Zahl 1 erscheint. Bei zutreffender Nullhypothese ist Y $B_{500;\,0,3}$-verteilt.

Der Ablehnungsbereich von H_0 hat die Form
$A = \{0;\ 1;\ 2;\ \ldots;\ k_1\} \cup \{k_2;\ \ldots;\ 500\}$.

Ermittlung von k_1:
Gesucht ist die größte natürliche Zahl k_1 mit $P(Y \leq k_1) \leq 0{,}05$.
Mit dem WTR (WTR 5 oder WTR 6) erhält man
$P(Y \leq 132) \approx 0{,}043 < 0{,}05$;

$P(Y \leq 133) \approx 0{,}052 > 0{,}05$.

Somit ist $k_1 = 132$.

Ermittlung von k_2:
Zu bestimmen ist die kleinste natürliche Zahl k_2 mit $P(Y \geq k_2) \leq 0{,}05$.
Man erhält $P(Y \geq k_2) = 1 - P(Y \leq k_2 - 1) \leq 0{,}05$ und nach kleiner Umformung die Bedingung:
$P(Y \leq k_2 - 1) \geq 0{,}95$

Mit dem WTR (WTR 5 oder WTR 6) erhält man
$P(Y \leq 166) \approx 0{,}945 < 0{,}95$;

$P(Y \leq 167) \approx 0{,}955 > 0{,}95$.

Mit $k_2 - 1 = 167$ erhält man somit $k_2 = 168$.

Insgesamt ergibt sich für den Ablehnungsbereich von H_0 damit:
$A = \{0;\ 1;\ 2;\ \ldots;\ 132\} \cup \{168;\ \ldots;\ 500\}$

Entscheidungsregel:
Erscheint höchstens 132-mal oder mindestens 168-mal die Zahl 1, wird die Nullhypothese H_0: $p = 0{,}3$ abgelehnt. Andernfalls wird die Nullhypothese nicht abgelehnt.

Begründung:
Bei einem Signifikanzniveau von 5 % wäre der Ablehnungsbereich kleiner.
Damit wäre es wahrscheinlicher, dass das Glücksrad nicht beanstandet wird.
Dies läge im Interesse des Spielbetreibers.

Anmerkung:
Aus der Sicht der Lotteriegesellschaft würde dann allerdings die Wahrscheinlichkeit für den Fehler 2. Art, ein nicht faires Glücksrad nicht abzulehnen, steigen.

d) **Nachweis, dass das Spiel nicht fair ist:**
Da bei dem Spiel nur in den Fällen „zweimal die Zahl 1" und „zweimal die Zahl 2" eine Auszahlung von 4 € bzw. 1 € erfolgt, ist der Erwartungswert für die Auszahlung A (in €):
$E(A) = 4 \cdot 0{,}3^2 + 1 \cdot 0{,}7^2 = 0{,}85$

Den Erwartungswert für den Gewinn G (in €) erhält man, indem man davon den Einsatz von 1 € abzieht:
$E(G) = E(A) - 1 = -0{,}15$

Da der Erwartungswert für den Gewinn negativ ist, ist das **Spiel nicht fair.**

Faires Spiel:

Ist p die Wahrscheinlichkeit für die Zahl 1, so erscheint die Zahl 2 mit der Wahrscheinlichkeit $1-p$.

Für den Erwartungswert für die Auszahlung A (in €) bei einem Spiel erhält man nun:

$E(A) = 4 \cdot p^2 + 1 \cdot (1-p)^2$

Den Erwartungswert für den Gewinn G (in €) bei einem Spiel erhält man daraus wieder durch Subtraktion des Einsatzes:

$E(G) = 4 \cdot p^2 + (1-p)^2 - 1$

Das Spiel ist fair, wenn der Erwartungswert für den Gewinn 0 ist.

$0 = 4p^2 + (1-p)^2 - 1$

$0 = 4p^2 + 1 - 2p + p^2 - 1$

$0 = 5p^2 - 2p$

$0 = p \cdot (5p-2)$

$(p_1 = 0); \;\; p_2 = \frac{2}{5}$

Die für das Spiel relevante Lösung ist $p_2 = \frac{2}{5} = 0{,}4.$ Es gilt: $0{,}4 \cdot 360° = 144°$

Der Winkel des Sektors mit der Zahl 1 muss die **Weite 144°** haben, damit das Spiel fair ist.

Pflichtteil

Aufgabe 1

Gegeben ist die Funktion f mit
$f(x) = 4 \cdot e^{-0,5x} - 2.$

Abgebildet sind der Graph von f und die Tangente an den Graphen von f im Schnittpunkt mit der y-Achse.

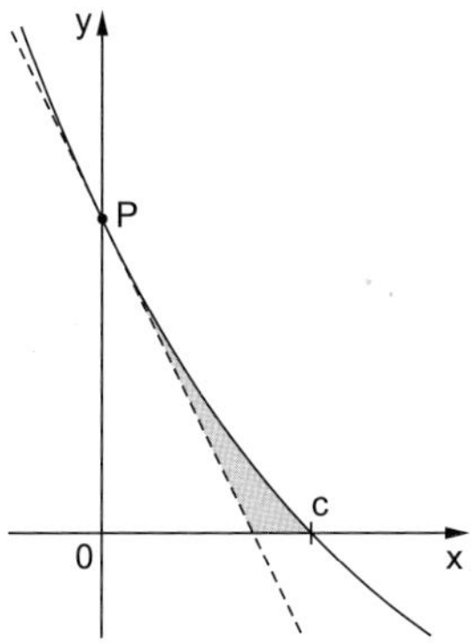

a) Weisen Sie nach, dass die eingezeichnete Tangente durch die Gleichung $y = -2x + 2$ beschrieben werden kann. 1 VP

b) Begründen Sie, dass der Wert des Terms $\int_0^c f(x)\,dx - 1$ den Inhalt der markierten Fläche angibt. 1,5 VP

Aufgabe 2

Gegeben sind die Funktionen f_a mit $f_a(x) = \sin(x - a)$ und g mit $g(x) = \cos(2 - x)$.

Die Abbildung zeigt die Graphen von f_6 und g.

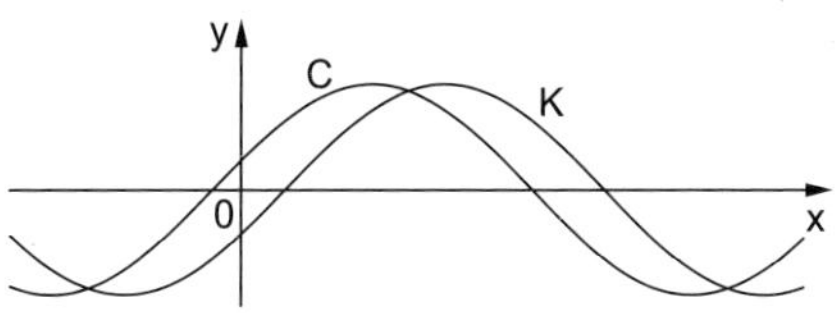

a) Bestimmen Sie eine Nullstelle von g. 0,5 VP

b) Ordnen Sie die Graphen C und K den Funktionen f_6 und g zu und begründen Sie Ihre Zuordnung. 1 VP

c) Begründen Sie, dass der Graph von $f_{2-\frac{\pi}{2}}$ mit dem Graphen der Funktion g übereinstimmt. 1 VP

Aufgabe 3

Gegeben ist eine differenzierbare Funktion f.

a) Begründen Sie, dass für die Ableitung der Funktion g mit $g(x) = (f(x))^2$ gilt: $g'(x) = 2 \cdot f(x) \cdot f'(x)$ 1 VP

b) Bestimmen Sie mit dem Ergebnis aus Teilaufgabe a eine Stammfunktion der Funktion h mit $h(x) = \frac{\ln(x+2)}{2x+4}$. 1,5 VP

Aufgabe 4

Gegeben ist das Parallelogramm ABCD mit $A(3\,|\,0\,|\,0)$, $B(3\,|\,3\,|\,0)$, $C(3\,|\,a\,|\,2)$ und $D(3\,|\,a-3\,|\,2)$. Der Punkt T liegt auf der Strecke $\overline{AC}$ und ist von A dreimal so weit entfernt wie von C. Das Dreieck ABT hat bei T einen rechten Winkel. Berechnen Sie den Wert von a. 2,5 VP

Aufgabe 5

In einer Urne befinden sich drei rote und vier schwarze Kugeln. Es werden nacheinander zwei Kugeln wie folgt gezogen:
Ist die erste Kugel rot, wird sie in die Urne zurückgelegt. Ist die erste Kugel schwarz, wird sie nicht zurückgelegt.

a) Berechnen Sie die Wahrscheinlichkeit für das Ereignis
A: Mindestens eine der beiden gezogenen Kugeln ist rot. 1 VP

b) Weisen Sie rechnerisch nach, dass die Wahrscheinlichkeit für das Ereignis
B: Die beiden gezogenen Kugeln haben verschiedene Farben.
mehr als 50 % beträgt. 1,5 VP

Aufgabe 6

Ein Musiker möchte aus einer Viertelnote ♩, drei Achtelnoten ♪ und zwei Achtelpausen 𝄾 verschiedene Rhythmen zufällig von einem Drumcomputer erzeugen lassen, wobei jeder dieser Rhythmen alle sechs Noten- und Pausenzeichen beinhalten soll.

a) Bestimmen Sie die Anzahl aller möglichen Rhythmen. 1 VP

b) Geben Sie einen möglichen Rhythmus an, bei dem keine zwei identischen Pausen- und Notenwerte direkt hintereinander vorkommen, und bestimmen Sie die Anzahl aller möglichen Rhythmen, die diese Bedingung erfüllen. 1,5 VP

TIPP Lösungshinweise zum Pflichtteil

Aufgabe 1

Teilaufgabe a

Wie bestimmt man die Gleichung einer Tangente?

Welche Ableitungsregel(n) benötigen Sie?

Wenn Sie die allgemeine Gleichung im hilfsmittelfreien Teil nicht parat haben, können Sie auch mit dem Wert der Ableitung f'(0) und einer Punktprobe arbeiten.

Teilaufgabe b

Welchen Flächeninhalt würden Sie mit $\int_0^c f(x)\,dx$ berechnen?

Welche Fläche muss davon abgezogen werden, um die markierte Fläche zu erhalten? Wie bestimmen Sie den Inhalt dieser Fläche allgemein?

Berechnen Sie die beiden dafür benötigten Längen.

Eine einfache Umformung ergibt dann den angegebenen Term.

Aufgabe 2

Teilaufgabe a

Überlegen Sie, wo z. B. die „erste" Nullstelle (im positiven Bereich) von cos(x) liegt.

Was bedeutet das für die Nullstelle(n) von g?

Teilaufgabe b

Welches Vorzeichen hat g(0)? Skizzieren Sie ggf. den Graphen von cos(x).

Mit diesem Vorzeichen können Sie die Zuordnung bereits vornehmen.

Teilaufgabe c

Wie geht der Graph von sin(x) aus dem Graphen von cos(x) hervor?

Den Term $\cos(2-x)$ können Sie umformen, wenn Sie die Symmetrie des Graphen von cos(x) beachten.

Aufgabe 3

Teilaufgabe a

Welche Ableitungsregel(n) benötigen Sie?

Teilaufgabe b

Wie lautet die Ableitung von f mit $f(x)=\ln(x+2)$?

Stellen Sie damit h(x) in der Form $h(x)=c\cdot f(x)\cdot f'(x)$ dar.

Welche Umformung ermöglicht, die Aussage $g'(x)=2\cdot f(x)\cdot f'(x)$ aus Teilaufgabe a zu verwenden?

Nun können Sie eine Stammfunktion H(x) angeben.

Aufgabe 4

Fertigen Sie eine Skizze des Parallelogramms an und zeichnen Sie den Punkt T ein.

Bestimmen Sie die Koordinaten von T in Abhängigkeit von a.

Welche Bedingung muss erfüllt sein, damit zwei Vektoren orthogonal zueinander sind? Diese führt auf eine einfache quadratische Gleichung für a.

Aufgabe 5

Für die Bearbeitung der Aufgabe ist es sehr hilfreich, zunächst ein Baumdiagramm zu erstellen. Beachten Sie dabei, dass eine rote Kugel zurückgelegt wird, eine schwarze nicht.

Teilaufgabe a

Wie berechnet man allgemein die Wahrscheinlichkeit eines Gegenereignisses?

Wie lautet das Gegenereignis zu A? Berechnen Sie damit P(A).

Teilaufgabe b

Wann tritt das Ereignis B ein?

Mit welcher Regel können Sie für beide Fälle die Wahrscheinlichkeit berechnen? Was ergibt sich damit für P(B)?

Begründen Sie, dass der entstehende Bruch größer als $\frac{1}{2}$ ist.

Aufgabe 6

Teilaufgabe a

An wie vielen Stellen kann die einzelne Viertelnote platziert werden?

Wie viele Möglichkeiten gibt es, die zwei Achtelpausen auf den verbliebenen fünf Positionen anzuordnen?

Teilaufgabe b

Welche Anordnung der drei Achtelnoten und der beiden Achtelpausen ist ohne Beachtung der Viertelnote zwingend, sodass sich die beiden Zeichen stets abwechseln?

Wie viele Möglichkeiten gibt es, diese gerade gefundene Anordnung durch Hinzufügen der Viertelnote an unterschiedlichen Positionen zu ergänzen?

Wenn die Viertelnote nicht am Rand steht, gibt es noch weitere Möglichkeiten, von der gerade gefundenen Abfolge der Achtelnoten und Achtelpausen abzuweichen. Berücksichtigen Sie dies bei der Bestimmung der Anzahl aller möglichen Rhythmen.

Aufgabe 1

a) Gegeben ist die Funktion f mit $f(x) = 4 \cdot e^{-0,5x} - 2$.

Für die Ableitung erhält man mithilfe der Kettenregel $f'(x) = -2 \cdot e^{-0,5x}$.

Für die Gleichung einer Tangente kann man z. B. als Ansatz wählen:

$t(x) = f'(u) \cdot (x - u) + f(u)$

Mit $u = 0$, $f(0) = 2$ und $f'(0) = -2$ ergibt sich:

$\mathbf{t(x) = -2x + 2}$

Anmerkung:

Selbstverständlich erhalten Sie dasselbe Ergebnis mit dem Ansatz $y = m \cdot x + c$.
Es ist $m = f'(0) = -2$; die Punktprobe mit $P(0|2)$ ergibt $2 = -2 \cdot 0 + c$ und somit $c = 2$.

b) Den Inhalt der markierten Fläche kann man z. B. berechnen, indem man von dem Flächeninhalt, den der Graph von f mit den Achsen einschließt, den Flächeninhalt des rechtwinkligen Dreiecks, das durch die Tangente und die Koordinatenachsen gegeben ist, abzieht.
Für die Berechnung des Flächeninhaltes I des Dreiecks mit $I = \frac{1}{2} \cdot g \cdot h$ benötigt man die Längen von Grundseite und Höhe (siehe Skizze).

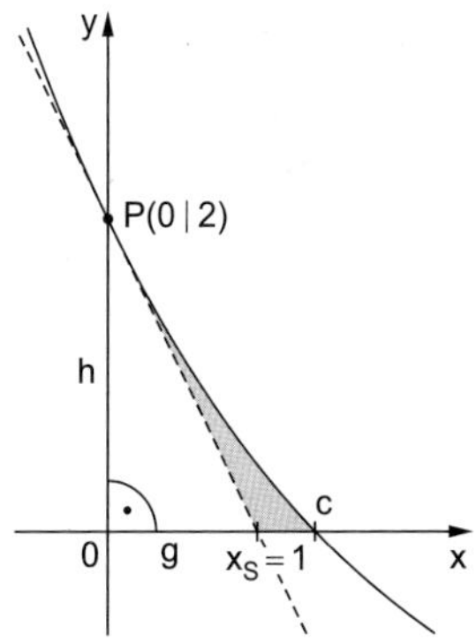

Wegen $f(0) = 2$ gilt $h = 2$; die Länge der Grundseite bestimmt man mithilfe der Schnittstelle x_S der Tangente mit der x-Achse.
Der Ansatz $-2x_S + 2 = 0$ liefert $x_S = 1$.

Damit erhält man:

$$A = \int_0^c f(x)\,dx - \frac{1}{2} \cdot g \cdot h = \int_0^c f(x)\,dx - \frac{1}{2} \cdot 1 \cdot 2 = \int_0^c f(x)\,dx - 1$$

Aufgabe 2

a) Eine Nullstelle von g:

$g(x) = 0$

$\cos(2 - x) = 0$

Von den unendlich vielen Nullstellen der Kosinusfunktion wählt man z. B.:

$\cos\left(\frac{\pi}{2}\right) = 0$

Damit folgt:

$2 - x = \frac{\pi}{2}$

$\mathbf{x = 2 - \frac{\pi}{2}}$

b) Es gilt:

$g(0) = \cos(2) < 0$, da $\frac{\pi}{2} < 2 < \frac{3\pi}{2}$ und $\cos(u) < 0$ für alle u mit $\frac{\pi}{2} < u < \frac{3\pi}{2}$ (siehe Skizze).

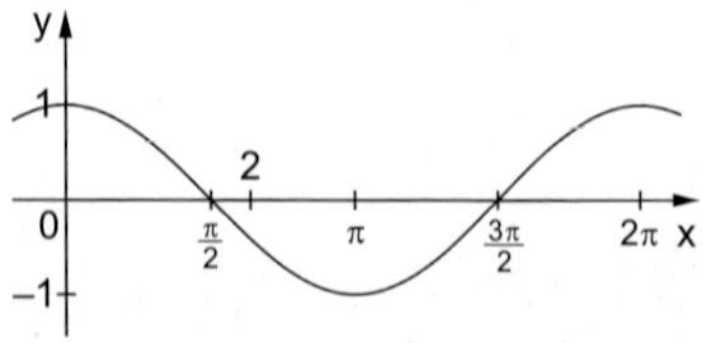

Daher gehört **K zu g und C zu f_6**.

c) Wegen der Achsensymmetrie des Graphen von cos(x) und mit dem allgemeinen Zusammenhang zwischen sin(x) und cos(x) gilt:

$$\cos(2 - x) = \cos(x - 2) = \sin\left(x - 2 + \frac{\pi}{2}\right) = \sin\left(x - \underbrace{\left(2 - \frac{\pi}{2}\right)}_{a}\right)$$

Damit stimmen die Graphen von g und $f_{2-\frac{\pi}{2}}$ überein.

Aufgabe 3

a) Für $g(x) = (f(x))^2$ ergibt sich mit der Kettenregel:

$g'(x) = 2 \cdot f(x) \cdot f'(x)$

b) Da die Funktion f mit $f(x) = \ln(x+2)$ die Ableitung f' mit $f'(x) = \frac{1}{x+2}$ besitzt, schreibt man zunächst

$h(x) = \frac{\ln(x+2)}{2x+4} = \frac{1}{2} \cdot \ln(x+2) \cdot \frac{1}{x+2}$

und erhält:

$h(x) = \frac{1}{2} \cdot f(x) \cdot f'(x)$

Um das Ergebnis aus Teilaufgabe a anwenden zu können, formt man um:

$h(x) = \frac{1}{4} \cdot 2 \cdot f(x) \cdot f'(x)$

Damit ist $\mathbf{H(x) = \frac{1}{4} \cdot (\ln(x+2))^2}$ eine Stammfunktion von h(x).

Aufgabe 4

Gegeben ist das Parallelogramm ABCD mit A(3 | 0 | 0), B(3 | 3 | 0), C(3 | a | 2) und D(3 | a − 3 | 2). T liegt auf $\overline{AC}$ und ist von A dreimal so weit entfernt wie von C.

Zunächst wird der Ortsvektor des Punktes T in Abhängigkeit von a bestimmt:

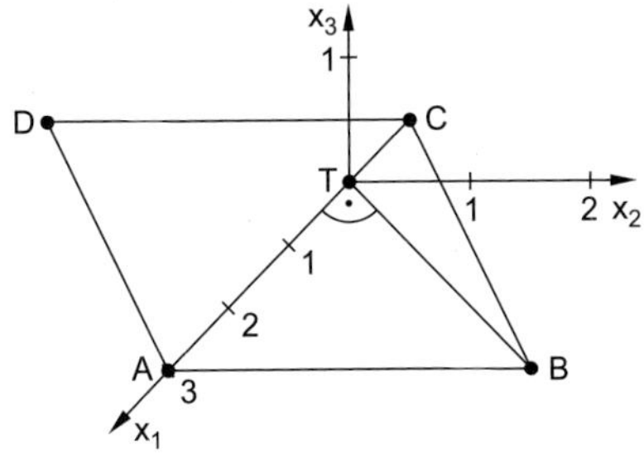

$$\overrightarrow{OT} = \overrightarrow{OA} + \frac{3}{4} \cdot \overrightarrow{AC} = \begin{pmatrix} 3 \\ 0 \\ 0 \end{pmatrix} + \frac{3}{4} \cdot \begin{pmatrix} 0 \\ a \\ 2 \end{pmatrix}$$

Der Punkt T hat die Koordinaten:

$$T\left(3 \,\middle|\, \frac{3}{4}a \,\middle|\, \frac{3}{2}\right)$$

Da das Dreieck ABT bei T einen rechten Winkel hat, gilt $\overrightarrow{AT} \cdot \overrightarrow{TB} = 0$. Weil T auf der Strecke $\overline{AC}$ liegt, gilt damit auch $\overrightarrow{AC} \cdot \overrightarrow{TB} = 0$.

Mit $\overrightarrow{AC} = \begin{pmatrix} 0 \\ a \\ 2 \end{pmatrix}$ und $\overrightarrow{TB} = \begin{pmatrix} 3 \\ 3 \\ 0 \end{pmatrix} - \begin{pmatrix} 3 \\ \frac{3}{4}a \\ \frac{3}{2} \end{pmatrix} = \begin{pmatrix} 0 \\ 3 - \frac{3}{4}a \\ -\frac{3}{2} \end{pmatrix}$ ergibt sich folgende Gleichung:

$$\overrightarrow{AC} \cdot \overrightarrow{TB} = 0$$

$$\begin{pmatrix} 0 \\ a \\ 2 \end{pmatrix} \cdot \begin{pmatrix} 0 \\ 3 - \frac{3}{4}a \\ -\frac{3}{2} \end{pmatrix} = 0$$

$$0 \cdot 0 + a \cdot \left(3 - \frac{3}{4}a\right) + 2 \cdot \left(-\frac{3}{2}\right) = 0$$

$$3a - \frac{3}{4}a^2 - 3 = 0$$

$$-\frac{3}{4}a^2 + 3a - 3 = 0 \quad \left| \cdot \left(-\frac{4}{3}\right)\right.$$

$$a^2 - 4a + 4 = 0$$

Lösen dieser quadratischen Gleichung z. B. mit der pq-Formel ergibt:

$a_{1/2} = 2 \pm \sqrt{2^2 - 4}$ *(Hinweis:* Da die Diskriminante null ist, gibt es nur eine Lösung.)

$a = 2$

Für **a = 2** sind die Bedingungen aus dem Aufgabentext erfüllt.

Anmerkung: Die quadratische Gleichung hätte man auch durch Faktorisieren mittels 2. binomischer Formel lösen können: $a = 2$ folgt auch aus $a^2 - 4a + 4 = (a-2)^2 = 0$.

Aufgabe 5

In einer Urne liegen drei rote und vier schwarze Kugeln. Es werden nacheinander zwei Kugeln gezogen, wobei eine rote Kugel zurückgelegt wird, eine schwarze nicht.

a) Das Gegenereignis zu A: „Mindestens eine der Kugeln ist rot." ist:
$\overline{A}$: „Keine Kugel ist rot."

Damit erhält man:

$$P(A) = 1 - P(\overline{A}) = 1 - \frac{4}{7} \cdot \frac{3}{6} = 1 - \frac{2}{7} = \mathbf{\frac{5}{7}}$$

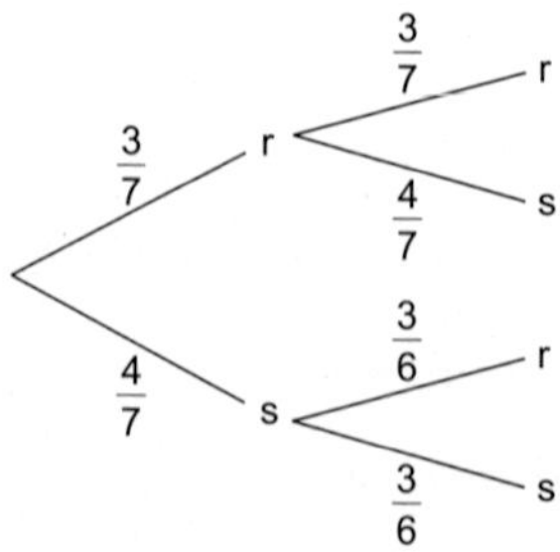

b) Das Ereignis B: „Die beiden gezogenen Kugeln haben verschiedene Farben." tritt ein, wenn die erste Kugel rot und die zweite schwarz oder die erste schwarz und die zweite rot ist.

Damit gilt nach den Pfadregeln:

$$P(B) = \frac{3}{7} \cdot \frac{4}{7} + \frac{4}{7} \cdot \frac{3}{6} = \frac{12}{49} + \frac{2}{7} = \mathbf{\frac{26}{49}} \mathbf{> 0{,}5}$$

Aufgabe 6

a) Bei jedem Rhythmus werden alle sechs Noten- und Pausenwerte verwendet.

Einen möglichen Rhythmus kann man unter Verwendung der Abkürzungen „V" für Viertelnote, „A" für Achtelnote und „P" für Achtelpause als geordnetes 6-Tupel notieren.
Z. B. entspricht das Tupel (A; V; A; P; A; P) dem Rhythmus ♪ ♩ ♪ 𝄾 ♪ 𝄾.

1. Lösungsweg:
Die Viertelnote (V bzw. ♩) kann an jeder der sechs möglichen Positionen im Rhythmus platziert werden:

V _ _ _ _ _   _ V _ _ _ _   _ _ V _ _ _   _ _ _ V _ _   _ _ _ _ V _   _ _ _ _ _ V

Bei jeder dieser Positionierungen der Viertelnote gibt es $\binom{5}{2} = \frac{5 \cdot 4}{2 \cdot 1} = 10$ Möglichkeiten, die beiden Achtelpausen auf den fünf verbliebenen Positionen anzuordnen. Damit sind die Positionen der drei Achtelnoten im Rhythmus ebenfalls festgelegt.

Es gibt somit $6 \cdot \binom{5}{2} = 6 \cdot 10 = \mathbf{60}$ mögliche Rhythmen.

Anmerkung: Der Binomialkoeffizient $\binom{n}{k}$ gibt z. B. die Anzahl der Möglichkeiten an, beim n-maligen Münzwurf k-mal „Wappen" zu erhalten. Dies ist gleichbedeutend damit, beim n-maligen Münzwurf (n – k)-mal „Zahl" zu erhalten.
Es gilt also $\binom{n}{k} = \binom{n}{n-k}$.

Entsprechend kann bei dieser Aufgabe anstatt der Anzahl der Möglichkeiten, zwei Achtelpausen auf fünf möglichen Positionen anzuordnen, auch der Fall betrachtet werden, drei Achtelnoten auf fünf möglichen Positionen anzuordnen. Die Anzahl der Möglichkeiten hierfür beträgt jeweils $\binom{5}{2} = \binom{5}{3} = 10$.

2. Lösungsweg:

Stellt man sich die sechs Noten- und Pausenwerte als Kugeln in einer Urne vor, so zieht man sechs Kugeln ohne Zurücklegen mit Beachtung der Reihenfolge, wobei man zunächst davon ausgeht, dass alle sechs Kugeln voneinander unterscheidbar wären. In diesem Fall gäbe es $6! = 6 \cdot 5 \cdot 4 \cdot 3 \cdot 2 \cdot 1 = 720$ mögliche Anordnungen.

Die drei Achtelnoten und die zwei Achtelpausen sind jedoch nicht unterscheidbar. Es gibt 3! Möglichkeiten, die drei Achtelnoten anzuordnen, und 2! Möglichkeiten, die zwei Achtelpausen zu platzieren.

Daher ergibt sich $\frac{6!}{2! \cdot 3!} = \frac{6 \cdot 5 \cdot 4 \cdot 3 \cdot 2 \cdot 1}{2 \cdot 1 \cdot 3 \cdot 2 \cdot 1} = \mathbf{60}$ für die Anzahl möglicher Rhythmen.

b) **Angabe eines Beispiels:**

Ein möglicher Rhythmus, bei dem keine zwei identischen Pausen- und Notenwerte direkt hintereinander vorkommen, ist z. B.:

(A; P; A; V; P; A) (bzw. in Musiknotation: ♪ 𝄾 ♪ ♩ 𝄾 ♪)

Anzahl aller möglichen Rhythmen:

Man stellt sich zunächst folgende 5er-Anordnung vor, bei der die Viertelnote noch fehlt und bei der vermieden wird, dass zwei identische Pausen- und Notenwerte direkt hintereinander vorkommen:

(A; P; A; P; A) (bzw. in Musiknotation: ♪ 𝄾 ♪ 𝄾 ♪)

Anschließend kann die Viertelnote an sechs verschiedenen Positionen hinzugefügt werden:

([**V**]; A; P; A; P; A) (bzw. in Musiknotation: [♩] ♪ 𝄾 ♪ 𝄾 ♪)

(A; [**V**]; P; A; P; A) (bzw. in Musiknotation: ♪ [♩] 𝄾 ♪ 𝄾 ♪)

(A; P; [**V**]; A; P; A) (bzw. in Musiknotation: ♪ 𝄾 [♩] ♪ 𝄾 ♪)

...

(A; P; A; P; A; [**V**]) (bzw. in Musiknotation: ♪ 𝄾 ♪ 𝄾 ♪ [♩])

Liegt die Viertelnote auf den Positionen 2, 3, 4 oder 5 ist neben der gerade aufgelisteten Anordnung jeweils noch eine weitere Anordnung möglich. Das lässt sich an folgenden zwei Beispielen verdeutlichen:

Beispiel 1: „Viertelnote an Position 2"

obige Anordnung:	weitere mögliche Anordnung:
(A; [**V**]; P; A; P; A)	(A; [**V**]; A; P; A; P)
(♪ [♩] 𝄾 ♪ 𝄾 ♪)	(♪ [♩] ♪ 𝄾 ♪ 𝄾)

Beispiel 2: „Viertelnote an Position 3“

obige Anordnung:

(A; P; **V**; A; P; A)

(♪ 𝄾 **♩** ♪ 𝄾 ♪)

weitere mögliche Anordnung:

(P; A; **V**; A; P; A)

(𝄾 ♪ **♩** ♪ 𝄾 ♪)

Aus Symmetriegründen gibt es in den Fällen, bei denen die Viertelnote an Position 4 oder an Position 5 platziert ist, ebenfalls zwei mögliche Anordnungen.

Insgesamt gibt es also

$$\underbrace{1}_{\text{Viertel an Position 1}} + \underbrace{2}_{\text{Viertel an Position 2}} + \underbrace{2}_{\text{Viertel an Position 3}} + \underbrace{2}_{\text{Viertel an Position 4}} + \underbrace{2}_{\text{Viertel an Position 5}} + \underbrace{1}_{\text{Viertel an Position 6}} = \mathbf{10}$$

mögliche Rhythmen mit der vorgegebenen Bedingung.

Aufgabe A 1.1

Auf der Wasseroberfläche eines 40 cm langen, 30 cm breiten und 40 cm hohen Aquariums wachsen Wasserlinsen.
Für $k > 0$ gibt die Funktion z_k mit $z_k(t) = 20k \cdot t \cdot e^{-k \cdot t^2}$ die momentane Änderungsrate des Inhaltes der von den Wasserlinsen eingenommenen Fläche seit dem Beobachtungsbeginn an ($t \geq 0$ in Wochen; $z_k(t)$ in dm^2 pro Woche).
Zu Beobachtungsbeginn sind 2 dm^2 der Oberfläche bewachsen.

a) Begründen Sie, dass der Inhalt der von den Wasserlinsen bedeckten Fläche zu jedem Zeitpunkt zunimmt.
Untersuchen Sie, welchen Wert z_k langfristig annimmt. 1,5 VP

b) Die Abbildung in der Anlage zeigt den Graphen der Funktion $z_{\frac{1}{8}}$.
Geben Sie den Zeitpunkt an, zu dem die momentane Änderungsrate maximal ist.
Ermitteln Sie eine Lösung der Gleichung $z_{\frac{1}{8}}(t+4) - z_{\frac{1}{8}}(t) = 0$.
An der Stelle t_0 hat die Funktion $z'_{\frac{1}{8}}$ ein lokales Minimum.
Bestimmen Sie grafisch den Wert von $z'_{\frac{1}{8}}(t_0)$.
Interpretieren Sie die Bedeutung des Zeitpunktes t_0 im Sachzusammenhang. 3 VP

c) Weisen Sie nach, dass $F_k(t) = -10 \cdot e^{-k \cdot t^2}$ eine Stammfunktion von z_k ist.
Berechnen Sie k so, dass nach vier Wochen der Inhalt der von Wasserlinsen bedeckten Fläche 10 dm^2 beträgt. 2,5 VP

d) Zeigen Sie, dass der Inhalt der Fläche, die langfristig von Wasserlinsen bedeckt wird, unabhängig von k ist.
Geben Sie den Wert dieses Flächeninhaltes an.
Deuten Sie diesen Wert in Bezug auf die Abmessungen des Aquariums. 1,5 VP

e) Die Abbildung zeigt zwei Graphen C und D von z_k für zwei verschiedene Werte von k.
Entscheiden Sie, bei welchem Graphen das zugrunde liegende k größer ist.
Begründen Sie Ihre Entscheidung. 2 VP

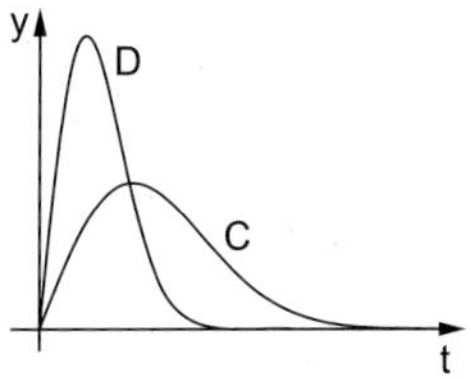

Aufgabe A 1.2

Gegeben ist die Funktion f mit $f(x) = \frac{1}{x^2}$; $x \neq 0$.

Die Abbildung zeigt den Graphen K von f.

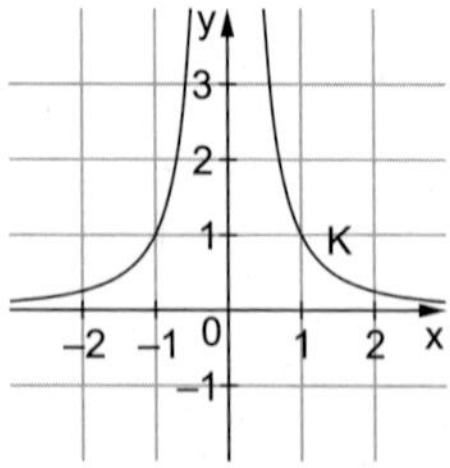

a) Die Tangente an K im Punkt P(1 | f(1)) schließt mit den Koordinatenachsen ein Dreieck ein. Dieses Dreieck erzeugt bei Rotation um die Koordinatenachsen jeweils einen Kegel. Bestimmen Sie das Verhältnis der Inhalte der beiden Mantelflächen. 2,5 VP

b) Die Gerade g mit $g(x) = m \cdot x + 1$ schneidet K.
Bestimmen Sie die Anzahl der Schnittpunkte in Abhängigkeit von m. 3 VP

c) Gegeben ist eine quadratische Funktion p mit $p(x) = a \cdot x^2 + c$.
Begründen Sie, dass die Graphen von f und p entweder keine, zwei oder vier gemeinsame Punkte besitzen.
Ergänzen Sie in jeder der drei Abbildungen jeweils einen der drei Fälle.

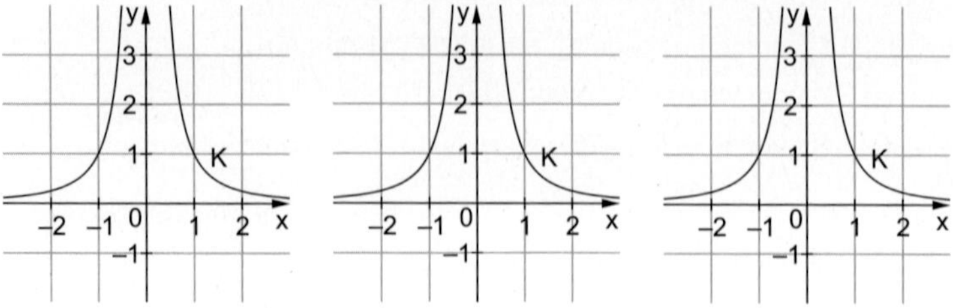

1 VP

d) Es gibt genau eine quadratische Funktion p mit $p(x) = a \cdot x^2 + c$, deren Graph die Nullstellen $x_1 = -1$ und $x_2 = 1$ hat und den Graphen der Funktion f berührt.
Berechnen Sie die Werte von a und c. 3 VP

Abbildung zu Aufgabe A 1.1

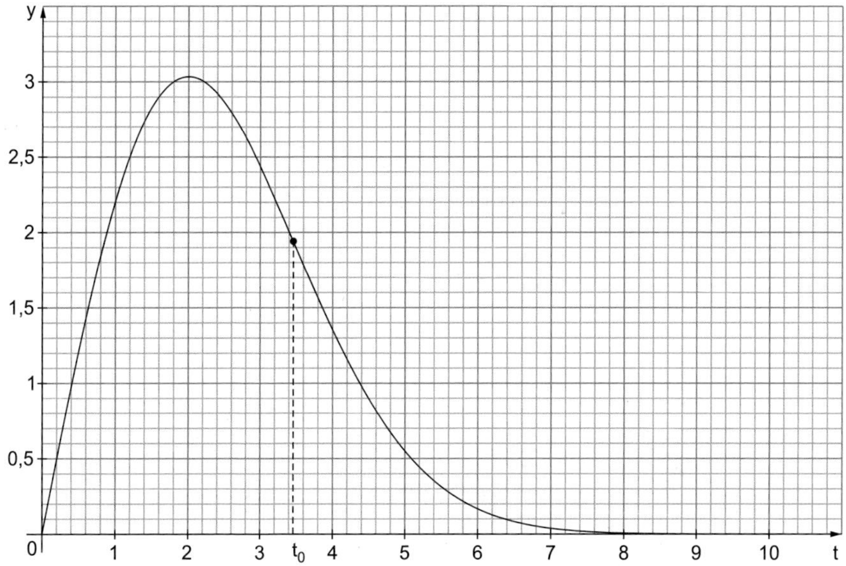

TIPP Lösungshinweise zum Wahlteil Analysis – Aufgabe A 1

Aufgabe A 1.1 – Teilaufgabe a

Begründung für Zunahme der Fläche

Welches Vorzeichen besitzt die momentane Änderungsrate z_k für $t > 0$?

Was folgt daraus mit dem Monotoniesatz?

Langfristig angenommener Wert

Wie verhalten sich die Terme $20k \cdot t$ und $e^{-k \cdot t^2}$ für $t \to \infty$?

Welcher Faktor ist ausschlaggebend?

Aufgabe A 1.1 – Teilaufgabe b

Zeitpunkt mit maximaler Änderungsrate

Sie können den Zeitpunkt der Abbildung entnehmen (Operator „Geben Sie an").

Ermitteln einer Lösung

Was gilt für die entsprechenden Funktionswerte, wenn die Differenz null ist?

Lesen Sie am Graphen ab, für welchen 4-Wochen-Zeitraum diese Bedingung erfüllt ist.

Wert der Ableitung

Welche Gerade ist einzuzeichnen, um einen Näherungswert für die Ableitung zu bestimmen?

Verwenden Sie die Abbildung in der Anlage.

Interpretation

Die Funktion z_k' gibt an, wie sich die momentane Änderungsrate ändert.

Was bedeutet es dann, dass an der Stelle t_0 ein lokales Minimum vorliegt?

Aufgabe A 1.1 – Teilaufgabe c

Nachweis

Welcher Zusammenhang besteht zwischen einer Funktion und einer zugehörigen Stammfunktion?

Berechnen von k

Bestimmen Sie zunächst die Funktion $A_k(t)$, die den Inhalt der bedeckten Fläche in Abhängigkeit von k und t beschreibt.

Verwenden Sie dabei die angegebene Stammfunktion.

Berücksichtigen Sie auch die bereits zu Beobachtungsbeginn bewachsene Fläche.

Nun können Sie den Wert von k berechnen, für den die Gleichung $A_k(4) = 10$ erfüllt ist.

Aufgabe A 1.1 – Teilaufgabe d

Nachweis der Unabhängigkeit und Wert des Inhaltes

Wie verhält sich $A_k(t)$ aus Teilaufgabe c für $t \to \infty$?

Was bedeutet es, dass im Ergebnis kein k vorkommt?

Interpretation

Vergleichen Sie Ihr Ergebnis mit dem Inhalt der Wasseroberfläche, der durch die Maße des Aquariums gegeben ist.

Aufgabe A 1.1 – Teilaufgabe e

Zuordnung der Graphen

Untersuchen Sie z. B. die Steigung der Graphen im Ursprung.

Welche Funktion gibt die Steigung der Graphen an?

Ist die Steigung für den größeren Wert von k größer oder kleiner?

Alternative

An welcher Stelle besitzt der Graph von z_k einen Hochpunkt?

Verwenden Sie das entsprechende notwendige Kriterium. Warum genügt dies?

Liegt für den größeren Wert von k damit der Hochpunkt weiter rechts oder weiter links?

Aufgabe A 1.2 – Teilaufgabe a

Verhältnis der Inhalte der Mantelflächen

Berechnen Sie zunächst die Gleichung der Tangente. Wie erhalten Sie deren Steigung?

Wie berechnet man den Inhalt der Mantelfläche eines Kegels? Schlagen Sie ggf. in der Merkhilfe nach.

Eine der benötigten Streckenlängen ist für beide Kegel gleich. Ist es nötig, diese zu berechnen, um das Verhältnis der Flächen anzugeben?

Aufgabe A 1.2 – Teilaufgabe b

Anzahl der Schnittpunkte

Durch welchen Punkt verlaufen alle Geraden?

Wie viele verschiedene Fälle gibt es bzw. welche Anzahlen sind möglich?

Betrachten Sie auch den Fall $m = 0$.

Wann liegen für $m \neq 0$ genau zwei Schnittpunkte vor?

In diesem Fall berührt die Gerade g den Graphen K. Wie können Sie damit die Steigung von g bestimmen?

Wie viele Schnittpunkte gibt es bei Geraden mit betragsmäßig größerer Steigung?

Für welche m liegt der verbleibende Fall vor?

Aufgabe A 1.2 – Teilaufgabe c

Begründung und Skizzieren der Fälle

Warum kann es keine ungerade Anzahl gemeinsamer Punkte geben?

Wo liegt der Scheitel der Parabeln, die durch p gegeben sind?

Warum kann es nicht mehr als vier gemeinsame Punkte geben?

Skizzieren Sie Parabeln mit entsprechendem Scheitel so, dass die gewünschte Anzahl an Schnittpunkten entsteht. Wann muss die Parabel nach oben, wann nach unten geöffnet sein?

Aufgabe A 1.2 – Teilaufgabe d

Berechnung von a und c

Durch Einsetzen der Nullstellen ergibt sich eine einfache lineare Gleichung, der Sie eine Bedingung für a und c entnehmen können. Lösen Sie z. B. nach c auf.

Welche Bedingung ist erfüllt, wenn die Graphen von f und p gemeinsame Punkte haben?

Der Ansatz $p(x) = f(x)$ führt auf eine biquadratische Gleichung. Welches Verfahren benötigen Sie zur Lösung solcher Gleichungen?

Wie viele Lösungen muss die Gleichung $p(x) = f(x)$ besitzen, wenn sich die Graphen berühren?

Was wissen Sie über das Vorzeichen von a in diesem Fall? Beachten Sie auch Teilaufgabe c.

Für Werte von a mit dem entsprechenden Vorzeichen ergibt sich eine Bedingung, die erfüllt sein muss, damit es genau zwei Lösungen für die Gleichung gibt.

Damit können Sie a und anschließend c berechnen.

Alternativer Lösungsweg

Welche beiden Bedingungen müssen erfüllt sein, wenn sich die Graphen zweier Funktionen berühren?

Sie erhalten ein Gleichungssystem für a und x, das beispielsweise mithilfe des Einsetzungsverfahren gelöst werden kann.

Aufgabe A 1.1

Für $k > 0$ gibt die Funktion z_k mit $z_k(t) = 20k \cdot t \cdot e^{-k \cdot t^2}$ die momentane Änderungsrate des Inhaltes der von Wasserlinsen eingenommenen Fläche seit Beobachtungsbeginn an ($t \geq 0$ in Wochen; $z_k(t)$ in dm^2 pro Woche).

a) **Begründung für Zunahme der Fläche:**

Für die momentane Änderungsrate z_k des Inhaltes der Fläche gilt wegen $k > 0$ und für $t > 0$:

$$z_k(t) = \underbrace{20k \cdot t}_{>0} \cdot \underbrace{e^{-k \cdot t^2}}_{>0} > 0$$

Nach dem Monotoniesatz nimmt damit der Inhalt für $t \geq 0$ zu.

Anmerkung: Das Monotonieverhalten gilt stets auch für die Randwerte des Intervalls, hier also für $t = 0$.

Langfristig angenommener Wert:

Da sich „das Verhalten der e-Funktion durchsetzt", gilt:

$$\lim_{t \to \infty} z_k(t) = \lim_{t \to \infty} \underbrace{20k \cdot t}_{\to \infty} \cdot \underbrace{e^{-k \cdot t^2}}_{\to 0} = \mathbf{0}$$

Langfristig strebt die Änderungsrate gegen 0.

b) **Zeitpunkt mit maximaler Änderungsrate:**

Der Abbildung entnimmt man, dass die momentane Änderungsrate für $t = 2$ maximal ist. (Dort ist ein Hochpunkt).

Für $\mathbf{t = 2}$ ist die momentane Änderungsrate maximal.

Ermitteln einer Lösung:

Dem Graphen entnimmt man die Lösung $\mathbf{t = 0{,}4}$, da die Gerade $y = 1$ den Graphen bei $t = 0{,}4$ und $t = 4{,}4$ schneidet, die Funktionswerte zu beiden Zeitpunkten also gleich sind.

Wert der Ableitung:

Durch Einzeichnen der Tangente an der Stelle t_0 und Ablesen deren Steigung erhält man:

$$\mathbf{z'_{\frac{1}{8}}(t_0) \approx -1{,}1}$$

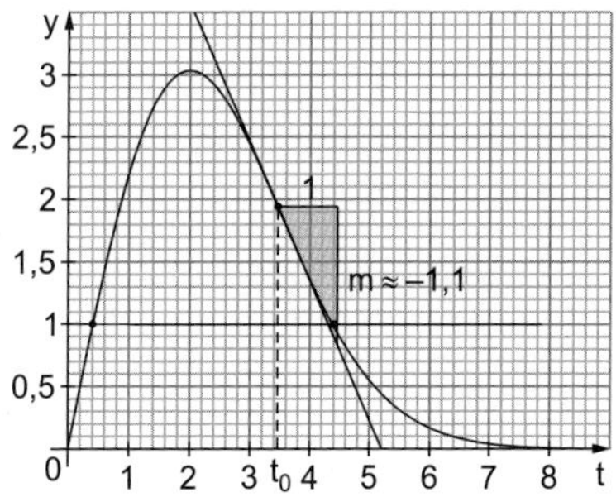

Interpretation:

Wenn $z'_{\frac{1}{8}}(t)$ an der Stelle t_0 ein lokales Minimum besitzt, nimmt an dieser Stelle die momentane Änderungsrate des von den Wasserlinsen eingenommenen Flächeninhaltes am stärksten ab.

c) **Nachweis:**

Ableiten von F_k mit $F_k(t) = -10 \cdot e^{-k \cdot t^2}$ mithilfe der Kettenregel ergibt:

$$F_k'(t) = -10 \cdot e^{-k \cdot t^2} \cdot (-2k \cdot t) = 20k \cdot t \cdot e^{-k \cdot t^2} = z_k(t)$$

Berechnen von k:

Zunächst ist die Funktion $A_k(t)$ zu bestimmen, die den Inhalt der bedeckten Fläche in Abhängigkeit von k und t beschreibt. Mit der gegebenen Stammfunktion gilt:

$$A_k(t) = F_k(t) + c$$

Da zu Beginn bereits 2 dm^2 bewachsen waren, muss gelten:

$$A_k(0) = 2$$

Damit ist:

$$A_k(0) = \underbrace{F_k(0)}_{-10} + c = 2 \quad \Rightarrow \quad c = 12$$

Einsetzen von c führt auf:

$$A_k(t) = F_k(t) + 12 = -10 \cdot e^{-k \cdot t^2} + 12$$

Wegen der Bedingung $A_k(4) = 10$ gilt:

$$\begin{aligned} -10 \cdot e^{-16k} + 12 &= 10 \\ -10 \cdot e^{-16k} &= -2 \\ e^{-16k} &= 0{,}2 \\ \ln(e^{-16k}) &= \ln(0{,}2) \\ -16k &= \ln(0{,}2) \\ k &= -\frac{1}{16} \cdot \ln(0{,}2) \approx 0{,}1006 \end{aligned}$$

Man erhält $\mathbf{k \approx 0{,}1006}$.

d) **Nachweis der Unabhängigkeit und Wert des Inhaltes:**

Mit der Funktion $A_k(t)$ aus Teilaufgabe c gilt:

$$\lim_{t \to \infty} A_k(t) = \lim_{t \to \infty} (-10 \cdot e^{-k \cdot t^2} + 12) = \lim_{t \to \infty} (-10 \cdot \underbrace{e^{-k \cdot t^2}}_{\to 0}) + 12 = 12$$

Damit wird für alle k langfristig die Fläche von **12 dm^2** bedeckt.

Bemerkung: Der Grenzwert 12 wird im mathematischen Modell zu keinem Zeitpunkt erreicht.

Interpretation:

Für die Wasseroberfläche A ergibt sich aus den Abmessungen des Aquariums:

$$A = 30 \text{ cm} \cdot 40 \text{ cm} = 1\,200 \text{ cm}^2 = 12 \text{ dm}^2$$

Die Wasserlinsen bedecken also langfristig die **gesamte Wasseroberfläche**.

e) **Zuordnung der Graphen:**

Betrachtet wird die Steigung der Graphen im Ursprung.

Mit der Produkt- und Kettenregel erhält man:

$z_k'(t) = 20k \cdot e^{-k \cdot t^2} + 20k \cdot t \cdot e^{-k \cdot t^2} \cdot (-2k \cdot t) = 20k \cdot e^{-k \cdot t^2} \cdot (1 - 2k \cdot t^2)$

Also:

$z_k'(0) = 20k$

Für den größeren Wert von k ist also die Steigung im Ursprung größer, somit liegt **dem Graphen D der größere Wert von k zugrunde**.

Alternative:

Man betrachtet die Lage des Hochpunktes.

Aus $z_k'(t) = 0$ bzw. $\underbrace{20k \cdot e^{-k \cdot t^2}}_{\neq 0} \cdot (1 - 2k \cdot t^2) = 0$ folgt:

$1 - 2k \cdot t^2 = 0$

$t = \sqrt{\frac{1}{2k}} \quad (t \geq 0)$

Da $z_k'(t) = 0$ nur diese eine positive Lösung besitzt und ein Hochpunkt eingezeichnet ist, ist an der Stelle $t = \sqrt{\frac{1}{2k}}$ ein Maximum.

Je größer k, desto kleiner ist $t = \sqrt{\frac{1}{2k}}$, also gehört der größere Wert von k zu D.

Aufgabe A 1.2

Gegeben ist die Funktion f mit $f(x) = \frac{1}{x^2}$; $x \neq 0$.

a) **Verhältnis der Inhalte der Mantelflächen:**

Zunächst ist die Gleichung der Tangente t im Punkt $P(1 \,|\, f(1))$ zu berechnen.

Wegen $f'(x) = -\frac{2}{x^3}$ liefert der allgemeine Ansatz:

$t(x) = f'(1) \cdot (x - 1) + f(1)$

$t(x) = -2 \cdot (x - 1) + 1$

$t(x) = -2x + 3$

Mit $t(0) = 3$ ist der Schnittpunkt mit der y-Achse $P_1(0 \,|\, 3)$.

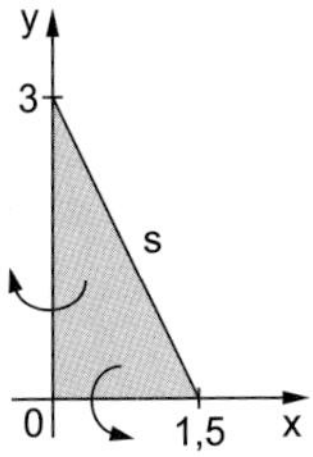

Der Ansatz

$-2x + 3 = 0$

$x = 1,5$

liefert den Schnittpunkt mit der x-Achse $P_2(1,5 \,|\, 0)$.

Für die Mantelfläche M eines Kegels gilt:

$M = \pi \cdot r \cdot s$ (siehe Merkhilfe)

Bezeichnet man mit M_x die Mantelfläche des Kegels, der bei Rotation um die x-Achse entsteht, ergibt sich:

$M_x = \pi \cdot 3 \cdot s$

Entsprechend gilt für die Mantelfläche des zweiten Kegels:

$M_y = \pi \cdot 1{,}5 \cdot s$

$\Rightarrow$ $\mathbf{M_x = 2 \cdot M_y}$

Die Mantelfläche des durch Rotation um die x-Achse entstehenden Kegels ist doppelt so groß.

b) **Anzahl der Schnittpunkte:**

Alle Geraden verlaufen durch den Punkt $P_3(0\,|\,1)$.

Offensichtlich kann es einen, zwei oder drei Schnittpunkte geben (siehe Abbildung).

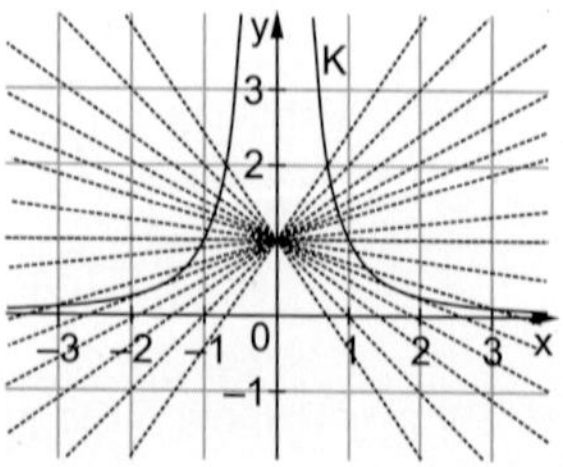

Insgesamt zwei gemeinsame Punkte gibt es, wenn die Gerade g Tangente an den Graphen K im Punkt $P(u\,|\,f(u))$ ist. Dann gilt:

$g(x) = f'(u) \cdot (x - u) + f(u)$

Einsetzen der Koordinaten von P_3 führt auf:

$$1 = -\frac{2}{u^3} \cdot (0 - u) + \frac{1}{u^2}$$

$$1 = \frac{2}{u^2} + \frac{1}{u^2} = \frac{3}{u^2}$$

$u_{1,2} = \pm\sqrt{3}$

Einsetzen von u in die Ableitung liefert die zugehörigen Steigungen von g:

$$m_1 = f'(\sqrt{3}) = -\frac{2}{(\sqrt{3})^3} = -\frac{2}{\sqrt{27}}$$

$$m_2 = f'(-\sqrt{3}) = -\frac{2}{(-\sqrt{3})^3} = \frac{2}{\sqrt{27}}$$

Im Spezialfall $m_3 = 0$ ist g parallel zur x-Achse und es gibt ebenfalls zwei Schnittpunkte.

Insgesamt ergibt sich:

- Es gibt **einen Schnittpunkt** für $\mathbf{|m| > \frac{2}{\sqrt{27}}}$.

  (Dann ist die Gerade so steil, dass sie den zweiten Ast nicht schneidet.)
- Es gibt **zwei Schnittpunkte** für $\mathbf{m_1 = -\frac{2}{\sqrt{27}}}$, $\mathbf{m_2 = \frac{2}{\sqrt{27}}}$ und $\mathbf{m_3 = 0}$.
- Es gibt **drei Schnittpunkte** für $\mathbf{0 < |m| < \frac{2}{\sqrt{27}}}$.

c) **Begründung und Skizzieren der Fälle:**

Der Graph von p ist eine zur y-Achse symmetrische Parabel mit dem Scheitel $S(0\,|\,c)$. Wegen der Symmetrie kann es keine ungerade Anzahl an gemeinsamen Punkten geben. Mehr als vier gemeinsame Punkte sind nicht möglich, da Gleichsetzen auf eine Gleichung vierten Grades führen würde.

Die Existenz der drei Fälle kann man den Abbildungen entnehmen:

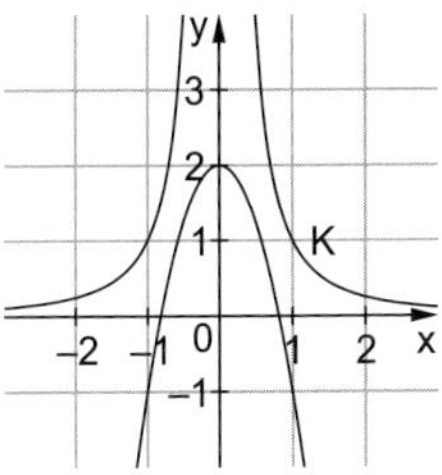

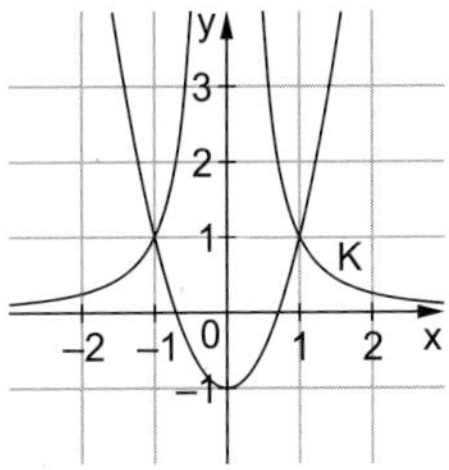

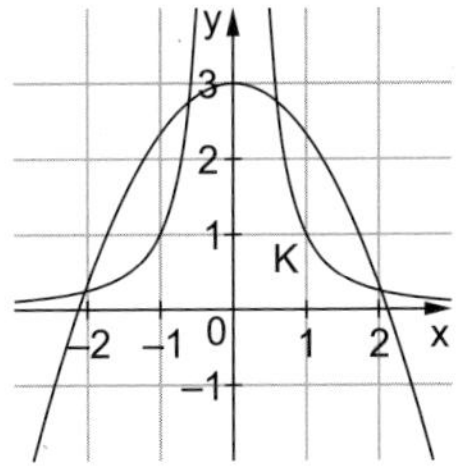

d) **Berechnung von a und c:**

Der Ansatz $p(1) = a \cdot 1^2 + c = a + c = 0$ bzw. $p(-1) = a \cdot (-1)^2 + c = a + c = 0$ liefert:

$c = -a$

Wenn sich die Graphen berühren, haben sie gemeinsame Punkte. Gleichsetzen führt mit $c = -a$ auf:

$$p(x) = f(x)$$

$$ax^2 - a = \frac{1}{x^2} \qquad |\cdot x^2 \quad |-1$$

$$ax^4 - ax^2 - 1 = 0$$

Mit der Substitution $z = x^2$ erhält man:

$$az^2 - az - 1 = 0$$

$$z_{1,2} = \frac{a \pm \sqrt{a^2 + 4a}}{2a}$$

Teilaufgabe c ist zu entnehmen, dass sich die Graphen nur für $a < 0$ berühren können (Parabel nach unten geöffnet). Wenn die Diskriminante $D = a^2 + 4a$ null ist, existiert nur eine Lösung für z, nämlich:

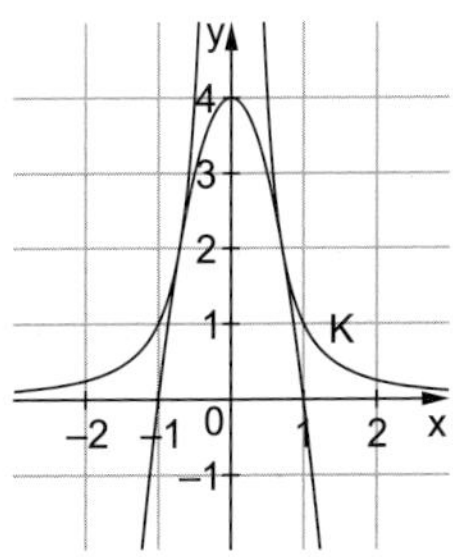

$$z = \frac{a}{2a} = \frac{1}{2}$$

Wegen $z = x^2$ bzw. $x_{1,2} = \pm\sqrt{\frac{1}{2}}$ gibt es dann zwei Lösungen für x, d. h., die Graphen besitzen zwei Schnittpunkte und diese müssen Berührpunkte sein.

Die Bedingung $D = 0$ führt auf:

$$a^2 + 4a = 0$$

$$a \cdot (a + 4) = 0$$

Wegen $a \neq 0$ gilt $a = -4$.

Da $c = -a$ gilt, erhält man $\mathbf{a = -4}$ und $\mathbf{c = 4}$ bzw. $p(x) = -4x^2 + 4$.

Anmerkung: Dies ist die einzige mögliche Lösung, denn für $a < 0$ und $D > 0$ ergeben sich zwei positive Lösungen für z und somit vier Lösungen für x, d. h., es gibt vier Schnittpunkte. Für $D < 0$ existiert keine Lösung für z und somit auch kein Schnittpunkt.

Alternativer Lösungsweg:

Wie oben liefert $p(1) = a \cdot 1^2 + c = a + c = 0$ bzw. $p(-1) = a \cdot (-1)^2 + c = a + c = 0$ die Lösung $c = -a$, also $p(x) = ax^2 - a$ und $p'(x) = 2ax$.

Berühren sich die Graphen, muss gelten:

(1) $p(x) = f(x) \quad \Rightarrow \quad ax^2 - a = \frac{1}{x^2}$

(2) $p'(x) = f'(x) \quad \Rightarrow \quad 2ax = -\frac{2}{x^3}$

Aus (2) ergibt sich:

$$a = -\frac{1}{x^4}$$

Setzt man dies in (1) ein, erhält man:

$$-\frac{1}{x^4} \cdot x^2 + \frac{1}{x^4} = \frac{1}{x^2} \qquad |\cdot x^4$$

$$-x^2 + 1 = x^2$$

$$2x^2 = 1$$

$$x_{1,2} = \pm\frac{1}{\sqrt{2}}$$

Einsetzen in (2) ergibt:

$$a = -\frac{1}{\left(\frac{1}{\sqrt{2}}\right)^4} = -4$$

$$\Rightarrow \quad p(x) = -4x^2 + 4$$

Wahlteil: Analytische Geometrie B 1

Gegeben sind die Gerade g durch die Punkte $A(0|-4|1)$ und $B(1|-2|0)$ sowie eine Ebenenschar E_a: $x_1 + (a-1) \cdot x_2 + 2a \cdot x_3 = -2a + 1$ mit $a \in \mathbb{R}$.

a) Berechnen Sie den Schnittpunkt von g mit der Ebene E_0.
Untersuchen Sie, ob A und B auf der gleichen Seite der Ebene E_0 liegen.
Bestimmen Sie die Weite des Schnittwinkels von g und der Ebene E_0. 3 VP

b) Zeigen Sie, dass die Gerade h: $\vec{x} = \begin{pmatrix} -3 \\ -4 \\ 1 \end{pmatrix} + t \cdot \begin{pmatrix} 2 \\ 2 \\ -1 \end{pmatrix}$ in jeder Ebene E_a liegt.

Berechnen Sie die Koordinaten eines Punktes C auf der Geraden h, der mit den Punkten A und B ein gleichschenkliges Dreieck mit der Seite $\overline{BC}$ als Basis bildet. 3 VP

c) Berechnen Sie den Wert von a, für den die Ebene E_a parallel zur x_2-Achse ist.
Untersuchen Sie, ob es eine Ebene der Schar gibt, welche die x_1-Achse orthogonal schneidet.
Es gibt genau einen Punkt auf der x_3-Achse, der in keiner Ebene E_a liegt.
Bestimmen Sie seine Koordinaten. 4 VP

d) Es gibt Ebenen E_a, welche die x_1-Achse im Punkt S_1 und die x_2-Achse im Punkt S_2 schneiden.
Bestimmen Sie diejenigen Werte von a, für die diese beiden Punkte mit dem Koordinatenursprung ein Dreieck S_1OS_2 bilden.
Zeigen Sie, dass es kein Dreieck S_1OS_2 gibt, bei dem nicht mindestens eine Koordinate eines Eckpunktes negativ ist. 2,5 VP

TIPP Lösungshinweise zum Wahlteil Geometrie – Aufgabe B 1

Aufgabe B 1 – Teilaufgabe a

Schnittpunkt der Geraden g mit der Ebene E_0

Eine mögliche Gleichung der Geraden durch A und B erhalten Sie durch folgenden Ansatz: g: $\vec{x} = \overrightarrow{OA} + s \cdot \overrightarrow{AB}$

Welche Ebene erhält man für $a = 0$?

Einsetzen des allgemeinen Geradenpunktes von g in die Gleichung von E_0 liefert einen Wert für den Parameter s.

Mithilfe von s und der Geradengleichung können Sie den Schnittpunkt berechnen.

Lage der Punkte A und B

Sie kennen bereits den Wert von s, für den $\overrightarrow{OS} = \overrightarrow{OA} + s \cdot \overrightarrow{AB}$ gilt.

Was bedeutet es, dass $s > 1$ ist?

Erstellen Sie ggf. eine Skizze.

Schnittwinkel von g und E_0

Welchen möglichen Normalenvektor hat E_0?

Für die Berechnung des Winkels können Sie ggf. in der Merkhilfe nachschlagen. Ihr WTR muss für eine sinnvolle Angabe des Ergebnisses auf Gradmaß (DEG) eingestellt sein.

Aufgabe B 1 – Teilaufgabe b

Schnittgerade der Scharebenen

Welchen Ansatz würden Sie wählen, um die Gerade h mit einer Ebene E_a zu schneiden?

Wenn Sie entsprechend vorgehen, erhalten Sie eine wahre Aussage und haben damit den Nachweis erbracht.

Koordinaten eines Punktes C

Welche Koordinaten in Abhängigkeit von t hat ein Punkt C, der auf der Geraden h liegt?

Welche beiden Strecken müssen im gleichschenkligen Dreieck ABC mit der Basis $\overline{BC}$ gleich lang sein?

Wie berechnet man die Länge einer Strecke?

Gleichsetzen der Terme für die beiden Streckenlängen führt zu einer quadratischen Gleichung für den Parameter t.

Denken Sie an den Nachweis, dass die Punkte A, B und C nicht auf einer Geraden liegen und somit ein Dreieck bilden.

Aufgabe B 1 – Teilaufgabe c

Scharebene parallel zur x_2-Achse

Geben Sie einen möglichen Normalenvektor $\vec{n}_a$ von E_a und einen Richtungsvektor $\vec{u}_2$ der x_2-Achse an. Welche Bedingung muss erfüllt sein, wenn E_a parallel zur x_2-Achse sein soll?

Der entsprechende Ansatz liefert eine lineare Gleichung für a.

Untersuchung auf orthogonalen Schnitt

Was muss bei orthogonalem Schnitt für den Normalenvektor $\vec{n}_a$ von E_a und den Richtungsvektor $\vec{u}_1$ der x_1-Achse gelten?

Aus der entsprechenden Bedingung erhalten Sie zwei lineare Gleichungen für a. Prüfen Sie, ob beide gleichzeitig erfüllt sein können.

Punkt auf der x_3-Achse

Ein Punkt P auf der x_3-Achse hat die Koordinaten $P(0|0|t)$ mit beliebigem t.

Setzen Sie die Koordinaten von P in die Gleichung von E_a ein. Sie erhalten eine lineare Gleichung, die Sie nach a auflösen können.

Was bedeutet es, wenn diese Gleichung für ein $t \in \mathbb{R}$ keine Lösung besitzt?

Aufgabe B 1 – Teilaufgabe d

Bestimmen der Werte von a

Die Punkte S_1, S_2 und der Koordinatenursprung bilden kein Dreieck S_1OS_2, wenn entweder mindestens zwei dieser Punkte identische Koordinaten haben oder wenn einer der beiden Punkte S_1 bzw. S_2 nicht existiert, weil die Ebene E_a für ein $a \in \mathbb{R}$ parallel zur x_1-Achse bzw. zur x_2-Achse verläuft.

Bestimmen Sie zunächst die Spurpunkte S_1 und S_2 in Abhängigkeit von a.

Untersuchen Sie dann, für welche Werte von a die beiden oben beschriebenen Fälle nicht zutreffen.

Nachweis

Vergleichen Sie die x_1-Koordinate von S_1 mit der x_2-Koordinate von S_2.

Für welche Werte von a wechseln diese Koordinaten ihr Vorzeichen?

a) **Schnittpunkt der Geraden g mit der Ebene E_0:**

Gleichung der Geraden durch A(0|−4|1) und B(1|−2|0):

$$g\colon \vec{x} = \overrightarrow{OA} + s \cdot \overrightarrow{AB} = \begin{pmatrix} 0 \\ -4 \\ 1 \end{pmatrix} + s \cdot \begin{pmatrix} 1 \\ 2 \\ -1 \end{pmatrix}$$

Für a = 0 erhält man die Scharebene $E_0\colon x_1 - x_2 = 1$.

Schnitt von g mit E_0:

$$s - (-4 + 2s) = 1$$
$$s + 4 - 2s = 1$$
$$s = 3$$

Einsetzen in die Geradengleichung liefert den **Schnittpunkt S(3|2|−2).**

Lage der Punkte A und B:

Wegen $\overrightarrow{OS} = \overrightarrow{OA} + 3 \cdot \overrightarrow{AB}$ liegt der Schnittpunkt S von g mit E_0 nicht zwischen A und B.

Daher liegen A und B auf **der gleichen Seite** der Ebene E_0.

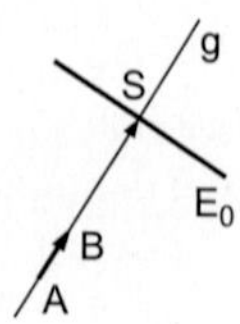

Schnittwinkel von g und E_0:

$$\sin\alpha = \frac{\left|\begin{pmatrix} 1 \\ -1 \\ 0 \end{pmatrix} \cdot \begin{pmatrix} 1 \\ 2 \\ -1 \end{pmatrix}\right|}{\sqrt{2} \cdot \sqrt{6}} = \frac{1}{\sqrt{2} \cdot \sqrt{6}} \approx 0{,}2887; \quad \boldsymbol{\alpha \approx 16{,}8°}$$

b) **Schnittgerade der Scharebenen:**

Die Schnittbedingung für die Gerade $h\colon \vec{x} = \begin{pmatrix} -3 \\ -4 \\ 1 \end{pmatrix} + t \cdot \begin{pmatrix} 2 \\ 2 \\ -1 \end{pmatrix}$ und eine Ebene

$E_a\colon x_1 + (a-1) \cdot x_2 + 2a \cdot x_3 = -2a + 1$ führt auf die Gleichung:

$$(-3 + 2t) + (a-1) \cdot (-4 + 2t) + 2a \cdot (1 - t) = -2a + 1$$
$$-3 + 2t - 4a + 4 + 2at - 2t + 2a - 2at = -2a + 1$$
$$-2a + 1 = -2a + 1$$
$$0 = 0$$

Die Schnittbedingung ist somit für alle t und für alle a erfüllt.

Somit liegt die Gerade **h in jeder Ebene E_a**.

Alternative:

Man zeigt, dass zwei verschiedene Punkte der Geraden h, z. B. $P_0(-3|-4|1)$ (für t = 0) und $P_1(-1|-2|0)$ (für t = 1), in jeder Ebene E_a liegen.

$P_0(-3|-4|1)$: $-3 + (a-1) \cdot (-4) + 2a \cdot 1 = -3 - 4a + 4 + 2a = -2a + 1$

$P_1(-1|-2|0)$: $-1 + (a-1) \cdot (-2) = -1 - 2a + 2 = -2a + 1$

Koordinaten eines Punktes C:

Ein Punkt C auf der Geraden h hat die Koordinaten $C(-3+2t \mid -4+2t \mid 1-t)$.
Damit das Dreieck ABC gleichschenklig mit der Basis $\overline{BC}$ ist, muss gelten:

$$|\overrightarrow{AC}| = |\overrightarrow{AB}|$$

$$\left|\begin{pmatrix} -3+2t \\ 2t \\ -t \end{pmatrix}\right| = \left|\begin{pmatrix} 1 \\ 2 \\ -1 \end{pmatrix}\right|$$

$$\sqrt{(2t-3)^2+4t^2+t^2} = \sqrt{6}$$

$$(2t-3)^2+4t^2+t^2 = 6$$

$$4t^2-12t+9+4t^2+t^2 = 6$$

$$9t^2-12t+3 = 0$$

$$t^2-\frac{4}{3}t+\frac{1}{3} = 0$$

$$t_{1;\,2} = \frac{2}{3} \pm \sqrt{\frac{4}{9}-\frac{1}{3}} = \frac{2}{3} \pm \frac{1}{3}$$

Für $t_1 = \frac{2}{3}+\frac{1}{3} = 1$ erhält man als einen möglichen Punkt $C_1(-1 \mid -2 \mid 0)$.

Die Vektoren $\overrightarrow{AB} = \begin{pmatrix} 1 \\ 2 \\ -1 \end{pmatrix}$ und $\overrightarrow{AC_1} = \begin{pmatrix} -1 \\ 2 \\ -1 \end{pmatrix}$ sind ersichtlich keine Vielfachen voneinander, die Punkte A, B und C_1 liegen daher nicht auf einer Geraden.

Der Punkt $\mathbf{C_1(-1 \mid -2 \mid 0)}$ auf h bildet mit A und B ein gleichschenkliges Dreieck mit der Basis $\overline{BC_1}$.

c) **Scharebene parallel zur x_2-Achse:**

Die Ebene E_a ist parallel zur x_2-Achse, wenn der Normalenvektor $\vec{n}_a = \begin{pmatrix} 1 \\ a-1 \\ 2a \end{pmatrix}$ von E_a und der Richtungsvektor $\vec{u}_2 = \begin{pmatrix} 0 \\ 1 \\ 0 \end{pmatrix}$ der x_2-Achse orthogonal sind:

$$\vec{n}_a \cdot \vec{u}_2 = 0$$

$$1 \cdot 0 + (a-1) \cdot 1 + 2a \cdot 0 = 0$$

$$a-1 = 0$$

$$a = 1$$

Die **Ebene E_1** ist parallel zur x_2-Achse.

Untersuchung auf orthogonalen Schnitt:

Eine Ebene E_a kann nur orthogonal zur x_1-Achse sein, wenn der Normalenvektor $\vec{n}_a = \begin{pmatrix} 1 \\ a-1 \\ 2a \end{pmatrix}$ von E_a ein Vielfaches des Richtungsvektors $\vec{u}_1 = \begin{pmatrix} 1 \\ 0 \\ 0 \end{pmatrix}$ der x_1-Achse ist.

Dies ist nur möglich, wenn $a-1=0$ und $2a=0$ gilt. Die erste Gleichung ist nur für $a=1$, die zweite nur für $a=0$ erfüllt. Es gibt keinen Wert von a, der beide Bedingungen erfüllt.

Es gibt somit **keine Scharebene, die orthogonal zur x_1-Achse** ist.

Punkt auf der x_3-Achse:
Es ist $P(0|0|t)$ mit $t \in \mathbb{R}$ ein beliebiger Punkt der x_3-Achse. Gesucht ist eine Ebene E_a, in der P liegt. Setzt man die Koordinaten von P in die Ebenengleichung $x_1 + (a-1) \cdot x_2 + 2a \cdot x_3 = -2a + 1$ ein, so ergibt sich:

$$2a \cdot t = -2a + 1$$
$$2a \cdot t + 2a = 1$$
$$a = \frac{1}{2(t+1)}$$

Daraus liest man ab:
Für jeden Wert $t \neq -1$ gibt es einen Wert für a, d. h., der zu t gehörende Punkt P liegt in der Ebene E_a.

Für $t = -1$ gibt es keine Lösung für a. Somit folgt:
Nur der Punkt $\mathbf{P(0|0|-1)}$ auf der x_3-Achse liegt in keiner Ebene E_a.

d) **Bestimmen der Werte von a:**
Man bestimmt zunächst die beiden Spurpunkte S_1 und S_2 in Abhängigkeit von a.
Mit der x_1-Achse ($x_2 = x_3 = 0$): $S_1(-2a+1|0|0)$
Mit der x_2-Achse ($x_1 = x_3 = 0$): $S_2\left(0 \,\middle|\, \frac{-2a+1}{a-1} \,\middle|\, 0\right)$, existiert nur für $a \neq 1$

Für $a = 1$ ist die Ebene E_1 parallel zur x_2-Achse. Der Punkt S_2 existiert in diesem Fall nicht. Damit gibt es für $a = 1$ kein Dreieck S_1OS_2.

Für $a = \frac{1}{2}$ haben die beiden Spurpunkte die Koordinaten $S_1(0|0|0)$ und $S_2(0|0|0)$. Sie bilden mit dem Koordinatenursprung kein Dreieck.

Für $\mathbf{a \in \mathbb{R} \setminus \left\{\frac{1}{2}; 1\right\}}$ bilden die beiden Spurpunkte S_1 und S_2 mit dem Koordinatenursprung ein Dreieck S_1OS_2.

Nachweis:
Für $a \in \mathbb{R} \setminus \left\{\frac{1}{2}; 1\right\}$ sind die x_1-Koordinate von S_1 und der Zähler der x_2-Koordinate von S_2 identisch und haben das gleiche Vorzeichen.
Es ist $-2a + 1 > 0$ für $a < \frac{1}{2}$ und $-2a + 1 < 0$ für $a > \frac{1}{2}$.
Der Nenner der x_2-Koordinate von S_2 wechselt bei $a = 1$ das Vorzeichen von $-$ nach $+$.
Für $a < \frac{1}{2}$ ist die x_1-Koordinate von S_1 positiv und die x_2-Koordinate von S_2 negativ.
Für $\frac{1}{2} < a < 1$ ist die x_1-Koordinate von S_1 negativ und die x_2-Koordinate von S_2 positiv.
Für $a > 1$ sind die x_1-Koordinate von S_1 und die x_2-Koordinate von S_2 negativ.

Es gibt also **kein Dreieck, bei dem nicht mindestens eine Koordinate eines Eckpunktes negativ ist**.

Aufgabe C 1.1

Die Schülerin Lena nutzt auf dem Weg zur Schule häufig eine bestimmte Bahnverbindung eines Bahnunternehmens. Im Folgenden gilt ein Zug als verspätet, wenn Lena aufgrund der Verspätung des Zuges nicht pünktlich zur Schule erscheint; andernfalls gilt der Zug als pünktlich. Die Anzahl der Tage mit Verspätung wird als binomialverteilt mit $p = 0{,}053$ angenommen.

a) Erläutern Sie, weshalb die Binomialverteilung hier lediglich eine Näherung darstellt. 1 VP

b) Lena möchte ungefähr abschätzen, wie häufig sie damit rechnen muss, im Laufe eines Schuljahres aufgrund von Verspätungen ihrer Bahnverbindung nicht rechtzeitig zur Schule zu kommen. Hierzu geht sie von 150 Fahrten pro Schuljahr aus.
Ermitteln Sie, mit welcher Wahrscheinlichkeit sich die Anzahl der Verspätungen höchstens um eine Standardabweichung vom Erwartungswert unterscheidet. 2,5 VP

c) Gesucht ist das größtmögliche n, für welches die folgende Aussage gilt: Es ist mindestens doppelt so wahrscheinlich, dass der Zug an n aufeinanderfolgenden Tagen pünktlich ist, als dass es an mindestens einem der n Tage zu einer Verspätung kommt. Zur Bestimmung von n wird die Gleichung $0{,}947^n = \frac{2}{3}$ gelöst.
Erläutern Sie, wie sich diese Gleichung ausgehend von der Fragestellung ergibt.
Bestimmen Sie das größtmögliche n. 2,5 VP

d) In einer Schulwoche von fünf Tagen kam Lena an zwei Tagen aufgrund verspäteter Züge unpünktlich zur Schule.
Ermitteln Sie die Wahrscheinlichkeit dafür, dass dies an zwei aufeinanderfolgenden Schultagen geschah. 1 VP

Lenas Fahrschein wird erfahrungsgemäß bei 3 % ihrer Fahrten kontrolliert. Die Wahrscheinlichkeit dafür, dass bei einer von Lenas Fahrten der Zug weder Verspätung hat noch ihre Fahrkarte kontrolliert wird, beträgt 91,8 %. Es wird eine von Lenas Fahrten zufällig ausgewählt. Untersucht werden die folgenden Ereignisse:

K: Lena wird kontrolliert.

V: Der Zug hat Verspätung.

e) Stellen Sie den Sachzusammenhang in einer vollständig ausgefüllten Vierfeldertafel dar. 1,5 VP

f) Berechnen Sie die Wahrscheinlichkeit dafür, dass Lena in einem verspäteten Zug kontrolliert wird, und begründen Sie damit ohne weitere Rechnung, dass die Ereignisse „Verspätung“ und „Kontrolle“ stochastisch abhängig voneinander sind. 1,5 VP

Aufgabe C 1.2

Das Maximum der abgebildeten Dichtefunktion $\varphi_{\mu;\,\sigma}$ einer normalverteilten Zufallsgröße X beträgt 0,5. Die markierte Fläche hat den Inhalt 0,43.

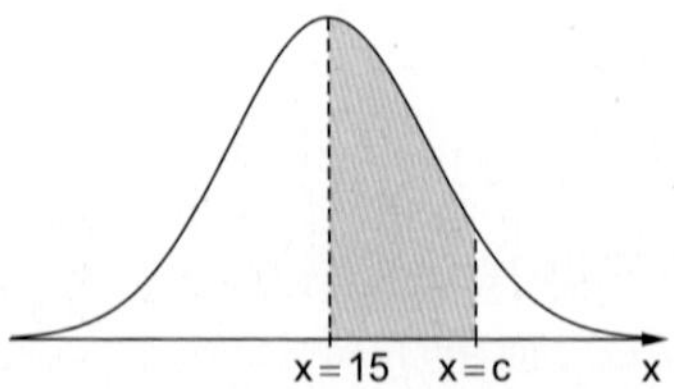

a) Bestimmen Sie $P(X < c)$. 1 VP

b) Ermitteln Sie den Wert von c. 1,5 VP

TIPP Lösungshinweise zum Wahlteil Stochastik – Aufgabe C 1

Aufgabe C 1.1 – Teilaufgabe a

Begründung für Näherung

Unter welchen Voraussetzungen ist eine Zufallsgröße binomialverteilt?

Sind diese Voraussetzungen in diesem Szenario auf jeden Fall stets erfüllt?

Denken Sie u. a. an die verschiedenen Ursachen für Verspätungen.

Aufgabe C 1.1 – Teilaufgabe b

Wahrscheinlichkeit für Abweichung um höchstens eine Standardabweichung

Welche Verteilung liegt für die Zufallsgröße X, die die Anzahl der Verspätungen angibt, vor?

Wie berechnen Sie Erwartungswert und Standardabweichung einer binomialverteilten Zufallsgröße? Verwenden Sie ggf. die Merkhilfe.

Dürfen Sie runden, nachdem Sie z. B. die Differenz aus Erwartungswert und Standardabweichung gebildet haben?

Berechnen Sie die entsprechende Wahrscheinlichkeit (siehe WTR 5).

Aufgabe C 1.1 – Teilaufgabe c

Erläutern der Gleichung

Wie berechnen Sie die Wahrscheinlichkeit dafür, dass der Zug immer pünktlich ist, in Abhängigkeit von n?

Wie bestimmt man entsprechend die Wahrscheinlichkeit dafür, dass der Zug mindestens einmal verspätet ist?

Die Wahrscheinlichkeit dafür, dass der Zug an n aufeinanderfolgenden Tagen pünktlich ist, soll mindestens doppelt so groß sein wie die für mindestens eine Verspätung. Stellen Sie die sich daraus ergebende Ungleichung auf.

Einfache Umformungen führen auf eine Ungleichung, aus der sich die angegebene Gleichung ergibt.

Größtmögliches n

Wie löst man eine Exponentialgleichung?

Zu welchem Zahlbereich gehört die Lösung? Alternativ können Sie daher bei dieser Fragestellung die Lösung auch durch systematisches Probieren ermitteln.

Aufgabe C 1.1 – Teilaufgabe d

Wahrscheinlichkeit für zwei aufeinanderfolgende Tage

Wie berechnet man bei Laplace-Experimenten die Wahrscheinlichkeit eines Ereignisses?

Wie viele günstige Ergebnisse gehören zu dem angegebenen Ereignis?

Wie viele mögliche Ergebnisse gibt es bei diesem Zufallsexperiment insgesamt?

Aufgabe C 1.1 – Teilaufgabe e

Vierfeldertafel

Welches Ereignis wird durch eine Formulierung der Art „weder … noch …" beschrieben?

Drücken Sie das Ereignis „der Zug hat weder Verspätung noch wird während der Fahrt Lenas Fahrkarte kontrolliert" mithilfe von K und V aus.

Welche drei Einträge der Vierfeldertafel lassen sich dem Aufgabentext entnehmen?

Tragen Sie die gegebenen drei Zahlen in die Vierfeldertafel ein und ergänzen Sie durch Summen- bzw. Differenzbildung die noch fehlenden Zahlen.

Aufgabe C 1.1 – Teilaufgabe f

Wahrscheinlichkeit für eine Kontrolle in einem verspäteten Zug

Wie können Sie mithilfe einer vollständig ausgefüllten Vierfeldertafel bedingte Wahrscheinlichkeiten berechnen?

Welches der beiden Ereignisse „Verspätung" und „Kontrolle" ist bei der in der Aufgabenstellung gesuchten Wahrscheinlichkeit die Bedingung?

Begründung für stochastische Abhängigkeit

Beachten Sie für die Begründung der stochastischen Abhängigkeit den Zusatz „ohne weitere Rechnung", d. h., Sie sollen hier nicht die Produktgleichung $P(K \cap V) = P(K) \cdot P(V)$ überprüfen, sondern mithilfe der Definition der stochastischen Unabhängigkeit argumentieren. Den nötigen Zahlenwert haben Sie bereits mit dem ersten Auftrag dieser Teilaufgabe bestimmt.

Aufgabe C 1.2 – Teilaufgabe a

Wahrscheinlichkeit $P(X < c)$

Welchem Flächeninhalt entspricht $P(X < c)$?

Wie groß ist der Inhalt der „linken" Teilfläche bis zum Maximum? Nutzen Sie die Symmetrie des Graphen der Glockenfunktion und beachten Sie, wie groß der Inhalt der Gesamtfläche unter der Kurve ist.

Addieren Sie schließlich die Inhalte der beiden Teilflächen.

Aufgabe C 1.2 – Teilaufgabe b

Wert von c

Zunächst ist der Wert der Standardabweichung σ zu bestimmen.

Wie lautet der Term der allgemeinen Dichtefunktion einer Normalverteilung (siehe Merkhilfe)? Geben Sie damit den Term für $\varphi_{\mu;\sigma}(15)$ an.

Laut Aufgabenstellung gilt $\varphi_{\mu;\sigma}(15) = 0{,}5$. Wie können Sie damit die Standardabweichung σ bestimmen?

Sie kennen bereits den Wert von $P(X < c)$. Bei nun bekannter Standardabweichung können Sie daraus mithilfe des WTR (WTR 9) den Wert von c ermitteln.

Aufgabe C 1.1

a) **Begründung für Näherung:**

Voraussetzungen für das Vorliegen einer Binomialverteilung sind:

- Es gibt nur zwei relevante Ausgänge („Treffer“ und „Niete“).
- Die Trefferwahrscheinlichkeit p verändert sich nicht, insbesondere sind alle Durchführungen des Zufallsexperiments voneinander unabhängig.

Im vorliegenden Szenario könnte es sein, dass die Wahrscheinlichkeit für eine Verspätung nicht an allen Tagen gleich ist. Außerdem wäre bei größeren Störungen, schweren Unwettern oder z. B. längere Zeit andauernden Bauarbeiten die Unabhängigkeit nicht gegeben.

Insgesamt stellt die Binomialverteilung also lediglich eine (sinnvolle) Näherung dar.

b) **Wahrscheinlichkeit für Abweichung um höchstens eine Standardabweichung:**

Gibt die Zufallsgröße X die Anzahl der Verspätungen bei 150 Fahrten an, ist X $B_{150;\,0{,}053}$-verteilt.

Für den Erwartungswert von X erhält man:

$E(X) = n \cdot p = 150 \cdot 0{,}053 = 7{,}95$

Für die Standardabweichung gilt (siehe Merkhilfe):

$\sigma(X) = \sqrt{n \cdot p \cdot (1-p)} = \sqrt{150 \cdot 0{,}053 \cdot 0{,}947} \approx 2{,}74$

Dies führt auf das Intervall $[E(X) - \sigma(X);\ E(X) + \sigma(X)] = [5{,}21;\ 10{,}69]$.

In diesem Intervall liegen die natürlichen Zahlen von 6 bis 10.

Da X nur Werte in den natürlichen Zahlen annehmen kann, ergibt sich für die gesuchte Wahrscheinlichkeit:

$P(6 \le X \le 10) = P(X \le 10) - P(X \le 5) \approx 0{,}638 = 63{,}8\ \%$ (WTR 5)

Mit der Wahrscheinlichkeit von **ca. 63,8 %** weicht die Anzahl der Verspätungen um höchstens eine Standardabweichung vom Erwartungswert ab.

c) **Erläutern der Gleichung:**

Die Zufallsgröße X bezeichnet wie oben die Anzahl der Verspätungen und ist nun $B_{n;\,0{,}053}$-verteilt.

Die Wahrscheinlichkeit dafür, dass es an n aufeinanderfolgenden Tagen zu keiner Verspätung kommt ($P(X=0)$) soll mindestens doppelt so groß sein wie die Wahrscheinlichkeit für mindestens eine Verspätung ($P(X \ge 1)$).

Dies führt auf:

$$P(X=0) \geq 2 \cdot P(X \geq 1)$$
$$P(X=0) \geq 2 \cdot (1-P(X=0))$$
$$(1-0{,}053)^n \geq 2 \cdot (1-(1-0{,}053)^n)$$
$$0{,}947^n \geq 2 \cdot (1-0{,}947^n)$$
$$3 \cdot 0{,}947^n \geq 2$$
$$0{,}947^n \geq \frac{2}{3}$$

Zur Berechnung von n verwendet man in der Regel die entsprechende Gleichung, um Ungleichungen zu vermeiden.

Größtmögliches n:
Logarithmieren der gegebenen Gleichung führt auf:

$$\ln(0{,}947^n) = \ln\left(\frac{2}{3}\right)$$
$$n \cdot \ln(0{,}947) = \ln\left(\frac{2}{3}\right)$$
$$n = \frac{\ln\left(\frac{2}{3}\right)}{\ln(0{,}947)}$$
$$n \approx 7{,}45$$

Der größte natürliche Wert, für den die Behauptung stimmt, ist $\mathbf{n=7}$.

Anmerkung: Die Formulierung der Aufgabe hätte auch systematisches Probieren mit dem WTR erlaubt.

d) **Wahrscheinlichkeit für zwei aufeinanderfolgende Tage:**
Betrachtet wird das Ereignis
E: Lena kam an zwei aufeinanderfolgenden Schultagen unpünktlich.

Da alle Möglichkeiten, aus den fünf Schultagen zwei auszuwählen, gleich wahrscheinlich sind, handelt es sich hier um ein Laplace-Experiment und daher gilt für die Wahrscheinlichkeit:

$$P(E) = \frac{\text{Anzahl der günstigen Ergebnisse}}{\text{Anzahl der möglichen Ergebnisse}}$$

Anzahl der günstigen Ergebnisse:
Wenn die Schultage innerhalb einer Woche wie üblich die Tage Montag, Dienstag, Mittwoch, Donnerstag und Freitag sind, gibt es vier günstige Paare, d. h. vier Paare aufeinanderfolgender Tage. Diese sind (Montag; Dienstag), (Dienstag; Mittwoch), (Mittwoch; Donnerstag) und (Donnerstag; Freitag).

Anzahl der möglichen Ergebnisse:

Es gibt $\binom{5}{2} = \frac{5 \cdot 4}{2 \cdot 1} = 10$ Möglichkeiten, aus fünf Wochentagen zwei auszuwählen, d. h., es gibt zehn mögliche Paare. Dieses Ergebnis erhält man alternativ auch durch systematisches Abzählen der möglichen Paare.

Für die Wahrscheinlichkeit von Ereignis E gilt daher:

$$P(E) = \frac{\text{Anzahl der günstigen Ergebnisse}}{\text{Anzahl der möglichen Ergebnisse}} = \frac{4}{10} = 40\,\%$$

Mit einer Wahrscheinlichkeit von **40 %** kam Lena an zwei aufeinanderfolgenden Schultagen aufgrund verspäteter Züge unpünktlich zur Schule.

e) **Vierfeldertafel:**

Drei der gesuchten Einträge für die Vierfeldertafel sind unmittelbar im Aufgabentext gegeben; zunächst:

$P(V) = 5{,}3\,\%$ und $P(K) = 3\,\%$

Mit der Formulierung „weder Verspätung … noch … Fahrkarte kontrolliert“ wird das Ereignis $\overline{V} \cap \overline{K}$ beschrieben. Daher gilt weiterhin:

$P(\overline{V} \cap \overline{K}) = 91{,}8\,\%$

Die restlichen Einträge der Vierfeldertafel erhält man dann durch Summen- und Differenzbildungen:

	K	$\overline{K}$	
V	0,1 %	5,2 %	5,3 %
$\overline{V}$	2,9 %	91,8 %	94,7 %
	3 %	97 %	100 %

f) **Wahrscheinlichkeit für eine Kontrolle in einem verspäteten Zug:**

Da hier ausschließlich verspätete Züge betrachtet werden, ist die bedingte Wahrscheinlichkeit $P_V(K)$ gesucht.

Mit den Einträgen aus der Vierfeldertafel erhält man:

$$P_V(K) = \frac{P(V \cap K)}{P(V)} = \frac{0{,}1\,\%}{5{,}3\,\%} \approx \mathbf{1{,}9\,\%}$$

Begründung für stochastische Abhängigkeit:

Aus $P_V(K) \approx 1{,}9\,\% \neq 3\,\% = P(K)$ folgt, dass die beiden betrachteten Ereignisse stochastisch abhängig sind.

Anmerkung:

Aufgrund des Operators „begründen Sie ohne weitere Rechnung“ ist hier nicht etwa die Produktgleichung $P(K \cap V) = P(K) \cdot P(V)$ zu überprüfen, sondern lediglich ein Vergleich der Zahlenwerte von $P_V(K)$ und $P(K)$ gefordert.

Aufgabe C 1.2

a) **Wahrscheinlichkeit P(X < c):**

Da die abgebildete Dichtefunktion ihr Maximum bei $x = 15$ annimmt, beträgt der Erwartungswert der zugehörigen Normalverteilung $\mu = 15$.

Die gesuchte Wahrscheinlichkeit ergibt sich als Flächeninhalt bzw. aus:

$$\int_{-\infty}^{c} \varphi_{15;\,\sigma}(x)\,dx$$

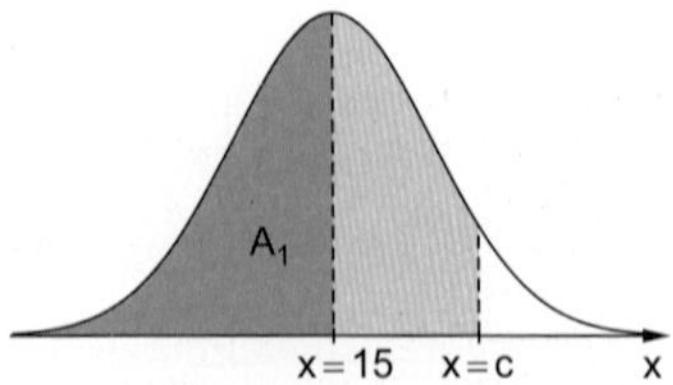

Die in der Abbildung dunkler getönte Fläche hat aufgrund der Symmetrie des Graphen der Glockenfunktion den Flächeninhalt $A_1 = 0{,}5$, da der gesamte Flächeninhalt unter der Kurve den Wert 1 hat.

Damit erhält man:

$$P(X \le c) = \int_{-\infty}^{c} \varphi_{15;\,\sigma}(x)\,dx = \int_{-\infty}^{15} \varphi_{15;\,\sigma}(x)\,dx + \int_{15}^{c} \varphi_{15;\,\sigma}(x)\,dx = 0{,}5 + 0{,}43 = 0{,}93$$

Bei einer stetigen Verteilung beträgt die Wahrscheinlichkeit für einzelne Wert stets null, daher ist:

$\mathbf{P(X < c)} = P(X \le c) = \mathbf{0{,}93}$

b) **Wert von c:**

Zunächst ist der Wert der Standardabweichung σ zu bestimmen.

Einerseits gilt laut Aufgabenstellung $\varphi_{\mu;\,\sigma}(15) = 0{,}5$ und andererseits aufgrund der Definition der Glockenfunktion:

$$\varphi_{15;\,\sigma}(15) = \frac{1}{\sigma \cdot \sqrt{2\pi}} \cdot e^{-\frac{(15-15)^2}{2\sigma^2}} = \frac{1}{\sigma \cdot \sqrt{2\pi}} \quad \text{(vgl. Merkhilfe)}$$

Damit erhält man:

$$0{,}5 = \frac{1}{\sigma \cdot \sqrt{2\pi}}$$

$$\sigma = \frac{2}{\sqrt{2\pi}} \approx 0{,}798$$

Der Ansatz $\int_{-\infty}^{c} \varphi_{15;\,0{,}798}(x)\,dx = 0{,}93$ führt auf $\mathbf{c \approx 16{,}18}$ (WTR 9).

Alternative Lösung ohne Verwendung von Teilaufgabe a:

Da der Inhalt der markierten Fläche 0,43 ist, gilt:

$$\int_{15}^{c} \varphi_{15;\,0{,}798}(x)\,dx = 0{,}43$$

Durch systematisches Probieren mit dem WTR (WTR 8) erhält man $c \approx 16{,}18$.

Baden-Württemberg ▪ Leistungsfach Mathematik
Übungsaufgabensatz 4 im Stil der Prüfung

Pflichtteil

Aufgabe 1

Zum Zeitpunkt $t=0$ sind 2 Liter Wasser in einem Behälter. Die momentane Zuflussrate z kann durch den Funktionsterm $z(t)=0{,}2t^2+1$ beschrieben werden ($t \geq 0$ in Minuten, z(t) in Liter pro Minute).

a) Bestimmen Sie den Zeitpunkt t_0, zu dem die momentane Zuflussrate 6 Liter pro Minute beträgt. 1 VP

b) Begründen Sie, dass sich nach einer Minute mehr als 3 Liter Wasser im Behälter befinden. 1 VP

c) Betrachtet wird ein Zeitraum von 2 Minuten.
Geben Sie eine Gleichung an, mit der ein 2-Minuten-Zeitraum bestimmt werden kann, in dem die Wassermenge im Behälter um 3 Liter zunimmt. 0,5 VP

Aufgabe 2

Gegeben ist die Funktion f mit $f(x)=x^4 \cdot e^{1-x}$.

a) Zeigen Sie rechnerisch, dass $f'(x)=(4x^3-x^4)\cdot e^{1-x}$ ein Term der ersten Ableitung von f ist. 1 VP

Für $a, b, c \in \mathbb{R}$ ist eine Funktion g durch $g(x)=ax^2+bx+c$ gegeben.

b) Berechnen Sie die Werte für a, b und c so, dass die Nullstelle von f auch Nullstelle von g ist und sich die Graphen von f und g im Punkt $B(1\,|\,f(1))$ berühren. 1,5 VP

Aufgabe 3

Gegeben ist für $k>0$ die Funktion f_k mit $f_k(x)=-k\cdot(x^2-1)^2$.

Die Abbildung zeigt den Graphen von f_1.

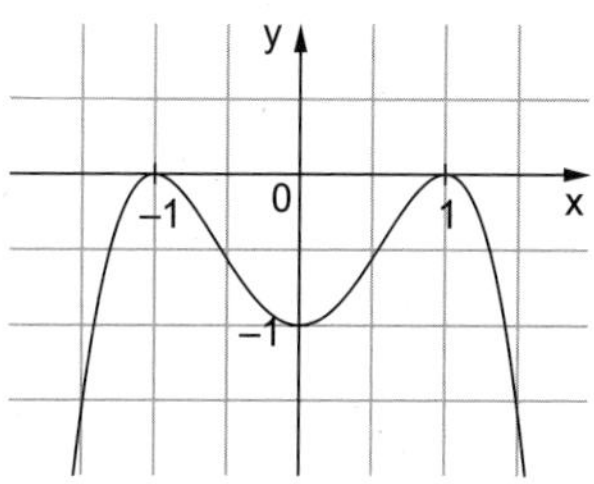

a) Begründen Sie ohne Rechnung, dass für $c>0$ gilt:
$$\int_{-c}^{c} f_1(x)\,dx = 2\cdot\int_{0}^{c} f_1(x)\,dx$$ 1 VP

b) Die beiden Hochpunkte $P(-1 \mid 0)$ und $Q(1 \mid 0)$ sowie der Tiefpunkt des Graphen von f_k bilden ein Dreieck.
Bestimmen Sie denjenigen Wert von k, für den dieses Dreieck gleichseitig ist. 1,5 VP

Aufgabe 4

Gegeben sind die Ebene $E: 2x_1 - x_2 + 2x_3 = 2$ und die Gerade $g: \vec{x} = \begin{pmatrix} 3 \\ -3 \\ 1 \end{pmatrix} + t \cdot \begin{pmatrix} 1 \\ 2 \\ 0 \end{pmatrix}$.

a) Zeigen Sie, dass E und g parallel sind. 0,5 VP

b) Die Ebene F ist orthogonal zu E und enthält die Gerade g.
Bestimmen Sie eine Gleichung der Schnittgeraden s von E und F. 2 VP

Aufgabe 5

Ein Glücksrad hat zwei Sektoren, einen schwarzen und einen weißen.
Die Weite des Mittelpunktswinkels des schwarzen Sektors beträgt 90°.
Das Glücksrad wird neunmal gedreht. Die Zufallsgröße X gibt an, wie oft der schwarze Sektor getroffen wird.

a) Interpretieren Sie den Term $0{,}75^9$ im Sachzusammenhang. 0,5 VP

b) Die Abbildung zeigt die Wahrscheinlichkeitsverteilung von X.

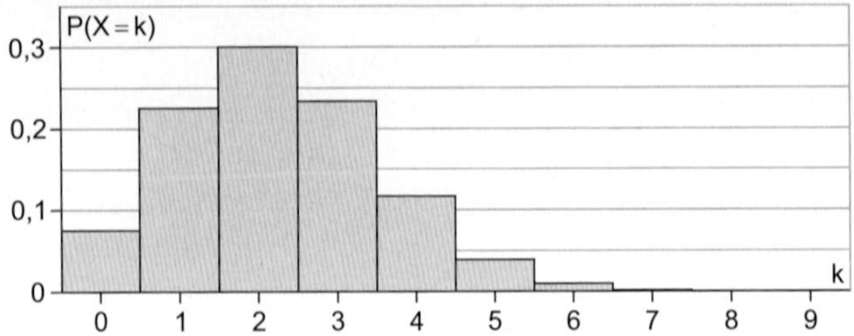

Bestimmen Sie mithilfe der Abbildung die Wahrscheinlichkeit $P(X > 2)$. 1 VP

c) Weisen Sie mithilfe der Bernoulli-Formel nach, dass
$P(X=4) = 3 \cdot P(X=5)$ ist. 1 VP

Aufgabe 6

Zwei rote und zwei blaue Kugeln werden zufällig auf zwei Urnen verteilt.
In jede Urne werden zwei Kugeln gelegt.

a) Begründen Sie, dass die Wahrscheinlichkeit dafür, dass in jeder Urne eine rote und eine blaue Kugel liegt, $\frac{2}{3}$ beträgt. 1 VP

b) Aus jeder Urne wird eine Kugel gezogen.
Bestimmen Sie die Wahrscheinlichkeit dafür, eine rote und eine blaue Kugel zu ziehen. 1,5 VP

TIPP Lösungshinweise zum Pflichtteil

Aufgabe 1

Teilaufgabe a

Die momentane Zuflussrate wird durch den Funktionsterm z(t) beschrieben.

Auf welche Gleichung führt die Aufgabenstellung?

Lösen Sie die entstehende einfache quadratische Gleichung (reinquadratisch).

Welche Lösung ist relevant?

Teilaufgabe b

Welche Zuflussrate wird nie unterschritten?

Wie viel Wasser war zu Beginn im Behälter?

Was bedeutet das für die Wassermenge nach einer Minute?

Teilaufgabe c

Wie erhält man allgemein aus der Änderungsrate einer Größe die Gesamtänderung in einem bestimmten Intervall? Denken Sie an die Rekonstruktion von Beständen.

Was bedeutet es, dass der Zeitraum 2 Minuten umfasst?

Aufgabe 2

Teilaufgabe a

Sie benötigen die Produkt- und die Kettenregel.

Vergessen Sie nicht, den e-Term auszuklammern.

Teilaufgabe b

Berechnen Sie die Nullstelle von f. Kann e^{1-x} den Wert null annehmen?

Welche Bedingungen sind erfüllt, wenn sich zwei Graphen berühren?

Insgesamt entsteht ein LGS mit drei Gleichungen und drei Unbekannten, das sich rasch vereinfachen lässt, da Sie den Wert eines Parameters direkt ablesen können.

Aufgabe 3

Teilaufgabe a

Welche Symmetrie besitzt der Graph von f_1?

Was folgt daraus für die beiden Integrale $\int_{-c}^{0} f_1(x)\,dx$ und $\int_{0}^{c} f_1(x)\,dx$?

Damit können Sie die Behauptung begründen.

Teilaufgabe b

Wo muss aufgrund der Symmetrie des Graphen der Tiefpunkt liegen?

Berechnen Sie dessen Koordinaten.

Welche Länge besitzt die durch P und Q gegebene Seite des Dreiecks?

Welche Bedingung muss erfüllt sein, damit ein gleichseitiges Dreieck entsteht?

Setzen Sie die entsprechenden Seitenlängen gleich und lösen Sie die Gleichung.

Welche Lösung ist relevant?

Aufgabe 4

Teilaufgabe a

Welche Lagebeziehung erfüllen ein Normalenvektor von E und ein Richtungsvektor von g, wenn E und g parallel sind?

Lesen Sie einen Normalenvektor von E aus der Koordinatengleichung ab.

Teilaufgabe b

Fertigen Sie zur Veranschaulichung eine Skizze an.

Die Schnittgerade s von E und F ist parallel zu g.

Betrachten Sie die Hilfsgerade h, die senkrecht zu E verläuft und denselben Stützvektor wie g hat. Stellen Sie eine mögliche Gleichung von h auf.

Wie erhalten Sie mithilfe dieser Geraden h einen Stützvektor von s?

Da die Schnittgerade parallel zu g ist, können Sie damit bereits eine Gleichung von s angeben.

Aufgabe 5

Teilaufgabe a

Wie groß ist die Wahrscheinlichkeit p, den schwarzen Sektor zu treffen?

Welche Wahrscheinlichkeit hat dann den Wert 0,75?

Das Glücksrad wird neunmal gedreht. Welches Ereignis besitzt somit die Wahrscheinlichkeit $0{,}75^9$?

Teilaufgabe b

Die Wahrscheinlichkeit $P(X > 2)$ können Sie auf mehrere Arten bestimmen.

Welche davon bietet sich für $n = 9$ an, um den Aufwand zu minimieren?

Entnehmen Sie die benötigten Werte der Abbildung.

Teilaufgabe c

Notieren Sie – ohne zu rechnen – die Terme für $P(X = 4)$ bzw. $P(X = 5)$.

Vergleichen Sie die Terme, indem Sie nur auf abweichende Faktoren achten.

Was gilt für die Werte von $\binom{9}{4}$ und $\binom{9}{5}$? Argumentieren Sie ohne Rechnung.

Aufgabe 6

Teilaufgabe a

Wie viele Möglichkeiten gibt es, zwei rote und zwei blaue Kugeln auf zwei Urnen zu verteilen?

Bei wie vielen dieser Fälle ist in jeder Urne eine rote und eine blaue Kugel? (Wie viele „günstige" Fälle gibt es?)

Teilaufgabe b

Es handelt sich um ein mehrstufiges Zufallsexperiment.

Wie hoch ist die Wahrscheinlichkeit, eine rote und eine blaue Kugel zu ziehen, wenn die Kugeln wie in Teilaufgabe a angegeben verteilt sind?

Wie hoch ist die Wahrscheinlichkeit, eine rote und eine blaue Kugel zu ziehen, wenn in einer Urne zwei blaue und in der anderen zwei rote Kugeln liegen?

Wie berechnen Sie damit die gesuchte Wahrscheinlichkeit?

Lösungsvorschlag – Pflichtteil

Aufgabe 1

Die momentane Zuflussrate z ist gegeben durch $z(t) = 0,2t^2 + 1$ mit $t \geq 0$.

a) Für den Zeitpunkt t_0 mit der momentanen Zuflussrate 6 Liter pro Minute gilt:

$$\begin{aligned} z(t_0) = 0,2t_0^2 + 1 &= 6 \quad &&|-1 \\ 0,2t_0^2 &= 5 &&|\cdot 5 \\ t_0^2 &= 25 && \\ t_0 &= 5 && \text{(Die zweite Lösung entfällt wegen } t \geq 0.) \end{aligned}$$

Zum Zeitpunkt $\mathbf{t_0 = 5}$ beträgt die momentane Zuflussrate 6 Liter pro Minute.

b) Für $t > 0$ ist $t^2 > 0$ und damit $z(t) = 0,2t^2 + 1 > 1$.
Da bereits zu Beginn 2 Liter im Behälter waren, sind es nach einer Minute insgesamt mehr als 3 Liter.

c) Das Integral über die momentane Zuflussrate liefert die Änderung bzw. Zunahme. Da der Zeitraum 2 Minuten ab einem bestimmten Zeitpunkt t_1 umfasst, lautet die gesuchte Gleichung:

$$\int_{t_1}^{t_1+2} z(x)\,dx = 3$$

Aufgabe 2

a) Gegeben ist die Funktion f mit $f(x) = x^4 \cdot e^{1-x}$. Für die Ableitung der Funktion f erhält man unter Verwendung der Produkt- und der Kettenregel:
$f'(x) = 4x^3 \cdot e^{1-x} + x^4 \cdot e^{1-x} \cdot (-1) = (4x^3 - x^4) \cdot e^{1-x}$

b) Eine Funktion g ist gegeben durch $g(x) = ax^2 + bx + c$.

Zunächst ist die Nullstelle von f zu berechnen. Der Ansatz $f(x) = 0$ führt auf $x^4 \cdot e^{1-x} = 0$; wegen $e^{1-x} \neq 0$ ist $x = 0$ einzige Lösung (Satz vom Nullprodukt).

Für die Funktion g gilt:

- Die Nullstelle von f ist auch Nullstelle von g, d. h.:
  (1) $g(0) = f(0) = 0$
- Die Graphen von f und g berühren sich im Punkt $B(1 \mid f(1))$, d. h.:
  (2) $g(1) = f(1)$
  (3) $g'(1) = f'(1)$

Mit $g'(x) = 2ax + b$ ergeben diese drei Bedingungen das LGS:

$$\begin{array}{lrl} (1) & c = 0 & [f(0) = 0] \\ (2) & a + b + c = 1 & [f(1) = 1 \cdot e^0 = 1] \\ (3) & 2a + b \quad = 3 & [f'(1) = (4-1) \cdot e^0 = 3] \end{array}$$

Einsetzen von $c = 0$ liefert:

$$\begin{array}{lrl} (2') & a + b = 1 & \cdot(-1) \\ (3') & 2a + b = 3 & \hookleftarrow \end{array} ; \quad \begin{array}{r} a + b = 1 \\ a \quad = 2 \end{array} ; \quad \begin{array}{r} a = 2 \\ b = -1 \end{array}$$

Man erhält $\mathbf{a = 2}$, $\mathbf{b = -1}$ und $\mathbf{c = 0}$ bzw. $g(x) = 2x^2 - x$.

Aufgabe 3

Gegeben ist für $k > 0$ die Funktion f_k mit $f_k(x) = -k \cdot (x^2 - 1)^2$.

a) Der Graph von f_1 ist symmetrisch zur y-Achse.
Hinweis: Es gilt: $f_1(-x) = -1 \cdot ((-x)^2 - 1)^2 = -(x^2 - 1)^2 = f_1(x)$

Daraus folgt:

$$\int_{-c}^{0} f_1(x)\,dx = \int_{0}^{c} f_1(x)\,dx \quad \text{und} \quad \int_{-c}^{c} f_1(x)\,dx = 2 \cdot \int_{0}^{c} f_1(x)\,dx$$

b) Der Graph von f_k entsteht durch Streckung des Graphen von f_1 in Richtung der y-Achse mit dem Faktor k. Daher ist der Graph von f_k ebenfalls symmetrisch zur y-Achse.
Daraus folgt, dass der Tiefpunkt des Graphen auf der y-Achse liegen muss.
Wegen $f_k(0) = -k$ erhält man für den Tiefpunkt $T_k(0 \mid -k)$.

Für die Länge der Seiten $\overline{PT_k}$ und $\overline{QT_k}$ ergibt sich durch Anwendung des Satzes des Pythagoras im Teildreieck POT_k bzw. OQT_k:

$|\overline{PT_k}| = |\overline{QT_k}| = \sqrt{1^2 + k^2}$

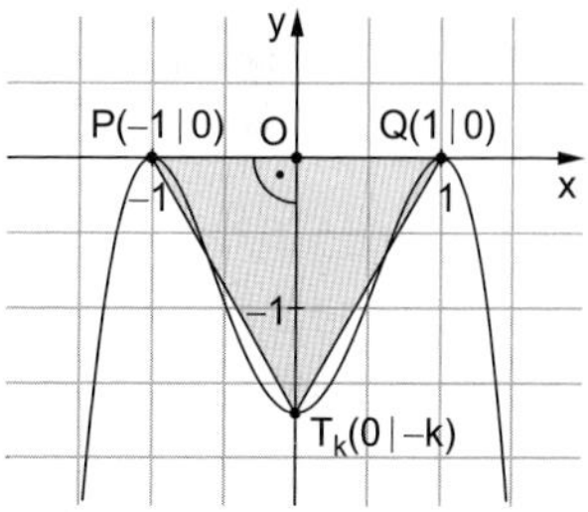

Mit $|\overline{PQ}| = 2$ ergibt sich:

$$\sqrt{1 + k^2} = 2$$
$$1 + k^2 = 4$$
$$k^2 = 3$$
$$k = \sqrt{3} \quad \text{(Die zweite Lösung entfällt wegen } k > 0.)$$

Für $\mathbf{k = \sqrt{3}}$ ist das Dreieck gleichseitig.

Aufgabe 4

Gegeben sind die Ebene E: $2x_1 - x_2 + 2x_3 = 2$ und die Gerade g: $\vec{x} = \begin{pmatrix} 3 \\ -3 \\ 1 \end{pmatrix} + t \cdot \begin{pmatrix} 1 \\ 2 \\ 0 \end{pmatrix}$.

a) Der Koordinatengleichung entnimmt man, dass $\vec{n} = \begin{pmatrix} 2 \\ -1 \\ 2 \end{pmatrix}$ ein Normalenvektor von E ist.

Die Gerade g ist parallel zur Ebene E, wenn der Richtungsvektor von g orthogonal zum Normalenvektor von E ist. Es gilt:

$$\begin{pmatrix} 2 \\ -1 \\ 2 \end{pmatrix} \cdot \begin{pmatrix} 1 \\ 2 \\ 0 \end{pmatrix} = 2 - 2 = 0$$

E und g sind parallel.

b) Die Schnittgerade s von E und F ist parallel zu g (vgl. Skizze). Einen möglichen Stützvektor von s erhält man, indem man die Hilfsgerade

$$h: \vec{x} = \underbrace{\begin{pmatrix} 3 \\ -3 \\ 1 \end{pmatrix}}_{\text{Stützvektor von g}} + r \cdot \underbrace{\begin{pmatrix} 2 \\ -1 \\ 2 \end{pmatrix}}_{\text{Normalenvektor von E}}$$ mit E schneidet.

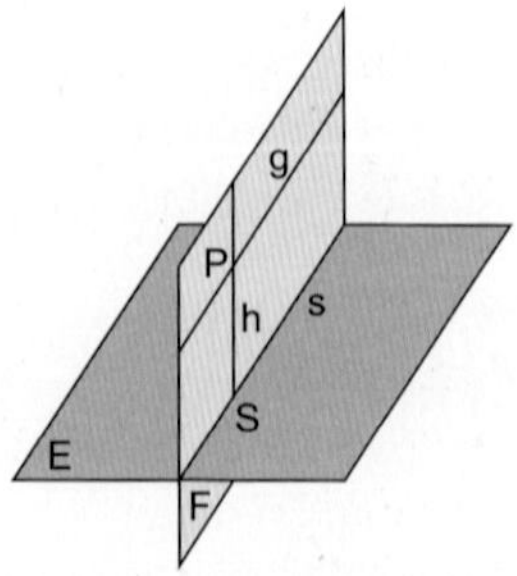

Einsetzen von h liefert den Schnittpunkt S:

$$2 \cdot (3 + 2r) - (-3 - r) + 2 \cdot (1 + 2r) = 2$$
$$9r = -9$$
$$r = -1$$

Also: $S(1 | -2 | -1)$

Eine Gleichung der Schnittgeraden ist $\mathbf{s}: \vec{\mathbf{x}} = \begin{pmatrix} \mathbf{1} \\ \mathbf{-2} \\ \mathbf{-1} \end{pmatrix} + \mathbf{r} \cdot \begin{pmatrix} \mathbf{1} \\ \mathbf{2} \\ \mathbf{0} \end{pmatrix}$.

(Aufwendigere) Alternative:

Die Ebene F enthält die Gerade g: $\vec{x} = \begin{pmatrix} 3 \\ -3 \\ 1 \end{pmatrix} + t \cdot \begin{pmatrix} 1 \\ 2 \\ 0 \end{pmatrix}$. Der Normalenvektor $\vec{n} = \begin{pmatrix} 2 \\ -1 \\ 2 \end{pmatrix}$ von E ist ein Spannvektor von F. Zusammen mit der Gleichung von g erhält man damit eine Parametergleichung für F:

$$F: \vec{x} = \begin{pmatrix} 3 \\ -3 \\ 1 \end{pmatrix} + t \cdot \begin{pmatrix} 1 \\ 2 \\ 0 \end{pmatrix} + v \cdot \begin{pmatrix} 2 \\ -1 \\ 2 \end{pmatrix}$$

Für einen Normalenvektor $\vec{n}_F = \begin{pmatrix} n_1 \\ n_2 \\ n_3 \end{pmatrix}$ von F muss gelten:

$$\begin{vmatrix} n_1 + 2n_2 = 0 \\ 2n_1 - n_2 + 2n_3 = 0 \end{vmatrix}$$

Eine mögliche Lösung des LGS ist $n_2 = 2$, $n_1 = -4$ und $n_3 = 5$.

D. h., $\vec{n}_F = \begin{pmatrix} -4 \\ 2 \\ 5 \end{pmatrix}$ ist ein Normalenvektor von F.

Ansatz für eine Koordinatengleichung von F: $-4x_1 + 2x_2 + 5x_3 = c$

Einsetzen der Koordinaten des Stützpunktes $P(3\,|-3\,|\,1)$ liefert $c = -13$.

Eine Koordinatengleichung von F ist somit: $-4x_1 + 2x_2 + 5x_3 = -13$

Schnitt der Ebenen E und F:

$$\begin{array}{rcl|l} 2x_1 - x_2 + 2x_3 &=& 2 & \cdot 2 \\ -4x_1 + 2x_2 + 5x_3 &=& -13 & \leftarrow\!\lrcorner \end{array} ; \quad \begin{array}{rcl|} 2x_1 - x_2 + 2x_3 &=& 2 \\ 9x_3 &=& -9 \end{array}$$

Das LGS hat die Lösung

$x_3 = -1;\ x_1 = r;\ x_2 = 2x_1 + 2x_3 - 2 = -4 + 2r$ mit $r \in \mathbb{R}$.

Daraus erhält man eine Gleichung der Schnittgeraden:

$$\mathbf{s\colon \vec{x} = \begin{pmatrix} 0 \\ -4 \\ -1 \end{pmatrix} + r \cdot \begin{pmatrix} 1 \\ 2 \\ 0 \end{pmatrix}}$$

Aufgabe 5

Da die Zufallsgröße X angibt, wie oft der schwarze Sektor erscheint, ergibt sich wegen des zugehörigen Winkels von 90° die Trefferwahrscheinlichkeit $p = 0{,}25$. Das Glücksrad wird neunmal gedreht, d. h. $n = 9$. X ist also $B_{9;\,0,25}$-verteilt.

a) Da $\overline{p} = 0{,}75$ die Wahrscheinlichkeit dafür ist, nicht den schwarzen (sondern den weißen) Sektor zu treffen, wird durch den Term $0{,}75^9$ das Ereignis $X = 0$ bzw. „Es wird kein Treffer erzielt" beschrieben.

b) $\mathbf{P(X > 2)} = 1 - P(X \leq 2) \approx 1 - (0{,}075 + 0{,}225 + 0{,}3) = 1 - 0{,}6 = \mathbf{0{,}4}$

c) Man vergleicht:

$$P(X = 4) = \binom{9}{4} \cdot 0{,}25^4 \cdot 0{,}75^5 = \binom{9}{4} \cdot (0{,}25^4 \cdot 0{,}75^4) \cdot 0{,}75$$

und

$$P(X = 5) = \binom{9}{5} \cdot 0{,}25^5 \cdot 0{,}75^4 = \binom{9}{5} \cdot (0{,}25^4 \cdot 0{,}75^4) \cdot 0{,}25$$

Da $\binom{9}{4} = \binom{9}{5}$ und $0{,}75 = 3 \cdot 0{,}25$ gilt, folgt $P(X = 4) = 3 \cdot P(X = 5)$.

Aufgabe 6

a) Es gibt sechs gleich wahrscheinliche Möglichkeiten, die Kugeln zu verteilen:
(rr; bb), **(rb; rb)**, **(rb; br)**, **(br; rb)**, **(br; br)**, (bb; rr)

Vier dieser sechs Möglichkeiten gehören zum Ereignis:
A: „In jeder Urne liegt eine rote und eine blaue Kugel."

Die Wahrscheinlichkeit für das Ereignis A beträgt also:

$$\mathbf{P(A) = \frac{4}{6} = \frac{2}{3}}$$

Alternativer Lösungsweg:
Die Wahrscheinlichkeit für das Gegenereignis $\overline{A}$: „In den Urnen liegen jeweils Kugeln mit der gleichen Farbe" ist:

$$P(\overline{A}) = 2 \cdot \frac{2}{4} \cdot \frac{1}{3} = \frac{1}{3}$$

Die gesuchte Wahrscheinlichkeit beträgt also:

$$P(A) = 1 - P(\overline{A}) = 1 - \frac{1}{3} = \frac{2}{3}$$

b) Wenn Ereignis A aus Teilaufgabe a eingetreten ist, gilt das Baumdiagramm rechts. Die Wahrscheinlichkeit, eine rote und eine blaue Kugel zu ziehen, ist dann:

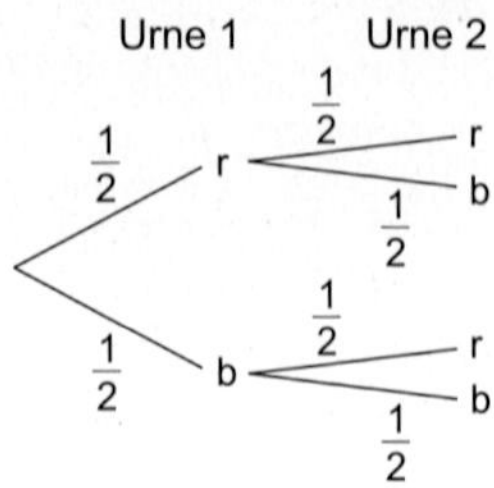

$$2 \cdot \frac{1}{2} \cdot \frac{1}{2} = \frac{1}{2}$$

Ist hingegen $\overline{A}$ eingetreten, d. h., in der einen Urne liegen zwei rote und in der anderen zwei blaue Kugeln, ist die Wahrscheinlichkeit für eine rote und eine blaue Kugel gleich 1.

Insgesamt erhält man also:

$$P = \underbrace{\frac{2}{3}}_{P(A)} \cdot \frac{1}{2} + \underbrace{\frac{1}{3}}_{P(\overline{A})} \cdot 1 = \mathbf{\frac{2}{3}}$$

Aufgabe A 1.1

Gegeben ist für $a>0$ die Funktionenschar f_a mit:

$$f_a(x)=\frac{1}{x}+a\cdot x;\quad x>0$$

K_a ist der Graph der Funktion f_a.

Die Abbildung zeigt den Graphen $K_{0,75}$.

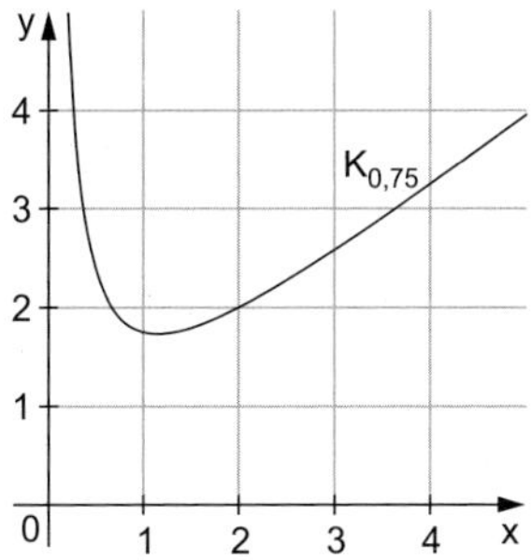

a) Berechnen Sie die gemeinsamen Punkte von $K_{0,75}$ und der Geraden $y=2$. 2 VP

b) Jeder Graph K_a besitzt genau einen Tiefpunkt.
Berechnen Sie dessen Koordinaten.
Es gibt einen Graphen K_{a*}, dessen Tiefpunkt auf der ersten Winkelhalbierenden liegt.
Bestimmen Sie den Wert von $a*$. 3 VP

c) Der Graph K_a und die Gerade $y=a\cdot x$ begrenzen mit den Geraden $x=1$ und $x=4$ eine Fläche.
Bei Rotation dieser Fläche um die x-Achse entsteht ein Körper.
Bestimmen Sie denjenigen Wert von a, für den das Volumen dieses Körpers exakt π beträgt. 4 VP

d) Weisen Sie nach, dass die Tangente t_a an den Graphen von f_a im Punkt $P(u\,|\,f_a(u))$ mit $u>0$ durch den Funktionsterm $t_a(x)=\left(-\frac{1}{u^2}+a\right)\cdot x+\frac{2}{u}$ beschrieben werden kann. 2 VP

e) Bestimmen Sie a und u so, dass die Tangente t_a aus Teilaufgabe d und die positiven Koordinatenachsen ein gleichschenkliges Dreieck mit dem Flächeninhalt 4,5 einschließen. 3 VP

Aufgabe A 1.2

Ab Tagesbeginn eines bestimmten Tages werden in den folgenden 14 Tagen 397 Kubikmeter Wasser aus einem nahegelegenen Fluss in ein Becken geleitet. Danach wird der Zufluss gestoppt. Das Becken ist zu Beginn der Einleitung leer. Die momentane Zuflussrate wird durch eine Funktion h modelliert, deren Graph in der Abbildung dargestellt ist (t in Tagen seit Beginn der Einleitung, h(t) in Kubikmeter pro Tag).
Nach vier Tagen beginnt man, dem Becken kontinuierlich Wasser zu entnehmen. Die momentane Abflussrate beträgt dabei 30 Kubikmeter pro Tag.

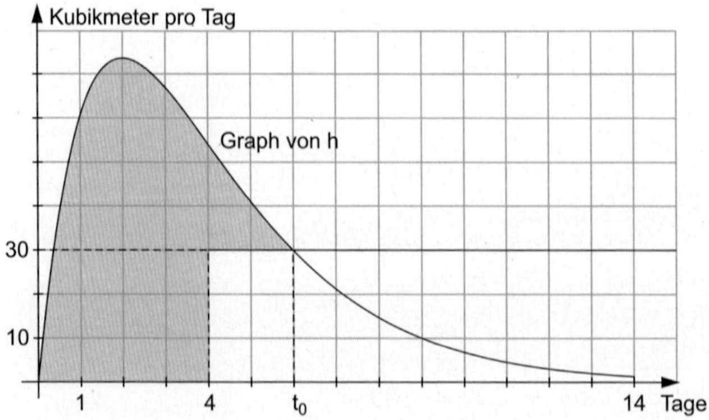

a) Erläutern Sie die Bedeutung des Zeitpunktes t_0 und des Inhalts der markierten Fläche in der Abbildung im Sachzusammenhang.
Bestimmen Sie, wie viele Tage nach Beginn der Einleitung das Becken wieder leer ist. 3 VP

b) Formulieren Sie eine Aufgabe im Sachzusammenhang, die auf die Gleichung

$$\int_4^a (h(t)-30)\,dt = 0 \text{ für a mit } 4 < a < 14 \text{ führt.}$$

Beschreiben Sie, wie man grafisch die Lösung der Gleichung abschätzen kann. 3 VP

TIPP Lösungshinweise zum Wahlteil Analysis – Aufgabe A 1

Aufgabe A 1.1 – Teilaufgabe a

Gemeinsame Punkte von $K_{0,75}$ und $y = 2$

Gemeinsame Punkte zweier Graphen erhalten Sie durch Gleichsetzen der entsprechenden Funktionsterme.

Bei der dadurch entstehenden Gleichung muss mit x durchmultipliziert werden, wodurch eine quadratische Gleichung entsteht. Diese lösen Sie mit einer der Lösungsformeln für quadratische Gleichungen.

Schließlich sind die beiden Punkte anzugeben.

Aufgabe A 1.1 – Teilaufgabe b

Koordinaten des Tiefpunktes

Zunächst muss die Ableitung bestimmt werden. Es kann dabei hilfreich sein, $\frac{1}{x}$ umzuschreiben in die Form x^n.

Wie lautet die notwendige Bedingung für Extrema? Lösen Sie die entstehende Gleichung nach x auf.

Begründen Sie kurz, warum Sie die hinreichende Bedingung bei dieser Fragestellung nicht benötigen.

Berechnen Sie die y-Koordinate zur gefundenen Stelle.

Tiefpunkt auf der ersten Winkelhalbierenden

Durch welche Gleichung wird die erste Winkelhalbierende beschrieben?

Welche Beziehung zwischen der x- und der y-Koordinate des Tiefpunktes muss also erfüllt sein, damit der Punkt auf der ersten Winkelhalbierenden liegt?

Aufgabe A 1.1 – Teilaufgabe c

Bestimmung des Wertes von a

Sie benötigen die Formel für das Volumen von Rotationskörpern (vgl. Merkhilfe).

Die angegebenen Geraden $x = 1$ und $x = 4$ entsprechen den Integrationsgrenzen.

Da die Fläche, die um die x-Achse rotiert, von zwei Graphen begrenzt wird, müssen Sie vom Volumen des „großen" Rotationskörpers das Volumen abziehen, das entstehen würde, wenn die Fläche unterhalb des unteren Graphen um die x-Achse rotieren würde.

Beachten Sie unbedingt, dass Sie **nicht** zuerst die Differenz der Funktionen bilden und dann quadrieren dürfen! Wie oben beschrieben müssen Sie die beiden Rauminhalte voneinander abzuziehen.

Sie erhalten ein Ergebnis für das Volumen, das Sie gleich π setzen. Dann muss nur noch die entstehende lineare Gleichung nach a aufgelöst werden.

Aufgabe A 1.1 – Teilaufgabe d

Nachweis für den Funktionsterm der Tangente

Schlagen Sie ggf. in der Merkhilfe die Formel für die Tangente nach.

Berechnen Sie $f'_a(u)$ und $f_a(u)$ und setzen Sie Ihre Ergebnisse entsprechend ein.

Durch Ausmultiplizieren und Umformen erhalten Sie den vorgegebenen Term und haben damit den Nachweis erbracht.

Aufgabe A 1.1 – Teilaufgabe e

Bestimmung von a und u

Fertigen Sie sich am besten zunächst eine Skizze an. Überlegen Sie, wie die Tangente am Graphen anliegen muss, und markieren Sie die Schnittpunkte der Tangente mit den Koordinatenachsen.

Das Dreieck soll gleichschenklig sein. Was bedeutet das? Welche Streckenlängen stimmen also überein?

Wie lautet die Formel für den Flächeninhalt eines gleichschenkligen und rechtwinkligen Dreiecks? Da der Flächeninhalt vorgegeben ist, können Sie daraus die (übereinstimmenden) Längen der gesuchten Strecken berechnen.

Berechnen Sie nun den Schnittpunkt der Tangente mit der y-Achse in Abhängigkeit von u. Das Ergebnis hängt nur von u, nicht aber von a ab. Sie wissen, wie lang die Seite des Dreiecks sein muss, und können damit u berechnen.

Setzen Sie Ihr berechnetes u in die Gleichung der Tangente ein. Da das Dreieck gleichschenklig sein soll, muss die Steigung der Tangente –1 sein. Berechnen Sie a, indem Sie die daraus entstehende lineare Gleichung lösen.

Aufgabe A 1.2 – Teilaufgabe a

Bedeutung des Zeitpunktes t_0 und des Inhalts der markierten Fläche

Der Abbildung kann man sowohl die Zuflussrate (Graph von h) als auch die Abflussrate (eingezeichnete Parallele zur t-Achse) entnehmen. Was bedeutet es, dass t_0 die t-Koordinate des Schnittpunktes der beiden Graphen ist? Was lässt sich damit über das Wasservolumen im Becken zum Zeitpunkt t_0 aussagen?

Ist der Graph der momentanen Änderungsrate gegeben, kann man die Gesamtänderung der Größe mithilfe des orientierten Flächeninhalts rekonstruieren.

Becken wieder leer

Wie viel Wasser wird insgesamt in das Becken geleitet? Beachten Sie die entsprechenden Angaben. Da Sie die Abflussrate kennen, können Sie damit berechnen, wie lange es dauert, bis das Becken leer ist.

Bei der Formulierung des Ergebnisses ist zu beachten, dass erst nach vier Tagen dem Becken Wasser entnommen wird.

Aufgabe A 1.2 – Teilaufgabe b

Formulierung der Aufgabe

Die momentane Zuflussrate wird durch h(t) modelliert. Welche Bedeutung hat dann $h(t) - 30$ für $4 \le t \le 14$?

Was gibt also das gegebene Integral an? Die untere Integrationsgrenze ist 4, die obere unbekannt. Was lässt sich daraus folgern, dass dieses Integral null sein soll?

Grafische Lösung

Betrachten Sie zunächst das Intervall $[4; t_0]$ bzw. den Inhalt der Fläche, die in diesem Bereich durch die Graphen von h und $y = 30$ begrenzt wird. Nun soll das Integral, also der orientierte Flächeninhalt, null sein.

Suchen Sie damit eine geeignete zweite Fläche.

Aufgabe A 1.1

a) **Gemeinsame Punkte von $K_{0,75}$ und y = 2:**

$$f_{0,75}(x) = 2$$

$$\frac{1}{x} + 0{,}75x = 2 \qquad | \cdot x \neq 0$$

$$1 + 0{,}75x^2 = 2x \qquad | -2x$$

$$0{,}75x^2 - 2x + 1 = 0$$

$$x_{1,2} = \frac{2 \pm \sqrt{4-3}}{1{,}5}$$

$$x_1 = \frac{2}{3};\; x_2 = 2$$

Die gemeinsamen Punkte sind $\mathbf{P_1\left(\frac{2}{3} \middle| 2\right)}$ und $\mathbf{P_2(2|2)}$.

b) **Koordinaten des Tiefpunktes:**

Ableitung von $f_a(x)$:

$$f_a'(x) = -\frac{1}{x^2} + a$$

Notwendige Bedingung für einen Extrempunkt:

$$f_a'(x) = 0$$

$$-\frac{1}{x^2} + a = 0$$

$$x^2 = \frac{1}{a}$$

$$x = \frac{1}{\sqrt{a}} \quad \left(\text{bzw. } \frac{\sqrt{a}}{a} \text{ mit rationalem Nenner}\right)$$

(Die zweite Lösung ist wegen $x > 0$ nicht relevant).

Da der Graph K_a laut Aufgabenstellung genau einen Tiefpunkt besitzt und die Gleichung $f_a'(x) = 0$ genau eine Lösung hat, muss $x = \frac{1}{\sqrt{a}}$ die x-Koordinate des Tiefpunktes sein.

Für die y-Koordinate gilt:

$$f_a\left(\frac{1}{\sqrt{a}}\right) = \frac{1}{\frac{1}{\sqrt{a}}} + \frac{a}{\sqrt{a}} = \sqrt{a} + \frac{\sqrt{a} \cdot \sqrt{a}}{\sqrt{a}} = \sqrt{a} + \sqrt{a} = 2\sqrt{a}$$

Der Tiefpunkt hat die Koordinaten $\mathbf{T_a\left(\frac{1}{\sqrt{a}} \middle| 2\sqrt{a}\right)}$ bzw. $T_a\left(\frac{\sqrt{a}}{a} \middle| 2\sqrt{a}\right)$.

Tiefpunkt auf der ersten Winkelhalbierenden:

Damit der Tiefpunkt auf der ersten Winkelhalbierenden liegt, müssen seine x- und y-Koordinate übereinstimmen. Dies führt auf die Gleichung:

$$\frac{1}{\sqrt{a*}} = 2\sqrt{a*} \quad |\cdot\sqrt{a*}$$

$$1 = 2\cdot a* \quad |:2$$

$$a* = \frac{1}{2}$$

Der Tiefpunkt des Graphen $\mathbf{K}_{\frac{1}{2}}$ liegt auf der ersten Winkelhalbierenden.

c) **Bestimmung des Wertes von a:**

Wenn die in der Abbildung markierte Fläche (beispielhaft für a = 0,75) um die x-Achse rotiert, hat der entstehende Körper den Rauminhalt:

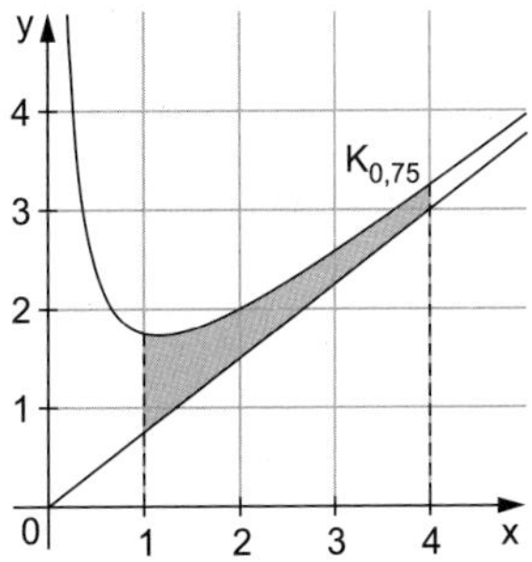

$$V = \pi\cdot\int_1^4 (f_a(x))^2\,dx - \pi\cdot\int_1^4 (ax)^2\,dx$$

$$= \pi\cdot\int_1^4 ((f_a(x))^2 - (ax)^2)\,dx$$

$$= \pi\cdot\int_1^4 \left(\frac{1}{x^2} + 2a + (ax)^2 - (ax)^2\right)dx$$

$$= \pi\cdot\int_1^4 \left(\frac{1}{x^2} + 2a\right)dx$$

$$= \pi\cdot\left[-\frac{1}{x} + 2ax\right]_1^4$$

$$= \pi\cdot\left(-\frac{1}{4} + 8a - (-1 + 2a)\right)$$

$$V = \pi\cdot\left(6a + \frac{3}{4}\right)$$

Bestimmung des Wertes von a, für den $V = \pi$ gilt:

$$\pi\cdot\left(6a + \frac{3}{4}\right) = \pi \quad |:\pi$$

$$6a + \frac{3}{4} = 1 \quad \left|-\frac{3}{4}\right.$$

$$6a = \frac{1}{4} \quad |:6$$

$$a = \frac{1}{24}$$

Für $\mathbf{a = \frac{1}{24}}$ beträgt das Volumen $V = \pi$.

d) **Nachweis für den Funktionsterm der Tangente:**

Für die Funktionsgleichung der Tangente wählt man den Ansatz:

$t_a(x) = f_a'(u) \cdot (x - u) + f_a(u)$ (siehe Merkhilfe)

Mit $f_a'(u) = -\frac{1}{u^2} + a$ und $f_a(u) = \frac{1}{u} + a \cdot u$ erhält man:

$$t_a(x) = \left(-\frac{1}{u^2} + a\right) \cdot (x - u) + \frac{1}{u} + a \cdot u$$

$$= -\frac{1}{u^2} \cdot x + a \cdot x + \frac{1}{u} - a \cdot u + \frac{1}{u} + a \cdot u$$

$$= -\frac{1}{u^2} \cdot x + a \cdot x + \frac{2}{u} = \left(-\frac{1}{u^2} + a\right) \cdot x + \frac{2}{u}$$

e) **Bestimmung von a und u:**

Damit die Tangente mit den positiven Koordinatenachsen überhaupt ein Dreieck einschließt, muss sie links vom Tiefpunkt am Graphen K_a anliegen, vgl. Skizze. Das Dreieck ist dann rechtwinklig im Ursprung.

Für den Flächeninhalt eines rechtwinkligen Dreiecks mit den Katheten g und h gilt:

$$A = \frac{1}{2} g \cdot h$$

Da das Dreieck zusätzlich gleichschenklig sein soll (g = h), wird daraus:

$$A = \frac{1}{2} h^2$$

Aus der Vorgabe A = 4,5 folgt:

$$\frac{1}{2} h^2 = 4{,}5$$

$$h^2 = 9$$

$$h = 3 \quad (h > 0)$$

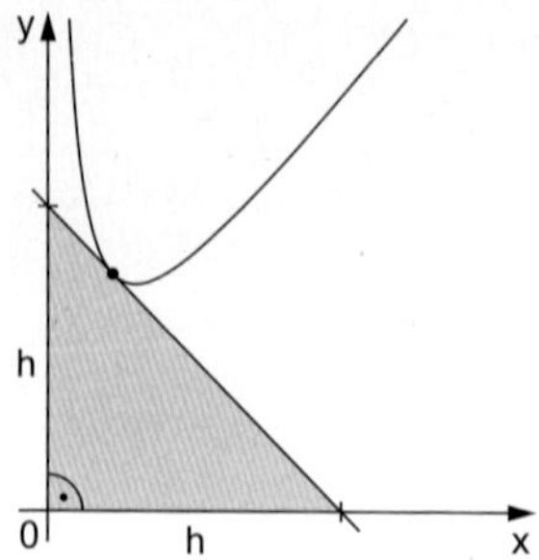

Beide Seiten des Dreiecks müssen also die Länge 3 haben.

Den Schnittpunkt der Tangente mit der y-Achse erhält man durch $t_a(0) = \frac{2}{u}$ (unabhängig von a!), also:

$$S\left(0 \,\middle|\, \frac{2}{u}\right)$$

Berechnung von u:

$$\frac{2}{u} = 3$$

$$u = \frac{2}{3}$$

Einsetzen von u in die Tangentengleichung aus Teilaufgabe d liefert:

$$t_a(x) = \left(-\frac{9}{4} + a\right) \cdot x + 3$$

Da es sich um ein gleichschenkliges Dreieck handelt, muss für die Steigung m der Tangente gelten:

$$m = -1$$

$$-\frac{9}{4} + a = -1 \quad \left| + \frac{9}{4}\right.$$

$$a = \frac{5}{4}$$

Man erhält die Werte $\mathbf{a = \frac{5}{4}}$ und $\mathbf{u = \frac{2}{3}}$.

Alternative Bestimmung von a:
Den Schnittpunkt der Tangente mit der x-Achse bestimmt man mittels $t_a(x) = 0$.

$$\left(-\frac{9}{4} + a\right) \cdot x + 3 = 0$$

Einsetzen von $x = 3$ ergibt:

$$\left(-\frac{9}{4} + a\right) \cdot 3 + 3 = 0 \quad | :3$$

$$\left(-\frac{9}{4} + a\right) + 1 = 0 \quad | -1$$

$$-\frac{9}{4} + a = -1 \quad \left| + \frac{9}{4}\right.$$

$$a = \frac{5}{4}$$

Aufgabe A 1.2

a) **Bedeutung des Zeitpunktes t_0 und des Inhalts der markierten Fläche:**

Der Abbildung entnimmt man, dass bis zum Zeitpunkt t_0 die Zuflussrate größer ist als die Abflussrate, das Wasservolumen nimmt zu. Danach ist die Zuflussrate kleiner als die Abflussrate, das Wasservolumen nimmt ab.
Daher ist zum Zeitpunkt t_0 das Wasservolumen im Becken am größten.

Für dieses maximale Wasservolumen im Becken gilt:

$$V_{max} = \int_0^{t_0} h(t)\, dt - \int_4^{t_0} 30\, dt$$

Dies entspricht dem Inhalt der markierten Fläche.

Becken wieder leer:

In das Becken werden insgesamt 397 Kubikmeter Wasser eingeleitet.
Bei einer Abflussrate von 30 Kubikmeter pro Tag dauert es

$\frac{397}{30}$ Tage $\approx 13{,}23$ Tage,

bis das Becken leer ist. Da erst nach vier Tagen dem Becken Wasser entnommen wird, ist das Becken nach **ca. 17,2 Tagen** leer.

b) **Formulierung der Aufgabe:**

Für $4 \le t \le 14$ wird die momentane Änderungsrate des Wasservolumens durch die Funktion mit der Gleichung $h(t)-30$ beschrieben.

Das Integral $\int_4^a (h(t)-30)\,dt$ gibt die Gesamtänderung des Wasservolumens im Zeitintervall [4; a] an. Eine Aufgabe zur Gleichung $\int_4^a (h(t)-30)\,dt = 0$ wäre etwa:

Bestimmen Sie den Zeitpunkt zwischen dem vierten und dem 14. Tag, zu dem das Wasservolumen im Becken wieder genauso groß ist wie nach dem vierten Tag.

Grafische Lösung:

Zum Zeitpunkt a ist das Wasservolumen wieder so groß wie zum Zeitpunkt $t=4$, wenn die beiden markierten Flächen in der Abbildung den gleichen Inhalt haben.

Durch eine geeignete Wahl der Geraden $t=a$ lässt sich der Zeitpunkt a abschätzen.
(Ein Näherungswert für die Lösung ist $a \approx 8{,}4$.)

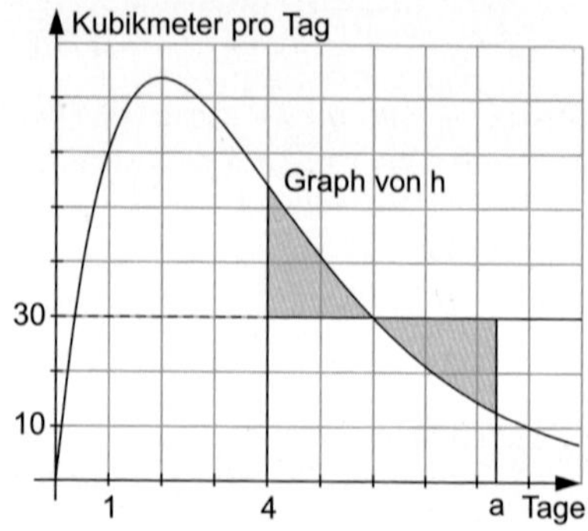

Wahlteil: Analytische Geometrie B 1

Gegeben sind die Ebenenschar

E_a: $(3-a)\cdot x_1+4x_2+a\cdot x_3=0$ mit $a\in\mathbb{R}$

und der in der Abbildung dargestellte senkrechte Kegel K mit der Spitze S(0 | 0 | 8), dem Grundkreismittelpunkt O(0 | 0 | 0) und dem Grundkreisradius 6.

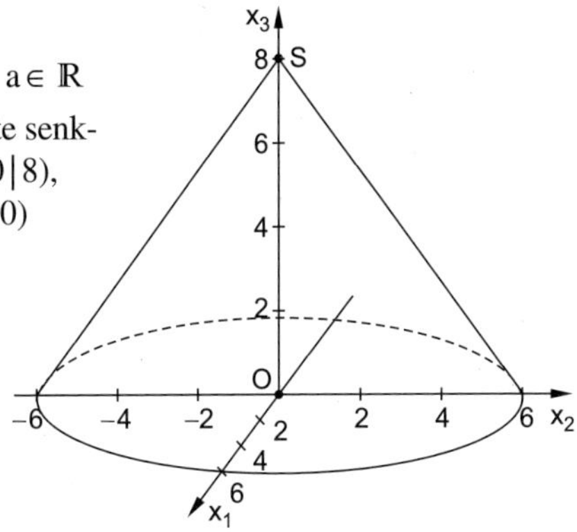

a) Weisen Sie nach, dass die Ebene E_3 alle Punkte, die auf der x_1-Achse liegen, enthält.
Stellen Sie die Ebene E_3 in einem Koordinatensystem dar. 1,5 VP

b) Bestimmen Sie die Werte von a so, dass der Winkel zwischen der Ebene E_a und der x_1x_2-Ebene eine Weite von 60° hat. 2,5 VP

c) Zeigen Sie, dass die Kugel mit dem Mittelpunkt M(0 | 0 | 3) und dem Radius r = 3 den Grundkreis und den Kegelmantel berührt. 2,5 VP

d) Die Schnittlinie zwischen der Ebene E_3 und der Mantelfläche des Kegels K ist eine Parabel zweiter Ordnung.
Berechnen Sie den Inhalt der Schnittfläche zwischen der Ebene E_3 und dem Kegel K. 3,5 VP

e) Es gibt eine Ebene E_a, die das Volumen des Kegels halbiert.
Ermitteln Sie eine Gleichung dieser Ebene. 1,5 VP

f) Es gibt eine Gerade, die in allen Ebenen E_a liegt.
Bestimmen Sie eine Gleichung dieser Geraden. 1 VP

TIPP Lösungshinweise zum Wahlteil Geometrie – Aufgabe B 1

Aufgabe B 1 – Teilaufgabe a

Nachweis

Was gilt für alle Punkte, die auf der x_1-Achse liegen?

Geben Sie einen „allgemeinen" Punkt der x_1-Achse an und setzen Sie diesen in die Ebenengleichung von E_3 ein.

Darstellung der Ebene

Welche besondere Lage besitzt die Ebene E_3?

Was bedeutet dies für die Darstellung in einem Koordinatensystem?

Aufgabe B 1 – Teilaufgabe b

Bestimmung von a

Wie bestimmen Sie allgemein den Schnittwinkel zweier Ebenen? Schauen Sie ggf. in der Merkhilfe nach.

Wie lauten die Normalenvektoren der beiden betrachteten Ebenen?

Das Einsetzen dieser Vektoren in die allgemeine Formel liefert letztlich eine quadratische Gleichung für a.

Geben Sie die beiden möglichen Werte für a an.

Aufgabe B 1 – Teilaufgabe c

Nachweis

Warum erkennt man ohne Rechnung, dass die Kugel den Grundkreis berührt?

Führen Sie eine geeignete Hilfsgerade g ein, die z. B. den Schnittpunkt des Grundkreises mit der (positiven) x_2-Achse und die Spitze des Kegels enthält.

Was muss für den Abstand des Mittelpunktes M der Kugel zum Kegelmantel bzw. zu dieser Geraden gelten?

Wie berechnet man den Abstand eines Punktes von einer Geraden?

Alternative Lösung

Die Aufgabe kann auch als zweidimensionales Problem interpretiert werden. Erstellen Sie ggf. eine Skizze, die neben dem Mittelpunkt $M^*(0|3)$ die Gerade g^* durch die Punkte $S^*(0|8)$ und $G^*(6|0)$ enthält.

Bestimmen Sie die Gleichung der Geraden g^*.

Wie können Sie nun den Abstand vom Punkt M^* zur Geraden g^* berechnen?

Für die Berechnung der Steigung der Normalen können Sie bei Bedarf in der Merkhilfe nachschlagen.

Aufgabe B 1 – Teilaufgabe d

Inhalt der Schnittfläche

Beachten Sie die Lage der Ebene E_3 im Koordinatensystem (vgl. Teilaufgabe a), um zu erkennen, wie die Ebene den Kegel schneidet.

Stellen Sie eine Gleichung der Geraden auf, die die Kegelspitze und den Schnittpunkt des Grundkreises mit der negativen x_2-Achse enthält.

Der Schnittpunkt Q dieser Geraden mit der Ebene E_3 ist der Scheitelpunkt der Parabel, die die Schnittlinie zwischen E_3 und der Mantelfläche beschreibt.

Berechnen Sie den Abstand des Punktes Q vom Ursprung.

Führen Sie nun ein geeignetes (zweidimensionales) Koordinatensystem ein und bestimmen Sie einen Funktionsterm der Parabel mithilfe von Q und den Schnittpunkten des Grundkreises mit der entsprechenden Koordinatenachse.

Damit können Sie den gesuchten Flächeninhalt als Integral berechnen.

Dabei können Sie die Symmetrie nutzen, um einen geringeren Rechenaufwand zu haben.

Aufgabe B 1 – Teilaufgabe e

Gleichung einer Scharebene

Überprüfen Sie, ob der Grundkreismittelpunkt in allen Ebenen E_a enthalten ist.

Falls dies der Fall ist, schneidet diejenige Ebene den Kegel in zwei volumengleiche Teile, welche neben dem Grundkreismittelpunkt noch die Spitze S enthält.

Aufgabe B 1 – Teilaufgabe f

Schnittgerade der Scharebenen

Laut Aufgabenstellung gibt es eine solche Gerade, die in allen Ebenen E_a liegt. Sie können deshalb zwei beliebige Ebenen der Schar miteinander schneiden.

Lösungsvorschlag – Wahlteil: Analytische Geometrie B 1

Gegeben sind die Ebenenschar E_a: $(3-a)\cdot x_1 + 4x_2 + a\cdot x_3 = 0$ mit $a \in \mathbb{R}$ und der senkrechte Kegel K mit der Spitze $S(0|0|8)$, dem Grundkreismittelpunkt $O(0|0|0)$ und dem Grundkreisradius 6.

a) **Nachweis:**

Eine Gleichung der Ebene E_3 ist E_3: $4x_2 + 3x_3 = 0$.

Ein allgemeiner Punkt P_t auf der x_1-Achse kann dargestellt werden durch $P_t(t|0|0)$, $t \in \mathbb{R}$.

Einsetzen von P_t in E_3 liefert die wahre Aussage $4\cdot 0 + 3\cdot 0 = 0$, also gilt für alle Punkte der x_1-Achse: $P_t \in E_3$

Die Ebene E_3 enthält also die x_1-Achse.

Darstellung der Ebene:

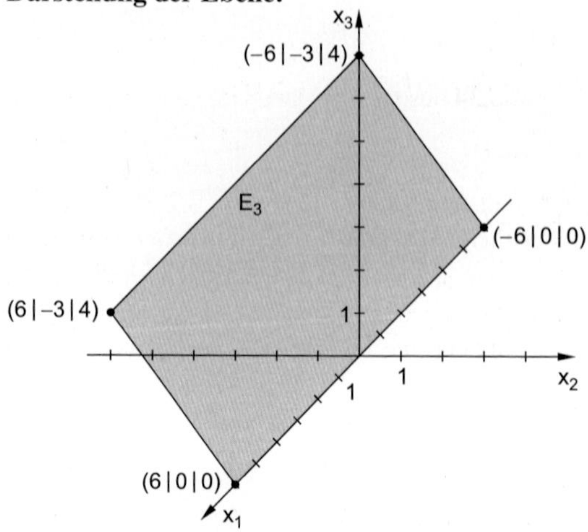

Bemerkung: Die Ebene E_3 enthält die x_1-Achse und kann somit nicht wie üblich mithilfe von Spurpunkten gezeichnet werden. Um sie darzustellen, wählt man zwei beliebige Punkte der x_1-Achse und ergänzt sie mit zwei weiteren Punkten der Ebene E_3 zu einem Rechteck.

b) **Bestimmung von a:**

Für den Schnittwinkel zweier Ebenen gilt (siehe Merkhilfe):

$$\cos\varphi = \frac{|\vec{n}_1 \cdot \vec{n}_2|}{|\vec{n}_1| \cdot |\vec{n}_2|}$$

Ein Normalenvektor der x_1x_2-Ebene ist $\vec{n}_1 = \begin{pmatrix} 0 \\ 0 \\ 1 \end{pmatrix}$ und ein Normalenvektor von E_a ist $\vec{n}_2 = \begin{pmatrix} 3-a \\ 4 \\ a \end{pmatrix}$.

Damit erhält man:

$$\cos 60° = 0{,}5 = \frac{\left|\begin{pmatrix}0\\0\\1\end{pmatrix}\cdot\begin{pmatrix}3-a\\4\\a\end{pmatrix}\right|}{1\cdot\sqrt{(3-a)^2+4^2+a^2}} = \frac{|a|}{\sqrt{(3-a)^2+4^2+a^2}}$$

Wegen $|a|^2 = a^2$ ergibt sich nach Quadrieren der Gleichung:

$$0{,}25 = \frac{a^2}{(3-a)^2+4^2+a^2}$$

$$a^2 = 0{,}25\cdot((3-a)^2+4^2+a^2)$$

$$4a^2 = (3-a)^2+4^2+a^2$$

$$4a^2 = 9-6a+a^2+16+a^2$$

$$2a^2+6a-25=0$$

$$a_{1;\,2} = \frac{-6\pm\sqrt{36+200}}{4}$$

$$a_1 \approx 2{,}34; \quad a_2 \approx -5{,}34$$

Für die Werte $\mathbf{a_1 \approx 2{,}34}$ und $\mathbf{a_2 \approx -5{,}34}$ besitzt der Winkel eine Weite von 60°.

c) **Nachweis:**

Mit dem Mittelpunkt $M(0|0|3)$ und dem Radius $r = 3$ berührt die Kugel den Grundkreis im Punkt O, da der Mittelpunkt von der x_1x_2-Ebene den Abstand 3 hat.

Zu zeigen ist also lediglich, dass auch der Abstand vom Mittelpunkt M zum Kegelmantel dem Radius entspricht. Dazu betrachtet man z. B. die Gerade g, die den Schnittpunkt G des Grundkreises mit der (positiven) x_2-Achse und die Kegelspitze enthält:

$$g\colon \vec{x} = \begin{pmatrix}0\\6\\0\end{pmatrix} + r\cdot\begin{pmatrix}0\\-6\\8\end{pmatrix} \quad (r\in\mathbb{R})$$

Zu zeigen ist damit, dass für den Abstand des Kugelmittelpunktes M zur Geraden g gilt: $d(M;\,g) = 3$

1. Lösungsweg:

Eine Hilfsebene H enthält den Kugelmittelpunkt M und steht senkrecht auf g, besitzt also den Normalenvektor $\vec{n}_H = \begin{pmatrix}0\\-6\\8\end{pmatrix}$.

Der Ansatz $H\colon -6x_2+8x_3 = d$ liefert durch Einsetzen der Koordinaten von M:

$H\colon -6x_2+8x_3 = 24$

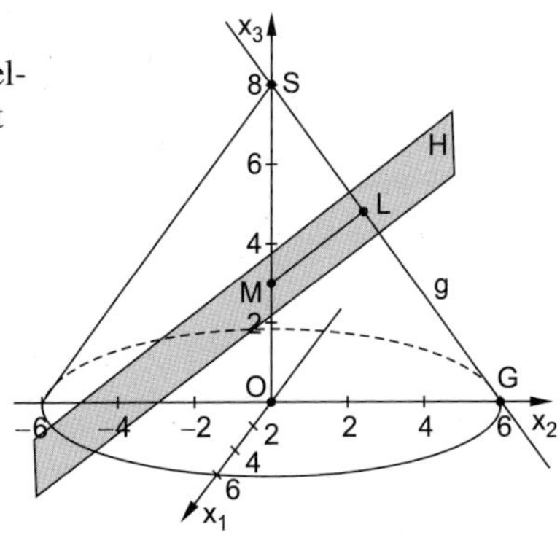

Schneidet man die Gerade g mit der Hilfsebene H, erhält man:

$$\begin{aligned}-6\cdot(6-6r)+8\cdot 8r&=24\\ -36+36r+64r&=24\\ 100r&=60\\ r&=0{,}6\end{aligned}$$

Durch Einsetzen von r = 0,6 in die Gleichung von g erhält man

$$\vec{x}=\begin{pmatrix}0\\6\\0\end{pmatrix}+0{,}6\cdot\begin{pmatrix}0\\-6\\8\end{pmatrix}=\begin{pmatrix}0\\2{,}4\\4{,}8\end{pmatrix},$$

also den Schnittpunkt L(0 | 2,4 | 4,8).

Für den Abstand der Punkte L und M ergibt sich:

$$d(M;L)=\sqrt{(2{,}4-0)^2+(4{,}8-3)^2}=3$$

Damit ist d(M; g) = d(M; L) = 3 = r, die Kugel berührt also auch den Mantel.

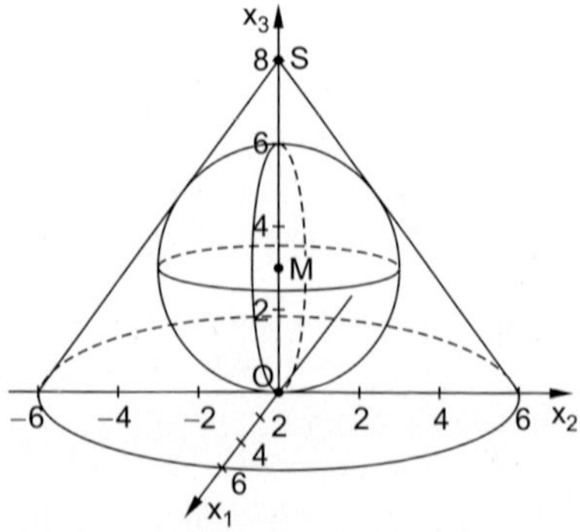

2. Lösungsweg:

Die Aufgabe kann auch als zweidimensionales Problem interpretiert werden (siehe Abbildung).

Gesucht ist dann der Abstand des Punktes M*(0 | 3) von der Geraden g*, die durch die Punkte S*(0 | 8) und G*(6 | 0) geht.

Für die Gleichung der Geraden g* ergibt sich:

$$y=-\frac{8}{6}x+8=-\frac{4}{3}x+8$$

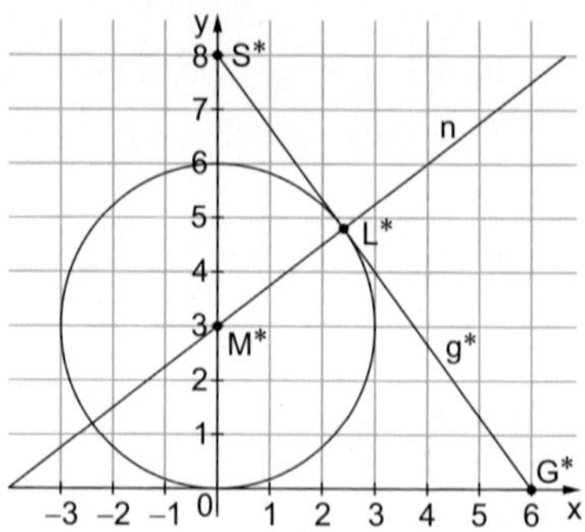

Mithilfe der Orthogonalitätsbedingung $m_1\cdot m_2=-1$ erhält man für die Steigung der Normalen n: $m_n=\frac{3}{4}$

Einsetzen von M* führt auf:

n: $y=\frac{3}{4}x+3$

Den Schnittpunkt L* von g* und n bestimmt man durch Gleichsetzen:

$$\begin{aligned}\frac{3}{4}x+3&=-\frac{4}{3}x+8\\ \frac{25}{12}x&=5\\ x&=2{,}4\end{aligned}$$

Durch Einsetzen in g* oder n erhält man $L^*(2{,}4\,|\,4{,}8)$ und

$d(M^*; L^*) = \sqrt{(2{,}4-0)^2 + (4{,}8-3)^2} = 3$,

womit die Behauptung nachgewiesen ist.

d) **Inhalt der Schnittfläche:**

Die Schnittlinie zwischen E_3 und der Mantelfläche des Kegels ist laut Aufgabenstellung parabelförmig (s. Skizze). Den Scheitelpunkt Q dieser Parabel erhält man durch den Schnitt der Ebene E_3: $4x_2 + 3x_3 = 0$ mit der Geraden

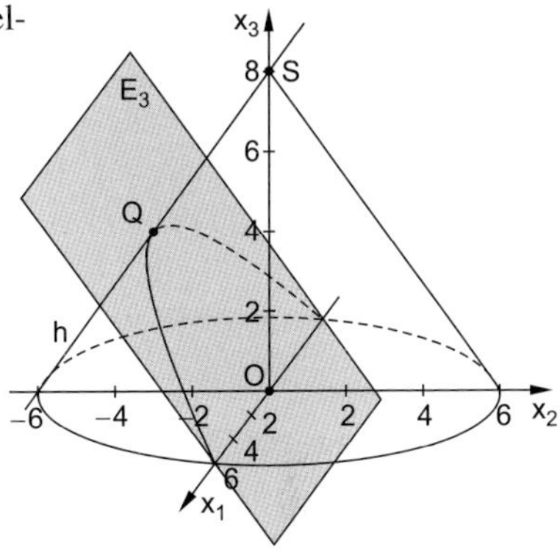

$$h: \vec{x} = \begin{pmatrix} 0 \\ -6 \\ 0 \end{pmatrix} + r \cdot \begin{pmatrix} 0 \\ 6 \\ 8 \end{pmatrix} \quad (r \in \mathbb{R}).$$

Einsetzen von h in E_3 ergibt:

$$\begin{aligned} 4\cdot(-6+6r) + 3\cdot 8r &= 0 \\ -24 + 24r + 24r &= 0 \\ 48r &= 24 \\ r &= 0{,}5 \end{aligned}$$

Damit erhält man für den Scheitel Q die Koordinaten $Q(0\,|\,-3\,|\,4)$.

Für den Abstand von Q zum Ursprung gilt: $d(O; Q) = \sqrt{(-3)^2 + 4^2} = 5$

Für die Berechnung des gesuchten Flächeninhaltes wählt man zunächst ein geeignetes Koordinatensystem (s. Skizze).

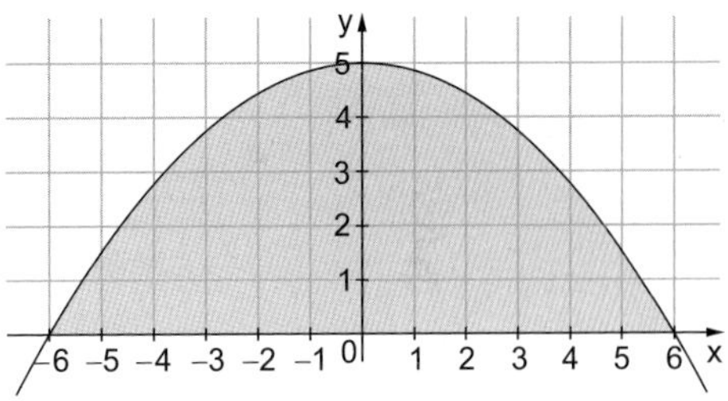

Ein Ansatz für die Gleichung der Parabel lautet also:

$f(x) = bx^2 + 5$

Aus $f(6) = 0$ folgt $36b + 5 = 0$

und $b = -\frac{5}{36}$.

Mit $f(x) = -\frac{5}{36}x^2 + 5$ ergibt sich für den gesuchten Flächeninhalt unter Berücksichtigung der Symmetrie:

$$A = \int_{-6}^{6} f(x)\,dx = 2\cdot\int_{0}^{6}\left(-\frac{5}{36}x^2 + 5\right)dx = 2\cdot\left[-\frac{5}{108}x^3 + 5x\right]_0^6$$

$$= 2\cdot\left(\frac{-5\cdot 216}{108} + 5\cdot 6\right) = 2\cdot(-10+30) = 40$$

Der Inhalt der Schnittfläche zwischen der Ebene E_3 und dem Kegel beträgt **40**.

e) **Gleichung einer Scharebene:**

Da es sich um einen senkrechten Kegel handelt, kann eine Ebene E_a, welche den Grundkreismittelpunkt $O(0|0|0)$ und die Spitze $S(0|0|8)$ enthält, das Volumen halbieren.

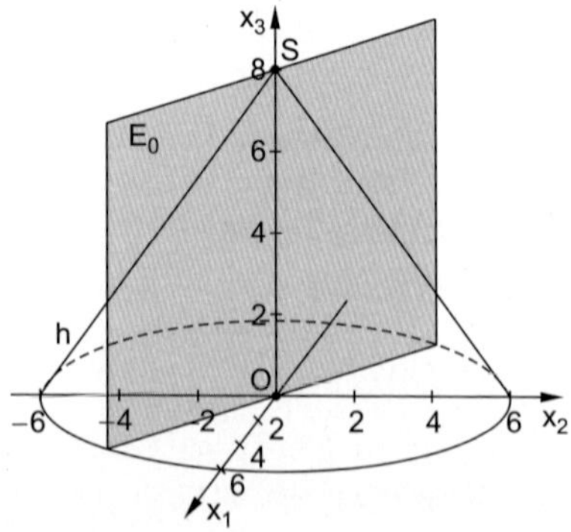

Wegen $(3-a)\cdot 0+4\cdot 0+a\cdot 0=0$ enthalten alle Repräsentanten der Ebenenschar E_a den Koordinatenursprung.

Einsetzen von $S(0|0|8)$ in E_a liefert die Gleichung $(3-a)\cdot 0+4\cdot 0+a\cdot 8=0$ mit der Lösung $a=0$.

Die Ebene $\mathbf{E_0}$: $\mathbf{3x_1+4x_2=0}$ enthält den Koordinatenursprung sowie die Spitze S und halbiert daher das Volumen des Kegels.

f) **Schnittgerade der Scharebenen:**

Die gesuchte Gerade liegt laut Aufgabenstellung in allen Ebenen der Schar. Zum Bestimmen der Geradengleichung genügt es, zwei beliebige Repräsentanten der Ebenenschar zu schneiden.

Schnitt von z. B. E_3 und E_0 führt auf folgendes LGS:

$$\begin{vmatrix} & 4x_2+3x_3=0 \\ 3x_1+4x_2 & =0 \end{vmatrix}$$

Setzt man $x_3=t$, so folgt $x_2=-\frac{3}{4}x_3=-\frac{3}{4}t$ und $x_1=-\frac{4}{3}x_2=-\frac{4}{3}\cdot\left(-\frac{3}{4}t\right)=t.$

Eine Gleichung der Schnittgeraden ist somit:

$$\mathbf{\vec{x}=t\cdot\begin{pmatrix}1\\-\frac{3}{4}\\1\end{pmatrix}}$$

Wahlteil: Stochastik C 1

Das Gewicht von Äpfeln einer bestimmten Sorte kann als normalverteilte Zufallsgröße X mit dem Erwartungswert $\mu = 160$ g und der Standardabweichung $\sigma = 24$ g angenommen werden.

a) Weisen Sie nach, dass ein zufällig ausgewählter Apfel mit einer Wahrscheinlichkeit von mehr als 10 % ein „kleiner Apfel" ist, d. h. weniger als 130 g wiegt. 0,5 VP

b) Ein Apfel gehört zu den schwersten 7 % aller Äpfel.
Ermitteln Sie, welches Gewicht dieser Apfel mindestens hat. 1,5 VP

Die Äpfel werden zufällig in Tüten mit jeweils 20 Äpfeln verpackt.

c) Bestimmen Sie die Wahrscheinlichkeit dafür, dass sich mehr als drei „kleine Äpfel" in einer Tüte befinden. 1,5 VP

d) Aus einer Tüte werden zufällig zwei Äpfel entnommen. Beide Äpfel sind „kleine Äpfel".
Ermitteln Sie, wie viele „kleine Äpfel" höchstens in der Tüte sein dürfen, damit dieses Ereignis mit einer Wahrscheinlichkeit von höchstens 10 % eintritt. 2 VP

e) In Lebensmittelgeschäften dürfen nach einer Verordnung ausschließlich Äpfel, die zur Güteklasse I gehören, d. h., deren Gewicht um maximal 10 % vom Erwartungswert abweicht, in Lagen ausgelegt werden.
Begründen Sie, dass der Wert des Integrals

$$\int_{144}^{176} \frac{1}{24 \cdot \sqrt{2\pi}} \cdot e^{-\frac{(x-160)^2}{1152}}\,dx$$

die Wahrscheinlichkeit dafür angibt, dass ein Apfel zur Güteklasse I gehört. 1,5 VP

Die Äpfel werden von Hand sortiert und anschließend entweder in Tüten mit der Aufschrift „Äpfel der Güteklasse I" verpackt oder aussortiert. Bei dem Sortierprozess werden alle Äpfel der Güteklasse I auch als solche eingestuft. Die Wahrscheinlichkeit dafür, dass ein Apfel, der nicht zur Güteklasse I gehört, aussortiert wird, bezeichnet man mit x. Es kann davon ausgegangen werden, dass im Mittel 50 % aller geernteten Äpfel zur Güteklasse I gehören. Ein im Rahmen der Prüfung per Hand als Apfel der Güteklasse I verpackter Apfel wird zufällig ausgewählt.

f) Berechnen Sie den kleinstmöglichen Wert von x, für den die Wahrscheinlichkeit dafür, dass dieser Apfel nicht zur Güteklasse I gehört, höchstens 10 % beträgt. 2,5 VP

Zur Optimierung des Sortierprozesses lässt ein Obstbauer inzwischen die Äpfel maschinell sortieren, bevor er sie an einen Händler verkauft. Er behauptet, dass nach dem maschinellen Sortierprozess mindestens 95 % der Äpfel zur Güteklasse I gehören. Der Händler bezweifelt dies und führt einen Hypothesentest mit dem Stichprobenumfang $n = 200$ auf einem Signifikanzniveau von 5 % durch. Die Nullhypothese lautet: „Mindestens 95 % der Äpfel gehören zur Güteklasse I."

g) Weisen Sie nach, dass die Nullhypothese abgelehnt wird, wenn sich weniger als 185 Äpfel der Güteklasse I in der Stichprobe befinden. 1,5 VP

Die Wahrscheinlichkeit dafür, dass ein Apfel zur Güteklasse I gehört, sei p. Die Abbildung zeigt für den Test aus Teilaufgabe g die Wahrscheinlichkeit, dass das Testergebnis im Ablehnungsbereich liegt, in Abhängigkeit von p.

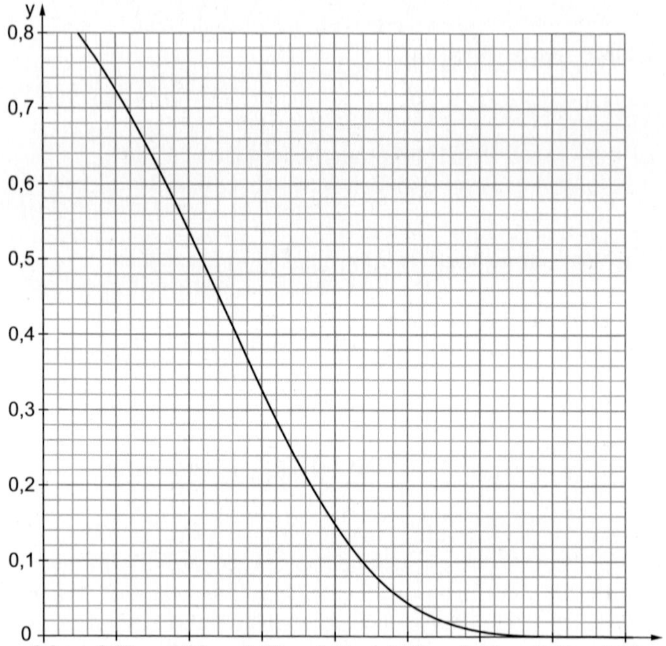

h) Bestimmen Sie mithilfe der Abbildung die Wahrscheinlichkeit für den Fehler 2. Art, falls in Wirklichkeit nach dem Sortierprozess der Anteil der Äpfel aus Güteklasse I nur 92 % beträgt.
Erläutern Sie Ihr Vorgehen. 1,5 VP

TIPP Lösungshinweise zum Wahlteil Stochastik – Aufgabe C 1

Aufgabe C 1 – Teilaufgabe a

Nachweis für Wahrscheinlichkeit

Wie berechnet man mit dem WTR die gesuchte Wahrscheinlichkeit?

Einen Hinweis finden Sie ggf. bei WTR 8.

Aufgabe C 1 – Teilaufgabe b

Gewicht des schweren Apfels

Führen Sie z. B. c für das Mindestgewicht des schweren Apfels ein.

Was gilt dann nach Vorgabe für $P(X \geq c)$?

Um mit dem WTR den Wert von c bestimmen zu können, müssen Sie umformen; Sie benötigen dazu ein „≤" (WTR 9).

Aufgabe C 1 – Teilaufgabe c

Wahrscheinlichkeit für mehr als drei kleine Äpfel

Wie groß ist die Wahrscheinlichkeit, der Tüte einen kleinen Apfel zu entnehmen? Beachten Sie Ihr Ergebnis aus Teilaufgabe a.

Führen Sie eine Zufallsgröße Y für die Anzahl der kleinen Äpfel in der Tüte ein. Wie ist Y verteilt?

$P(Y > 3)$ können Sie mit dem WTR wieder nicht direkt berechnen. Welche Umformung ermöglicht die Berechnung der Wahrscheinlichkeit?

Aufgabe C 1 – Teilaufgabe d

Anzahl der kleinen Äpfel

Führen Sie z. B. g für die Anzahl der kleinen Äpfel in der Tüte ein.

Wie groß ist die Wahrscheinlichkeit, zwei kleine Äpfel aus der Tüte zu ziehen, in Abhängigkeit von g?

Beachten Sie, dass es sich um Ziehen ohne Zurücklegen handelt.

Da diese Wahrscheinlichkeit $\leq 0{,}1$ sein soll, erhalten Sie eine Ungleichung, die Sie durch systematisches Probieren lösen können.

Welche Werte kann g nur annehmen?

Aufgabe C 1 – Teilaufgabe e

Begründung für das Integral

Den Term für die Dichtefunktion finden Sie in der Merkhilfe.

Setzen Sie im ersten Schritt μ und σ ein.

Wie berechnet man mithilfe der Dichtefunktion Wahrscheinlichkeiten?

Überlegen Sie, wie sich aus der Aufgabenstellung und dem Erwartungswert 160 die Integrationsgrenzen ergeben.

Aufgabe C 1 – Teilaufgabe f

Berechnung von x

Führen Sie Bezeichnungen für die Ereignisse G („Apfel gehört zur Güteklasse I") und T („Apfel wird in die Tüte mit der Aufschrift „Äpfel der Güteklasse I" verpackt") ein.

Mit welchem Term kann man die bedingte Wahrscheinlichkeit $P_T(\overline{G})$ bestimmen?

Bestimmen Sie die für diesen Term benötigten Wahrscheinlichkeiten z. B. mittels eines Baumdiagramms.

Da die Wahrscheinlichkeit $P_T(\overline{G}) \leq 0{,}1$ sein soll, erhalten Sie eine Ungleichung, welche Sie rechnerisch nach x lösen können.

Aufgabe C 1 – Teilaufgabe g

Nachweis

Führen Sie für die Wahrscheinlichkeit, dass ein Apfel zur Güteklasse I gehört, z. B. p ein, für die Anzahl dieser Äpfel in der Stichprobe z. B. die Zufallsgröße Z.

Geben Sie an, wie Z bei zutreffender Nullhypothese im Extremfall (also wenn das „=" gilt) verteilt ist.

Sprechen große oder kleine Werte von Z gegen die Nullhypothese? Handelt es sich also um einen links- oder rechtsseitigen Test?

Überprüfen Sie, ob die Wahrscheinlichkeit für das im Aufgabentext formulierte Ereignis unterhalb des vorgegebenen Signifikanzniveaus bleibt.

Aufgabe C 1 – Teilaufgabe h

Wahrscheinlichkeit für Fehler 2. Art

Wann liegt ein Fehler 2. Art vor?

Entnehmen Sie der Abbildung, wie groß für $p = 0{,}92$ die Wahrscheinlichkeit dafür ist, dass das Testergebnis im Ablehnungsbereich liegt.

Wie groß ist dann die Wahrscheinlichkeit dafür, dass die Nullhypothese nicht abgelehnt wird?

Geben Sie damit die Wahrscheinlichkeit für den Fehler 2. Art an.

Lösungsvorschlag – Wahlteil: Stochastik C 1

Die Zufallsgröße X ist normalverteilt mit dem Erwartungswert $\mu = 160$ g und der Standardabweichung $\sigma = 24$ g.

a) **Nachweis für Wahrscheinlichkeit:**
Mit dem WTR erhält man:
$P(X < 130) \approx 0{,}106 = 10{,}6\,\% > 10\,\%$ (WTR 8)

b) **Gewicht des schweren Apfels:**
Wenn c das Gewicht bezeichnet, das der Apfel mindestens haben muss, gilt:
$P(X \geq c) = 0{,}07$

Um den WTR verwenden zu können, schreibt man dies um in $P(X \leq c) = 0{,}93$ und erhält $c \approx 195{,}4$ (WTR 9).

Der Apfel muss **mindestens 195,4 g** wiegen.

c) **Wahrscheinlichkeit für mehr als drei kleine Äpfel:**
Wenn A das Ereignis „ein zufällig ausgewählter Apfel ist klein" beschreibt, ist $P(A) \approx 0{,}106$ (vgl. Teilaufgabe a).

Gibt die Zufallsgröße Y die Anzahl der kleinen Äpfel in der Tüte an, ist Y daher binomialverteilt mit $n = 20$ und $p = 0{,}106$. Daher gilt:
$P(Y > 3) = 1 - P(Y \leq 3) \approx 0{,}155$ (WTR 5)

Mit der Wahrscheinlichkeit von **15,5 %** befinden sich mehr als drei kleine Äpfel in der Tüte.

d) **Anzahl der kleinen Äpfel:**
Wenn die Anzahl der kleinen Äpfel in der Tüte mit g bezeichnet wird, entnimmt man der Tüte mit der Wahrscheinlichkeit

$$P = \frac{g}{20} \cdot \frac{g-1}{19}$$

zwei kleine Äpfel (Ziehen ohne Zurücklegen).

Zu bestimmen ist nun die größte natürliche Zahl g, für die gilt:

$$P = \frac{g}{20} \cdot \frac{g-1}{19} \leq 0{,}1$$

Durch systematisches Probieren erhält man

für $g = 6$: $\frac{6}{20} \cdot \frac{6-1}{19} \approx 0{,}08 \leq 0{,}1$

für $g = 7$: $\frac{7}{20} \cdot \frac{7-1}{19} \approx 0{,}11 > 0{,}1$

Es dürfen **höchstens 6 kleine Äpfel** in der Tüte sein.

e) **Begründung für das Integral:**
Für die Dichtefunktion der Normalverteilung gilt:

$$\varphi_{\mu;\,\sigma}(x) = \frac{1}{\sigma \cdot \sqrt{2\pi}} \cdot e^{-\frac{(x-\mu)^2}{2\sigma^2}} \quad \text{(vgl. Merkhilfe)}$$

Einsetzen von $\mu = 160$ und $\sigma = 24$ ergibt zunächst:

$$\varphi_{160;\,24}(x) = \frac{1}{24 \cdot \sqrt{2\pi}} \cdot e^{-\frac{(x-160)^2}{1\,152}}$$

Das Integral über die Dichtefunktion gibt die Wahrscheinlichkeit an; aus der geforderten maximalen Abweichung um 10 % vom Erwartungswert für die Güteklasse I ergeben sich die Integrationsgrenzen 160 ± 16 und man erhält:

$$\int_{144}^{176} \frac{1}{24 \cdot \sqrt{2\pi}} \cdot e^{-\frac{(x-160)^2}{1\,152}}\, dx$$

f) **Berechnung von x:**
Man führt Bezeichnungen für die relevanten Ereignisse ein, z. B.:
G: Apfel gehört zur Güteklasse I.
T: Apfel wird in eine Tüte mit der Aufschrift „Äpfel der Güteklasse I“ verpackt.
Die bedingte Wahrscheinlichkeit, dass ein Apfel, der in einer Tüte mit Aufschrift „Äpfel der Güteklasse I“ verpackt ist (T), nicht zur Güteklasse I gehört ($\overline{G}$), lässt sich mit folgendem Term berechnen:

$$P_T(\overline{G}) = \frac{P(\overline{G} \cap T)}{P(T)}$$

Die nötigen Wahrscheinlichkeiten entnimmt man z. B. diesem Baumdiagramm:

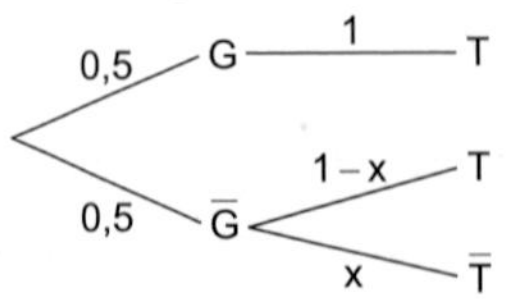

Mit der Pfad- bzw. Summenregel erhält man:
$P(\overline{G} \cap T) = 0{,}5 \cdot (1-x)$ und $P(T) = P(G \cap T) + P(\overline{G} \cap T) = 0{,}5 + 0{,}5 \cdot (1-x)$

Der kleinstmögliche Wert von x lässt sich durch Lösen der Ungleichung $P_T(\overline{G}) \le 0{,}1$ berechnen.

$$\frac{0{,}5 \cdot (1-x)}{0{,}5 + 0{,}5 \cdot (1-x)} \le 0{,}1 \qquad \big| \cdot (0{,}5 + 0{,}5 \cdot (1-x))$$

$$0{,}5 \cdot (1-x) \le 0{,}1 \cdot (0{,}5 + 0{,}5 \cdot (1-x)) \qquad \big| : 0{,}5$$

$$1 - x \le 0{,}1 \cdot (1 + (1-x))$$

$$1 - x \le 0{,}1 + 0{,}1 - 0{,}1x \qquad \big| -0{,}2$$

$$0{,}8 - x \le -0{,}1x \qquad |+x$$
$$0{,}8 \le 0{,}9x \qquad |:0{,}9$$
$$x \ge \frac{8}{9} \approx 88{,}9\,\%$$

Für $\mathbf{x \ge 88{,}9\,\%}$ beträgt die Wahrscheinlichkeit dafür, dass ein Apfel, welcher in eine Tüte mit der Aufschrift „Äpfel der Güteklasse I“ verpackt wird, nicht zur Güteklasse I gehört, höchstens 10 %.

g) **Nachweis:**

Die Wahrscheinlichkeit dafür, dass ein Apfel zur Güteklasse I gehört, sei p.
Es wird ein linksseitiger Test durchgeführt mit der Nullhypothese

H_0: $p \ge 0{,}95$

und der Alternative

H_1: $p < 0{,}95$ (Vermutung des Händlers)

auf der Grundlage einer Stichprobe von 200 Äpfeln und einem Signifikanzniveau von 5 %.

Die Zufallsgröße Z beschreibt die Anzahl der Äpfel aus Güteklasse I. Bei zutreffender Nullhypothese ist Z im Extremfall $B_{200;\,0,95}$-verteilt.

Kleine Werte von Z sprechen gegen die Nullhypothese. Der Ablehnungsbereich von H_0 hat daher die Form $A = \{0; 1; 2; \ldots; g\}$, wobei g die größte natürliche Zahl ist mit $P(Z \le g) \le 0{,}05$.

Es genügt zu zeigen, dass die Wahrscheinlichkeit, dass sich höchstens 184 (also weniger als 185) Äpfel der Güteklasse I in der Stichprobe befinden, höchstens 5 % (Signifikanzniveau) beträgt.

Mit dem WTR (WTR 5) erhält man:

$P(Z \le 184) \approx 0{,}044 < 0{,}05$

Damit ist gezeigt, dass die Nullhypothese abgelehnt wird, wenn sich weniger als 185 Äpfel der Güteklasse I in der Stichprobe befinden.

h) **Wahrscheinlichkeit für Fehler 2. Art:**

Ein Fehler 2. Art liegt vor, wenn H_0 falsch ist, aber nicht verworfen wird.

Die Wahrscheinlichkeit dafür, dass das Testergebnis im Ablehnungsbereich liegt, beträgt für $p = 0{,}92$ ungefähr 54 %, wie man der Abbildung entnimmt.
Somit befindet man sich mit einer Wahrscheinlichkeit von $100\,\% - 54\,\% = 46\,\%$ in dem Bereich, in dem die Nullhypothese nicht abgelehnt wird.

Da H_0 für $p = 0{,}92$ nicht wahr ist, entspricht dieser Wert von **46 %** der Wahrscheinlichkeit für den Fehler 2. Art.

PRÜFUNGSAUFGABEN

Baden-Württemberg ▪ Leistungsfach Mathematik
Offizielle Beispielaufgabe für 2023

Pflichtteil

Aufgabe 1

Abgebildet ist der Graph der Funktion f mit $f(x) = \sqrt{4x + 16}$.

Berechnen Sie den Inhalt der markierten Fläche.

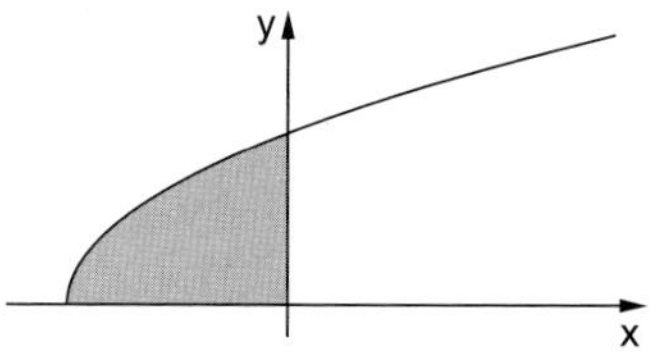

2,5 VP

Aufgabe 2

An einer Messstation wurde über einen Zeitraum von 10 Stunden die Anzahl der Pollen pro Kubikmeter Luft ermittelt. Dabei kann die Anzahl der Pollen pro Kubikmeter zum Zeitpunkt t (in Stunden nach Beginn der Messung) durch die Gleichung $n(t) = 3t^2 - 60t + 500$ mit $t \in \mathbb{R}$, $0 \le t \le 10$, beschrieben werden.

a) Bestimmen Sie die mittlere Änderung der Anzahl der Pollen pro Kubikmeter und Stunde während der ersten beiden Stunden der Messung.

b) Ermitteln Sie den Zeitpunkt nach Beginn der Messung, zu dem die momentane zeitliche Änderung der Anzahl der Pollen pro Kubikmeter und Stunde –30 beträgt.

2,5 VP

Aufgabe 3

Die Abbildung zeigt die Graphen der ganzrationalen Funktionen f und g. Betrachtet wird die Funktion h mit $h(x) = g(f(x))$.

Bestimmen Sie eine Gleichung der Tangente an den Graphen von h im Punkt $(4 \mid h(4))$.

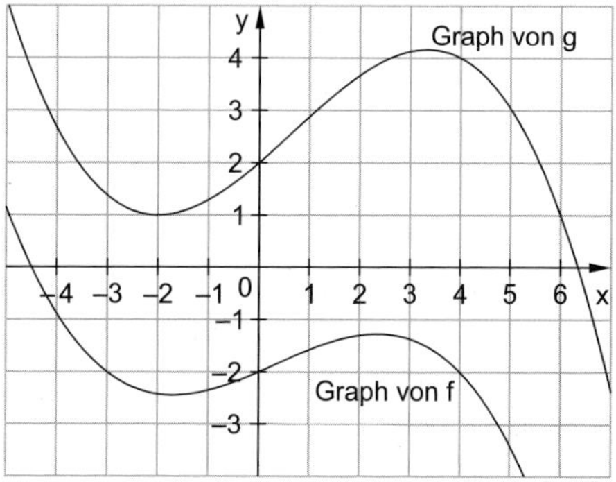

2,5 VP

Aufgabe 4

Gegeben sind die Geraden

g: $\vec{x} = \begin{pmatrix} 3 \\ -3 \\ 3 \end{pmatrix} + r \cdot \begin{pmatrix} 3 \\ 4 \\ -1 \end{pmatrix}$ und h: $\vec{x} = \begin{pmatrix} 3 \\ -3 \\ 3 \end{pmatrix} + s \cdot \begin{pmatrix} 5 \\ -3 \\ 3 \end{pmatrix}$ ($r, s \in \mathbb{R}$).

a) Geben Sie die Koordinaten des Schnittpunkts von g und h an.
Zeigen Sie, dass g und h senkrecht zueinander verlaufen.

b) Die Ebene E enthält die Geraden g und h.
Bestimmen Sie eine Gleichung von E in Koordinatenform. 2,5 VP

Aufgabe 5

Ein Glücksrad mit drei gleich großen Sektoren ist wie abgebildet beschriftet. Das Glücksrad wird zweimal gedreht.

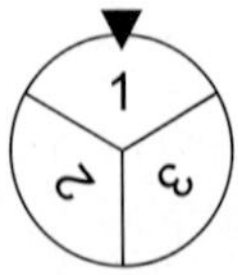

a) Die Zufallsgröße X gibt die Summe der beiden erzielten Zahlen an. Ergänzen Sie in der folgenden Tabelle die fehlenden Werte.

k	2	3	4	5	6
P(X = k)	$\frac{1}{9}$		$\frac{1}{3}$		

b) Betrachtet werden die Ereignisse A und B:
A: „Es wird (1; 3), (2; 2) oder (3; 1) erzielt."
B: „Beim ersten Drehen wird eine 2 erzielt."
Untersuchen Sie, ob A und B stochastisch unabhängig sind. 2,5 VP

Aufgabe 6

Eine Gärtnerei, die Tulpen in den Farben Gelb, Orange und Rot züchtet, stellt Sträuße mit jeweils 15 Tulpen zusammen.

a) Einer der Sträuße soll Tulpen in zwei verschiedenen Farben enthalten. Die Anzahl der Möglichkeiten, diesen Strauß zusammenzustellen, kann mit dem Term $\binom{3}{2} \cdot 14$ berechnet werden. Beschreiben Sie für jeden der beiden Faktoren die Bedeutung im Sachzusammenhang.

b) In einem der Sträuße sollen zu jeder der drei Farben mindestens vier und höchstens sechs Tulpen enthalten sein. Bestimmen Sie die Anzahl der Möglichkeiten, diesen Strauß zusammenzustellen. 2,5 VP

TIPP Lösungshinweise zum Pflichtteil

Aufgabe 1

Ermitteln Sie die linke Integrationsgrenze als Nullstelle von f.

Welche Regel ist bei der Bestimmung der Stammfunktion zu beachten?

Aufgabe 2

Teilaufgabe a

Welcher Quotient beschreibt die **mittlere** Änderungsrate in einem Intervall?

Teilaufgabe b

Wie ermittelt man die **momentane** Änderungsrate einer Funktion?

Diese soll –30 betragen. Lösen Sie die entsprechende Gleichung.

Aufgabe 3

Wie bestimmen Sie allgemein die Steigung einer Tangente?

Welche Ableitungsregel benötigen Sie für die Bestimmung von h'?

Entnehmen Sie der Abbildung die benötigten Werte; beginnen Sie mit f(4).

Wie ermitteln Sie den y-Achsenabschnitt der Tangente?

Aufgabe 4

Teilaufgabe a

Bei den gegebenen Geraden g und h können die Koordinaten des Schnittpunkts sofort abgelesen werden.

Welche Bedingung gilt für orthogonale Vektoren?

Weisen Sie rechnerisch nach, dass diese Bedingung für die Richtungsvektoren von g und h erfüllt ist.

Teilaufgabe b

Welche Spannvektoren können Sie z. B. für die Ebene E wählen, wenn diese die Geraden g und h enthält? Welche besondere Lage besitzen ein Normalenvektor von E und diese Spannvektoren?

Ermitteln Sie einen Normalenvektor von E mithilfe des Vektorproduktes.

Wie bestimmen Sie abschließend eine Gleichung von E in Koordinatenform?

Aufgabe 5

Teilaufgabe a

Das Glücksrad wird zweimal gedreht. Welche Zahlenpaare können jeweils erscheinen, damit die Summe X der erzielten Zahlen z. B. $X=3$ ist? Berechnen Sie jeweils die Wahrscheinlichkeit dieser Ergebnisse.

Wie erhalten Sie damit z. B. $P(X=3)$?

Teilaufgabe b

Welche Bedingung erfüllen A und B, wenn sie stochastisch unabhängig sind?

Bestimmen Sie P(A) und P(B).

Welches Zahlenpaar muss erscheinen, damit A **und** B eintreten? Berechnen Sie $P(A \cap B)$ und überprüfen Sie damit rechnerisch die entsprechende Bedingung.

Aufgabe 6

Teilaufgabe a

Wie bestimmen Sie die Anzahl der Möglichkeiten, aus drei Farben zwei auszuwählen?

Wie viele Tulpen der ersten Farbe kann der Strauß maximal enthalten?

Teilaufgabe b

Berücksichtigen Sie, dass der Strauß von jeder Farbe gleich viele Tulpen enthalten kann.

Wie viele Möglichkeiten der Anordnung der drei Farben gibt es für die weiteren Zusammenstellungen des Straußes?

Damit können Sie die Anzahl der Möglichkeiten insgesamt angeben.

Aufgabe 1

Zunächst ist der Schnittpunkt des Graphen mit der x-Achse bzw. die Nullstelle der Funktion f zu bestimmen:

$$\begin{aligned} f(x) &= 0 \\ \sqrt{4x+16} &= 0 \\ 4x+16 &= 0 \quad |-16 \quad |:4 \\ x &= -4 \end{aligned}$$

Damit ergibt sich für den Inhalt der markierten Fläche:

$$A = \int_{-4}^{0} f(x)\,dx = \int_{-4}^{0} \sqrt{4x+16}\,dx = \int_{-4}^{0} (4x+16)^{\frac{1}{2}}\,dx$$

$$= \left[\frac{1}{4}\cdot\frac{2}{3}\cdot(4x+16)^{\frac{3}{2}}\right]_{-4}^{0} \qquad \text{(lineare Substitution)}$$

$$= \frac{1}{6}\cdot\left(16^{\frac{3}{2}}-0\right) = \frac{1}{6}\cdot 4^3 = \frac{64}{6} = \frac{32}{3}$$

Die markierte Fläche hat den Inhalt $\mathbf{A = \frac{32}{3}}$.

Aufgabe 2

Die Anzahl der Pollen pro Kubikmeter zum Zeitpunkt t (in Stunden) wird beschrieben durch $n(t) = 3t^2 - 60t + 500$ mit $t \in \mathbb{R}$, $0 \le t \le 10$.

a) Die mittlere Änderungsrate der Anzahl der Pollen während der ersten beiden Stunden erhält man mithilfe des entsprechenden Differenzenquotienten:

$$\frac{n(2)-n(0)}{2-0} = \frac{3\cdot 2^2 - 60\cdot 2 + 500 - (3\cdot 0^2 - 60\cdot 0 + 500)}{2}$$

$$= \frac{12-120+500-500}{2} = \frac{-108}{2} = \mathbf{-54}$$

Die mittlere Änderung während der ersten beiden Stunden beträgt –54 Pollen pro Kubikmeter und Stunde, d. h., die Anzahl der Pollen nimmt ab.

b) Die momentane zeitliche Änderung der Anzahl der Pollen pro Kubikmeter und Stunde bestimmt man mithilfe der ersten Ableitung von n:

$n'(t) = 6t - 60$

Es soll gelten:

$$\begin{aligned} n'(t) &= -30 \\ 6t-60 &= -30 \quad |+60 \quad |:6 \\ t &= 5 \end{aligned}$$

Der gesuchte Zeitpunkt ist **fünf Stunden** nach Beginn der Messung erreicht.

Aufgabe 3

Die Steigung der Tangente im Punkt (4 | h(4)) stimmt mit der Steigung des Graphen von h an der Stelle 4 überein. Diese Steigung erhält man mithilfe der ersten Ableitung. Unter Berücksichtigung der Kettenregel erhält man:

$$h'(4) = g'(f(4)) \cdot \underbrace{f'(4)}_{\substack{\text{innere} \\ \text{Ableitung}}}$$

Der Abbildung entnimmt man f(4) = –2 und dass g'(–2) = 0 ist, da der Graph von g an der Stelle x = –2 einen Tiefpunkt hat. Damit ergibt sich:

$$h'(4) = g'(-2) \cdot f'(4) = 0 \cdot f'(4) = 0$$

Für die Gleichung der gesuchten Tangente benötigt man nun noch h(4); g(–2) wird dabei wieder der Abbildung entnommen:

$$h(4) = g(f(4)) = g(-2) = 1$$

Eine Gleichung der Tangente ist **y = 1**.

Aufgabe 4

a) **Schnittpunkt:**

Die Koordinaten des Schnittpunkts S ergeben sich aus den identischen Stützvektoren der Geraden g und h. Damit ist **S(3 | –3 | 3)**.

Nachweis:

Zwei Geraden g und h verlaufen senkrecht zueinander, wenn das Skalarprodukt der Richtungsvektoren null ist. Wegen

$$\begin{pmatrix} 3 \\ 4 \\ -1 \end{pmatrix} \cdot \begin{pmatrix} 5 \\ -3 \\ 3 \end{pmatrix} = 3 \cdot 5 + 4 \cdot (-3) + (-1) \cdot 3 = 15 - 12 - 3 = 0$$

verlaufen g und h also zueinander senkrecht.

b) Enthält die Ebene E die Geraden g und h, steht ein Normalenvektor von E senkrecht auf den Richtungsvektoren von g und h.

Einen Normalenvektor von E bestimmt man z. B. mithilfe des Vektorproduktes:

$$\vec{n} = \begin{pmatrix} 3 \\ 4 \\ -1 \end{pmatrix} \times \begin{pmatrix} 5 \\ -3 \\ 3 \end{pmatrix} = \begin{pmatrix} 4 \cdot 3 - (-1) \cdot (-3) \\ (-1) \cdot 5 - 3 \cdot 3 \\ 3 \cdot (-3) - 4 \cdot 5 \end{pmatrix} = \begin{pmatrix} 9 \\ -14 \\ -29 \end{pmatrix}$$

Ansatz für eine Koordinatengleichung von E: $9x_1 - 14x_2 - 29x_3 = c$ mit $c \in \mathbb{R}$

Einsetzen der Koordinaten von S(3 | –3 | 3) liefert:

$$c = 9 \cdot 3 - 14 \cdot (-3) - 29 \cdot 3 = 27 + 42 - 87 = -18$$

Somit ist eine mögliche Koordinatengleichung von **E: $\mathbf{9x_1 - 14x_2 - 29x_3 = -18}$**.

Aufgabe 5

a) Die Zufallsgröße X gibt die Summe der beiden erzielten Zahlen an.
Da alle drei Sektoren gleich groß sind, erhält man für die fehlenden Werte:

$$P(X=3)=P(1;2)+P(2;1)=2\cdot\frac{1}{3}\cdot\frac{1}{3}=\frac{2}{9}$$

$$P(X=5)=P(2;3)+P(3;2)=2\cdot\frac{1}{3}\cdot\frac{1}{3}=\frac{2}{9}$$

$$P(X=6)=P(3;3)=\frac{1}{3}\cdot\frac{1}{3}=\frac{1}{9}$$

Damit ergibt sich folgende Wahrscheinlichkeitsverteilung:

k	2	3	4	5	6
P(X = k)	$\frac{1}{9}$	$\mathbf{\frac{2}{9}}$	$\frac{1}{3}$	$\mathbf{\frac{2}{9}}$	$\mathbf{\frac{1}{9}}$

Ergänzender Hinweis: Eine der berechneten Wahrscheinlichkeiten hätte man auch dadurch erhalten können, dass die Summe aller Wahrscheinlichkeiten gleich 1 ist.

b) Die Ereignisse A und B sind stochastisch unabhängig, wenn gilt:
$P(A\cap B)=P(A)\cdot P(B)$

Wegen $P(1;3)=P(2;2)=P(3;1)=\frac{1}{3}\cdot\frac{1}{3}=\frac{1}{9}$ ist $P(A)=3\cdot\frac{1}{9}=\frac{1}{3}$.

Mit $P(B)=\frac{1}{3}$ und $P(A\cap B)=P(2;2)=\frac{1}{9}$ gilt:

$$P(A\cap B)=\frac{1}{9}=\frac{1}{3}\cdot\frac{1}{3}=P(A)\cdot P(B)$$

A und B sind **stochastisch unabhängig**.

Aufgabe 6

a) Der erste Faktor $\binom{3}{2}$ gibt die Anzahl der Möglichkeiten an, zwei der drei Farben auszuwählen. Es handelt sich um ein „Ziehen ohne Zurücklegen und ohne Berücksichtigung der Reihenfolge“, wie es z. B. auch beim Lotto vorkommt; hier liefert der entsprechende Binomialkoeffizient die Anzahl.

Der zweite Faktor 14 entspricht der Anzahl der Möglichkeiten, eine Anzahl von Tulpen dieses Straußes für die erste Farbe zu bestimmen. Diese Anzahl der Tulpen einer Farbe liegt zwischen 1 und 14; es muss mindestens eine Tulpe für die zweite Farbe übrigbleiben. Durch die Anzahl der Tulpen der ersten Farbe ist bereits eindeutig festgelegt, wie viele Tulpen der zweiten Farbe im Strauß sein müssen.

b) Nun sollen von jeder der drei Farben vier bis sechs Tulpen enthalten sein. Eine Möglichkeit ist, jeweils fünf Tulpen jeder Farbe zu wählen. Außerdem kann man von einer Farbe vier, von einer zweiten Farbe fünf und von einer dritten Farbe sechs Tulpen nehmen. Für die Anzahl der entsprechenden Permutationen (Anordnungen von drei Objekten) erhält man $3! = 6$.

Somit gibt es insgesamt **sieben Möglichkeiten**, diesen Strauß zusammenzustellen.

Ergänzender Hinweis: Hier könnte man die Anzahl der Möglichkeiten auch durch Aufzählung bestimmen:
(4; 5; 6), (4; 6; 5), (5; 6; 4), (5; 4; 6), (6; 4; 5), (6; 5; 4) und (5; 5; 5)

Aufgabe A 1.1

Die Abbildung in der Anlage zeigt den Graphen einer Funktion f, die für $0 \le t \le 15$ das Volumen des Wassers in einem Becken in Abhängigkeit von der Zeit beschreibt. Dabei ist t die seit Beobachtungsbeginn vergangene Zeit in Stunden und f(t) das Volumen in Kubikmetern.

a) Geben Sie das Volumen des Wassers fünf Stunden nach Beobachtungsbeginn an.
Geben Sie den Zeitraum an, in dem das Volumen mindestens 350 Kubikmeter beträgt.
Bestimmen Sie die momentane Änderungsrate des Wasservolumens zwei Stunden nach Beobachtungsbeginn.
Begründen Sie, dass die Funktionsgleichung von f weder die Form I noch die Form II hat:

I $\quad y = -0{,}3t^4 + at^2 + 100, \qquad a \in \mathbb{R}$

II $\quad y = 8{,}5t^3 + 3{,}7t^2 + bt + 100, \qquad b \in \mathbb{R}$ 5 VP

b) Die fünfzehn Stunden nach Beobachtungsbeginn vorliegende momentane Änderungsrate des Wasservolumens bleibt bis zu dem Zeitpunkt erhalten, zu dem das Becken kein Wasser mehr enthält.
Beschreiben Sie ein Verfahren, mit dem man diesen Zeitpunkt grafisch bestimmen kann.
Interpretieren Sie die Gleichung $f(t+6) = f(t) - 350$ im Sachzusammenhang.
Geben Sie eine Lösung der Gleichung an. 3,5 VP

Für ein anderes Becken wird die momentane Änderungsrate des Volumens des enthaltenen Wassers für $0 \le t \le 15$ durch die Funktion g mit $g(t) = 0{,}4 \cdot (2t^3 - 39t^2 + 180t)$ beschrieben. Dabei ist t die seit Beobachtungsbeginn vergangene Zeit in Stunden und g(t) die Änderungsrate in $\frac{m^3}{h}$. Die Funktion G mit $G(t) = 0{,}2 \cdot (t^4 - 26t^3 + 180t^2)$ ist eine Stammfunktion von g.

c) Berechnen Sie für den beschriebenen Zeitraum denjenigen Zeitpunkt, zu dem die momentane Änderungsrate des Wasservolumens maximal ist.
Ermitteln Sie rechnerisch den Zeitraum, in dem das Volumen des Wassers abnimmt. 4,5 VP

d) Drei Stunden nach Beobachtungsbeginn sind im Becken 350 Kubikmeter Wasser enthalten.
Bestimmen Sie das Volumen des Wassers zu Beobachtungsbeginn.
Untersuchen Sie rechnerisch, ob es nach Beobachtungsbeginn einen Zeitpunkt gibt, zu dem das Wasservolumen ebenso groß ist wie zu Beobachtungsbeginn. 4,5 VP

Aufgabe A 1.2

Zeigen Sie: Wenn der Graph einer differenzierbaren Funktion f die x-Achse in einem Punkt P berührt, dann gilt dies auch für den Graphen der Funktion g mit $g(x) = e^{f(x)} - 1$. 2,5 VP

Abbildung zu Aufgabe A 1.1

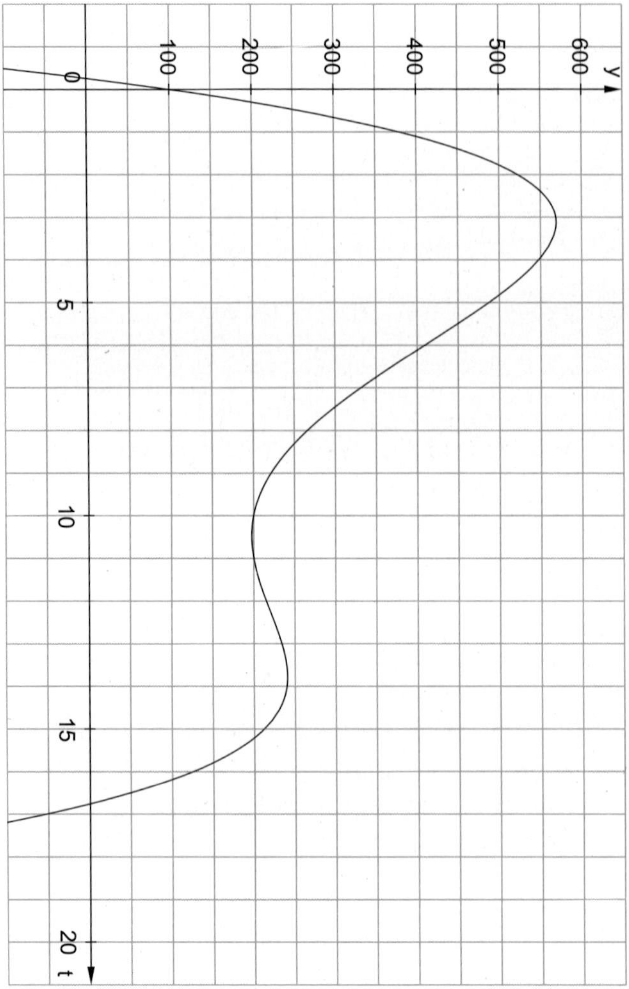

TIPP Lösungshinweise zum Wahlteil Analysis – Aufgabe A 1

Aufgabe A 1.1 – Teilaufgabe a

Wasservolumen

Das gesuchte Volumen, also den Funktionswert von f an der Stelle $t=5$, entnimmt man dem Graphen.

Zeitraum

Zeichnen Sie die entsprechende Gerade als Parallele zur t-Achse ein und lesen Sie dann die beiden Schnittstellen ab.

Momentane Änderungsrate

Wie erhält man grafisch einen Näherungswert für die momentane Änderungsrate?

Zeichnen Sie die entsprechende Gerade an der Stelle $t=2$ ein.

Eine der beiden Kenngrößen der eingezeichneten Geraden gibt die momentane Änderungsrate an. Ermitteln Sie diese grafisch.

Begründung

Betrachten Sie die Exponenten der ersten Gleichung. Welche Besonderheit weist der zugehörige Graph auf? Ist dies beim Graphen von f der Fall? Betrachten Sie dazu auch den Graphen von f für negative Werte von t.

Die zweite Gleichung beschreibt eine ganzrationale Funktion dritten Grades. Wie viele Extremstellen kann diese höchstens haben? Wie viele Extrempunkte besitzt aber der Graph von f im dargestellten Bereich?

Aufgabe A 1.1 – Teilaufgabe b

Verfahren

Wie ermitteln Sie grafisch die momentane Änderungsrate, die nach 15 Stunden vorliegt?

Diese Änderungsrate bleibt ab $t=15$ konstant erhalten. Welche Gerade beschreibt also das Wasservolumen ab diesem Zeitpunkt?

Wie bestimmen Sie dann grafisch den Zeitpunkt, an dem das Becken leer ist?

Interpretation einer Gleichung

Vergleichen Sie die Funktionswerte $f(t+6)$ und $f(t)$, wenn die Gleichung gilt.

Wie verändert sich das Wasservolumen ab dem entsprechenden Zeitpunkt t?

Eine Lösung der Gleichung

Suchen Sie in der Abbildung durch gezieltes Probieren einen Zeitpunkt, an dem 6 Stunden später der entsprechende Funktionswert die gesuchte Abweichung zum Funktionswert am Ausgangspunkt aufweist.

Aufgabe A 1.1 – Teilaufgabe c

Maximum

Die notwendige Bedingung für Extremstellen von g führt auf eine quadratische Gleichung für t.

Untersuchen Sie, ob bei den infrage kommenden Stellen ein Maximum vorliegt.

Abschließend ist zu prüfen, ob an den Rändern des betrachteten Bereichs die momentane Änderungsrate noch größer ist.

Zeitraum der Abnahme

Was gilt für g(t), wenn das Volumen abnimmt? Welches Vorzeichen der Funktionswerte von g führt zu einer Abnahme des Volumens?

Wie können Sie das Rechnen mit Ungleichungen vermeiden?

Der entsprechende Ansatz führt auf eine Gleichung 3. Grades. Welche Strategien zum Lösen solcher Gleichungen kennen Sie?

Mithilfe geeigneter Testwerte können Sie nun den gesuchten Zeitraum ermitteln.

Aufgabe A 1.1 – Teilaufgabe d

Wasservolumen zu Beobachtungsbeginn

Wie berechnen Sie die Menge des Wassers, das in den ersten drei Stunden zugeflossen ist, wenn die Änderungsrate gegeben ist?

Verwenden Sie die Funktion G.

Aus dem Volumen, das nach drei Stunden vorliegt, und der Menge des zugeflossenen Wassers ergibt sich die Menge des zu Beginn vorhandenen Wassers.

Zeitpunkt mit gleichem Wasservolumen wie zu Beginn

Wie berechnen Sie die Gesamtänderung der Wassermenge von Beginn an bis zu einem bestimmten Zeitpunkt x nach Beobachtungsbeginn?

Wie groß muss diese Gesamtänderung sein, wenn das Volumen genauso groß sein soll wie zu Beginn?

Sie erhalten eine Gleichung 4. Grades. Welche Strategien zum Lösen solcher Gleichungen kennen Sie? Welche Lösung der Gleichung ist nicht relevant?

Was bedeutet es im Sachzusammenhang, wenn es keine weitere Lösung gibt?

Aufgabe A 1.2

Nachweis

Was bedeutet es, dass der Graph von f im Punkt $P(a\,|\,f(a))$ die x-Achse berührt? Welche zwei Bedingungen bzw. Gleichungen sind dann erfüllt?

Zu zeigen ist, dass auch die Funktion g diese zwei Bedingungen erfüllt.

Was gilt für g(a)?

Welche Regel benötigen Sie beim Ableiten von g? Was gilt dann für g'(a)?

Aufgabe A 1.1

Die Funktion f beschreibt das Volumen des Wassers in einem Becken für $0 \leq t \leq 15$. Ihr Graph ist in der Abbildung der Anlage vorgegeben (t in Stunden seit Beobachtungsbeginn, f(t) in Kubikmetern).

a) **Wasservolumen:**

Dem Graphen entnimmt man $f(5) \approx 490$.

Fünf Stunden nach Beobachtungsbeginn enthält das Becken **etwa 490 m³** Wasser.

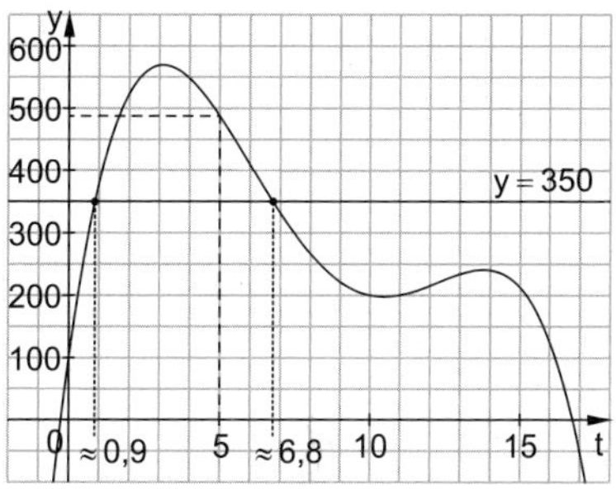

Zeitraum:

Die Gerade mit der Gleichung $y = 350$ schneidet den Graphen in zwei Punkten. Die zugehörigen t-Werte sind ungefähr 0,9 und 6,8. Zwischen diesen beiden Werten gilt $f(t) > 350$.

Im Zeitraum von **etwa 0,9 Stunden bis etwa 6,8 Stunden** nach Beobachtungsbeginn beträgt das Wasservolumen im Becken **mindestens 350 m³**.

Momentane Änderungsrate:

Man bestimmt grafisch die Ableitung von f an der Stelle 2. Dazu zeichnet man an dieser Stelle die Tangente an den Graphen und bestimmt deren Steigung mithilfe eines geeigneten (nicht zu kleinen) Steigungsdreiecks.

Man erhält mit den Werten aus der Abbildung:

$$f'(2) \approx \frac{610-340}{3-0} = \frac{270}{3} = 90$$

Die momentane Änderungsrate zwei Stunden nach Beginn beträgt etwa **90 m³ pro Stunde**.

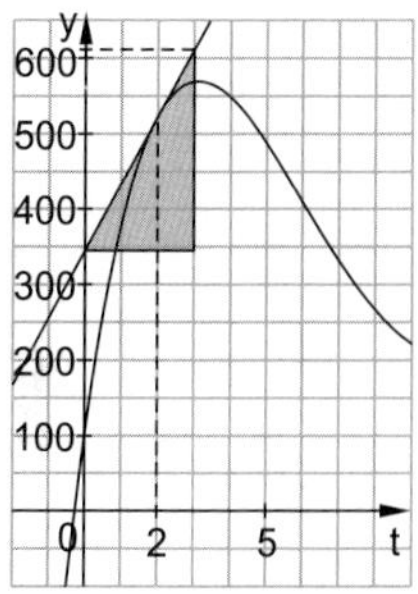

Begründung:

Die erste Gleichung $y = -0{,}3t^4 + at^2 + 100$ beschreibt eine ganzrationale Funktion vierten Grades. Da nur Potenzen von t mit geraden Hochzahlen auftreten, muss der zugehörige Graph achsensymmetrisch zur y-Achse sein. Dies ist beim Graphen von f ersichtlich nicht der Fall. Somit kann die Funktionsgleichung von f nicht von der Form I sein.

Die zweite Gleichung $y = 8{,}5t^3 + 3{,}7t^2 + bt + 100$ beschreibt eine ganzrationale Funktion dritten Grades, die höchstens zwei Extremstellen haben kann. Der Graph von f besitzt aber mindestens drei Extrempunkte. Somit kann die Funktionsgleichung von f auch nicht von der Form II sein.

b) **Verfahren:**

Man zeichnet im Punkt $P(15 \mid f(15))$ die Tangente an den Graphen von f. Der Schnittpunkt der Tangente mit der t-Achse liefert den Zeitpunkt, zu dem das Becken kein Wasser mehr enthält.

Interpretation der Gleichung $f(t+6)=f(t)-350$:

Die Lösungen dieser Gleichung im Bereich $0 \le t \le 9$ beschreiben die Zeitpunkte, ab denen in den folgenden 6 Stunden das Wasservolumen um 350 m^3 abnimmt.

Oder nach der kleinen Umformung $f(t)=f(t+6)+350$:

Die Lösungen dieser Gleichung im Bereich $0 \le t \le 9$ beschreiben die Zeitpunkte, zu denen das Becken 350 m^3 mehr Wasser enthält als sechs Stunden später.

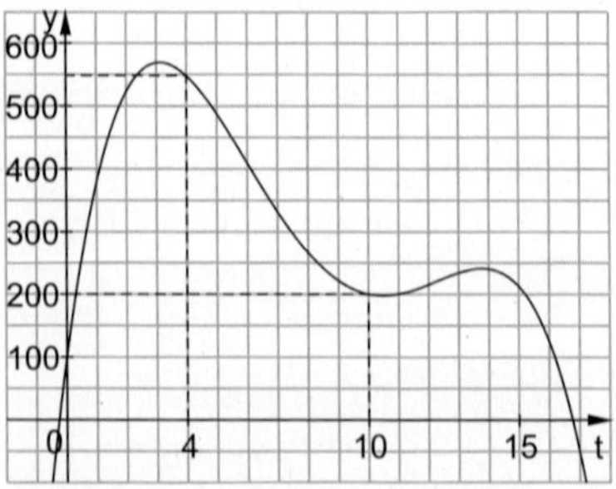

Eine Lösung der Gleichung:

Der Abbildung entnimmt man

$f(4) \approx 550$ und $f(10) \approx 200$.

D. h., es gilt $f(10) \approx f(4)-350$.

Eine mögliche Lösung der Gleichung ist somit $\mathbf{t \approx 4}$.

Für ein anderes Becken wird die momentane Änderungsrate des Wasservolumens durch die Funktion g mit $g(t)=0{,}4 \cdot (2t^3-39t^2+180t)$; $0 \le t \le 15$ beschrieben.

c) **Maximum:**

Ableitungen von g:

$g'(t)=0{,}4 \cdot (6t^2-78t+180)$; $g''(t)=0{,}4 \cdot (12t-78)$

Notwendige Bedingung für Extremstellen:

$$g'(t)=0$$
$$6t^2-78t+180=0$$
$$t^2-13t+30=0$$
$$t_{1;2}=\frac{13}{2} \pm \sqrt{\frac{169}{4}-30}=\frac{13}{2} \pm \frac{7}{2}$$
$$t_1=3; \quad t_2=10$$

Es gilt $g''(3)=0{,}4 \cdot (12 \cdot 3-78)<0$ und $g''(10)=0{,}4 \cdot (12 \cdot 10-78)>0$.

Somit hat g an der Stelle $t_1=3$ ein lokales Maximum mit

$g(3)=0{,}4 \cdot (2 \cdot 3^3-39 \cdot 3^2+180 \cdot 3)=97{,}2$.

An den Rändern des betrachteten Bereichs gilt $g(0)=0$, aber

$g(15)=0{,}4 \cdot (2 \cdot 15^3-39 \cdot 15^2+180 \cdot 15)=270>97{,}2$.

(Die Funktionswerte können Sie auch mit dem WTR wie in WTR 1 bestimmen.)

Die momentane Änderungsrate ist daher **15 Stunden nach Beobachtungsbeginn** maximal.

Zeitraum der Abnahme:

Das Wasservolumen nimmt in einem Zeitraum ab, wenn dort $g(t) < 0$ gilt.

Man bestimmt zunächst die Nullstellen von g:

$$g(t) = 0$$
$$2t^3 - 39t^2 + 180t = 0$$
$$t \cdot (2t^2 - 39t + 180) = 0$$

Nach dem Satz vom Nullprodukt ist $t_3 = 0$ eine Lösung. Die weiteren Lösungen erhält man aus der Gleichung:

$$2t^2 - 39t + 180 = 0$$
$$t^2 - \frac{39}{2}t + 90 = 0$$
$$t_{4;5} = \frac{39}{4} \pm \sqrt{\left(\frac{39}{4}\right)^2 - 90} = \frac{39}{4} \pm \frac{9}{4}$$
$$t_4 = \frac{30}{4} = 7{,}5; \quad t_5 = 12$$

Mithilfe von geeigneten Testwerten bestimmt man die Vorzeichenverteilung von g im Bereich $0 \le t \le 15$ (s. Skizze). Es gilt:

$g(3) = 97{,}2 > 0$

$g(10) = -40 < 0$

$g(15) = 270 > 0$

Somit gilt $g(t) < 0$ für alle t im Bereich $7{,}5 < t < 12$.

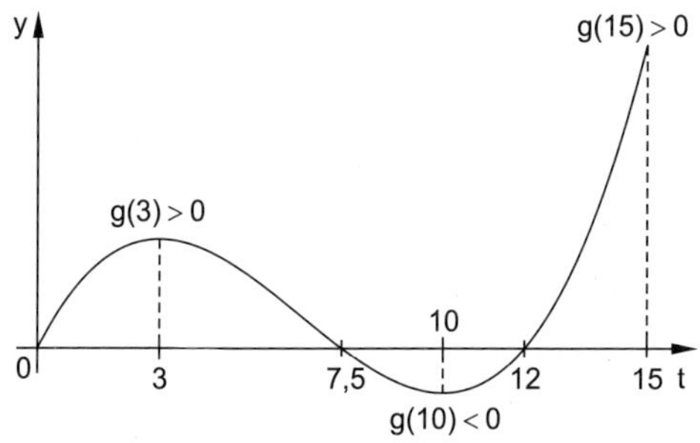

Im Zeitraum zwischen **7,5 Stunden und 12 Stunden** nach Beobachtungsbeginn nimmt das Wasservolumen ab.

d) **Wasservolumen zu Beobachtungsbeginn:**

Für die in den ersten drei Stunden zugeflossene Wassermenge erhält man mit der vorgegebenen Stammfunktion G:

$$\Delta V = \int_0^3 g(t)\,dt = [G(t)]_0^3 = \left[0{,}2 \cdot (t^4 - 26t^3 + 180t^2)\right]_0^3$$
$$= 0{,}2 \cdot (3^4 - 26 \cdot 3^3 + 180 \cdot 3^2) - 0 = 199{,}8$$

Da das Becken nach drei Stunden 350 m^3 Wasser enthält, gilt für die Wassermenge bei Beobachtungsbeginn:

$V_0 = 350 - 199{,}8 = 150{,}2$

Bei Beobachtungsbeginn waren **150,2 m^3 Wasser** im Becken.

Zeitpunkt mit gleichem Wasservolumen wie zu Beginn:

Die Gesamtänderung der Wassermenge von Beginn an bis zu einem bestimmten Zeitpunkt x nach Beobachtungsbeginn ist gegeben durch:

$$\int_0^x g(t)\,dt = [G(t)]_0^x = \left[0{,}2\cdot(t^4-26t^3+180t^2)\right]_0^x = 0{,}2\cdot(x^4-26x^3+180x^2)$$

Zum Zeitpunkt x ist im Becken genauso viel Wasser wie bei Beobachtungsbeginn, wenn die Gesamtänderung null ist. Dies führt auf die Gleichung:

$$x^4-26x^3+180x^2=0$$

$$x^2\cdot(x^2-26x+180)=0$$

Eine Lösung im Bereich $0<x\le 15$ kann nur die folgende Teilgleichung liefern:

$$x^2-26x+180=0$$

$$x_{1;\,2}=13\pm\sqrt{169-180}$$

Die Gleichung ist unlösbar, da der Radikand der Wurzel negativ ist.

Es gibt keinen Zeitpunkt nach Beobachtungsbeginn, zu dem das Wasservolumen ebenso groß ist wie bei Beobachtungsbeginn.

Aufgabe A 1.2

Nachweis:

Der Graph von f berührt die x-Achse in einem Punkt P. Bezeichnet man die Koordinaten von P mit $P(a\,|\,f(a))$, so gilt $f(a)=0$ und $f'(a)=0$, da die x-Achse die Gleichung $y=0$ und die Steigung $m=0$ besitzt.

Zu zeigen ist, dass dann für $g(x)=e^{f(x)}-1$ auch $g(a)=0$ und $g'(a)=0$ gilt.

Einsetzen von a führt wegen $f(a)=0$ auf:

$$g(a)=e^{f(a)}-1=e^0-1=1-1=0$$

Für die Ableitung von g erhält man mit der Kettenregel:

$$g'(x)=e^{f(x)}\cdot f'(x)$$

Damit ist:

$$g'(a)=e^{f(a)}\cdot f'(a)=e^0\cdot 0=0$$

Somit sind beide Bedingungen erfüllt und auch der Graph von g berührt im Punkt P die x-Achse.

Wahlteil: Analytische Geometrie B 1

Gegeben sind der Punkt $R(4|-2|4)$ und die Ebenenschar
E_k: $kx_1 + kx_2 + x_3 = 14$ $(k \in \mathbb{R})$.

a) Beschreiben Sie die besondere Lage der Ebene E_0 im Koordinatensystem.
Bestimmen Sie diejenige Ebene der Schar, die den Punkt R enthält.
Berechnen Sie die Größe des Schnittwinkels der Ebenen E_5 und E_0.
Zeigen Sie, dass es eine Gerade g gibt, die in allen Ebenen der Schar liegt.
Bestimmen Sie die Ebenen der Schar, von denen der Punkt R den Abstand 2 hat. 7 VP

b) Gegeben sind die Spurpunkte $S_1(7|0|0)$, $S_2(0|7|0)$, $S_3(0|0|14)$ einer Ebene E.
Begründen Sie, dass die Ebene E eine Ebene der Schar ist.
Betrachtet wird ein gerader Kegel mit der Spitze S_3, dessen Grundkreis in der x_1x_2-Ebene liegt. Die Punkte S_1 und S_2 liegen auf dem Grundkreis.
Untersuchen Sie, ob der Punkt R innerhalb des Kegels liegt.
Bestimmen Sie eine Gleichung der Ebene, die den Kegel in der Strecke S_1S_3 berührt. 5,5 VP

TIPP Lösungshinweise zum Wahlteil Geometrie – Aufgabe B 1

Aufgabe B 1 – Teilaufgabe a

Besondere Lage

Setzen Sie $k=0$ ein und betrachten Sie die entstehende Ebenengleichung.

Welche Koordinatengleichung hat die x_1x_2-Ebene?

Ebene, die den Punkt R enthält

Die Punktprobe mit R führt auf eine lineare Gleichung, deren Lösung den gesuchten Wert für k liefert.

Schnittwinkel

Wie berechnet man den Schnittwinkel zweier Ebenen? Sie können dies bei Bedarf in der Merkhilfe nachschlagen.

Nachweis gemeinsame Gerade

Es genügt, zunächst zwei beliebige Ebenen zu schneiden und dann zu zeigen, dass die so erhaltene Schnittgerade in jeder Ebene der Schar liegt.

Wählen Sie die beiden Ebenen so, dass Sie beim Bestimmen der Schnittgeraden wenig Rechenaufwand haben, und zeigen Sie anschließend, dass die erhaltene Schnittgerade in jeder Ebene der Schar liegt.

Ebenen mit Abstand 2 von R

Wie berechnen Sie den Abstand eines Punktes von einer Ebene? Sie können ggf. die Merkhilfe verwenden.

Der Ansatz $d(R; E_k)=2$ führt auf eine Gleichung, die sich in eine quadratische Gleichung überführen lässt.

Geben Sie beide möglichen Werte für k an.

Aufgabe B 1 – Teilaufgabe b

Begründung

Für welche Werte von k liegen die Spurpunkte in einer Ebene der Schar?

Wie viele Punkte legen eine Ebene fest?

Untersuchung, ob R im Kegel liegt

Die Koordinaten der Punkte S_1 und S_2 ermöglichen es, den Mittelpunkt und den Radius des Grundkreises abzulesen. (Welche Eigenschaft hat die Ortslinie Kreis?)

Untersuchen Sie, ob eine Hilfsgerade h durch die Punkte S_3 und R die x_1x_2-Ebene innerhalb oder außerhalb des Grundkreises schneidet.

Gleichung der Ebene

Welche Punkte liegen sicher in der gesuchten Ebene F?

Überlegen Sie sich, weshalb die gesuchte Ebene F parallel zur x_2-Achse sein muss.

Welche Spannvektoren eignen sich damit für eine Parameterform der Ebene F?

Lösungsvorschlag – Wahlteil: Analytische Geometrie B 1

Gegeben ist die Ebenenschar E_k: $kx_1 + kx_2 + x_3 = 14$ $(k \in \mathbb{R})$.

a) **Besondere Lage:**
Die Ebene E_0: $x_3 = 14$ ist **parallel zur $\mathbf{x_1x_2}$-Ebene**.

Ebene, die den Punkt R enthält:
Die Punktprobe mit $R \in E_k$ führt auf die Gleichung:

$$\begin{aligned} 4k - 2k + 4 &= 14 \quad &&|-4 \\ 2k &= 10 \quad &&|:2 \\ k &= 5 \end{aligned}$$

Die Ebene $\mathbf{E_5}$ enthält den Punkt R.

Schnittwinkel:
Für den Schnittwinkel der Ebenen E_5: $5x_1 + 5x_2 + x_3 = 14$ und E_0: $x_3 = 14$ erhält man (siehe Merkhilfe):

$$\cos\alpha = \frac{\left|\begin{pmatrix}5\\5\\1\end{pmatrix} \cdot \begin{pmatrix}0\\0\\1\end{pmatrix}\right|}{\left|\begin{pmatrix}5\\5\\1\end{pmatrix}\right| \cdot \left|\begin{pmatrix}0\\0\\1\end{pmatrix}\right|} = \frac{1}{\sqrt{5^2+5^2+1^2} \cdot \sqrt{1^2}} = \frac{1}{\sqrt{51}}; \text{ damit } \boldsymbol{\alpha \approx 82°}.$$

Der Schnittwinkel hat eine Weite von ca. 82°.

Nachweis gemeinsame Gerade:
Eine Möglichkeit, den Nachweis zu führen, besteht darin, zunächst zwei beliebige Ebenen zu schneiden und dann zu zeigen, dass die so erhaltene Gerade in jeder Ebene der Schar liegt.

Der Schnitt von z. B. E_0 und E_1 führt auf das LGS:

$$\begin{aligned} x_3 &= 14 \\ x_1 + x_2 + x_3 &= 14 \end{aligned}$$

Setzt man z. B. $x_1 = t$, erhält man mit $x_3 = 14$:

$$\begin{aligned} t + x_2 + 14 &= 14 \quad |-14 \quad |-t \\ x_2 &= -t \end{aligned}$$

Aus den Lösungen $\{(t; -t; 14) \mid t \in \mathbb{R}\}$ ergibt sich die Gerade:

$$g: \vec{x} = \begin{pmatrix}0\\0\\14\end{pmatrix} + t \cdot \begin{pmatrix}1\\-1\\0\end{pmatrix}; \; t \in \mathbb{R}$$

Die Gerade g liegt in jeder Ebene der Schar, da $k \cdot (0+t) + k \cdot (0-t) + 14 = 14$ bzw. $0 = 0$ für jedes $k \in \mathbb{R}$ und jedes $t \in \mathbb{R}$ gilt.

Damit liegen alle Punkte der Geraden in jeder Ebene E_k der Schar.

Ebenen mit Abstand 2 von R:

Zunächst erhält man für den Abstand des Punktes R zur Ebene E_k mithilfe der HNF (siehe Merkhilfe):

$$d(R; E_k) = \frac{|4k - 2k + 4 - 14|}{\sqrt{k^2 + k^2 + 1^2}} = \frac{|2k - 10|}{\sqrt{2k^2 + 1}}$$

Der Ansatz $d(R; E_k) = 2$ führt auf die Gleichung:

$$\begin{aligned}
\frac{|2k-10|}{\sqrt{2k^2+1}} &= 2 \\
|2k-10| &= 2\cdot\sqrt{2k^2+1} && |(\ )^2 \\
(2k-10)^2 &= 4\cdot(2k^2+1) && (\text{da } |2k-10|^2 = (2k-10)^2) \\
4k^2 - 40k + 100 &= 8k^2 + 4 && |-8k^2\ \ |-4 \\
-4k^2 - 40k + 96 &= 0 && |:(-4) \\
k^2 + 10k - 24 &= 0 \\
k_{1;2} = \frac{-10 \pm \sqrt{10^2 - 4\cdot 1\cdot(-24)}}{2} &= \frac{-10 \pm 14}{2} \\
k_1 = 2;\quad k_2 &= -12
\end{aligned}$$

Der Punkt R hat von den Ebenen $\mathbf{E_2}$ und $\mathbf{E_{-12}}$ den Abstand 2.

b) **Begründung:**

Eine Punktprobe mit S_1 in E_k liefert $7k = 14$ bzw. $k = 2$, d. h., S_1 liegt in E_2. Entsprechend erhält man durch Einsetzen von S_2 wieder $7k = 14$; der Punkt S_3 liegt wegen $14 = 14$ auch in der Ebene E_2.

Somit ist E eine Ebene der Schar, nämlich die Ebene $\mathbf{E_2}$.

Untersuchung, ob R im Kegel liegt:

Da es sich um einen geraden Kegel mit Spitze auf der x_3-Achse handelt, entnimmt man den Koordinaten der Punkte S_1 und S_2, dass der Grundkreis den Mittelpunkt $O(0|0|0)$ und den Radius $r = 7$ hat.

Betrachtet wird nun die Hilfsgerade h durch die Punkte S_3 und R (siehe Skizze).

Eine Gleichung von h ist:

$$h: \vec{x} = \begin{pmatrix} 0 \\ 0 \\ 14 \end{pmatrix} + t\cdot\begin{pmatrix} 4 \\ -2 \\ -10 \end{pmatrix};\ t \in \mathbb{R}$$

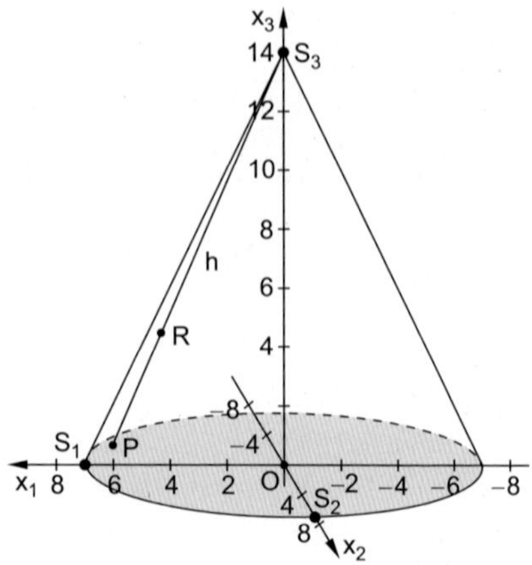

Um entscheiden zu können, ob der Punkt R innerhalb des Kegels liegt, bestimmt man den Schnittpunkt P der Hilfsgeraden h mit der x_1x_2-Ebene und prüft, ob dieser innerhalb oder außerhalb des Grundkreises liegt (siehe Skizze).

Da die x_1x_2-Ebene die Gleichung $x_3=0$ besitzt, erhält man wegen $14-10t=0$ für t den Wert $t=1{,}4$ und damit:

$$\overrightarrow{OP}=\begin{pmatrix}0\\0\\14\end{pmatrix}+1{,}4\cdot\begin{pmatrix}4\\-2\\-10\end{pmatrix}=\begin{pmatrix}5{,}6\\-2{,}8\\0\end{pmatrix}$$

Der Punkt P hat also die Koordinaten $(5{,}6\,|\,-2{,}8\,|\,0)$.

Für den Abstand von P zum Mittelpunkt des Kreises erhält man:

$$d(P;O)=|\overrightarrow{OP}|=\sqrt{5{,}6^2+(-2{,}8)^2}\approx 6{,}26<r$$

Der Punkt **R liegt innerhalb des Kegels**.

Gleichung der Ebene:

Die gesuchte Ebene F enthält die Punkte S_1 und S_3 und muss parallel zur x_2-Achse sein (siehe Skizze), da sie ansonsten einen Teilkörper vom Kegel ausschneiden würde.

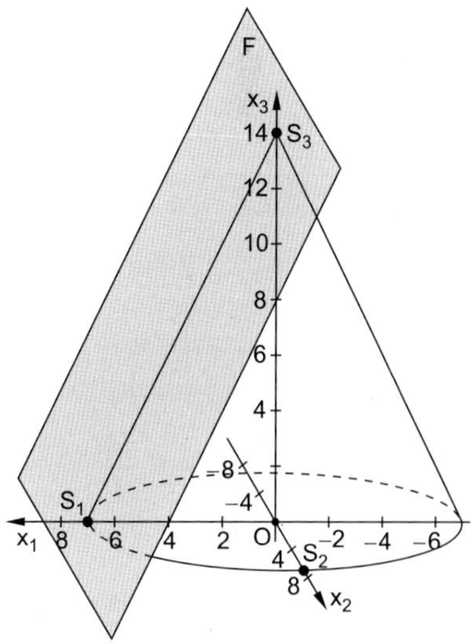

Eine mögliche Gleichung von F lautet:

$$F:\ \vec{x}=\overrightarrow{OS_1}+r\cdot\overrightarrow{S_1S_3}+s\cdot\begin{pmatrix}0\\1\\0\end{pmatrix};\ r,s\in\mathbb{R}$$

Die Ebene

$$\mathbf{F:\ \vec{x}=\begin{pmatrix}7\\0\\0\end{pmatrix}+r\cdot\begin{pmatrix}-7\\0\\14\end{pmatrix}+s\cdot\begin{pmatrix}0\\1\\0\end{pmatrix};\ r,s\in\mathbb{R}}$$

berührt den Kegel in der Strecke S_1S_3.

Hinweis: Eine Koordinatengleichung der Ebene ist laut Aufgabenstellung nicht verlangt. Eine mögliche Koordinatengleichung lautet F: $2x_1+x_3=14$.

Wahlteil: Stochastik C 1

In Deutschland liegt bei 1 % der Bevölkerung eine Glutenunverträglichkeit vor. Die betroffenen Personen reagieren auf den Verzehr von bestimmten Getreidesorten mit körperlichen Beschwerden. Ob eine Glutenunverträglichkeit vorliegt oder nicht, kann mithilfe eines Schnelltests diagnostiziert werden. Zeigt das Ergebnis dieses Tests die Glutenunverträglichkeit an, so bezeichnet man es als positiv.

Liegt bei einer Person eine Glutenunverträglichkeit vor, so ist das Testergebnis mit einer Wahrscheinlichkeit von 98 % positiv. Liegt bei einer Person keine Glutenunverträglichkeit vor, so beträgt die Wahrscheinlichkeit dafür, dass das Testergebnis dennoch positiv ist, 4 %. Bei einer Person, die aus der Bevölkerung Deutschlands zufällig ausgewählt wurde, wird der Test durchgeführt.

a) Erstellen Sie zu dem beschriebenen Sachzusammenhang ein beschriftetes Baumdiagramm.
Ermitteln Sie für folgende Ereignisse jeweils die Wahrscheinlichkeit:
A: „Bei der Person liegt eine Glutenunverträglichkeit vor und das Testergebnis ist positiv."
B: „Das Testergebnis ist negativ."
Ermitteln Sie die Wahrscheinlichkeit dafür, dass eine Glutenunverträglichkeit vorliegt, wenn das Testergebnis positiv ist. 4,5 VP

b) Im Rahmen einer Studie werden aus der Bevölkerung Deutschlands 20 000 Personen zufällig ausgewählt. Die Zufallsgröße X gibt die Anzahl der ausgewählten Personen an, bei denen eine Glutenunverträglichkeit vorliegt.
Berechnen Sie in einem geeigneten Modell die Wahrscheinlichkeit dafür, dass die Anzahl der ausgewählten Personen, bei denen eine Glutenunverträglichkeit vorliegt, um mehr als 10 % vom Erwartungswert von X abweicht. 2 VP

Der Test wird mithilfe eines Teststreifens durchgeführt, auf dem ein Indikator aufgebracht ist. Ist die Indikatormenge auf einem Teststreifen kleiner als 15 mg, so ist dieser unbrauchbar.
Der Hersteller der Teststreifen verfolgt das Ziel, dass höchstens 10 % der hergestellten Teststreifen unbrauchbar sind, und führt deshalb regelmäßig eine Qualitätskontrolle durch. Dazu wird der laufenden Produktion eine Stichprobe von 100 Teststreifen entnommen.
Nur wenn sich darunter mindestens 16 unbrauchbare Teststreifen befinden, entscheidet man sich dafür, das Herstellungsverfahren zu verbessern.

Mindestanzahl unbrauchbarer Teststreifen

Führen Sie eine Zufallsgröße Y_1 für die Anzahl der unbrauchbaren Teststreifen bei der ursprünglichen Kontrolle ein. Wie ist Y_1 im Extremfall verteilt, wenn die Verbesserung unnötig ist?

Welche Werte von Y_1 führen zur (falschen) Entscheidung, das Verfahren zu verbessern?

Berechnen Sie die entsprechende Wahrscheinlichkeit mithilfe des WTR.

Die Anzahl der unbrauchbaren Teststreifen bei der neuen Kontrolle wird mit Y_2 bezeichnet. Wie ist Y_2 im Extremfall verteilt, wenn die Verbesserung unnötig ist?

Die Wahrscheinlichkeit dafür, dass mindestens k Streifen unbrauchbar sind, darf die oben berechnete Wahrscheinlichkeit nicht überschreiten.

Bestimmen Sie mithilfe des WTR den kleinsten Wert von k, für den $P(Y_2 \geq k)$ die entsprechende Bedingung erfüllt.

Dieser Wert von k entspricht dann der gesuchten Anzahl.

Aufgabe C 1 – Teilaufgabe d

Geänderte Standardabweichung

Die Zufallsgröße Z_1 bezeichnet die Indikatormenge in mg vor der Verbesserung des Verfahrens. Wie ist Z_1 verteilt?

Berechnen Sie die Wahrscheinlichkeit dafür, dass ein Teststreifen unbrauchbar ist, d. h., dass die Indikatormenge kleiner als 15 mg ist, also $P(Z_1 < 15)$.

Die Zufallsgröße Z_2 gibt die Indikatormenge in mg nach der Verbesserung des Verfahrens an. Welchen Parameter der Verteilung kennen Sie, welchen nicht?

Wie groß ist laut Aufgabenstellung $P(Z_2 < 15)$?

Ermitteln Sie damit durch systematisches Probieren mit dem WTR den Wert für die geänderte Standardabweichung.

a) **Baumdiagramm:**

Mit den Bezeichnungen

G: „Bei der Person liegt eine Glutenunverträglichkeit vor."

T: „Das Testergebnis ist positiv."

erhält man:

$P(G) = 0{,}01$ (Bei 1 % der Bevölkerung liegt eine Unverträglichkeit vor.)

$P(\overline{G}) = 1 - P(G) = 0{,}99$

$P_G(T) = 0{,}98$ (98 % der Testergebnisse sind positiv, wenn eine Unverträglichkeit vorliegt.)

$P_G(\overline{T}) = 1 - P_G(T) = 0{,}02$

$P_{\overline{G}}(T) = 0{,}04$ (4 % der Testergebnisse sind positiv, obwohl keine Unverträglichkeit vorliegt.)

$P_{\overline{G}}(\overline{T}) = 1 - P_{\overline{G}}(T) = 0{,}96$

Damit ergibt sich das vollständige Baumdiagramm:

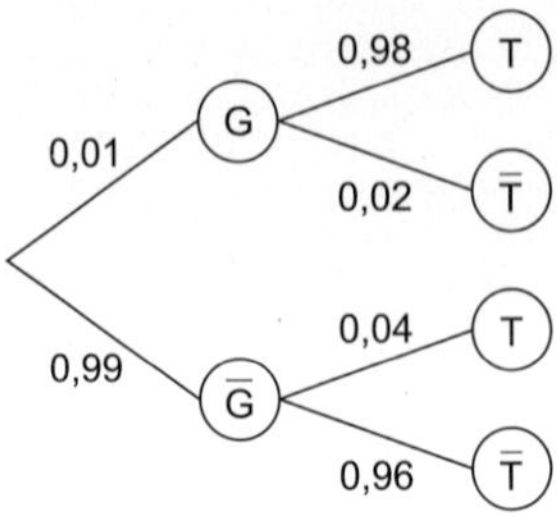

Wahrscheinlichkeiten der Ereignisse A und B:

Mithilfe der Pfadregeln erhält man:

$\mathbf{P(A)} = P(G \cap T) = 0{,}01 \cdot 0{,}98 = \mathbf{0{,}0098}$

$\mathbf{P(B)} = P(G \cap \overline{T}) + P(\overline{G} \cap \overline{T}) = 0{,}01 \cdot 0{,}02 + 0{,}99 \cdot 0{,}96 = \mathbf{0{,}9506}$

Mit einer Wahrscheinlichkeit von 0,98 % liegt eine Glutenunverträglichkeit vor und das Testergebnis ist positiv; mit einer Wahrscheinlichkeit von 95,06 % ist das Testergebnis negativ.

Wahrscheinlichkeit für Glutenunverträglichkeit bei positivem Test:

Gesucht ist die bedingte Wahrscheinlichkeit $P_T(G)$. Diese Wahrscheinlichkeit bestimmt man mithilfe von:

$$P_T(G) = \frac{P(G \cap T)}{P(T)}$$

Der Zähler entspricht $P(A) = 0{,}01 \cdot 0{,}98$ (siehe oben), für den Nenner betrachtet man (wie oben bei P(B)) die beiden Pfade, an deren Ende T steht:

$$P_T(G) = \frac{P(G \cap T)}{P(T)} = \frac{P(G \cap T)}{P(G \cap T) + P(\overline{G} \cap T)} = \frac{0{,}01 \cdot 0{,}98}{0{,}01 \cdot 0{,}98 + 0{,}99 \cdot 0{,}04} \approx 0{,}198$$

Mit einer Wahrscheinlichkeit von **ca. 19,8 %** liegt eine Glutenunverträglichkeit vor, wenn das Testergebnis positiv ist.

b) **Wahrscheinlichkeit:**

Im Modell ist die Zufallsgröße X binomialverteilt mit den Parametern $n = 20\,000$ (Anzahl der ausgewählten Personen) und $p = 0{,}01$ (Anteil der Bevölkerung mit Glutenunverträglichkeit).

Für den Erwartungswert der binomialverteilten Zufallsgröße X erhält man:
$E(X) = n \cdot p = 20\,000 \cdot 0{,}01 = 200$

Berechnet man zunächst die Wahrscheinlichkeit dafür, dass die Anzahl **nicht** um mehr als 10 % vom Erwartungswert abweicht, erhält man (s. WTR 5):
$P(0{,}9 \cdot 200 \le X \le 1{,}1 \cdot 200) = P(180 \le X \le 220) = P(X \le 220) - P(X \le 179) \approx 0{,}855$

Damit gilt für die gesuchte Wahrscheinlichkeit:
$P = 1 - P(180 \le X \le 220) \approx 0{,}145$

Mit einer Wahrscheinlichkeit von **ca. 14,5 %** weicht die Anzahl der Personen mit Glutenunverträglichkeit um mehr als 10 % vom Erwartungswert ab.

c) **Mögliche Fehlentscheidungen:**

Zwei Fehlentscheidungen können auftreten:

- Obwohl höchstens 10 % der Teststreifen unbrauchbar sind, entscheidet man sich dafür, das Herstellungsverfahren zu verbessern.
- Obwohl mehr als 10 % der Teststreifen unbrauchbar sind, entscheidet man sich nicht dafür, das Herstellungsverfahren zu verbessern.

Ergänzender Hinweis: Grundsätzlich unterscheidet man bei einem Hypothesentest den Fehler 1. Art (die Nullhypothese wird verworfen, obwohl sie wahr ist) und den Fehler 2. Art (eine falsche Nullhypothese wird nicht verworfen).
In diesem Fall würde die entsprechende Nullhypothese bei dem (rechtsseitigen) Test lauten: „Höchstens 10 % der Teststreifen sind unbrauchbar."
Die oben genannten möglichen Fehlentscheidungen entsprechen somit (in dieser Reihenfolge) dem Fehler 1. Art bzw. 2. Art.

Mindestanzahl unbrauchbarer Teststreifen:

Die Zufallsgröße Y_1 gibt die Anzahl der unbrauchbaren Teststreifen bei der ursprünglichen Kontrolle an. Sind höchstens 10 % der Teststreifen unbrauchbar, so ist Y_1 im Extremfall binomialverteilt mit den Parametern $n = 100$ und $p = 0{,}1$.

Da das Herstellungsverfahren nur verbessert wird, wenn mindestens 16 unbrauchbare Teststreifen vorliegen, entscheidet man sich für eine (unnötige) Verbesserung des Verfahrens mit der Wahrscheinlichkeit:

$P(Y_1 \geq 16) = 1 - P(Y_1 \leq 15) \approx 0{,}040 \quad \text{(WTR 5)}$

Die Anzahl der unbrauchbaren Teststreifen bei der neuen Kontrolle wird mit Y_2 bezeichnet. Ist die Verbesserung des Verfahrens unnötig, so ist Y_2 im Extremfall binomialverteilt mit $n = 200$ und $p = 0{,}1$. Ist k die Anzahl der Streifen, die mindestens unbrauchbar sein muss, um sich für die Verbesserung zu entscheiden, muss laut Aufgabenstellung gelten:

$P(Y_2 \geq k) = 1 - P(Y_2 \leq k-1) \leq 0{,}040$

Eine kleine Umformung führt auf die Bedingung $P(Y_2 \leq k-1) \geq 0{,}960$.

Mit dem WTR (WTR 5 oder WTR 6) erhält man

für $k = 28$: $P(Y_2 \leq 27) \approx 0{,}957 < 0{,}960$

für $k = 29$: $P(Y_2 \leq 28) \approx 0{,}973 > 0{,}960$

Die Mindestanzahl der unbrauchbaren Teststreifen beträgt **29**.

d) **Geänderte Standardabweichung:**

Die Zufallsgröße Z_1 bezeichnet die Indikatormenge in mg vor der Verbesserung des Verfahrens. Z_1 ist normalverteilt mit den Parametern $\mu = 20$ und $\sigma = 4$.

Für die Wahrscheinlichkeit, dass ein Teststreifen unbrauchbar ist, also die Indikatormenge kleiner als 15 mg ist, erhält man:

$P(Z_1 < 15) \approx 0{,}106 \quad \text{(WTR 8)}$

Die Zufallsgröße Z_2 gibt die Indikatormenge in mg nach der Verbesserung des Verfahrens an. Z_2 ist normalverteilt mit $\mu = 20$ und dem unbekannten Parameter σ.

Da die Wahrscheinlichkeit dafür, dass ein zufällig ausgewählter Teststreifen unbrauchbar ist, halbiert werden konnte, muss gelten:

$$P(Z_2 < 15) = \frac{1}{2} \cdot P(Z_1 < 15) \approx \frac{1}{2} \cdot 0{,}106 = 0{,}053$$

Durch systematisches Probieren mit dem WTR (WTR 8) erhält man $\sigma = 3{,}1$.

Die geänderte Standardabweichung beträgt **ca. 3,1 mg**.

Baden-Württemberg ▪ Mathematik
Abiturprüfung 2020

Pflichtteil

Aufgabe 1

Bilden Sie die Ableitung der Funktion f mit $f(x) = x^2 \cdot e^{-5x}$. 2 VP

Aufgabe 2

Bestimmen Sie diejenige Stammfunktion F der Funktion f mit
$f(x) = \sqrt{4x-7}$, für die $F(2) = 1$ ist. 1,5 VP

Aufgabe 3

Lösen Sie die Gleichung $(x^2+8) \cdot (e^{x-1}-1) = 0$. 1,5 VP

Aufgabe 4

Der Graph der Funktion f mit $f(x) = \dfrac{4}{x^2}$ schneidet die Gerade mit der Gleichung $y = 4$ im Punkt $P(1\,|\,4)$ und die Gerade mit der Gleichung $y = 1$ im Punkt $Q(2\,|\,1)$. Berechnen Sie den Inhalt der markierten Fläche.

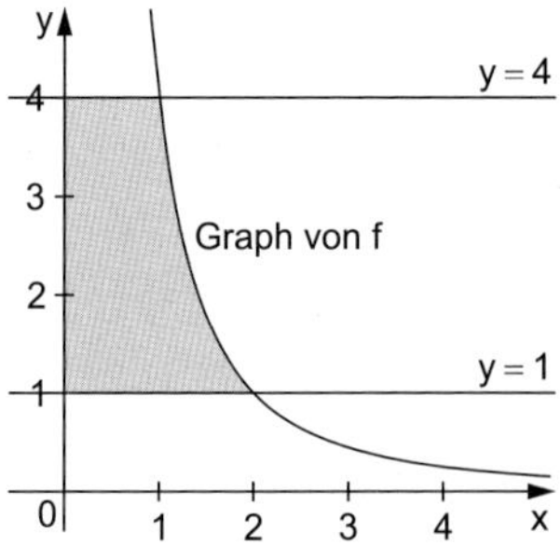

2,5 VP

Aufgabe 5

Abgebildet ist der Graph einer Funktion F. F ist Stammfunktion einer ganzrationalen Funktion f.

a) Geben Sie eine Nullstelle von f im abgebildeten Bereich an.

b) Bestimmen Sie $\int_1^2 f(x)\,dx$.

c) Begründen Sie, dass die Funktion f im Bereich $0{,}5 \le x \le 1{,}5$ streng monoton fallend ist.

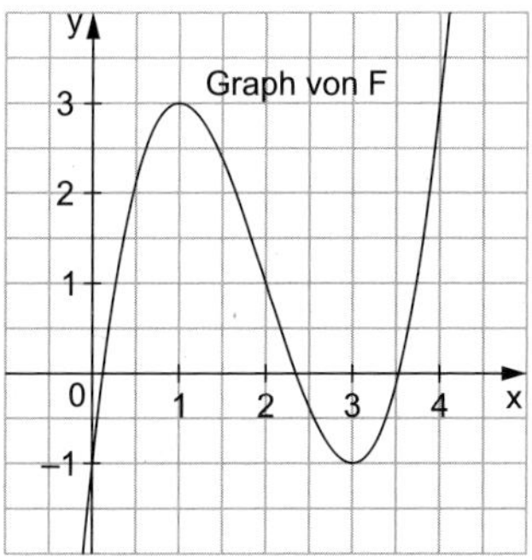

2,5 VP

Aufgabe 6

Gegeben sind die Ebenen E: $2x_1 + 2x_2 + x_3 = 6$ und F: $2x_2 + x_3 = 4$.

a) Stellen Sie die beiden Ebenen in einem gemeinsamen Koordinatensystem dar.

b) Bestimmen Sie eine Gleichung der Schnittgeraden der beiden Ebenen.

c) Berechnen Sie den Abstand des Punktes $O(0|0|0)$ von der Ebene E. 5 VP

Aufgabe 7

Eine Gerade ist orthogonal zur Ebene E: $x_1 - x_3 = 5$ und schneidet die x_1-Achse in einem Punkt, der vom Punkt $P(0|2|1)$ den Abstand 3 hat.
Bestimmen Sie eine Gleichung einer solchen Geraden. 2,5 VP

Aufgabe 8

Auf einem Tisch liegen verdeckt vier rote und zwei schwarze Karten, mit denen Anna und Bernd das folgende Spiel spielen: Anna deckt in der ersten Runde nacheinander zwei Karten auf und legt sie nebeneinander auf den Tisch. Ist darunter mindestens eine schwarze Karte, dann gewinnt Anna und das Spiel ist beendet. Andernfalls deckt Bernd nacheinander zwei der übrigen Karten auf. Deckt er dabei mindestens eine schwarze Karte auf, so gewinnt er, ansonsten gewinnt Anna.

Bestimmen Sie für die folgenden Ereignisse jeweils die Wahrscheinlichkeit:

A: Anna gewinnt das Spiel in der ersten Runde.

B: Anna gewinnt das Spiel. 2,5 VP

TIPP Lösungshinweise zum Pflichtteil

Aufgabe 1

Welche Ableitungsregel(n) benötigen Sie?

Aufgabe 2

Beachten Sie bei der Bildung einer Stammfunktion die lineare Verkettung.

Wodurch unterscheiden sich alle Stammfunktionen?

Verwenden Sie die Angabe $F(2)=1$, um die gesuchte Stammfunktion zu bestimmen.

Aufgabe 3

Wann hat ein Produkt den Wert null?

Können hier beide Faktoren null werden?

Das Lösen der einfachen Exponentialgleichung erfordert nur einen geringen Aufwand, wenn Sie berücksichtigen, welchen Wert e^0 annimmt.

Aufgabe 4

Zerlegen Sie die markierte Fläche geeignet in zwei Teilflächen.

Den Inhalt einer dieser Flächen können Sie leicht elementargeometrisch berechnen.

Wie gehen Sie im allgemeinen Fall vor, um Flächeninhalte zu bestimmen?

Beachten Sie für die zweite Teilfläche, dass u. a. die Gerade $y=1$ die Fläche begrenzt.

Aufgabe 5

Teilaufgabe a

Welcher Zusammenhang besteht zwischen dem Graphen von F und den Werten der Funktion f?

Was bedeutet also eine Nullstelle von f für den Graphen von F?

Teilaufgabe b

Wie bestimmen Sie nach dem Hauptsatz der Differenzial- und Integralrechnung ein Integral?

Verwenden Sie hier die Abbildung, um die benötigten Werte abzulesen.

Teilaufgabe c

Wie verläuft der Graph von F im angegebenen Bereich?

Was lässt sich daraus für den Graphen von $F''=f'$ folgern?

Was bedeutet dies für die Monotonie von f?

Aufgabe 6

Teilaufgabe a

Wie geht man im Allgemeinen vor, um Ebenen im Koordinatensystem darzustellen? Welche Punkte sind dafür zu bestimmen?

Welche besondere Lage hat die Ebene F? Was bedeutet dies für die entsprechende Darstellung?

Teilaufgabe b

Die Schnittbedingung führt auf ein LGS.

In diesem speziellen Fall können Sie x_1 sehr einfach bestimmen.

Führen Sie dann z. B. für x_2 einen Parameter t ein.

Berechnen Sie x_3 in Abhängigkeit von t und geben Sie eine mögliche Gleichung für die Schnittgerade an.

Teilaufgabe c

Wie berechnen Sie den Abstand eines Punktes von einer Ebene?

Geben Sie die HNF von E an.

Ermitteln Sie damit den gesuchten Abstand durch Einsetzen des Punktes O.

Aufgabe 7

Welchen möglichen Richtungsvektor hat die Gerade, wenn sie senkrecht zur Ebene E ist?

Welche Eigenschaft hat jeder Punkt der x_1-Achse? Geben Sie mithilfe eines Parameters c einen allgemeinen Punkt S der x_1-Achse an.

Dieser Punkt hat vom Punkt P den Abstand 3. Dies liefert letztlich eine quadratische Gleichung für den Parameter c.

Mithilfe des Punktes S und des Richtungsvektors können Sie eine der möglichen Geraden angeben.

Aufgabe 8

Ereignis A

Anna gewinnt in der ersten Runde, wenn die erste von ihr aufgedeckte Karte schwarz ist oder die erste rot und die zweite schwarz ist. Berechnen Sie jeweils die zugehörige Wahrscheinlichkeit und geben Sie damit anschließend P(A) an.

Ereignis B

Was wissen Sie über die Farben der vier aufgedeckten Karten, wenn Bernd zwei Karten aufdeckt, aber verliert?

Berechnen Sie die Wahrscheinlichkeit für diesen Fall.

Vergessen Sie nicht das erste Ergebnis für P(A).

Wie erhalten Sie demnach P(B)?

Lösungsvorschlag – Pflichtteil

Aufgabe 1

Für die Ableitung der Funktion f mit $f(x) = x^2 \cdot e^{-5x}$ erhält man mithilfe von Produkt- und Kettenregel:

$$\mathbf{f'(x)} = 2x \cdot e^{-5x} + x^2 \cdot e^{-5x} \cdot (-5) = \mathbf{2x \cdot e^{-5x} - 5x^2 \cdot e^{-5x}}$$

Aufgabe 2

Eine Stammfunktion F von f mit $f(x) = \sqrt{4x-7} = (4x-7)^{\frac{1}{2}}$ ist wegen der linearen Verkettung bzw. linearen Substitution gegeben durch:

$$F(x) = \frac{2}{3} \cdot (4x-7)^{\frac{3}{2}} \cdot \frac{1}{4} + c = \frac{1}{6} \cdot (4x-7)^{\frac{3}{2}} + c$$

Mit $F(2) = 1$ erhält man für c:

$$\frac{1}{6} \cdot (4 \cdot 2 - 7)^{\frac{3}{2}} + c = 1$$

$$\frac{1}{6} \cdot 1 + c = 1$$

$$c = 1 - \frac{1}{6} = \frac{5}{6}$$

Für die gesuchte Stammfunktion F gilt somit:

$$\mathbf{F(x) = \frac{1}{6} \cdot (4x-7)^{\frac{3}{2}} + \frac{5}{6}}$$

Aufgabe 3

Die Gleichung $(x^2+8) \cdot (e^{x-1} - 1) = 0$ ist genau dann erfüllt, wenn mindestens einer der Faktoren null ist.

Da $x^2 + 8 > 0$ für alle reellen Werte von x, muss nur der zweite Faktor betrachtet werden.

$e^{x-1} - 1 = 0$ führt wegen $e^0 = 1$ auf:

$$x - 1 = 0$$

$$x = 1$$

Damit ist $\mathbf{x = 1}$ die einzige Lösung der Gleichung.

Alternative Lösung:

$e^{x-1} - 1 = 0$	$+1$
$e^{x-1} = 1$	Logarithmieren
$\ln(e^{x-1}) = \ln(1)$	3. Logarithmusgesetz und $\ln(e) = 1$
$x - 1 = 0$	
$x = 1$	

Aufgabe 4

Der Inhalt der markierten Fläche ergibt sich aus der Summe der Inhalte der beiden in der Abbildung gekennzeichneten Teilflächen I und II.

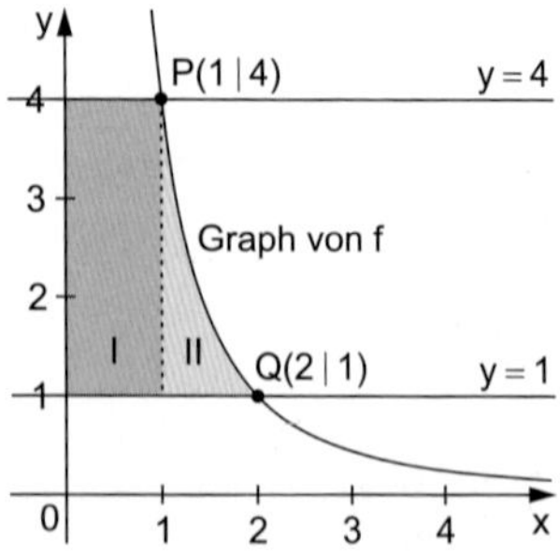

Da der Graph der Funktion f die Gerade mit der Gleichung y = 4 im Punkt P(1 | 4) schneidet, gilt für den Inhalt A_I des Rechtecks: $A_I = 3 \cdot 1 = 3$

Die zweite Fläche II liegt zwischen dem Graphen der Funktion f und der Geraden mit der Gleichung y = 1. Damit ergibt sich für den Inhalt der Fläche:

$$A_{II} = \int_1^2 (f(x) - 1)\,dx = \int_1^2 \left(\frac{4}{x^2} - 1\right) dx = \int_1^2 (4x^{-2} - 1)\,dx$$

$$= \left[-\frac{4}{x} - x\right]_1^2 = -\frac{4}{2} - 2 - \left(-\frac{4}{1} - 1\right) = -4 + 5 = 1$$

Für den gesuchten Inhalt der markierten Fläche erhält man also insgesamt:
$A = A_I + A_{II} = 3 + 1 = \mathbf{4}$

Aufgabe 5

Gegeben ist der Graph einer Funktion F, die Stammfunktion der ganzrationalen Funktion f ist.

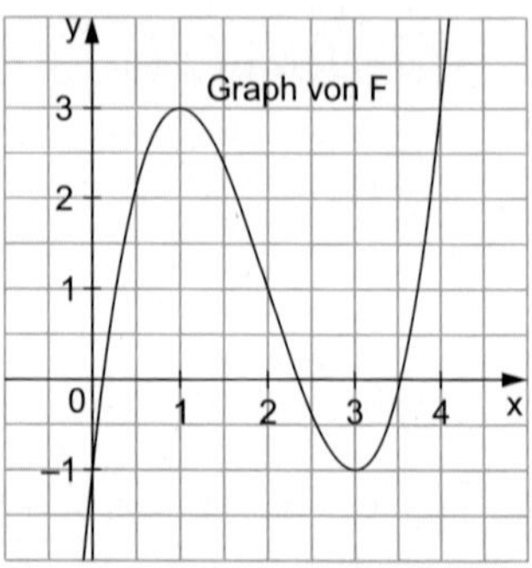

a) Die Nullstellen von f entsprechen den Stellen, an denen der Graph von F eine waagerechte Tangente besitzt.
Damit ist $\mathbf{x = 1}$ (oder $x = 3$) eine Nullstelle von f.

b) Nach dem Hauptsatz der Differenzial- und Integralrechnung gilt:

$$\int_1^2 f(x)\,dx = F(2) - F(1)$$

Die benötigten Werte entnimmt man der Abbildung und erhält:

$$\int_1^2 f(x)\,dx = F(2) - F(1) = 1 - 3 = \mathbf{-2}$$

c) Der Graph von F ist im Bereich $0{,}5 \le x \le 1{,}5$ rechtsgekrümmt, d. h., in diesem Intervall gilt $F''(x) < 0$.
Damit ist hier auch $f'(x) = F''(x) < 0$, woraus mit dem Monotoniesatz folgt, dass f im angegebenen Intervall streng monoton fallend ist.

Aufgabe 6

Gegeben sind die beiden Ebenen E: $2x_1 + 2x_2 + x_3 = 6$ und F: $2x_2 + x_3 = 4$.

a) Beschreibung der Vorgehensweise (nicht verlangt!):

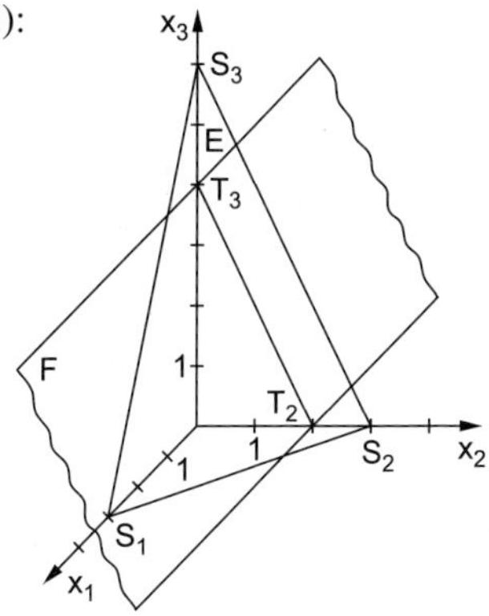

Die Ebene E: $2x_1 + 2x_2 + x_3 = 6$ schneidet
die x_1-Achse ($x_2 = x_3 = 0$) im Punkt $S_1(3\,|\,0\,|\,0)$,
die x_2-Achse ($x_1 = x_3 = 0$) im Punkt $S_2(0\,|\,3\,|\,0)$,
die x_3-Achse ($x_1 = x_2 = 0$) im Punkt $S_3(0\,|\,0\,|\,6)$.
Mithilfe dieser Spurpunkte kann E dargestellt werden.

Die Ebene F: $2x_2 + x_3 = 4$ schneidet
die x_2-Achse ($x_1 = x_3 = 0$) im Punkt $T_2(0\,|\,2\,|\,0)$,
die x_3-Achse ($x_1 = x_2 = 0$) im Punkt $T_3(0\,|\,0\,|\,4)$.
Die x_1-Achse wird nicht geschnitten, zwei Spurgeraden sind also parallel zur x_1-Achse und gehen durch die Spurpunkte T_2 bzw. T_3;
die dritte Spurgerade ist die Verbindungsgerade von T_2 und T_3.

b) Die Schnittbedingung für E und F führt auf das LGS:

$$\left|\begin{array}{r} 2x_1 + 2x_2 + x_3 = 6 \\ 2x_2 + x_3 = 4 \end{array}\right|$$

Subtraktion der beiden Gleichungen liefert sofort: $2x_1 = 2$ bzw. $x_1 = 1$

Setzt man z. B. $x_2 = t$ mit $t \in \mathbb{R}$, so ergibt sich ferner:
$x_3 = 4 - 2t$

Also erhält man als mögliche Gleichung der Schnittgeraden:

$$\mathbf{g: \vec{x} = \begin{pmatrix} 1 \\ 0 \\ 4 \end{pmatrix} + t \cdot \begin{pmatrix} 0 \\ 1 \\ -2 \end{pmatrix}} \quad (t \in \mathbb{R})$$

c) Für die HNF von E erhält man:

$$\frac{2x_1 + 2x_2 + x_3 - 6}{\sqrt{2^2 + 2^2 + 1^2}} = \frac{2x_1 + 2x_2 + x_3 - 6}{3} = 0$$

Daraus folgt für den gesuchten Abstand d(O; E):

$$d(O; E) = \frac{|-6|}{3} = \mathbf{2}$$

Aufgabe 7

Da die gesuchte Gerade g orthogonal zur Ebene E ist, ist der Normalenvektor $\vec{n}_E$ von E mit $\vec{n}_E = \begin{pmatrix} 1 \\ 0 \\ -1 \end{pmatrix}$ ein möglicher Richtungsvektor von g.

Da für alle Punkte der x_1-Achse $x_2 = x_3 = 0$ gilt, wählt man für den Schnittpunkt S der Geraden g mit der x_1-Achse den Ansatz $S(c\,|\,0\,|\,0)$.

Da dieser Punkt S vom Punkt $P(0\,|\,2\,|\,1)$ den Abstand 3 hat, erhält man die Gleichung:

$$|\overrightarrow{SP}| = \sqrt{c^2 + 2^2 + 1^2} = 3$$
$$\sqrt{c^2 + 5} = 3$$
$$c^2 + 5 = 9$$
$$c^2 = 4$$
$$c_1 = -2 \quad c_2 = 2$$

Wählt man $\overrightarrow{OS}$ als Stützvektor von g, lautet somit z. B. eine mögliche Gerade:

$$\mathbf{g}: \vec{\mathbf{x}} = \begin{pmatrix} \mathbf{2} \\ \mathbf{0} \\ \mathbf{0} \end{pmatrix} + \mathbf{t} \cdot \begin{pmatrix} \mathbf{1} \\ \mathbf{0} \\ \mathbf{-1} \end{pmatrix} \quad (t \in \mathbb{R})$$

Aufgabe 8

A: Anna gewinnt das Spiel in der ersten Runde.

Anna gewinnt in der ersten Runde, wenn ihre erste Karte schwarz ist oder die erste Karte rot und die zweite Karte schwarz ist. Damit ergibt sich für die gesuchte Wahrscheinlichkeit:

$$P(A) = \underbrace{\frac{2}{6}}_{\substack{\text{2 von 6}\\ \text{schwarz}}} + \underbrace{\frac{4}{6} \cdot \frac{2}{5}}_{\substack{\text{4 von 6 rot, dann}\\ \text{2 von 5 schwarz}}} = \frac{1}{3} + \frac{2}{3} \cdot \frac{2}{5} = \frac{5+4}{15} = \frac{9}{15} = \frac{3}{5}$$

Mit der Wahrscheinlichkeit $\mathbf{P(A) = \frac{3}{5}}$ gewinnt Anna das Spiel in der ersten Runde.

Alternative Lösung:

Die gesuchte Wahrscheinlichkeit lässt sich auch leicht mithilfe des Gegenereignisses berechnen. Das Gegenereignis zu „mindestens eine Karte ist schwarz“ lautet „beide Karten sind rot“. Damit erhält man:

$$P(A) = 1 - \underbrace{\frac{4}{6} \cdot \frac{3}{5}}_{\substack{\text{4 von 6 rot,}\\ \text{dann 3 von 5 rot}}} = 1 - \frac{2}{5} = \frac{3}{5}$$

B: Anna gewinnt das Spiel.

Anna gewinnt das Spiel, wenn sie entweder in der ersten Runde gewinnt (Ereignis A) oder weder sie noch Bernd eine schwarze Karte aufdecken. In diesem Fall wären also alle vier aufgedeckten Karten rot.

Somit gilt:

$$P(B) = P(A) + \frac{4}{6} \cdot \frac{3}{5} \cdot \frac{2}{4} \cdot \frac{1}{3} = \frac{3}{5} + \frac{1}{15} = \frac{9+1}{15} = \frac{10}{15} = \frac{2}{3}$$

Die Wahrscheinlichkeit dafür, dass Anna gewinnt, beträgt $\mathbf{P(B) = \frac{2}{3}}$.

Wahlteil: Analysis A 1

Aufgabe A 1.1

Betrachtet wird das Wachstum einer Palme. Ihre Höhe beträgt zu Beobachtungsbeginn einen Meter, die momentane Wachstumsrate ihrer Höhe wird durch die Funktion w mit

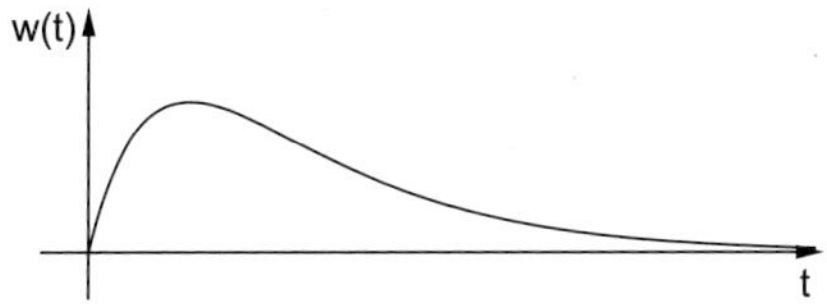

$w(t) = 4 \cdot (e^{-t} - e^{-2t});\; t \geq 0$

(t in Jahren nach Beobachtungsbeginn, w(t) in Meter pro Jahr) beschrieben. Die Abbildung zeigt den Graphen von w.

a) Geben Sie die momentane Wachstumsrate zum Zeitpunkt $t = 1$ an.
Begründen Sie anhand des Graphen, dass die Höhe der Palme im abgebildeten Zeitraum nie abnimmt.
Die Funktion w besitzt im abgebildeten Bereich eine Wendestelle.
Beschreiben Sie die Bedeutung dieser Wendestelle im Sachzusammenhang.
Berechnen Sie den Zeitpunkt der maximalen momentanen Wachstumsrate. 4 VP

b) Berechnen Sie die Höhenzunahme der Palme im zweiten Jahr nach Beobachtungsbeginn.
Bestimmen Sie einen integralfreien Funktionsterm der Funktion h, der die Höhe der Palme zum Zeitpunkt t angibt.
Ermitteln Sie rechnerisch den Zeitpunkt, an dem die Palme eine Höhe von 1,50 m hat.
Untersuchen Sie, welche Höhe die Palme maximal erreichen kann.
Formulieren Sie eine Fragestellung im Sachzusammenhang, die auf die Gleichung $\frac{h(t+0{,}5)}{h(t)} = 1{,}5$ führt. 8 VP

Aufgabe A 1.2

Für jedes $a > 0$ ist eine Funktion f_a gegeben durch $f_a(x) = -\frac{1}{8}x^4 + a^2x^2$.

a) Abgebildet sind drei Graphen.
Begründen Sie, dass zwei dieser Graphen nicht zu einer Funktion f_a gehören.
Der verbleibende Graph gehört zu einer Funktion f_a.
Bestimmen Sie den zugehörigen Wert von a. 3 VP

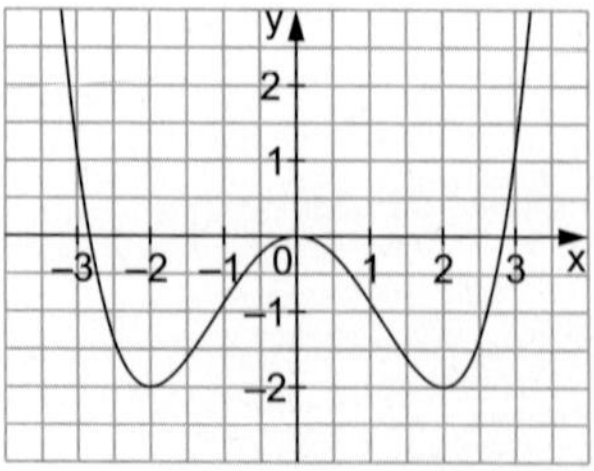

Abb. 1

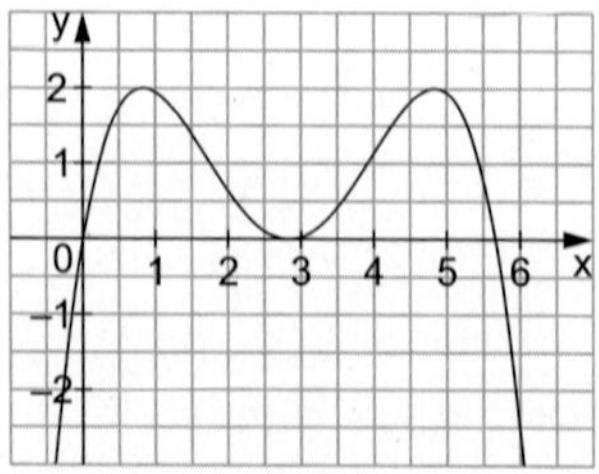

Abb. 2

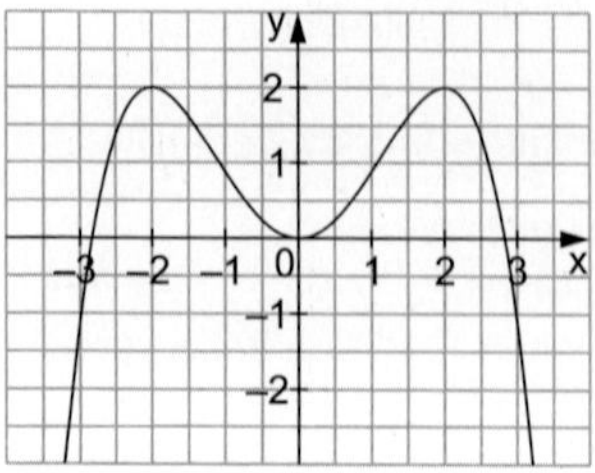

Abb. 3

b) Jede Funktion f_a besitzt an der Stelle $x_1 = 2a$ ein Maximum.
Ermitteln Sie eine Gleichung der Kurve, auf der die zugehörigen Hochpunkte aller Graphen von f_a liegen. 2 VP

c) Der Punkt $O(0|0)$ sowie die Punkte $P(4a|-16a^4)$ und $Q(-4a|-16a^4)$ des Graphen von f_a bilden ein Dreieck.
Berechnen Sie denjenigen Wert von a, für den dieses Dreieck gleichseitig ist. 3 VP

TIPP Lösungshinweise zum Wahlteil Analysis – Aufgabe A 1

Aufgabe A 1.1 – Teilaufgabe a

Wachstumsrate zum Zeitpunkt $t=1$

Welche Funktion beschreibt hier die Wachstumsrate?

Wie erhalten Sie dann die Wachstumsrate zum Zeitpunkt $t=1$?

Begründung

Wo verläuft der Graph der momentanen Wachstums- bzw. Änderungsrate?

Warum folgt daraus die Behauptung?

Bedeutung der Wendestelle

Wendestellen einer Funktion sind Extremstellen ihrer 1. Ableitung.

Beachten Sie das Krümmungsverhalten des Graphen.

Zeitpunkt der maximalen Wachstumsrate

Wie bestimmen Sie im Allgemeinen Extremstellen?

Welche Ableitungsregel(n) benötigen Sie für die Berechnung von $w'(t)$?

Welche Gleichung liefert die notwendige Bedingung?

Klammern Sie für die weitere Rechnung aus. Wann ist ein Produkt null? Können beide Faktoren null werden?

Warum können Sie in diesem Fall auf die hinreichende Bedingung verzichten?

Aufgabe A 1.1 – Teilaufgabe b

Höhenzunahme

Wie ergibt sich die absolute Änderung in einem bestimmten Zeitraum aus der momentanen Änderungsrate?

Beachten Sie bei der Rechnung die lineare Verkettung.

Integralfreier Funktionsterm

Wie erhalten Sie die Höhe aus der momentanen Änderungsrate (s. oben)?

Beachten Sie die Höhe der Palme zu Beobachtungsbeginn.

Zeitpunkt mit Höhe 1,50 m

Der Ansatz $h(t)=1{,}5$ liefert eine Exponentialgleichung.

Welche Verfahren kennen Sie zur Lösung solcher Gleichungen?

Überführen Sie die Gleichung in eine quadratische Gleichung und lösen Sie diese wie gewohnt.

Vergessen Sie nicht, am Ende die relevante Lösung für t anzugeben.

Maximale Höhe

Warum wird das Maximum für $t \to \infty$ erreicht?

Untersuchen Sie das Verhalten von h(t) für $t \to \infty$.

Beachten Sie dabei, wie sich e^{-t} für $t \to \infty$ verhält.

Fragestellung im Sachzusammenhang

Vergleichen Sie die Funktionswerte $h(t+0{,}5)$ und h(t) entsprechend der angegebenen Gleichung. Wie unterscheiden sich diese?

Was folgt daraus für die entsprechende Fragestellung?

Aufgabe A 1.2 – Teilaufgabe a

Begründung

Da kein konkreter Wert für a gegeben ist, bietet es sich an, die Aufgabe nicht mithilfe bestimmter Punkte, sondern durch Überprüfung charakteristischer Eigenschaften zu beantworten.

Zu welchem Funktionstyp gehören die Funktionen f_a?

Wie verhält sich $f_a(x)$ für $x \to \pm\infty$? Vergleichen Sie dies mit dem entsprechenden Verhalten der abgebildeten Graphen.

Die Graphen von f_a weisen eine bestimmte Symmetrieeigenschaft auf. Welche? Damit können Sie eine zweite Abbildung ausschließen.

Wert von a

Um den Wert des Parameters a zu bestimmen, setzt man die Koordinaten eines Punktes ein und erhält eine einfache quadratische Gleichung für a.

Von welchem Punkt lassen sich die Koordinaten gut ablesen?

Warum kommt nur eine der Lösungen der Gleichung infrage?

Aufgabe A 1.2 – Teilaufgabe b

Ortskurve

Berechnen Sie zunächst die y-Koordinate des entsprechenden Hochpunktes.

Damit kennen Sie nun beide Koordinaten in Abhängigkeit von a.

Um die Kurve, auf der die Hochpunkte liegen, zu erhalten, lösen Sie zunächst die x-Koordinate nach dem Parameter auf bzw. geben a in Abhängigkeit von x an.

Setzen Sie dies dann in den Term für den y-Wert des Hochpunktes ein.

Aufgabe A 1.2 – Teilaufgabe c

Gleichseitiges Dreieck

Welche Streckenlängen müssen gleich sein, damit das Dreieck gleichseitig ist?

Mithilfe welchen Satzes können Sie zunächst diese Längen berechnen?

Was bedeutet es, wenn die Längen gleich sind? Sie erhalten eine Gleichung für a.

Aufgabe A 1.1

Die momentane Wachstumsrate der Höhe der Palme wird beschrieben durch die Funktion w mit $w(t)=4\cdot(e^{-t}-e^{-2t})$; $t\geq 0$ (t in Jahren nach Beobachtungsbeginn, w(t) in Meter pro Jahr).

a) **Wachstumsrate zum Zeitpunkt t = 1:**

Einsetzen von t = 1 ergibt: $w(1)=4\cdot(e^{-1}-e^{-2\cdot 1})\approx 0{,}93$ (WTR)

Die Wachstumsrate beträgt zum Zeitpunkt t = 1 ungefähr **0,93 Meter pro Jahr**.

Begründung:

Im abgebildeten Zeitraum verläuft der Graph der momentanen Wachstums- bzw. Änderungsrate nie unterhalb der t-Achse, d. h., die Wachstumsrate ist nie negativ. Nach dem Monotoniesatz nimmt daher die Höhe nie ab.

Bedeutung der Wendestelle:

Die Wendestellen von w entsprechen den Extremstellen der 1. Ableitung von w, die Änderung der Wachstumsrate ist an diesen Stellen also extremal.
Im abgebildeten Zeitraum handelt es sich bei der Wendestelle bezogen auf den Graphen von w um einen Übergang von einer Rechts- in eine Linkskurve.
Zu diesem Zeitpunkt nimmt also die Wachstumsrate der Palme am stärksten ab.

Zeitpunkt der maximalen Wachstumsrate:

Für die Ableitung w'(t) erhält man unter Verwendung der Kettenregel:

$$w'(t)=4\cdot(e^{-t}\cdot(-1)-e^{-2t}\cdot(-2))=4\cdot(-e^{-t}+2e^{-2t})$$

Der Ansatz $w'(t)=0$ führt auf:

$$\begin{aligned} w'(t)=4\cdot(-e^{-t}+2e^{-2t})&=0 \qquad |:4\\ -e^{-t}+2e^{-2t}&=0\\ e^{-t}\cdot(-1+2e^{-t})&=0\\ e^{-t}\cdot(2e^{-t}-1)&=0 \end{aligned}$$

Da $e^{-t}\neq 0$ für alle $t\in\mathbb{R}$, kann man sich auf den zweiten Faktor beschränken:

$$\begin{aligned} 2e^{-t}-1&=0 \qquad |+1 \quad |:2\\ e^{-t}&=\frac{1}{2} \qquad |\ln\\ -t&=\ln\left(\frac{1}{2}\right)\\ t&=\ln(2)\approx 0{,}69 \end{aligned}$$

Da w' nur eine Nullstelle besitzt und die Abbildung den Graphen von w zeigt, muss nicht rechnerisch gezeigt werden, dass es sich hierbei um eine Stelle mit maximalem (und nicht etwa minimalem) Wachstum handelt.

Die Wachstumsrate ist zum Zeitpunkt $\mathbf{t\approx 0{,}69}$ maximal.

b) **Höhenzunahme:**

Da die Funktion w die momentane Wachstums- bzw. Änderungsrate angibt, erhält man die Höhenzunahme (also die absolute Änderung) im zweiten Jahr mithilfe des folgenden Integrals:

$$\int_1^2 w(t)\,dt = \int_1^2 (4\cdot(e^{-t}-e^{-2t}))\,dt$$

$$= 4\cdot\int_1^2 (e^{-t}-e^{-2t})\,dt \qquad \text{(Beachten Sie die lineare Verkettung!)}$$

$$= 4\cdot\left[-e^{-t}+0{,}5e^{-2t}\right]_1^2$$

$$= 4\cdot(-e^{-2}+0{,}5e^{-4}-(-e^{-1}+0{,}5e^{-2}))$$

$$= 4\cdot(e^{-1}-1{,}5e^{-2}+0{,}5e^{-4}) \approx 0{,}70$$

Die Höhenzunahme im zweiten Jahr beträgt **ca. 0,70 Meter**.

Integralfreier Funktionsterm:

Wie oben ergibt sich die Höhe mithilfe des entsprechenden Integrals, ferner ist die Anfangshöhe von 1 Meter zu berücksichtigen.

Damit erhält man die Höhe h(t) der Palme zum Zeitpunkt t durch den Term:

$$\mathbf{h(t)} = 1+\int_0^t w(x)\,dx = 1+4\cdot\left[-e^{-x}+0{,}5e^{-2x}\right]_0^t$$

$$= 1+4\cdot(-e^{-t}+0{,}5e^{-2t}-(-e^{0}+0{,}5e^{0}))$$

$$= 1+4\cdot(-e^{-t}+0{,}5e^{-2t}+0{,}5)$$

$$= \mathbf{3-4e^{-t}+2e^{-2t}}$$

Zeitpunkt mit Höhe 1,50 m:

Der Ansatz $h(t)=1{,}5$ liefert:

$$3-4e^{-t}+2e^{-2t}=1{,}5$$

$$2e^{-2t}-4e^{-t}+1{,}5=0$$

Mit der Substitution $u=e^{-t}$ ergibt sich eine quadratische Gleichung:

$$2u^2-4u+1{,}5=0$$

$$u_{1/2}=\frac{4\pm\sqrt{16-4\cdot 2\cdot 1{,}5}}{4}=\frac{4\pm 2}{4}$$

$$u_1=\frac{1}{2} \quad \text{und} \quad u_2=\frac{3}{2}$$

Resubstitution liefert die beiden Lösungen:

$$t_1=-\ln\left(\frac{1}{2}\right)\approx 0{,}69 \qquad t_2=-\ln\left(\frac{3}{2}\right)\approx -0{,}41 \quad \text{(nicht relevant wegen } t\geq 0\text{)}$$

Nach **ca. 0,7 Jahren** hat die Palme eine Höhe von 1,50 m.

Maximale Höhe:

Bisher ist nur bekannt, dass die Funktion h im abgebildeten Bereich monoton wachsend ist (vgl. Teilaufgabe a). Wie man durch Ausklammern aber leicht erkennt, gilt $w(t) = 4 \cdot (e^{-t} - e^{-2t}) = 4e^{-t} \cdot (1 - e^{-t}) > 0$ für alle $t > 0$ (beide Faktoren sind immer positiv), d. h., die maximale Höhe wird tatsächlich für $t \to \infty$ erreicht.

Betrachtet wird also $h(t) = 3 - 4e^{-t} + 2e^{-2t}$ für $t \to \infty$.
Wegen $e^{-t} \to 0$ für $t \to \infty$ erhält man:

$$h(t) = 3 - \underbrace{4e^{-t}}_{\to 0} + \underbrace{2e^{-2t}}_{\to 0} \to 3$$

Die Palme kann maximal eine Höhe von **3 m** erreichen.

Fragestellung im Sachzusammenhang:

Die angegebene Gleichung lässt sich leicht umformen in $h(t + 0{,}5) = 1{,}5 \cdot h(t)$. Dies bedeutet, dass ausgehend von einem bestimmten Zeitpunkt t gilt: Nach einem halben Jahr (t wird in Jahren angegeben) beträgt die Höhe das 1,5-Fache des Anfangswertes zum Zeitpunkt t. Somit lautet die Frage:

In welchem Halbjahreszeitraum nimmt die Höhe der Palme um 50 % zu?

Aufgabe A 1.2

Für jedes $a > 0$ ist eine Funktion f_a gegeben durch $f_a(x) = -\frac{1}{8}x^4 + a^2x^2$.

a) **Begründung:**

Das Verhalten der ganzrationalen Funktionen f_a für $x \to \pm\infty$ wird bestimmt durch den Summanden mit dem höchsten Exponenten, also $-\frac{1}{8}x^4$. Für $x \to \pm\infty$ gilt also $f_a(x) \to -\infty$. Abbildung 1 gehört somit nicht zu einer Funktion f_a.

Der Funktionsterm der Funktionen f_a enthält nur gerade x-Potenzen. Da f_a eine ganzrationale Funktion ist, folgt daraus, dass ihr Graph achsensymmetrisch zur y-Achse ist. Damit gehört auch Abbildung 2 nicht zu einer Funktion f_a.

Wert von a:

Die verbleibende Abbildung 3 gehört zu einer Funktion f_a.
Um den zugehörigen Wert des Parameters a zu bestimmen, setzt man die Koordinaten eines Punktes, der auf dem Graphen liegt, ein und erhält eine Gleichung für a. Gut abzulesen sind z. B. die Koordinaten des rechten Hochpunktes $(2 \mid 2)$.

Aus $f_a(2) = 2$ folgt:

$$\begin{aligned} -\frac{1}{8} \cdot 2^4 + a^2 \cdot 2^2 &= 2 \\ -2 + 4a^2 &= 2 \\ 4a^2 &= 4 \\ a^2 &= 1 \\ \mathbf{a = 1} & \quad \text{wegen } a > 0 \end{aligned}$$

Abbildung 3 zeigt den Graphen der Funktion f_1.

b) **Ortskurve:**

Um die Koordinaten der entsprechenden Hochpunkte zu berechnen, setzt man zunächst $x_1 = 2a$ in den Funktionsterm ein:

$$f_a(2a) = -\frac{1}{8} \cdot (2a)^4 + a^2 \cdot (2a)^2 = -\frac{1}{8} \cdot 16a^4 + a^2 \cdot 4a^2 = -2a^4 + 4a^4 = 2a^4$$

Man erhält:

$$\left.\begin{array}{l} x = 2a \\ y = 2a^4 \end{array}\right\} \underset{a=\frac{x}{2}}{\Rightarrow} \quad y = 2 \cdot \left(\frac{x}{2}\right)^4 = \frac{x^4}{8}$$

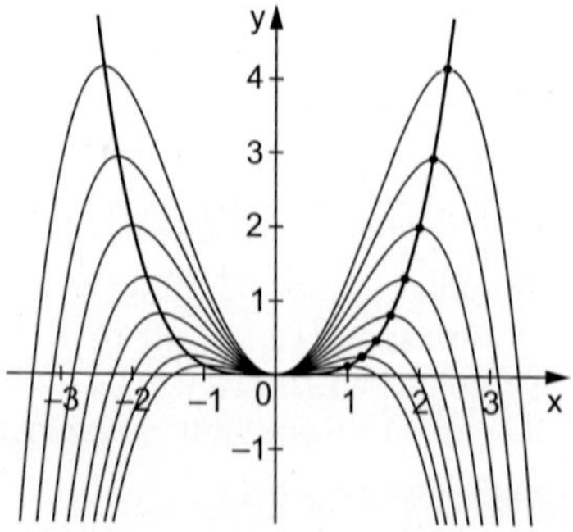

Eine Gleichung der Kurve, auf der die Hochpunkte liegen, ist:

$$\mathbf{y = \frac{1}{8}x^4}$$

Ergänzend sind zur Veranschaulichung in der Abbildung rechts die Graphen einiger Funktionen f_a und die Ortskurve dargestellt.

c) **Gleichseitiges Dreieck:**

Die Punkte $O(0\,|\,0)$, $P(4a\,|\,-16a^4)$ und $Q(-4a\,|\,-16a^4)$ bilden ein (aufgrund der Symmetrie gleichschenkliges) Dreieck.

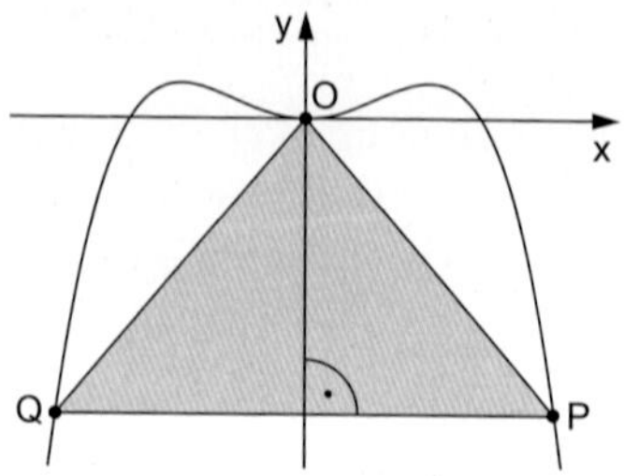

Dieses Dreieck ist gleichseitig, wenn die Längen der Strecken OP und PQ übereinstimmen.

Mit dem Satz von Pythagoras erhält man für die Länge der Strecke OP:

$$\overline{OP} = \sqrt{(4a)^2 + (16a^4)^2} = \sqrt{16a^2 + 256a^8}$$

Für die Länge der Strecke PQ ergibt sich:

$$\overline{PQ} = 4a - (-4a) = 8a$$

Gleichsetzen und Quadrieren liefert:

$$16a^2 + 256a^8 = 64a^2$$

$$256a^8 = 48a^2 \qquad |:a^2\ (a > 0) \quad |:256$$

$$a^6 = \frac{3}{16}$$

$$a = \sqrt[6]{\frac{3}{16}}$$

Für $\mathbf{a = \sqrt[6]{\frac{3}{16}} \approx 0{,}76}$ ist das Dreieck gleichseitig.

Alternative Lösung: Trigonometrie im rechtwinkligen Dreieck

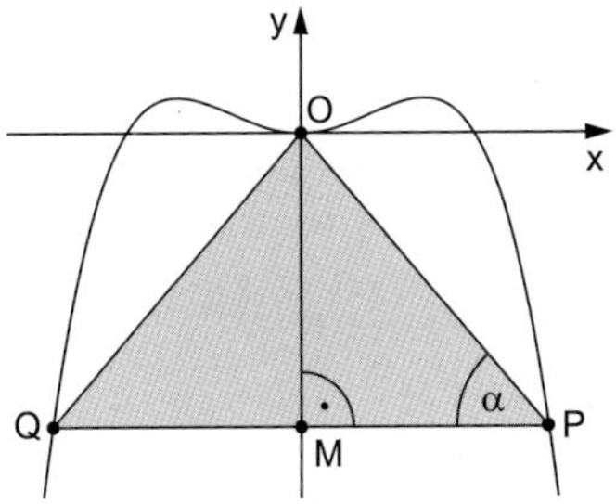

Aus den Koordinaten der Punkte ergibt sich $\tan\alpha = \frac{16a^4}{4a}$ (siehe Merkhilfe).

In einem gleichseitigen Dreieck ist die Weite jedes Winkels 60°.

Wegen $\tan 60° = \sqrt{3}$ führt dies auf den Ansatz:

$$\tan 60° = \frac{16a^4}{4a} = \sqrt{3}$$

Man erhält:

$$4a^3 = \sqrt{3}$$

$$a^3 = \frac{\sqrt{3}}{4} = \sqrt{\frac{3}{16}}$$

$$a = \sqrt[6]{\frac{3}{16}}$$

Wahlteil: Analysis A 2

Aufgabe A 2.1

Die nebenstehende Abbildung zeigt eine Station in einem Bikepark, die aus zwei seitlichen Wällen und einer Fahrrinne besteht.

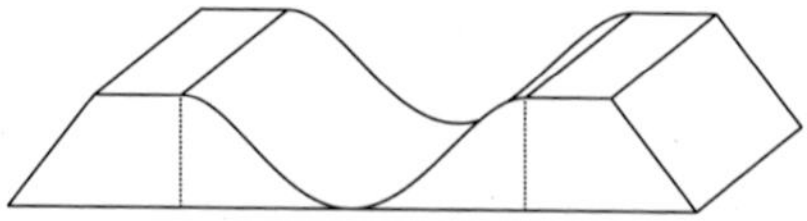

Die Abbildung in der Anlage zeigt modellhaft ihren Querschnitt. Dabei wird die Fahrrinne durch den Graphen einer Funktion f im Bereich $-8 \leq x \leq 8$ modelliert (Angaben in Meter).
Die Querschnitte der Wälle sind grau markiert. Der horizontale Untergrund wird im Querschnitt durch die x-Achse beschrieben. Die Station hat auf ihrer gesamten Länge den in der Abbildung gezeigten Querschnitt.

a) Bearbeiten Sie die folgenden Aufgabenstellungen anhand des Graphen in der Anlage.
Bestimmen Sie die Breite der Fahrrinne in einer Höhe von 1 m über dem Untergrund.
Ermitteln Sie die mittlere Steigung zwischen den im Modell mit B und C bezeichneten Punkten.
Bestimmen Sie die maximale Steigung der Fahrrinne.
Begründen Sie, dass f keine ganzrationale Funktion zweiten Grades sein kann. 4,5 VP

b) Es ist $f(x) = -\frac{1}{1024}x^4 + \frac{1}{8}x^2$.
Berechnen Sie die Höhe, in der die Fahrrinne eine Breite von 12 m hat.
Das verbaute Material hat ein Gesamtvolumen von $1\,168\ \text{m}^3$.
Ermitteln Sie die Länge der Station. 5 VP

c) Die abgebildete Fahrrinne lässt sich auch näherungsweise durch den Graphen einer trigonometrischen Funktion g modellieren, der die Punkte A, B und C als Extrempunkte besitzt.
Bestimmen Sie einen möglichen Funktionsterm von g. 2,5 VP

Aufgabe A 2.2

Gegeben ist die Funktion f durch

$f(x) = 4 - \frac{4}{x^2};\ x \neq 0.$

Ihr Graph K sowie die Gerade g: $y = 4$ sind in der nebenstehenden Abbildung dargestellt.

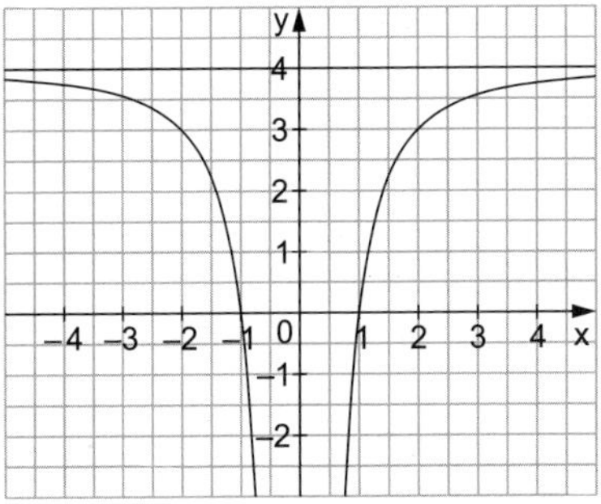

a) Der Punkt $P(u \mid v)$ mit $u > 0$ ist ein Punkt auf K.
Die Punkte P, $Q(u \mid 4)$, $R(0 \mid 4)$ und $S(0 \mid v)$ sind die Ecken eines Rechtecks.
Bei Rotation dieses Rechtecks um die y-Achse entsteht ein Zylinder.
Zeigen Sie, dass das Volumen dieses Zylinders unabhängig von u ist.
Berechnen Sie denjenigen Wert von u, für den der Inhalt der Mantelfläche des Zylinders 4π beträgt. 4 VP

b) Für jeden Punkt auf K begrenzen die zugehörige Tangente an K, die Gerade g und die y-Achse ein Dreieck. Für einen solchen Punkt T mit positiver x-Koordinate ist dieses Dreieck gleichschenklig.
Berechnen Sie die x-Koordinate dieses Punktes T. 2 VP

c) C ist der Graph der Funktion h mit $h(x) = 1 - \frac{9}{x^2}$.
K geht durch eine Streckung in y-Richtung und eine Streckung in x-Richtung aus C hervor.
Ermitteln Sie die beiden zugehörigen Streckfaktoren. 2 VP

Abbildung zu Aufgabe A 2.1

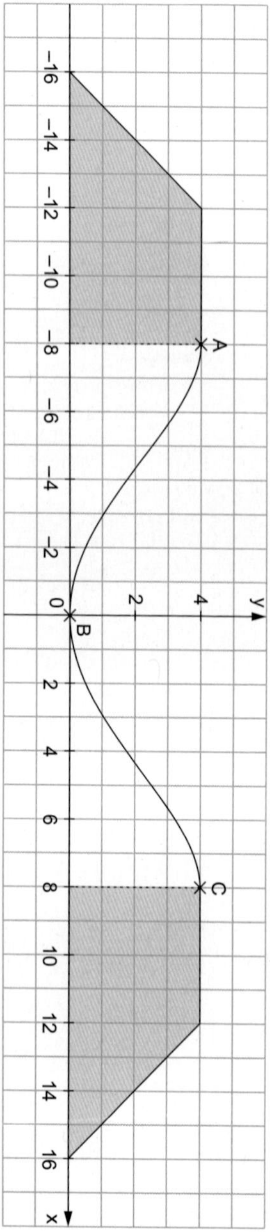

TIPP Lösungshinweise zum Wahlteil Analysis – Aufgabe A 2

Aufgabe A 2.1 – Teilaufgabe a

Breite der Fahrrinne

Zeichnen Sie eine geeignete Gerade ein. Ablesen der Schnittpunkte dieser Geraden mit dem Graphen von f liefert näherungsweise die Breite der Fahrrinne.

Mittlere Steigung

Wie lauten die Koordinaten der Punkte B und C?

Wie bestimmen Sie die Steigung einer Geraden bzw. Strecke?

Maximale Steigung

An welchen besonderen Stellen liegen Extremstellen der 1. Ableitung vor?

Zeichnen Sie näherungsweise die Tangente im entsprechenden Punkt ein.

Wie ermitteln Sie einen Näherungswert für die Steigung einer Tangente?

Begründung

Wie lautet allgemein der Funktionsterm einer ganzrationalen Funktion zweiten Grades?

Was folgt daraus für deren 2. Ableitung?

Welche Aussage über die 2. Ableitung von f können Sie jedoch mithilfe der Abbildung treffen?

Aufgabe A 2.1 – Teilaufgabe b

Höhe

Beachten Sie die Symmetrie des Graphen.

Welcher Funktionswert entspricht der gesuchten Höhe bei einer Breite von 12 m?

Länge der Station

Berechnen Sie zunächst den Inhalt der gesamten Querschnittsfläche.

Aus welchen Teilflächen setzt sich diese zusammen?

Verwenden Sie wieder die Symmetrie und bei Bedarf die Merkhilfe.

Wie erhält man die Länge, wenn Volumen und Querschnittsfläche bekannt sind?

Aufgabe A 2.1 – Teilaufgabe c

Funktionsterm

Geben Sie den Wertebereich der gesuchten Funktion g an.

Damit können Sie bereits die Amplitude und die Verschiebung in y-Richtung bestimmen.

Der Graph von g ist symmetrisch zur y-Achse und auf der y-Achse liegt ein Tiefpunkt des Graphen. Was folgt daraus für Ihren Ansatz für den Term von g?

Warum ist es naheliegend, für den Ansatz eine Kosinusfunktion zu wählen?

Die Periodenlänge entnehmen Sie der Abbildung. Wie hängt diese mit dem noch fehlenden Parameter zusammen (siehe Merkhilfe)?

Aufgabe A 2.2 – Teilaufgabe a

Zylindervolumen

Wie berechnet man allgemein das Volumen eines Zylinders (siehe Merkhilfe)?

Geben Sie r und h in Abhängigkeit von u an und setzen Sie die entsprechenden Terme in die Formel für das Zylindervolumen ein.

Wie erkennen Sie an dem erhaltenen Term, dass dieses Volumen unabhängig von u ist?

Inhalt der Mantelfläche

Setzen Sie in die Formel für den Inhalt der Mantelfläche (siehe Merkhilfe) wieder r und h in Abhängigkeit von u ein und vereinfachen Sie.

Welchen Wert soll der Inhalt dieser Fläche haben?

Gleichsetzen liefert eine Gleichung für u.

Aufgabe A 2.2 – Teilaufgabe b

Gleichschenkliges Dreieck

Aus der Bedingung, dass das Dreieck gleichschenklig sein soll, folgt unmittelbar, welche Steigung die Tangente besitzen muss.

Das Dreieck ist rechtwinklig und gleichschenklig. Was folgt daraus für die anderen beiden Winkel? Was bedeutet dies für die Steigung der Tangente?

Welchen Wert muss also die Ableitung f' im Punkt $T(u \mid f(u))$ annehmen?

Lösen Sie die entstehende Gleichung nach u auf.

Aufgabe A 2.2 – Teilaufgabe c

Streckfaktoren

Ziel ist es, den Term von h in den Term von f zu überführen.

Ein Vergleich der Terme legt nahe, dass der Faktor 4 eine Rolle spielt.

Berechnen Sie $4 \cdot h(x)$ und vergleichen Sie $4 \cdot h(x)$ mit $f(x)$.

Wodurch müssen Sie nun x ersetzen, um den Term von f zu erhalten?

Aufgabe A 2.1

a) **Breite der Fahrrinne:**

Einzeichnen der Geraden mit der Gleichung $y = 1$ in die Abbildung und Ablesen der Schnittpunkte liefert:

$f(3) = f(-3) \approx 1$

Damit beträgt die Breite der Fahrrinne in einer Höhe von 1 m **ca. 6 m**.

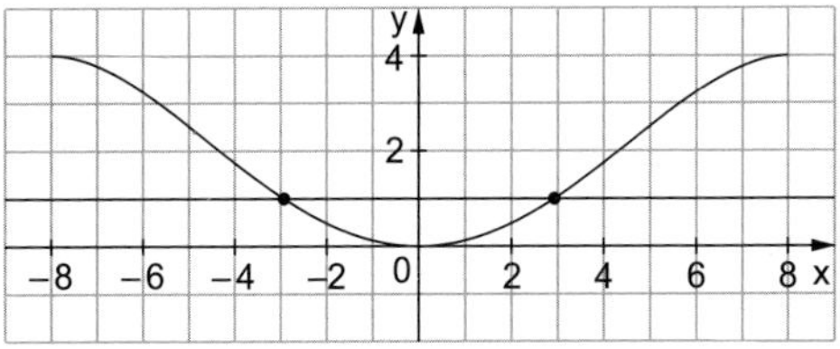

Mittlere Steigung:

Die Koordinaten der angegebenen Punkte lauten $B(0\,|\,0)$ und $C(8\,|\,4)$. Damit ergibt sich für die mittlere Steigung zwischen diesen Punkten:

$$m = \frac{y_2 - y_1}{x_2 - x_1} = \frac{4}{8} = 0{,}5$$

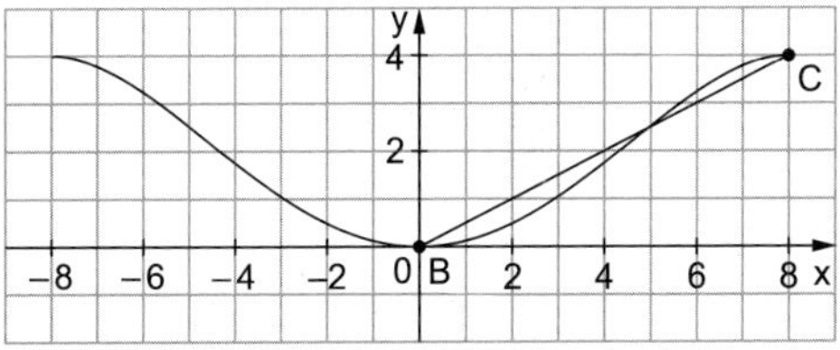

Die mittlere Steigung zwischen den Punkten B und C beträgt **0,5**.

Maximale Steigung:

Wendestellen sind Extremstellen der 1. Ableitung. Einen Übergang von einer Links- in eine Rechtskurve findet man am Graphen von f bei $x \approx 4{,}6$.

Um die Steigung des Graphen an dieser Stelle möglichst genau zu ermitteln, zeichnet man die Tangente und ein entsprechendes Steigungsdreieck ein.

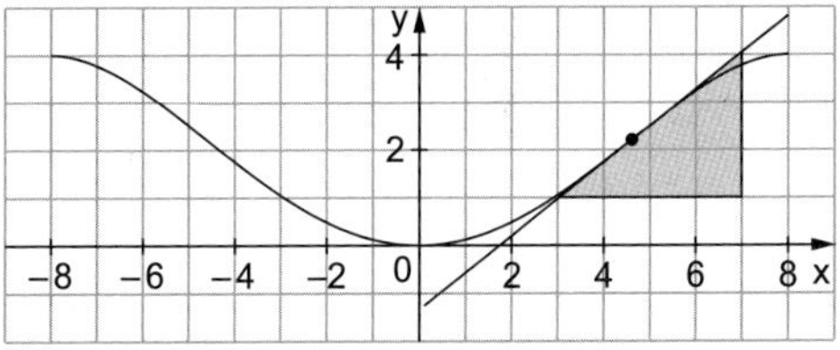

Damit erhält man:

$$f'(4{,}6) \approx \frac{4-1}{7-3} = \frac{3}{4} = 0{,}75$$

Die maximale Steigung beträgt **ca. 0,75**.

Begründung:

Eine ganzrationale Funktion zweiten Grades besitzt die Form $f(x) = ax^2 + bx + c$ $(a \neq 0)$ mit den Ableitungen $f'(x) = 2ax + b$ bzw. $f''(x) = 2a$. Damit ist für $a \neq 0$ die 2. Ableitung $f''(x) \neq 0$ für alle $x \in \mathbb{R}$, der Graph besitzt also keine Wendepunkte.

Da der abgebildete Graph jedoch zwei Wendepunkte hat, kann f keine ganzrationale Funktion zweites Grades sein.

Hinweis: Es kann bei der Argumentation auch vorausgesetzt werden, dass eine ganzrationale Funktion zweiten Grades keine Wendepunkte besitzt (ihr Graph ist eine Parabel!).

b) **Höhe:**

Aus Symmetriegründen genügt es, f(6) zu berechnen. Einsetzen liefert:

$$f(6) = -\frac{1}{1024} \cdot 6^4 + \frac{1}{8} \cdot 6^2$$
$$\approx 3{,}23$$

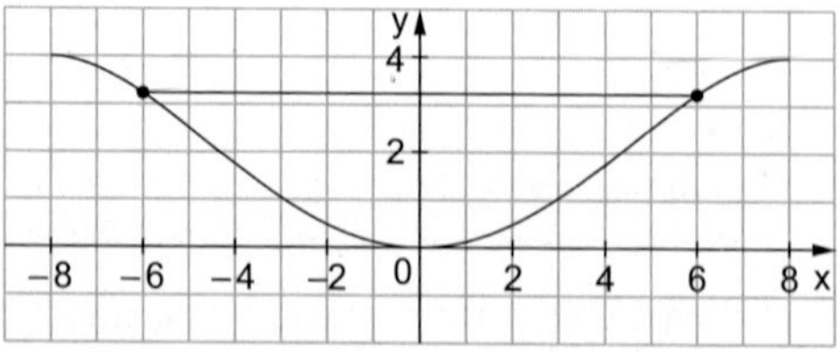

In einer Höhe von **ca. 3,23 m** hat die Rinne eine Breite von 12 m.

Länge der Station:

Zunächst ist der Inhalt A der gesamten Querschnittsfläche zu berechnen. Dieser setzt sich zusammen aus dem Inhalt der Fläche unter dem Graphen von f und dem Inhalt der Trapeze am Rand:

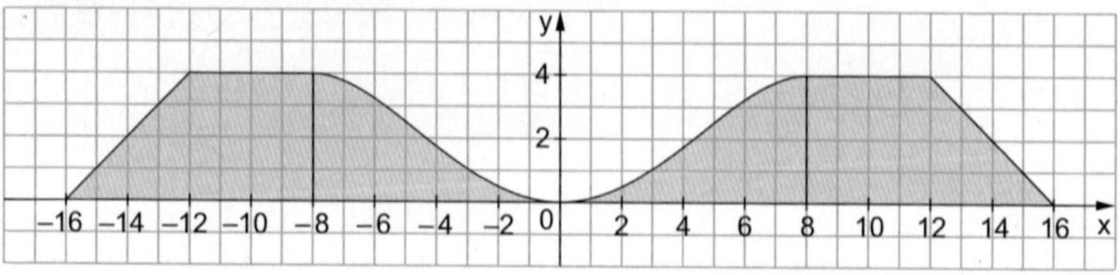

Wegen der Symmetrie der Station erhält man:

$$A = 2 \cdot \int_0^8 f(x)\,dx + 2 \cdot \frac{4+8}{2} \cdot 4 \qquad \text{(Flächeninhalt eines Trapezes, s. Merkhilfe)}$$

$$= 2 \cdot \left[-\frac{1}{5120} x^5 + \frac{1}{24} x^3 \right]_0^8 + 48$$

$$= 2 \cdot \left(-\frac{1}{5120} \cdot 8^5 + \frac{1}{24} \cdot 8^3 - 0 \right) + 48$$

$$\approx 77{,}87$$

Aus $V = A \cdot \ell$ folgt damit für die Länge der Station:

$$\ell = \frac{V}{A} \approx \frac{1168 \text{ m}^3}{77{,}87 \text{ m}^2} \approx 15 \text{ m}$$

Die Station ist **ca. 15 m lang**.

c) **Funktionsterm:**

Der Abbildung entnimmt man:

- Der Wertebereich der gesuchten trigonometrischen Funktion g ist [0; 4]. Daraus ergeben sich unmittelbar die Amplitude 2 und die Verschiebung um 2 in y-Richtung.
- Da der Graph symmetrisch zur y-Achse ist, wählt man für den Ansatz die Kosinusfunktion.
- Auf der y-Achse befindet sich ein Tiefpunkt (Punkt B). Wegen $\cos(0)=1$ (Hochpunkt) kann man statt einer Verschiebung in x-Richtung auch einen negativen Vorfaktor wählen.
- Für die Periodenlänge p gilt $p=16$. (Man kann dafür z. B. den Abstand der beiden benachbarten Hochpunkte A und C ablesen.)

Damit ergibt sich als Ansatz für einen möglichen Funktionsterm von g:

$g(x)=-2\cdot\cos(b\cdot x)+2$ (Ohne das Minuszeichen wäre $g(0)=4$ und nicht 0.)

Aus $p=16$ folgt mit $p=\frac{2\pi}{b}$ (siehe Merkhilfe):

$b=\frac{2\pi}{16}=\frac{\pi}{8}$

Als möglichen Funktionsterm erhält man:

$$\mathbf{g(x)=-2\cdot\cos\left(\frac{\pi}{8}\cdot x\right)+2}$$

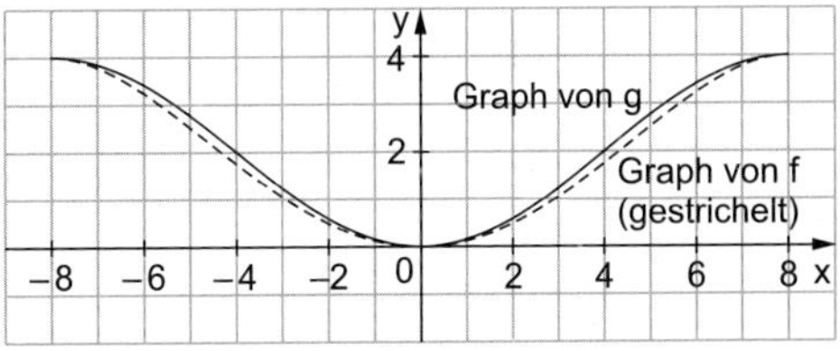

Aufgabe A 2.2

Gegeben sind die Funktion f durch $f(x)=4-\frac{4}{x^2}$ $(x\neq 0)$ und die Gerade g: $y=4$.

a) **Zylindervolumen:**

Das Volumen eines Zylinders berechnet man mithilfe der Formel $V=\pi\cdot r^2\cdot h$.

Da das Rechteck um die y-Achse rotiert, gilt für den Radius $r=u$, als Höhe ergibt sich $h=4-v=4-f(u)$ (siehe Skizze).

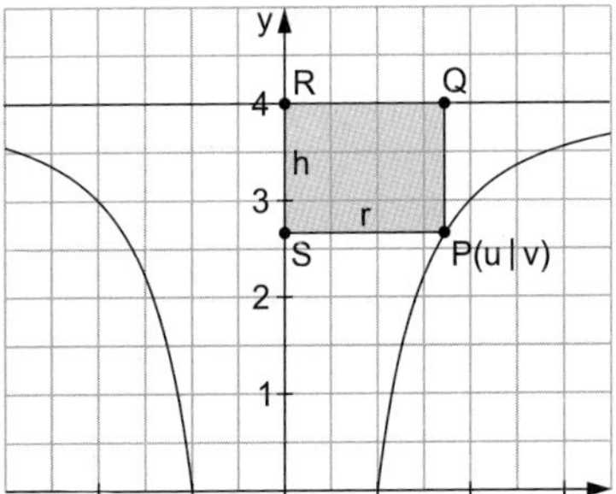

Damit erhält man:

$$\begin{aligned} V &= \pi\cdot u^2\cdot(4-f(u)) \\ &= \pi\cdot u^2\cdot\left(4-\left(4-\frac{4}{u^2}\right)\right) \\ &= \pi\cdot u^2\cdot\frac{4}{u^2} \\ &= 4\pi \end{aligned}$$

Damit hat das Volumen des Zylinders unabhängig von u den Wert $\mathbf{4\pi}$.

Inhalt der Mantelfläche:

Für den Inhalt der Mantelfläche des Zylinders errechnet man zunächst:

$$M = 2\pi \cdot r \cdot h = 2\pi \cdot u \cdot \frac{4}{u^2} = \frac{8\pi}{u}$$

Mit $M = 4\pi$ folgt:

$$\frac{8\pi}{u} = 4\pi \quad \left|: 4\pi \quad \right| \cdot u$$

$$u = 2$$

Für $\mathbf{u = 2}$ beträgt der Inhalt der Mantelfläche 4π.

b) **Gleichschenkliges Dreieck:**

Das beschriebene Dreieck ist genau dann gleichschenklig, wenn die Steigung der Tangente $m = 1$ ist. Dies lässt sich z. B. mithilfe der Winkel begründen.

Es gilt für $m = 1$:

$m = \tan \alpha_1 = 1$ (siehe Merkhilfe)

$\alpha_1 = 45°$

$\Rightarrow \alpha_2 = 90° - \alpha_1 = 45°$

$\Rightarrow \beta = 180° - (90° + 45°) = 45°$

Aus $\alpha_2 = \beta$ folgt dann die Gleichschenkligkeit des Dreiecks.

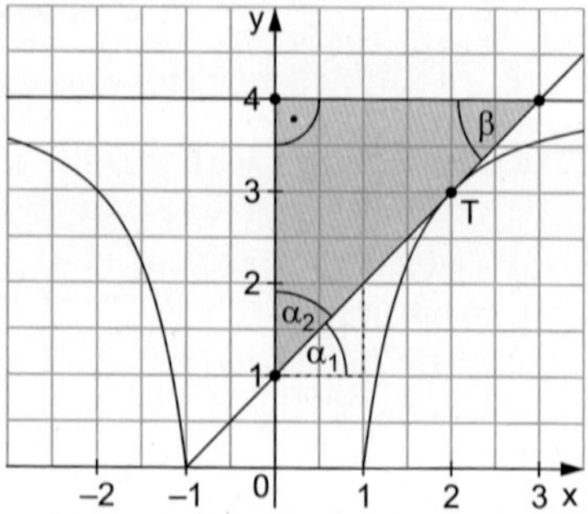

Für die Ableitung f' von f erhält man:

$$f'(x) = \frac{8}{x^3}$$

Für die x-Koordinate des Punktes $T(u\,|\,f(u))$ erhält man dann mit $m = f'(u) = 1$:

$$\frac{8}{u^3} = 1$$

$$u^3 = 8$$

$$u = 2$$

Für den Punkt **T(2 | f(2))** ist das Dreieck gleichschenklig.

c) **Streckfaktoren:**

Ein Vergleich der Terme legt nahe, dass der Faktor 4 eine Rolle spielt. Es ist:

$$4 \cdot h(x) = 4 \cdot \left(1 - \frac{9}{x^2}\right) = 4 - \frac{9 \cdot 4}{x^2}$$

Ersetzt man nun x durch 3x, erhält man:

$$4 \cdot h(3x) = 4 - \frac{9 \cdot 4}{(3x)^2} = 4 - \frac{9 \cdot 4}{9x^2} = 4 - \frac{4}{x^2} = f(x)$$

Also geht K durch eine Streckung mit dem **Faktor 4 in y-Richtung** und eine Streckung mit dem **Faktor $\frac{1}{3}$ in x-Richtung** aus C hervor.

Wahlteil: Analytische Geometrie B 1

Ein Ausstellungsraum hat die Form einer geraden Pyramide mit quadratischer Grundfläche. Die Eckpunkte des Bodens können in einem kartesischen Koordinatensystem modellhaft durch die Punkte A(18 | 0 | 0), B(18 | 18 | 0), C(0 | 18 | 0) und D(0 | 0 | 0) dargestellt werden (siehe Abbildung).
Die Spitze des Raumes wird durch den Punkt S(9 | 9 | 12) beschrieben, die rechte Seitenwand durch das gleichschenklige Dreieck BCS (alle Koordinatenangaben in Meter).

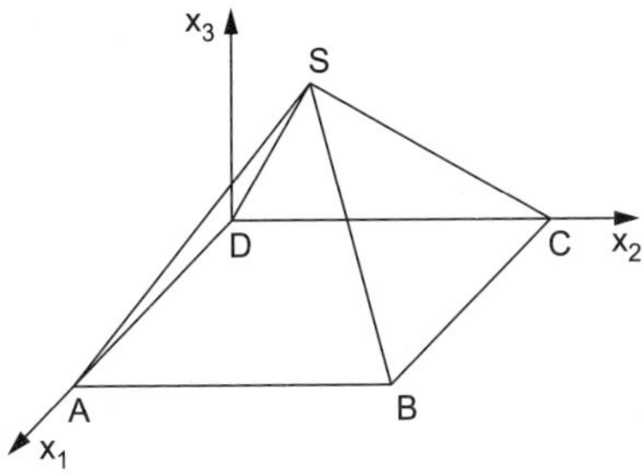

a) Berechnen Sie die Größe des Winkels zwischen den beiden Kanten, die durch die Strecken BC und BS beschrieben werden.
Ermitteln Sie eine Koordinatengleichung der Ebene E, in der das Dreieck BCS liegt.
Bestimmen Sie den Flächeninhalt der rechten Seitenwand.
(Teilergebnis: E: $4x_2 + 3x_3 = 72$) 5 VP

Eine punktförmige Lampe befindet sich am unteren Ende einer fünf Meter langen Stange, die von der Raumspitze ausgeht und senkrecht nach unten hängt.

b) Die Stange mit der Lampe kann in eine Pendelbewegung versetzt werden. Diese Pendelbewegung verläuft im Modell in einer Ebene parallel zur x_2x_3-Ebene.
Wenn die Lampe zu stark schwingt, dann trifft sie die rechte Seitenwand. Der Auftreffpunkt wird im Modell durch den Punkt P beschrieben.
Berechnen Sie die Koordinaten von P. 2 VP

c) Im Rahmen einer Kunstausstellung wurde ein drei Meter langer Stab senkrecht zum Boden angebracht, der im Modell durch die Strecke FG mit F(11 | 15 | 0) beschrieben wird. Befindet sich die Lampe in der Position, die durch L(9 | 9 | 7) beschrieben wird, so wirft der Stab einen Schatten, dessen Endpunkt auf der rechten Seitenwand durch G* beschrieben wird.
Berechnen Sie die Koordinaten des Punktes G*.
Beschreiben Sie ein Verfahren, mit dem man die Gesamtlänge des betrachteten Schattens berechnen kann. 3 VP

TIPP Lösungshinweise zum Wahlteil Geometrie – Aufgabe B 1

Aufgabe B 1 – Teilaufgabe a

Winkel

Bestimmen Sie die Vektoren $\overrightarrow{BC}$ und $\overrightarrow{BS}$.

Wie berechnet man die Weite des eingeschlossenen Winkels? Verwenden Sie bei Bedarf die Merkhilfe.

Koordinatengleichung der Ebene E

Geben Sie mögliche Spannvektoren der Ebene E an.

Wie können Sie mithilfe der Spannvektoren einen Normalenvektor von E bestimmen?

Die entstehenden Gleichungen führen auf ein LGS, bei dem Sie eine Variable frei wählen können.

Um eine Koordinatengleichung von E zu erhalten, muss noch ein geeigneter Punkt eingesetzt werden.

Flächeninhalt

Wie berechnet man im Allgemeinen den Flächeninhalt eines Dreiecks?

Welche Länge hat hier die Grundseite?

Welche besondere Eigenschaft hat das Dreieck BCS?

Um die Länge der Höhe bestimmen zu können, benötigen Sie den Mittelpunkt der Strecke BC. Sie können bei Bedarf die Merkhilfe verwenden.

Geben Sie im Antwortsatz den Inhalt der Fläche mit Einheit an.

Aufgabe B 1 – Teilaufgabe b

Koordinaten von P

Beachten Sie die besondere Lage der Grundfläche und die Richtung der Pendelbewegung. Dann können Sie sofort angeben, auf welcher Strecke der Punkt P liegt.

Berechnen Sie einen entsprechenden Richtungsvektor und normieren Sie diesen, d. h., bestimmen Sie einen zugehörigen Vektor der Länge 1.

Da Sie die Länge der Stange kennen, können Sie nun von S ausgehend die Koordinaten von P berechnen.

Aufgabe B 1 – Teilaufgabe c

*Koordinaten von G**

Geben Sie mithilfe des Punktes F und der Länge des senkrecht angebrachten Stabes die Koordinaten des Punktes G an.

Der Lichtstrahl geht von L aus und erreicht G. Bestimmen Sie eine Gleichung der entsprechenden Geraden g.

Berechnen Sie (durch Einsetzen) den Schnittpunkt dieser Geraden g und der Ebene E, die die rechte Seitenwand beschreibt, um G* zu erhalten.

Verfahren

Der Lichtstrahl und der Stab befinden sich in einer Ebene H. In dieser Ebene befindet sich auch der Schatten des Stabes. Wie erhält man diese Ebene H?

Die Schattenlinie des Stabes hat einen Knick. Sie setzt sich aus zwei Strecken zusammen. Wo befinden sich diese beiden Strecken?

Wie können Sie mithilfe der Ebene H den gemeinsamen Punkt Q der beiden Strecken bestimmen?

Wie erhält man mithilfe des Punktes Q die Länge des Schattens?

Modellhaft wird die Pyramide beschrieben durch die Eckpunkte der quadratischen Grundfläche $A(18|0|0)$, $B(18|18|0)$, $C(0|18|0)$ und $D(0|0|0)$ sowie die Spitze $S(9|9|12)$ (alle Angaben in Meter).

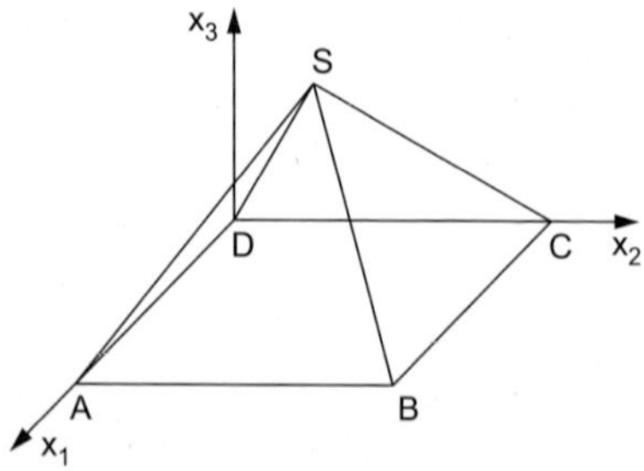

a) **Winkel:**

Mit $\overrightarrow{BC} = \begin{pmatrix} 0 \\ 18 \\ 0 \end{pmatrix} - \begin{pmatrix} 18 \\ 18 \\ 0 \end{pmatrix} = \begin{pmatrix} -18 \\ 0 \\ 0 \end{pmatrix}$

und $\overrightarrow{BS} = \begin{pmatrix} 9 \\ 9 \\ 12 \end{pmatrix} - \begin{pmatrix} 18 \\ 18 \\ 0 \end{pmatrix} = \begin{pmatrix} -9 \\ -9 \\ 12 \end{pmatrix}$

erhält man:

$$\cos\alpha = -\frac{\begin{pmatrix} -18 \\ 0 \\ 0 \end{pmatrix} \cdot \begin{pmatrix} -9 \\ -9 \\ 12 \end{pmatrix}}{\left|\begin{pmatrix} -18 \\ 0 \\ 0 \end{pmatrix}\right| \cdot \left|\begin{pmatrix} -9 \\ -9 \\ 12 \end{pmatrix}\right|} = \frac{162}{18 \cdot \sqrt{306}} = \frac{3}{\sqrt{34}} \quad \Rightarrow \quad \alpha \approx 59{,}0°$$

Die Weite des Winkels beträgt **ca. 59,0°**.

Koordinatengleichung der Ebene E:

Als Spannvektoren der Ebene E wählt man zur Vereinfachung Vielfache von $\overrightarrow{BC}$ und $\overrightarrow{BS}$, z. B. $\vec{u} = \begin{pmatrix} 1 \\ 0 \\ 0 \end{pmatrix}$ und $\vec{v} = \begin{pmatrix} 3 \\ 3 \\ -4 \end{pmatrix}$.

Für einen Normalenvektor $\vec{n} = \begin{pmatrix} n_1 \\ n_2 \\ n_3 \end{pmatrix}$ von E muss gelten:

$$\left.\begin{array}{l} \vec{u} \cdot \vec{n} = 0 \\ \vec{v} \cdot \vec{n} = 0 \end{array}\right|; \quad \left.\begin{array}{rl} n_1 & = 0 \\ 3n_1 + 3n_2 - 4n_3 & = 0 \end{array}\right|; \quad \left.\begin{array}{rl} n_1 & = 0 \\ 3n_2 & = 4n_3 \end{array}\right|$$

Eine Lösung des LGS ist beispielsweise:

$n_1 = 0;\quad n_2 = 4;\quad n_3 = 3$

Als Ansatz für eine Koordinatengleichung erhält man also $4x_2 + 3x_3 = d$.

Einsetzen der Koordinaten z. B. des Punktes $C(0|18|0)$ liefert $d = 72$.

Eine Koordinatengleichung der Ebene ist **E: $\mathbf{4x_2 + 3x_3 = 72}$**.

Flächeninhalt:

Für den Flächeninhalt A eines Dreiecks mit der Grundseite g und der Höhe h gilt:

$A = \frac{1}{2} \cdot g \cdot h$

Da es sich um ein gleichschenkliges Dreieck handelt, verläuft die Höhe von der Spitze S zum Mittelpunkt der Strecke BC.

Wird dieser Mittelpunkt der Strecke BC mit M_{BC} bezeichnet, ergibt sich $g = |\overrightarrow{BC}| = 18$ und wegen $M_{BC}\left(\frac{18}{2} \middle| \frac{18+18}{2} \middle| 0\right)$ (siehe Merkhilfe):

$$h = |\overrightarrow{M_{BC}S}| = \left|\begin{pmatrix} 9 \\ 9 \\ 12 \end{pmatrix} - \begin{pmatrix} 9 \\ 18 \\ 0 \end{pmatrix}\right| = \left|\begin{pmatrix} 0 \\ -9 \\ 12 \end{pmatrix}\right| = \sqrt{(-9)^2 + 12^2} = 15$$

Damit erhält man für den Flächeninhalt:

$$A = \frac{1}{2} \cdot g \cdot h = \frac{1}{2} \cdot 18 \cdot 15 = 135$$

Der Flächeninhalt der rechten Seitenwand beträgt **135 m²**.

b) **Koordinaten von P:**

Da
- die Grundfläche der Pyramide parallel zur x_1- und x_2-Achse ist,
- die Spitze einer regelmäßigen quadratischen Pyramide über dem Mittelpunkt des Quadrates liegt und
- die Stange parallel zur x_2x_3-Ebene schwingt,

liegt der Punkt P auf der Strecke SM_{BC} (siehe Skizze).

Mit der Länge der Stange von 5 Meter erhält man damit:

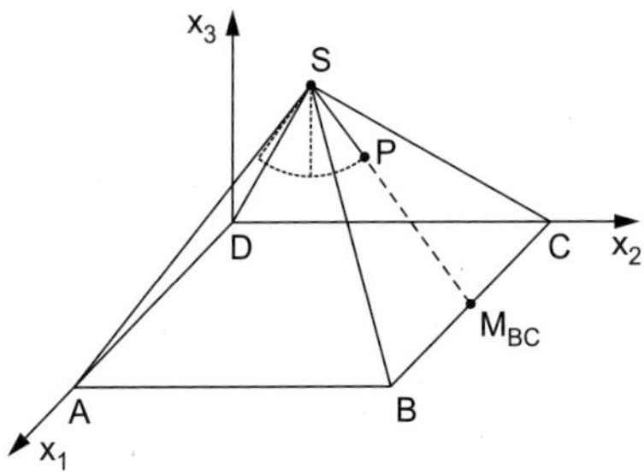

$$\overrightarrow{OP} = \overrightarrow{OS} + 5 \cdot \frac{\overrightarrow{SM_{BC}}}{|\overrightarrow{SM_{BC}}|}$$

$$= \begin{pmatrix} 9 \\ 9 \\ 12 \end{pmatrix} + 5 \cdot \frac{1}{\sqrt{9^2 + (-12)^2}} \cdot \begin{pmatrix} 0 \\ 9 \\ -12 \end{pmatrix}$$

$$= \begin{pmatrix} 9 \\ 9 \\ 12 \end{pmatrix} + \frac{1}{3} \cdot \begin{pmatrix} 0 \\ 9 \\ -12 \end{pmatrix} = \begin{pmatrix} 9 \\ 12 \\ 8 \end{pmatrix}$$

Der Auftreffpunkt P hat die Koordinaten **P(9 | 12 | 8)**.

c) **Koordinaten von G*:**

Der für die Berechnung von G* relevante von L ausgehende Lichtstrahl liegt auf einer Geraden g, die durch

$g\colon \vec{x} = \overrightarrow{OL} + t \cdot \overrightarrow{LG}$

beschrieben wird (siehe Skizze).

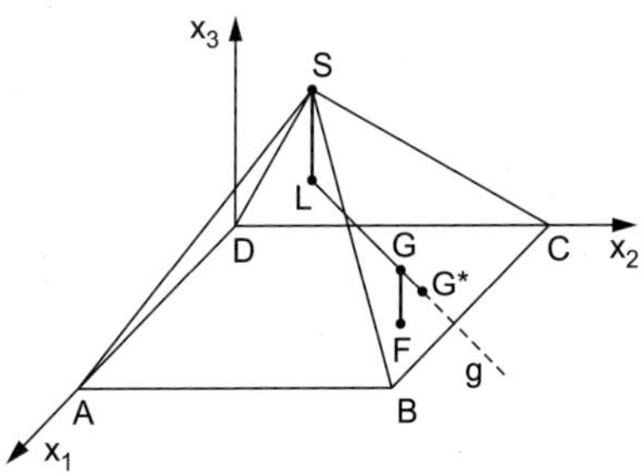

Da der Stab drei Meter lang und senkrecht zum Boden angebracht ist, erhält man für die Koordinaten des oberen Endpunktes des Stabes G(11 | 15 | 3).

Damit lautet die Gleichung der Geraden g:

$$\vec{x} = \begin{pmatrix} 9 \\ 9 \\ 7 \end{pmatrix} + t \cdot \left(\begin{pmatrix} 11 \\ 15 \\ 3 \end{pmatrix} - \begin{pmatrix} 9 \\ 9 \\ 7 \end{pmatrix} \right) = \begin{pmatrix} 9 \\ 9 \\ 7 \end{pmatrix} + t \cdot \begin{pmatrix} 2 \\ 6 \\ -4 \end{pmatrix}; \ t \in \mathbb{R}$$

Die Koordinaten des Schattenpunktes G* ergeben sich durch den Schnitt der Geraden g und der Ebene E, in der die rechte Seitenwand liegt.

Mit E: $4x_2 + 3x_3 = 72$ (siehe Teilaufgabe a) erhält man:

$$\begin{aligned} 4 \cdot (9 + 6t) + 3 \cdot (7 - 4t) &= 72 \\ 36 + 24t + 21 - 12t &= 72 \\ 12t + 57 &= 72 \\ 12t &= 15 \\ t &= \frac{5}{4} \end{aligned}$$

Damit errechnet man für die Koordinaten des Schnittpunktes der Geraden g mit der Ebene E:

$$\overrightarrow{OG^*} = \begin{pmatrix} 9 \\ 9 \\ 7 \end{pmatrix} + \frac{5}{4} \cdot \begin{pmatrix} 2 \\ 6 \\ -4 \end{pmatrix} = \begin{pmatrix} 11{,}5 \\ 16{,}5 \\ 2 \end{pmatrix}$$

Gemäß der Aufgabenstellung liegt dieser Punkt auf der rechten Seitenwand. Daher ist **G*(11,5 | 16,5 | 2)**.

Verfahren:

- Im ersten Schritt ist eine Gleichung der Ebene H zu bestimmen, welche die Punkte L, F und G enthält.
- Nun ist der Schnittpunkt Q dieser Ebene H mit der Geraden BC zu bestimmen.
- Die Gesamtlänge ℓ des Schattens errechnet man durch:
  $\ell = |\overrightarrow{FQ}| + |\overrightarrow{QG^*}|$

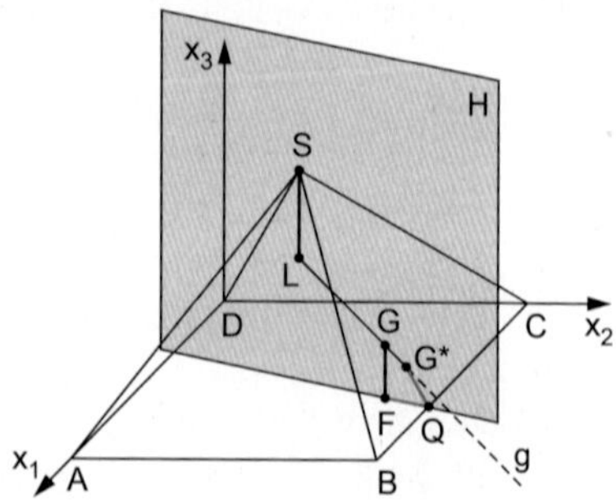

Alternative:

- Der Schnitt der Geraden g mit der x_1x_2-Ebene liefert den Punkt R.
- Der Schnitt der Geraden FR mit der Geraden BC liefert den Punkt Q.
- Die Gesamtlänge ℓ des Schattens errechnet man durch:
  $\ell = |\overrightarrow{FQ}| + |\overrightarrow{QG^*}|$

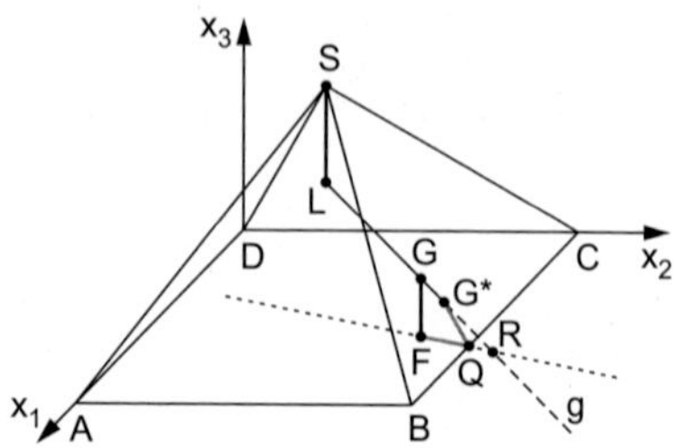

In einem Klassenzimmer befindet sich eine rechteckige Projektionsfläche. Ihre Eckpunkte werden in einem Koordinatensystem durch die Punkte $A(0\,|\,4{,}4\,|\,1)$, $B(1\,|\,6{,}8\,|\,1)$, $C(1\,|\,6{,}8\,|\,2{,}6)$ und $D(0\,|\,4{,}4\,|\,2{,}6)$ dargestellt (alle Koordinatenangaben in Meter). Die Klassenzimmerwand hinter der Projektionsfläche liegt in einer Ebene, die durch die x_2x_3-Ebene beschrieben wird.

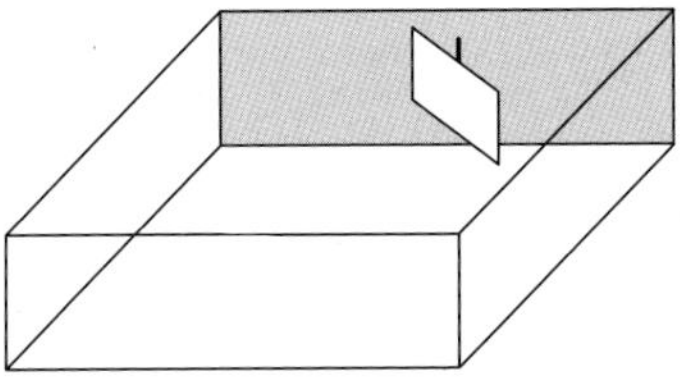

a) Berechnen Sie die Länge der Diagonalen der Projektionsfläche.
Die Punkte A, B, C und D liegen in einer Ebene E.
Bestimmen Sie eine Koordinatengleichung von E.
Berechnen Sie die Weite des Winkels, den die Projektionsfläche und die dahinterliegende Wand des Klassenzimmers einschließen.
(Teilergebnis: E: $12x_1 - 5x_2 = -22$) 4 VP

b) Ein Schüler zielt mit einem Laserpointer auf die Projektionsfläche. Die Lichtquelle wird im Modell durch den Punkt $L(4\,|\,2\,|\,1)$ dargestellt, der Vektor $\vec{v} = \begin{pmatrix} -5 \\ 6 \\ 2 \end{pmatrix}$ beschreibt die Richtung des Laserstrahls.
Überprüfen Sie, ob der Laserstrahl die Projektionsfläche trifft. 2,5 VP

Die Projektionsfläche ist so befestigt, dass sie sich um eine vertikale Achse drehen lässt. Im Modell lassen sich mögliche Lagen der Projektionsfläche durch Ebenen der Schar E_a: $12x_1 + 5ax_2 = 28a + 6$; $a \in \mathbb{R}$ beschreiben.

c) Weisen Sie nach, dass der Mittelpunkt der Strecke CD in jeder Ebene der Schar liegt.
Die Drehachse wird im Modell durch eine Strecke beschrieben.
Geben Sie eine Gleichung der Geraden an, die diese Strecke enthält. 1,5 VP

d) Begründen Sie, dass die Ebene E_1 eine Lage beschreibt, in der die Projektionsfläche an der dahinterliegenden Wand anstößt. 2 VP

TIPP Lösungshinweise zum Wahlteil Geometrie – Aufgabe B 2

Aufgabe B 2 – Teilaufgabe a

Länge der Diagonalen

Wie berechnet man im Allgemeinen den Abstand zweier Punkte?

Schauen Sie bei Bedarf in der Merkhilfe nach.

Koordinatengleichung der Ebene E

Geben Sie mögliche Spannvektoren der Ebene E an.

Wie können Sie mithilfe der Spannvektoren einen Normalenvektor von E bestimmen?

Die entstehenden Gleichungen führen auf ein LGS, bei dem Sie eine Variable frei wählen können.

Um eine Koordinatengleichung von E zu erhalten, muss noch ein geeigneter Punkt eingesetzt werden.

Winkel

Welche Gleichung hat die Ebene, zu der die dahinterliegende Wand gehört?

Was folgt daraus für den zugehörigen Normalenvektor?

Zur Berechnung des Winkels zwischen zwei Ebenen können Sie wieder die Merkhilfe zurate ziehen.

Aufgabe B 2 – Teilaufgabe b

Überprüfung

Bestimmen Sie eine Gleichung der Geraden, auf der der Laserstrahl liegt.
(Sie kennen einen Punkt und den Richtungsvektor der Geraden.)

Schneiden Sie diese Gerade mit der Ebene E, um den Schnittpunkt S zu erhalten.

Sie kennen die Koordinaten der Eckpunkte der Projektionsfläche.

Was bedeutet es für die Koordinaten des Schnittpunktes S, wenn der Strahl die Projektionsfläche trifft, also S innerhalb des Rechtecks ABCD liegt?

Aufgabe B 2 – Teilaufgabe c

Nachweis

Wie berechnen Sie die Koordinaten des Mittelpunktes einer Strecke (Merkhilfe)?

Überprüfen Sie mithilfe einer Punktprobe, ob der Mittelpunkt in jeder Ebene der Schar liegt.

Gleichung der Geraden

Der Mittelpunkt M_{CD} der Strecke CD liegt auf der gesuchten Geraden.

Welchen Richtungsvektor besitzt die Gerade, wenn die Drehachse vertikal verläuft?

Aufgabe B 2 – Teilaufgabe d

Begründung

Welche Gleichung hat die Ebene E_1, welche die Ebene, zu der die dahinterliegende Wand gehört?

Schneiden Sie diese beiden Ebenen.

Wählen Sie einen Punkt, der zu beiden Ebenen gehört und dieselbe x_3-Koordinate wie der Mittelpunkt M_{CD} besitzt.

Warum entspricht dieser Punkt der rechten oberen Ecke der gedrehten Projektionsfläche?

Wie groß sind die Abstände der Eckpunkte der Projektionsfläche zur Drehachse?

Wie folgt daraus bereits, dass die Projektionsfläche an der Wand anstößt?

Die Eckpunkte einer rechteckigen Projektionsfläche werden in einem Koordinatensystem dargestellt durch die Punkte A(0 | 4,4 | 1), B(1 | 6,8 | 1), C(1 | 6,8 | 2,6) und D(0 | 4,4 | 2,6) (alle Angaben in Meter).

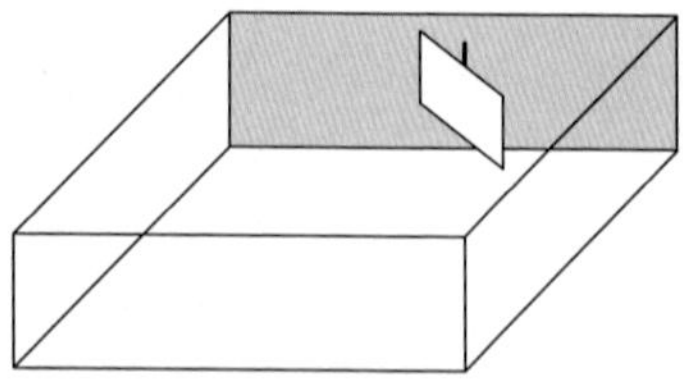

a) **Länge der Diagonalen:**

Für die Länge der Diagonalen $d = |\overrightarrow{AC}| = |\overrightarrow{BD}|$ erhält man:

$$d = |\overrightarrow{AC}| = \left| \begin{pmatrix} 1 \\ 6{,}8 \\ 2{,}6 \end{pmatrix} - \begin{pmatrix} 0 \\ 4{,}4 \\ 1 \end{pmatrix} \right| = \left| \begin{pmatrix} 1 \\ 2{,}4 \\ 1{,}6 \end{pmatrix} \right| = \sqrt{1^2 + 2{,}4^2 + 1{,}6^2} = \sqrt{9{,}32} \approx 3{,}05$$

Die Länge der Diagonalen beträgt etwa **3,05 m**.

Koordinatengleichung der Ebene E:

Als Spannvektoren der Ebene E wählt man z. B. die Vektoren:

$$\overrightarrow{AD} = \begin{pmatrix} 0 \\ 4{,}4 \\ 2{,}6 \end{pmatrix} - \begin{pmatrix} 0 \\ 4{,}4 \\ 1 \end{pmatrix} = \begin{pmatrix} 0 \\ 0 \\ 1{,}6 \end{pmatrix} \text{ und } \overrightarrow{AB} = \begin{pmatrix} 1 \\ 6{,}8 \\ 1 \end{pmatrix} - \begin{pmatrix} 0 \\ 4{,}4 \\ 1 \end{pmatrix} = \begin{pmatrix} 1 \\ 2{,}4 \\ 0 \end{pmatrix}$$

Für einen Normalenvektor $\vec{n} = \begin{pmatrix} n_1 \\ n_2 \\ n_3 \end{pmatrix}$ von E muss gelten:

$$\left.\begin{array}{l} \overrightarrow{AD} \cdot \vec{n} = 0 \\ \overrightarrow{AB} \cdot \vec{n} = 0 \end{array}\right|; \quad \left.\begin{array}{rl} 1{,}6n_3 & = 0 \\ n_1 + 2{,}4n_2 \quad & = 0 \end{array}\right|; \quad \left.\begin{array}{l} n_3 = 0 \\ n_1 = -2{,}4n_2 \end{array}\right|$$

Eine Lösung des LGS ist:

$n_1 = 12;\quad n_2 = -5;\quad n_3 = 0$

Als Ansatz für eine Koordinatengleichung erhält man $12x_1 - 5x_2 = c$.

Einsetzen der Koordinaten z. B. des Punktes A(0 | 4,4 | 1) liefert $c = -22$.

Eine Koordinatengleichung der Ebene ist **E: $\mathbf{12x_1 - 5x_2 = -22}$.**

Winkel:

Ein Normalenvektor der x_2x_3-Ebene, in der die dahinterliegende Wand liegt, ist $\begin{pmatrix} 1 \\ 0 \\ 0 \end{pmatrix}$; ein Normalenvektor der Ebene E ist $\vec{n}_E = \begin{pmatrix} 12 \\ -5 \\ 0 \end{pmatrix}$. Damit erhält man für den eingeschlossenen Winkel:

$$\cos\alpha = \frac{\left| \begin{pmatrix} 12 \\ -5 \\ 0 \end{pmatrix} \cdot \begin{pmatrix} 1 \\ 0 \\ 0 \end{pmatrix} \right|}{\left| \begin{pmatrix} 12 \\ -5 \\ 0 \end{pmatrix} \right| \cdot \left| \begin{pmatrix} 1 \\ 0 \\ 0 \end{pmatrix} \right|} = \frac{|12|}{\sqrt{169} \cdot 1} = \frac{12}{13} \quad \Rightarrow \quad \alpha \approx 22{,}6°$$

Für den eingeschlossenen Winkel α gilt $\boldsymbol{\alpha \approx 22{,}6°}$.

b) **Überprüfung:**

Der Laserstrahl liegt auf der Geraden g mit:

$$g: \vec{x} = \overrightarrow{OL} + t \cdot \vec{v} = \begin{pmatrix} 4 \\ 2 \\ 1 \end{pmatrix} + t \cdot \begin{pmatrix} -5 \\ 6 \\ 2 \end{pmatrix}; \; t \in \mathbb{R}$$

Schnitt dieser Geraden mit der Ebene E führt auf:

$$\begin{aligned} 12 \cdot (4-5t) - 5 \cdot (2+6t) &= -22 \\ 48 - 60t - 10 - 30t &= -22 \\ -90t + 38 &= -22 \\ -90t &= -60 \\ t &= \frac{2}{3} \end{aligned}$$

Einsetzen von t ergibt den Schnittpunkt S mit den Koordinaten $S\left(\frac{2}{3} \,\middle|\, 6 \,\middle|\, \frac{7}{3}\right)$.

Da die Projektionsfläche rechteckig ist, genügt es, diese Koordinaten zur Überprüfung mit denen der Eckpunkte des Rechtecks zu vergleichen:

Wegen $0 < \frac{2}{3} < 1$, $4{,}4 < 6 < 6{,}8$ und $1 < \frac{7}{3} < 2{,}6$ liegt der Punkt S innerhalb der Projektionsfläche und somit **trifft der Laserstrahl die Projektionsfläche**.

c) **Nachweis:**

Für den Mittelpunkt der Strecke CD erhält man (siehe Merkhilfe):

$$M_{CD}\left(\frac{1+0}{2} \,\middle|\, \frac{6{,}8+4{,}4}{2} \,\middle|\, \frac{2{,}6+2{,}6}{2}\right)$$

$$M_{CD}(0{,}5 \,|\, 5{,}6 \,|\, 2{,}6)$$

Einsetzen der Koordinaten von M_{CD} in E_a (Punktprobe) ergibt:

$$\begin{aligned} 12 \cdot 0{,}5 + 5a \cdot 5{,}6 &= 28a + 6 \\ 6 + 28a &= 28a + 6 \end{aligned}$$

Da diese Aussage wahr ist für alle $a \in \mathbb{R}$, liegt der Mittelpunkt M_{CD} in jeder Ebene E_a der Schar.

Gleichung der Geraden:

Da der Mittelpunkt M_{CD} in jeder Ebene E_a enthalten ist, ist er ein möglicher Stützpunkt der gesuchten Geraden h. Da sich die Projektionsfläche um eine vertikale Achse drehen lässt, verläuft die Gerade parallel zur x_3-Achse und man erhält für ihre Gleichung:

$$\mathbf{h: \vec{x} = \begin{pmatrix} 0{,}5 \\ 5{,}6 \\ 2{,}6 \end{pmatrix} + t \cdot \begin{pmatrix} 0 \\ 0 \\ 1 \end{pmatrix}}; \; t \in \mathbb{R}$$

d) **Begründung:**

Die Ebene E_1 hat die Gleichung E_1: $12x_1 + 5x_2 = 34$, die dahinterliegende Wand ist Teil der x_2x_3-Ebene mit der Gleichung $x_1 = 0$.

Schnitt der Ebene E_1 mit der x_2x_3-Ebene führt zum LGS:

$$\begin{vmatrix} 12x_1 + 5x_2 = 34 \\ x_1 \quad\quad = 0 \end{vmatrix}$$

Wegen $x_1 = 0$ ist $x_2 = \frac{34}{5} = 6{,}8$ und als Lösung des LGS ergibt sich (0; 6,8; t).

Der Punkt $P(0\,|\,6{,}8\,|\,2{,}6)$ (mit $t = 2{,}6$) liegt somit auf der Schnittgeraden der gedrehten Projektionsfläche mit der x_2x_3-Ebene und hat dieselbe x_3-Koordinate wie der Punkt M_{CD} aus Teilaufgabe c. Wegen

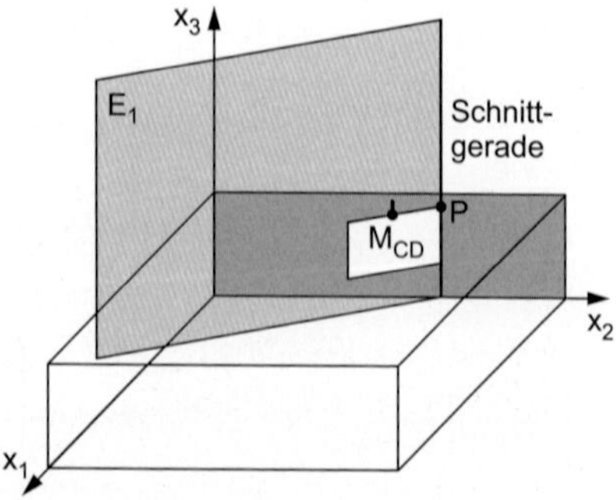

$$|\overrightarrow{M_{CD}P}| = \left|\begin{pmatrix} 0 \\ 6{,}8 \\ 2{,}6 \end{pmatrix} - \begin{pmatrix} 0{,}5 \\ 5{,}6 \\ 2{,}6 \end{pmatrix}\right| = \left|\begin{pmatrix} -0{,}5 \\ 1{,}2 \\ 0 \end{pmatrix}\right|$$

$$= \sqrt{(-0{,}5)^2 + 1{,}2^2} = 1{,}3$$

und

$$|\overrightarrow{M_{CD}C}| = \left|\begin{pmatrix} 1 \\ 6{,}8 \\ 2{,}6 \end{pmatrix} - \begin{pmatrix} 0{,}5 \\ 5{,}6 \\ 2{,}6 \end{pmatrix}\right| = \left|\begin{pmatrix} 0{,}5 \\ 1{,}2 \\ 0 \end{pmatrix}\right|$$

$$= \sqrt{0{,}5^2 + 1{,}2^2} = 1{,}3$$

stellt P die rechte obere Ecke der gedrehten Projektionsfläche dar.

Da P auf der Schnittgeraden der Ebene E_1 und der x_2x_3-Ebene liegt, folgt daraus, dass die Projektionsfläche an der Wand anstößt.

Alternative Lösung 1:

Für den Abstand der Punkte C und M_{CD} gilt:

$$d(C; M_{CD}) = \sqrt{(0{,}5-1)^2 + (5{,}6-6{,}8)^2 + (2{,}6-2{,}6)^2} = \sqrt{(-0{,}5)^2 + (-1{,}2)^2} = 1{,}3$$

Ein Normalenvektor der Ebene E_1 ist $\vec{n}_1 = \begin{pmatrix} 12 \\ 5 \\ 0 \end{pmatrix}$, also ist $\vec{u} = \begin{pmatrix} -5 \\ 12 \\ 0 \end{pmatrix}$ ein Vektor, der parallel zur Ebene E_1 und parallel zur x_1x_2-Ebene ist.

Der Eckpunkt C der Projektionsfläche wird durch die Drehung auf den Punkt C* abgebildet.

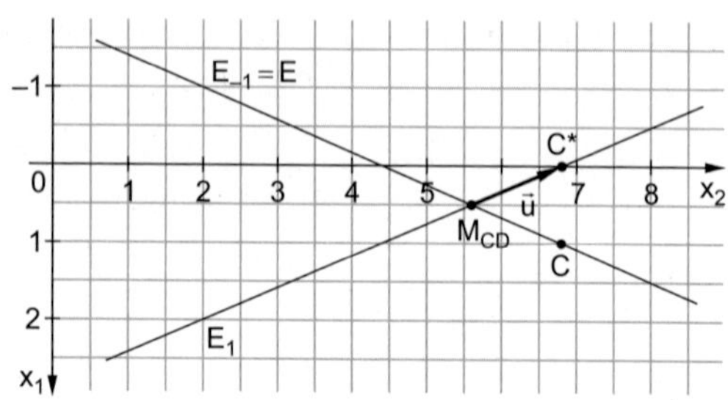

Dieser Punkt C* hat nach der Drehung ebenfalls den Abstand 1,3 vom Punkt M_{CD}.
Für die Koordinaten von C* gilt deshalb:

$$\vec{c}^* = \vec{m}_{CD} + 1{,}3 \cdot \frac{1}{|\vec{u}|} \cdot \vec{u} = \begin{pmatrix} 0{,}5 \\ 5{,}6 \\ 2{,}6 \end{pmatrix} + 1{,}3 \cdot \frac{1}{13} \cdot \begin{pmatrix} -5 \\ 12 \\ 0 \end{pmatrix} = \begin{pmatrix} 0{,}5 \\ 5{,}6 \\ 2{,}6 \end{pmatrix} + 0{,}1 \cdot \begin{pmatrix} -5 \\ 12 \\ 0 \end{pmatrix} = \begin{pmatrix} 0 \\ 6{,}8 \\ 2{,}6 \end{pmatrix}$$

Der Punkt C* liegt somit in der x_2x_3-Ebene und daher stößt die Projektionsfläche nach der Drehung an der hinteren Wand an.

Alternative Lösung 2:

Die in Teilaufgabe a durch die Punkte A, B, C und D festgelegte Ebene E ist eine Ebene der Schar E_a, nämlich die Ebene E_{-1} mit dem Normalenvektor $\vec{n}_{-1} = \begin{pmatrix} 12 \\ -5 \\ 0 \end{pmatrix}$.

Da die Punkte A und D die x_1-Koordinate null haben, stößt in diesem Fall die Projektionsfläche offensichtlich an der Wand an. Dass dies auch für die mithilfe der Ebene E_1 beschriebene Lage gilt, zeigt man wie folgt:

Da die Ebene E_0: $12x_1 = 6$ mit dem Normalenvektor $\vec{n}_0 = \begin{pmatrix} 12 \\ 0 \\ 0 \end{pmatrix}$ parallel zur x_2x_3-Ebene liegt, geht die Ebene E_1 mit dem Normalenvektor $\vec{n}_1 = \begin{pmatrix} 12 \\ 5 \\ 0 \end{pmatrix}$ durch Spiegelung der Ebene E_{-1} an der Ebene E_0: $x_1 = \frac{1}{2}$ hervor (siehe Skizze).

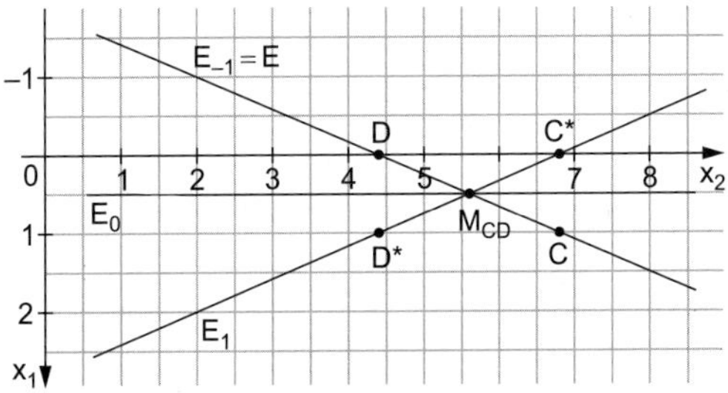

(*Anmerkung:* Bei der Spiegelung entsteht genauer gesagt der Vektor $-\vec{n}_1 = \begin{pmatrix} -12 \\ -5 \\ 0 \end{pmatrix}$.)

Aus Symmetriegründen beschreibt also auch die Ebene E_1 eine Lage, in der die Projektionsfläche an der Wand anstößt.

Hinweis: Die Begründung ist bereits vollständig. Die Koordinaten der Eckpunkte der Projektionsfläche erhält man durch Spiegelung an der Ebene E_0: $x_1 = \frac{1}{2}$. Die gedrehte Projektionsfläche hat wegen $\frac{1}{2} - 0 = 1 - \frac{1}{2}$ die Eckpunkte $A^*(1\,|\,4{,}4\,|\,1)$, $B^*(0\,|\,6{,}8\,|\,1)$, $C^*(0\,|\,6{,}8\,|\,2{,}6)$ und $D^*(1\,|\,4{,}4\,|\,2{,}6)$. Da B* und C* die x_1-Koordinate null haben, stößt die Projektionsfläche an der hinteren Wand an.

Wahlteil: Stochastik C 1

Auf einer Meeresfarm werden Muscheln zur Perlengewinnung gezüchtet. Erfahrungsgemäß bringen 70 % der Muscheln keine Perlen hervor. In den restlichen Muscheln befindet sich jeweils genau eine Perle, aber nur 10 % der Perlen entsprechen dem geforderten Qualitätsstandard.

a) Bestimmen Sie für die folgenden Ereignisse jeweils die Wahrscheinlichkeit:
   A: In 10 zufällig ausgewählten Muscheln ist keine Perle.
   B: In 10 zufällig ausgewählten Muscheln sind insgesamt mindestens zwei Perlen.
   C: In 100 zufällig ausgewählten Muscheln sind insgesamt mehr als drei Perlen, die dem geforderten Qualitätsstandard entsprechen. 3 VP

b) Ermitteln Sie die Anzahl der Muscheln, die man mindestens öffnen muss, damit mit einer Wahrscheinlichkeit von mindestens 95 % mindestens eine Perle zu finden ist. 2 VP

c) Ein Muschelzüchter hat eine neue Zuchtmethode entwickelt. Er behauptet, damit die Wahrscheinlichkeit dafür, dass eine Muschel eine Perle hervorbringt, zu erhöhen. Um die Behauptung zu überprüfen, wird die Nullhypothese „Mit einer Wahrscheinlichkeit von höchstens 30 % bringt eine Muschel eine Perle hervor." getestet. Man vereinbart einen Stichprobenumfang von 200 Muscheln und ein Signifikanzniveau von 5 %.
   Formulieren Sie die zugehörige Entscheidungsregel. 2,5 VP

d) Ein Goldschmied hat in einer Schale weiße und schwarze Perlen. Es sind mehr schwarze als weiße Perlen. Insgesamt sind es 21 Perlen. Der Goldschmied zieht zufällig zwei Perlen ohne Zurücklegen aus der Schale. Die Wahrscheinlichkeit dafür, dass sich die Farben der beiden Perlen unterscheiden, beträgt $\frac{8}{21}$.
   Bestimmen Sie die Anzahl der schwarzen Perlen, die vor dem Ziehen in der Schale waren. 2,5 VP

TIPP Lösungshinweise zum Wahlteil Stochastik – Aufgabe C 1

Aufgabe C 1 – Teilaufgabe a

Ereignisse A und B

Führen Sie eine Zufallsgröße X_1 für die Anzahl der Muscheln mit Perle ein.

Wie ist diese Zufallsgröße verteilt?

Zur Berechnung der Wahrscheinlichkeit des Ereignisses A benötigen Sie den WTR. Hinweise zur Bestimmung der Wahrscheinlichkeit bei vorgegebener Trefferzahl finden Sie auch bei WTR 4.

Bei Ereignis B ist „mindestens“ ein Schlüsselwort. Wie gehen Sie bei solchen Fragestellungen vor? Was ist das Gegenereignis zu „mindestens 2 Treffer“?

Wie berechnen Sie damit $P(X_1 \geq 2)$? Mit Ihrem WTR können Sie die gesuchte Wahrscheinlichkeit wegen des „≥“ nicht direkt berechnen.

Zur Bedienung des WTR können Sie bei WTR 5 nachschlagen.

Ereignis C

Wie groß ist die Wahrscheinlichkeit dafür, eine Muschel mit Perle, die dem Qualitätsstandard entspricht, zu erhalten?

Führen Sie eine Zufallsgröße X_2 ein, die die Anzahl der Perlen angibt, die dem Qualitätsstandard entsprechen. Geben Sie die Verteilung von X_2 an.

Erneut erfolgt die Berechnung über das Gegenereignis.

Aufgabe C 1 – Teilaufgabe b

Mindestanzahl der Muscheln

Führen Sie eine Zufallsgröße Y ein, die die Anzahl der Muscheln mit Perle beschreibt. Wie ist Y verteilt?

Gesucht ist die kleinste natürliche Zahl n mit $P(Y \geq 1) \geq 0{,}95$. Wie bei Ereignis B in Teilaufgabe a („mindestens“) ist eine Umformung nötig, die auf eine Ungleichung ohne „≥“ führt.

Die Lösung dieser Ungleichung finden Sie mithilfe des WTR durch systematisches Probieren.

Geben Sie – wie bei vergleichbaren Aufgaben immer – den größten Wert an, für den die Ungleichung gerade noch nicht erfüllt ist, und den kleinsten Wert, der sie erfüllt. Dieser entspricht dann der Mindestanzahl an Muscheln.

Aufgabe C 1 – Teilaufgabe c

Entscheidungsregel

Wie lautet die Nullhypothese, wie die Alternative?

Handelt es sich um einen rechts- oder linksseitigen Test? Sprechen kleine oder große Werte gegen die Nullhypothese?

Führen Sie die Zufallsgröße Z ein, die die Anzahl der Muscheln mit Perle beschreibt.

Wie ist Z im Extremfall, also wenn das „=" gilt, bei zutreffender Nullhypothese verteilt?

Wie verwenden Sie das Signifikanzniveau?

Gesucht ist die kleinste natürliche Zahl g, für die eine von Ihnen zu formulierende Bedingung erfüllt ist.

Bestimmen Sie – durch systematisches Probieren – den größten Wert, für den die Ungleichung noch nicht erfüllt ist, und den kleinsten Wert g, der sie erfüllt.

Geben Sie unter Verwendung von g den Ablehnungsbereich von H_0 an.

Formulieren Sie im letzten Schritt die Entscheidungsregel. Beachten Sie dabei, dass Nullhypothesen abgelehnt oder nicht abgelehnt, jedoch nie angenommen werden.

Aufgabe C 1 – Teilaufgabe d

Anzahl der schwarzen Perlen

Bezeichnen Sie die Anzahl der schwarzen Perlen in der Schale mit s.

Wie viele weiße Perlen befinden sich dann in der Schale?

Wie groß ist dann die Wahrscheinlichkeit dafür, dass die erste Perle schwarz ist?

Beachten Sie, dass die Perlen ohne Zurücklegen aus der Schale gezogen werden.

Welche beiden Möglichkeiten gibt es, Perlen mit unterschiedlicher Farbe zu ziehen? Berechnen Sie jeweils die Wahrscheinlichkeit.

Die Bedingung, dass die Wahrscheinlichkeit für unterschiedliche Farben der zwei Perlen den gegebenen Wert annimmt, führt auf eine (letztlich quadratische) Gleichung für s.

Von den beiden Lösungen kommt aufgrund der Aufgabenstellung nur eine infrage.

70 % der Muscheln bringen keine Perlen hervor, in den restlichen Muscheln befindet sich jeweils genau eine Perle, doch nur 10 % dieser Perlen entsprechen den Anforderungen.

a) **Ereignisse A und B:**

Die Zufallsgröße X_1 beschreibt die Anzahl der Muscheln mit Perle.
X_1 ist dann $B_{10;\,0{,}3}$-verteilt.

Anmerkung: Aufgrund der großen Anzahl von Muscheln insgesamt stellt hier die Binomialverteilung eine sinnvolle und hinreichend genaue Näherung dar.

$\mathbf{P(A)} = P(X_1 = 0) \approx \mathbf{0{,}028}$ (WTR 4)

$\mathbf{P(B)} = P(X_1 \geq 2) = 1 - P(X_1 \leq 1) \approx \mathbf{0{,}851}$ (WTR 5)

Ereignis C:

Die Zufallsgröße X_2 gibt die Anzahl der Perlen an, die dem Qualitätsstandard entsprechen. Die Wahrscheinlichkeit p dafür, eine Muschel mit einer den Anforderungen genügenden Perle zu erhalten, beträgt $p = 0{,}3 \cdot 0{,}1 = 0{,}03$.
Damit ist X_2 $B_{100;\,0{,}03}$-verteilt.

$\mathbf{P(C)} = P(X_2 > 3) = 1 - P(X_2 \leq 3) \approx \mathbf{0{,}353}$ (WTR 5)

b) **Mindestanzahl der Muscheln:**

Die Zufallsgröße Y beschreibt die Anzahl der Muscheln, die eine Perle enthalten.
Y ist $B_{n;\,0{,}3}$-verteilt.

Gesucht ist die kleinste natürliche Zahl n mit $P(Y \geq 1) = 1 - P(Y = 0) \geq 0{,}95$.
Eine kleine Umformung führt auf die Bedingung $P(Y = 0) \leq 0{,}05$.

Durch systematisches Probieren mit dem WTR (WTR 4) erhält man

für $n = 8$: $P(Y = 0) \approx 0{,}058 > 0{,}05$

für $n = 9$: $P(Y = 0) \approx 0{,}040 < 0{,}05$

Man muss also **mindestens 9 Muscheln** öffnen, damit mit einer Wahrscheinlichkeit von mindestens 95 % mindestens eine Perle zu finden ist.

c) **Entscheidungsregel:**

Die Zufallsgröße Z beschreibt die Anzahl der Muscheln, die eine Perle enthalten. Zur Überprüfung der Behauptung soll ein rechtsseitiger Test (mit dem Signifikanzniveau 5 %) durchgeführt werden mit der Nullhypothese

H_0: $p \leq 0{,}3$

und der Alternative

H_1: $p > 0{,}3$ (dies entspricht der Vermutung).

Da ein Stichprobenumfang von 200 Muscheln vereinbart wurde, ist Z bei zutreffender Nullhypothese im Extremfall $B_{200;\,0{,}3}$-verteilt.

Eine große Anzahl von Muscheln, die eine Perle enthalten, spricht gegen die Nullhypothese. Der Ablehnungsbereich von H_0 hat daher die Form $A = \{g;\ g+1;\ \ldots;\ 200\}$, wobei g die kleinste natürliche Zahl ist mit:

$P(Z \geq g) \leq 0{,}05$

Wegen $P(Z \geq g) = 1 - P(Z < g) = 1 - P(Z \leq g-1) \leq 0{,}05$ folgt daraus mit einer kleinen Umformung:

$P(Z \leq g-1) \geq 0{,}95$

Mit dem WTR (WTR 5 oder WTR 6) erhält man

für $g = 71$: $P(Z \leq 70) \approx 0{,}946 < 0{,}95$

für $g = 72$: $P(Z \leq 71) \approx 0{,}960 > 0{,}95$

Somit ist $g = 72$ und der Ablehnungsbereich von H_0 ist $A = \{72;\ 73;\ \ldots;\ 200\}$.

Entscheidungsregel:
Enthalten mindestens 72 Muscheln eine Perle, so wird die Nullhypothese abgelehnt, ansonsten kann sie nicht verworfen werden.

d) **Anzahl der schwarzen Perlen:**
In der Schale sind 21 Perlen. Bezeichnet s die Anzahl der schwarzen Perlen, sind in der Schale s schwarze und $21 - s$ weiße Perlen.

Die Wahrscheinlichkeit dafür, zunächst eine schwarze Perle zu ziehen, ist $\frac{s}{21}$, die Wahrscheinlichkeit dafür, danach eine weiße zu ziehen, ist $\frac{21-s}{20}$ (Ziehen ohne Zurücklegen). Da auch zuerst eine weiße und dann eine schwarze Perle gezogen werden kann, gilt somit insgesamt:

$$\frac{s}{21} \cdot \frac{21-s}{20} + \frac{21-s}{21} \cdot \frac{s}{20} = \frac{8}{21}$$

Multipliziert man diese Gleichung mit 21 und mit 20, erhält man eine quadratische Gleichung:

$$s \cdot (21-s) + (21-s) \cdot s = 160$$
$$21s - s^2 + 21s - s^2 = 160$$
$$-2s^2 + 42s - 160 = 0$$
$$s^2 - 21s + 80 = 0$$
$$s_{1/2} = \frac{21 \pm \sqrt{441 - 4 \cdot 1 \cdot 80}}{2} = \frac{21 \pm 11}{2}$$
$$s_1 = 16 \text{ und } s_2 = 5$$

Die zweite Lösung entfällt, da laut Vorgabe zu Beginn mehr schwarze als weiße Perlen in der Schale waren.

Vor dem Ziehen waren **16 schwarze Perlen** in der Schale.

Anmerkung: Die Aufgabenstellung erlaubt hier auch, die Gleichung durch systematisches Probieren mit dem WTR zu lösen.

Wahlteil: Stochastik C 2

In einer Urne befinden sich drei rote, eine weiße und sechs schwarze Kugeln.

a) Es werden nacheinander acht Kugeln mit Zurücklegen gezogen.
Bestimmen Sie für die folgenden Ereignisse jeweils die Wahrscheinlichkeit:
A: Genau drei dieser Kugeln sind rot.
B: Mehr als zwei und weniger als sechs dieser Kugeln sind rot.
C: Die ersten drei Kugeln haben dieselbe Farbe. 3 VP

b) Geben Sie im Zusammenhang mit der oben beschriebenen Urne ein Zufallsexperiment und ein Ereignis an, dessen Wahrscheinlichkeit sich mit dem folgenden Term berechnen lässt:
$\binom{5}{3} \cdot 0{,}6^3 \cdot 0{,}4^2$ 1,5 VP

c) Bei einem Spiel werden zwei Kugeln ohne Zurücklegen gezogen. Ist die weiße Kugel dabei, erhält der Spieler seinen Einsatz zurück. Bei zwei Kugeln mit gleicher Farbe erhält er vier Euro ausbezahlt. In allen anderen Fällen gibt es keine Auszahlung.
Bestimmen Sie die Höhe des Einsatzes, sodass dieses Spiel fair ist. 2,5 VP

d) In einer anderen Urne befinden sich 200 schwarze und fünf rote Kugeln. Ein Spieler zieht 15-mal nacheinander eine Kugel und legt sie jeweils direkt wieder zurück. Er gewinnt, wenn er mindestens eine rote Kugel zieht.
Berechnen Sie seine Gewinnwahrscheinlichkeit.

Dem Spieler wird folgendes Angebot gemacht. Er kann auf Züge verzichten, dafür werden weitere rote Kugeln in die Urne gelegt. Der Spieler muss vor dem Ziehen erklären, auf wie viele Züge er verzichtet. Für jeden weggelassenen Zug werden zwei rote Kugeln zusätzlich in die Urne gelegt.
Geben Sie einen Term an, mit dem die Gewinnwahrscheinlichkeit in Abhängigkeit von der Zahl z der weggelassenen Züge berechnet werden kann.
Ermitteln Sie, auf wie viele Züge er verzichten muss, damit seine Gewinnwahrscheinlichkeit am größten ist. 3 VP

TIPP Lösungshinweise zum Wahlteil Stochastik – Aufgabe C 2

Aufgabe C 2 – Teilaufgabe a

Ereignisse A und B

Wie groß ist die Wahrscheinlichkeit, eine rote Kugel zu ziehen?

Die Zufallsgröße X beschreibt die Anzahl der gezogenen roten Kugeln. Wie ist X verteilt?

Zur Berechnung der Wahrscheinlichkeit des Ereignisses A benötigen Sie den WTR. Hinweise zur Bestimmung der Wahrscheinlichkeit bei vorgegebener Trefferzahl finden Sie auch bei WTR 4.

Wie gehen Sie bei Formulierungen wie in Ereignis B vor?

Die Wahrscheinlichkeit $P(X<6)$ kann in der Regel nicht direkt mit dem WTR berechnet werden. Formen Sie entsprechend um.

Welche Wahrscheinlichkeit ist von diesem Ergebnis zu subtrahieren?

Zur Bedienung des WTR können Sie bei WTR 5 nachschlagen.

Ereignis C

Welche Fälle sind möglich? Wie groß ist jeweils die Wahrscheinlichkeit?

Wie ergibt sich daraus P(C)?

Aufgabe C 2 – Teilaufgabe b

Zufallsexperiment

Um welche Formel handelt es sich?

Woran erkennen Sie die Anzahl der Ziehungen?

Werden die gezogenen Kugeln zurückgelegt?

Ereignis

Welche Wahrscheinlichkeit beträgt 0,6?

Was gibt der Exponent an?

Aufgabe C 2 – Teilaufgabe c

Höhe des Einsatzes

Mit welcher Wahrscheinlichkeit ist unter den beiden Kugeln die weiße?

Mit welcher Wahrscheinlichkeit zieht man zwei Kugeln gleicher Farbe?

Bezeichnen Sie die Höhe der Auszahlung (in Euro) z. B. mit Y, den Einsatz (in Euro) mit e.

Wie berechnen Sie den Erwartungswert von Y unter Verwendung der oben berechneten Wahrscheinlichkeiten? Sie können in der Merkhilfe nachschlagen.

Das Spiel soll fair sein. Was bedeutet das für Auszahlung und Einsatz?

Die entsprechende Bedingung liefert eine Gleichung für e.

Aufgabe C 2 – Teilaufgabe d

Gewinnwahrscheinlichkeit

In diesem Zusammenhang ist „mindestens“ ein Schlüsselwort.

Wie gehen Sie bei solchen Fragestellungen vor, um den Aufwand zu minimieren?

Wie lautet das Gegenereignis zu „mindestens eine Kugel ist rot“?

Wie viele der insgesamt 205 Kugeln sind nicht rot?

Term

Die Anzahl der Züge, auf die der Spieler verzichtet, wird mit z bezeichnet.

Wie oft wird dann noch gezogen?

Wie verändert sich die Wahrscheinlichkeit, keine rote Kugel zu ziehen, in Abhängigkeit von z? Denken Sie an die Anzahl der Kugeln, die sich dann insgesamt in der Urne befinden.

Gehen Sie grundsätzlich wie bei der ersten Fragestellung vor.

Anzahl der Züge

Der soeben bestimmte Term ermöglicht, für alle infrage kommenden Werte für z die Gewinnwahrscheinlichkeit zu berechnen.

Verwenden Sie den WTR (siehe auch WTR 2), um das Maximum zu ermitteln, eine ausführliche Rechnung ist hier nicht verlangt.

In einer Urne befinden sich drei rote, eine weiße und sechs schwarze Kugeln.

a) **Ereignisse A und B:**
Die Zufallsgröße X beschreibt die Anzahl der gezogenen roten Kugeln.
Es werden acht Kugeln mit Zurücklegen gezogen. Da drei von zehn Kugeln rot sind, ist X dann $B_{8;\,0,3}$-verteilt.

$\mathbf{P(A)} = P(X=3) \approx \mathbf{0{,}254}$ (WTR 4)

$\mathbf{P(B)} = P(2 < X < 6) = P(X \le 5) - P(X \le 2) \approx \mathbf{0{,}437}$ (WTR 5)

(Ihr WTR erfordert die Eingabe von $P(X \le 5)$ statt $P(X < 6)$.)

Ereignis C:
Für die Wahrscheinlichkeit, dass die ersten drei Kugeln alle rot, alle weiß oder alle schwarz sind, gilt:

$$\mathbf{P(C)} = P(rrr) + P(www) + P(sss) = \underbrace{0{,}3^3}_{\substack{\text{3 von 10}\\ \text{rot}}} + \underbrace{0{,}1^3}_{\substack{\text{1 von 10}\\ \text{weiß}}} + \underbrace{0{,}6^3}_{\substack{\text{6 von 10}\\ \text{schwarz}}} = \mathbf{0{,}244}$$

b) **Zufallsexperiment:**
Da die Summe der Exponenten $2+3=5$ ist (und auch die obere Zahl im Binomialkoeffizienten 5 lautet), wird fünfmal gezogen. Da die Formel von Bernoulli nur bei Unabhängigkeit bzw. Ziehen mit Zurücklegen gilt, werden die **fünf Kugeln mit Zurücklegen** gezogen.

Ereignis:
Die Wahrscheinlichkeit dafür, eine schwarze Kugel zu ziehen, ist 0,6. Der Exponent 3 entspricht der Anzahl der schwarzen Kugeln. Das Ereignis lautet also:
Es werden **genau drei schwarze Kugeln** gezogen.

c) **Höhe des Einsatzes:**
Die Höhe der Auszahlung (in Euro) wird mit Y bezeichnet, der Einsatz (in Euro) mit e. Es werden zwei Kugeln ohne Zurücklegen gezogen.

Für die Wahrscheinlichkeit P_1, die weiße Kugel zu ziehen, gilt:

$$P_1 = \underbrace{\frac{1}{10}}_{\substack{\text{1. Kugel}\\ \text{weiß}}} + \underbrace{\frac{9}{10}}_{\substack{\text{1. Kugel}\\ \text{nicht weiß}}} \cdot \underbrace{\frac{1}{9}}_{\substack{\text{2. Kugel}\\ \text{weiß}}} = \frac{2}{10} = \frac{1}{5}$$

Für die Wahrscheinlichkeit P_2, zwei Kugeln gleicher Farbe, also zwei rote oder zwei schwarze Kugeln zu ziehen, erhält man:

$$P_2 = \underbrace{\frac{3}{10}}_{\substack{\text{1. Kugel}\\ \text{rot}}} \cdot \underbrace{\frac{2}{9}}_{\substack{\text{2. Kugel}\\ \text{rot}}} + \underbrace{\frac{6}{10}}_{\substack{\text{1. Kugel}\\ \text{schwarz}}} \cdot \underbrace{\frac{5}{9}}_{\substack{\text{2. Kugel}\\ \text{schwarz}}} = \frac{1}{15} + \frac{5}{15} = \frac{6}{15} = \frac{2}{5}$$

In allen anderen Fällen erfolgt keine Auszahlung.

Für den Erwartungswert der Auszahlung Y ergibt sich damit (siehe Merkhilfe):

$$E(Y) = e \cdot P(Y = e) + 4 \cdot P(Y = 4) + 0 \cdot P(Y = 0) = e \cdot P_1 + 4 \cdot P_2 = e \cdot \frac{1}{5} + 4 \cdot \frac{2}{5} = \frac{e}{5} + \frac{8}{5}$$

Damit das Spiel fair ist, müssen Auszahlung und Einsatz übereinstimmen. Dies führt auf die Gleichung:

$$E(Y) = e$$

$$\frac{e}{5} + \frac{8}{5} = e$$

$$\frac{4}{5}e = \frac{8}{5} \qquad | \cdot 5 \quad | : 4$$

$$e = 2$$

Damit das Spiel fair ist, muss der Einsatz **zwei Euro** betragen.

d) **Gewinnwahrscheinlichkeit:**

Die Gewinnwahrscheinlichkeit p erhält man mithilfe des Gegenereignisses „keine Kugel ist rot“ bzw. „alle Kugeln sind schwarz“. Damit gilt:

$$p = 1 - \left(\frac{200}{205}\right)^{15} \approx \mathbf{0{,}310}$$

Term:

Die Anzahl der Züge, auf die der Spieler verzichtet, wird mit z bezeichnet, wobei $0 \leq z \leq 15$ gilt. Dann wird $(15 - z)$-mal gezogen und die Wahrscheinlichkeit dafür, eine nicht rote Kugel zu ziehen, beträgt (da je zwei rote Kugeln dazu gelegt werden):

$$\frac{200}{205 + 2z}$$

Als Term für die Gewinnwahrscheinlichkeit erhält man damit:

$$\mathbf{1 - \left(\frac{200}{205 + 2z}\right)^{15 - z}}$$

Anzahl der Züge:

Der oben bestimmte Term beschreibt für $z \in \{0; 1; 2; \ldots; 15\}$ die Gewinnwahrscheinlichkeit. Die Aufgabenstellung erlaubt, das Maximum mit dem WTR zu bestimmen. Man erhält:

$$1 - \left(\frac{200}{205 + 2z}\right)^{15 - z} \approx 0{,}5201 \quad \text{für } z = 6$$

Dabei können Sie den Wert entweder durch systematisches Probieren ermitteln oder etwas eleganter durch Eingabe des Terms und Darstellung der Werte des Terms mithilfe einer Wertetabelle (siehe WTR 2).

Der Spieler muss auf **sechs Züge** verzichten, um seine Gewinnwahrscheinlichkeit zu maximieren.

Baden-Württemberg ▪ Leistungsfach Mathematik
Abiturprüfung 2021

Pflichtteil – Aufgabensatz 1*

Aufgabe 1

Gegeben ist die Funktion f mit
$f(x) = e^{-2x+1} + 1$.

Die Abbildung zeigt den Graphen G_f sowie die Tangente an G_f an der Stelle $x = \frac{1}{2}$.

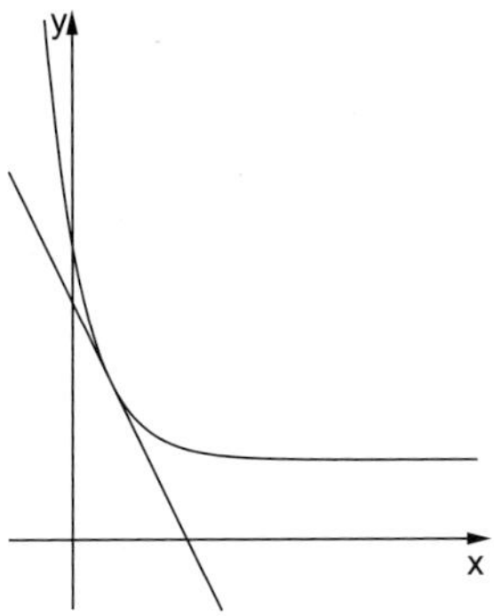

a) Weisen Sie nach, dass diese Tangente die Steigung –2 hat. 1 VP

b) Berechnen Sie den Flächeninhalt des Dreiecks, das diese Tangente mit den Koordinatenachsen einschließt. 1,5 VP

Aufgabe 2

Die Abbildung zeigt den Graphen der Funktion f mit $f(x) = 1 + x^2$ sowie die Geraden g: $y = 2$ und h: $y = 5$.

Bestimmen Sie den Inhalt der markierten Fläche. 2,5 VP

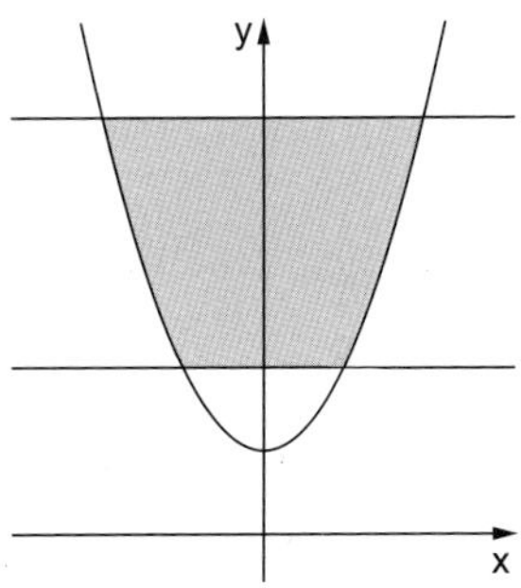

*Anmerkung der Redaktion: Aufgrund der Corona-Pandemie standen in der Prüfung 2021 zwei Aufgabensätze für den Pflichtteil zur Verfügung, um eine Vorauswahl durch die Lehrkraft je nach Behandlung im Unterricht zu ermöglichen.

Aufgabe 3

Gegeben sind die Funktionen f und g mit

$f(x) = a + \frac{b}{x^2 + c}$ und

$g(x) = a + \frac{b}{(x + c)^2}$.

Die Abbildung zeigt den Graphen einer der beiden Funktionen sowie seine Asymptoten.

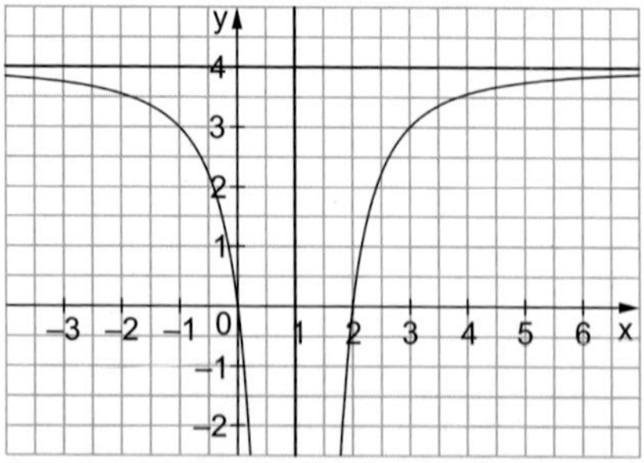

a) Begründen Sie, dass es sich bei dem abgebildeten Graphen nicht um den Graphen von f handeln kann. 1 VP

b) Bestimmen Sie für die Funktion g die Werte von a, b und c. 1,5 VP

Aufgabe 4

Die Abbildung zeigt den Graphen der Funktion f.
Die Funktion g ist gegeben durch $g(x) = f(x) + 5x$.
Entscheiden Sie jeweils, ob die folgenden Aussagen wahr oder falsch sind, und begründen Sie Ihre Entscheidung.

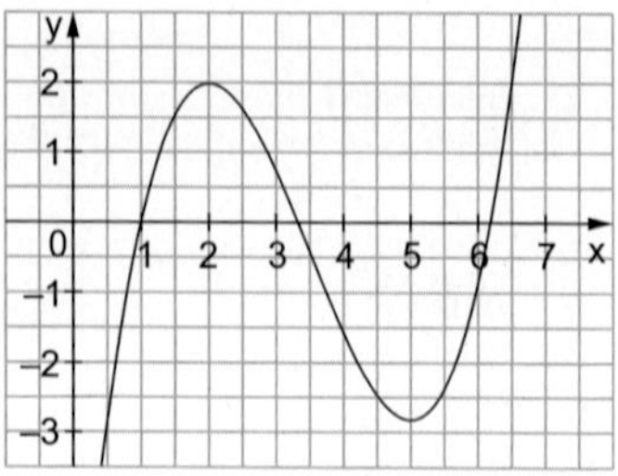

(1) Jede Stammfunktion von f besitzt im Intervall [0,5; 4] genau ein lokales Minimum. 1 VP

(2) Die Funktion g ist im Intervall [1; 6] streng monoton steigend. 1,5 VP

Aufgabe 5

Gegeben sind die Ebenen E und F sowie die Ebenenschar G_r ($r \in \mathbb{R}$).

$$\begin{aligned} E\colon &\quad x_1 - 5x_2 - 2x_3 = 6 \\ F\colon &\quad 2x_1 - x_2 - x_3 = 3 \\ G_r\colon &\quad 9x_2 + 3x_3 = r + 11 \end{aligned}$$

a) Stellen Sie die Ebene G_7 in einem Koordinatensystem dar. 1 VP

b) Für einen Wert von r besitzen E, F und G_r eine gemeinsame Schnittgerade. Bestimmen Sie diesen Wert von r. 1,5 VP

Aufgabe 6

Gegeben sind der Punkt P(−1 | 1 | −1) und die Gerade g: $\vec{x} = \begin{pmatrix} 1 \\ -1 \\ 7 \end{pmatrix} + t \cdot \begin{pmatrix} 1 \\ 2 \\ -2 \end{pmatrix}$, $t \in \mathbb{R}$.

Der Punkt Q(3 | 3 | 3) liegt auf der Geraden g.

a) Zeigen Sie, dass Q derjenige Punkt auf g ist, der zu P den kleinsten Abstand hat. 1 VP

b) Bestimmen Sie die Koordinaten eines Punkts R auf der Geraden g, für den das Dreieck PQR den Flächeninhalt 27 hat. 1,5 VP

Aufgabe 7

In einer Urne befinden sich vier schwarze und eine unbekannte Anzahl weißer Kugeln. Aus der Urne werden nacheinander zwei Kugeln mit Zurücklegen gezogen. Die Wahrscheinlichkeit, dabei zwei schwarze Kugeln zu ziehen, ist doppelt so groß wie die Wahrscheinlichkeit, zwei Kugeln unterschiedlicher Farbe zu ziehen.
Bestimmen Sie die Gesamtzahl der Kugeln in der Urne. 2,5 VP

Aufgabe 8

a) Die Abbildung stellt die Wahrscheinlichkeitsverteilung einer Zufallsgröße X dar.

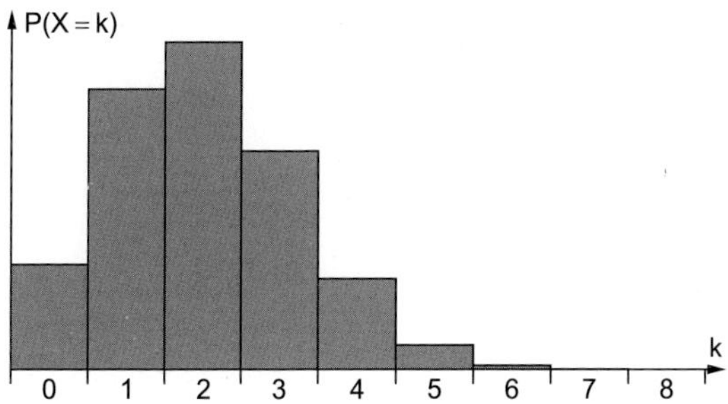

Begründen Sie, dass $P(X=2) < 0{,}5$ gilt. 1 VP

b) Für eine binomialverteilte Zufallsgröße Y mit den Parametern $n = 8$ und $0 < p < 1$ gilt $P(Y=1) = 2 \cdot P(Y=0)$.
Berechnen Sie den Wert von p. 1,5 VP

TIPP Lösungshinweise zum Pflichtteil – Aufgabensatz 1

Aufgabe 1

Teilaufgabe a

Wie erhält man die Steigung einer Tangente an einer Stelle bei gegebenem Funktionsterm?

Welche Ableitungsregel benötigen Sie?

Teilaufgabe b

Wie berechnet man den Flächeninhalt eines rechtwinkligen Dreiecks geschickt?

Um die Längen der Katheten berechnen zu können, benötigen Sie zunächst die Gleichung der Tangente.

Berechnen Sie dann die Schnittpunkte der Tangente mit den Koordinatenachsen.

Aufgabe 2

Beachten Sie die Symmetrie zur y-Achse.

In welche geeigneten Teilflächen können Sie die markierte Fläche zerlegen?

Sie benötigen die Schnittpunkte des Graphen von f mit den beiden Geraden g und h.

Den Inhalt einer Teilfläche können Sie unmittelbar angeben, den anderen erhalten Sie dadurch, dass Sie den Flächeninhalt zwischen der Geraden h und dem Graphen von f berechnen.

Aufgabe 3

Teilaufgabe a

Welche Symmetrie besitzt der abgebildete Graph?

Welche elementare Symmetrie hat der Graph von f? Wie weisen Sie diese Symmetrie nach?

Teilaufgabe b

Welche Asymptoten hat der abgebildete Graph von g?

Mithilfe dieser Asymptoten können Sie a und c angeben.

Der Wert von b ist nicht direkt zu erkennen. Wie können Sie ihn mithilfe des Graphen berechnen, nachdem Sie die Werte für a und c bestimmt haben?

Aufgabe 4

Aussage (1)

Welche Kriterien für lokale Minima kennen Sie?

Können Sie anhand der Abbildung ein Kriterium bestätigen? (Welcher Zusammenhang besteht zwischen den Funktionen f und F?)

Aussage (2)

Welche Bedingung muss die Ableitung g' in dem genannten Intervall erfüllen?

Was wissen Sie bereits über g'?

Welche Werte nimmt f' in diesem Intervall an?

Aufgabe 5

Teilaufgabe a

Welche Punkte verwenden Sie, um eine Ebene darzustellen?

Welche besondere Lage besitzt die Ebene G_7? Was bedeutet dies für die Darstellung?

Teilaufgabe b

Wie lautet der Ansatz für den Schnitt dreier Ebenen?

Für welchen Wert von r ist das erhaltene LGS lösbar?

Aufgabe 6

Teilaufgabe a

Veranschaulichen Sie sich die Situation ggf. mithilfe einer Skizze.

Wenn Q derjenige Punkt auf g ist, der zu P den kleinsten Abstand hat, gibt es einen besonderen Zusammenhang zwischen dem Richtungsvektor von g und dem Vektor $\overrightarrow{PQ}$.

Wie weisen Sie diesen rechnerisch nach?

Teilaufgabe b

Wie berechnet man den Flächeninhalt eines rechtwinkligen Dreiecks geschickt?

Die Länge einer der beiden Katheten können Sie direkt berechnen.

Was folgt daraus und aus dem gegebenen Flächeninhalt für die Länge der anderen Kathete?

Wie können Sie damit die Koordinaten eines Punktes R angeben?

Aufgabe 7

Bezeichnen Sie die Gesamtzahl der Kugeln z. B. mit g.

Wie groß ist damit die Wahrscheinlichkeit, zwei schwarze Kugeln zu ziehen?

Wie groß ist dann die Wahrscheinlichkeit, zwei Kugeln unterschiedlicher Farbe zu ziehen? (Welche Fälle können dabei auftreten?)

Da die Wahrscheinlichkeit dafür, zwei schwarze Kugeln zu ziehen, doppelt so groß sein soll wie die Wahrscheinlichkeit, zwei Kugeln unterschiedlicher Farbe zu ziehen, erhalten Sie eine (letztlich lineare) Gleichung für g.

Aufgabe 8

Teilaufgabe a

Wie groß ist die Summe aller Wahrscheinlichkeiten einer Wahrscheinlichkeitsverteilung?

Was würde daraus folgen, wenn $P(X=2) \geq 0{,}5$ wäre?

Wie können Sie der Abbildung entnehmen, dass dies nicht der Fall sein kann?

Teilaufgabe b

Wie berechnet man im Allgemeinen die Wahrscheinlichkeit $P(X=k)$ bei binomialverteilten Zufallsgrößen?

Setzen Sie die entsprechenden Werte für n und k ein.

Sie erhalten dann mit $P(Y=1)=2 \cdot P(Y=0)$ eine nach Umformungen lineare Gleichung für p.

Aufgabe 1

Gegeben ist die Funktion f mit $f(x) = e^{-2x+1} + 1$.

a) Die Steigung der Tangente an der Stelle $x = \frac{1}{2}$ stimmt mit der des Graphen G_f von f an dieser Stelle überein. Den Wert der Steigung erhält man mithilfe der ersten Ableitung. Für diese erhält man unter Verwendung der Kettenregel:

$f'(x) = -2 \cdot e^{-2x+1}$

Für die Steigung an der Stelle $x = \frac{1}{2}$ ergibt sich somit:

$f'\left(\frac{1}{2}\right) = -2 \cdot e^{-2 \cdot \frac{1}{2} + 1} = -2 \cdot e^0 = -2 \cdot 1 = -2$

Damit hat die Tangente an G_f an der Stelle $x = \frac{1}{2}$ die Steigung –2.

b) Um den gesuchten Flächeninhalt berechnen zu können, benötigt man die Schnittpunkte der Tangente mit den Koordinatenachsen (siehe Skizze).

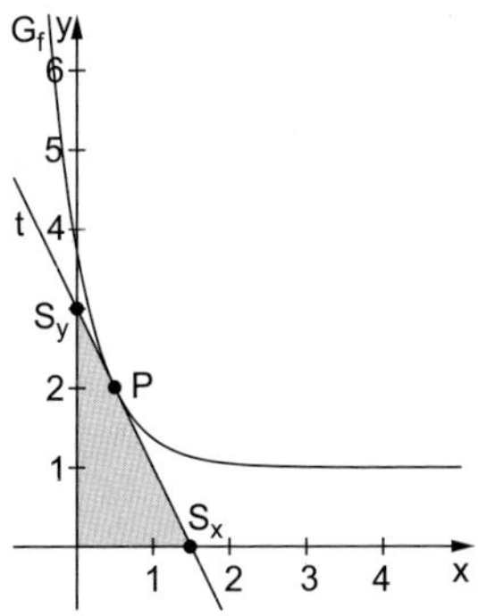

Zunächst ist die Gleichung der Tangente zu berechnen:

Wegen $f\left(\frac{1}{2}\right) = e^0 + 1 = 2$ geht die Tangente durch den Punkt $P\left(\frac{1}{2} \,\middle|\, 2\right)$.

Daraus folgt wegen $f'\left(\frac{1}{2}\right) = -2$ mit dem Ansatz t: $y = -2x + c$ für den y-Achsenabschnitt:

$2 = -2 \cdot \frac{1}{2} + c$

$c = 3$

Also t: $y = -2x + 3$.

Hinweis: Selbstverständlich kann auch der Weg über $y = f'(u) \cdot (x - u) + f(u)$ mit $u = \frac{1}{2}$ gewählt werden.

Für die gesuchten Schnittpunkte mit den Koordinatenachsen erhält man damit unmittelbar $S_y(0 \mid 3)$ und aus

$-2x + 3 = 0 \quad |-3 \quad |:(-2)$

$x = \frac{3}{2}$

folgt als zweiter Schnittpunkt $S_x\left(\frac{3}{2} \,\middle|\, 0\right)$.

Somit gilt für den Flächeninhalt des rechtwinkligen Dreiecks:

$$A = \frac{1}{2} \cdot g \cdot h = \frac{1}{2} \cdot \frac{3}{2} \cdot 3 = \frac{9}{4}$$

Der Flächeninhalt des eingeschlossenen Dreiecks beträgt $\mathbf{A = \frac{9}{4}}$.

Aufgabe 2

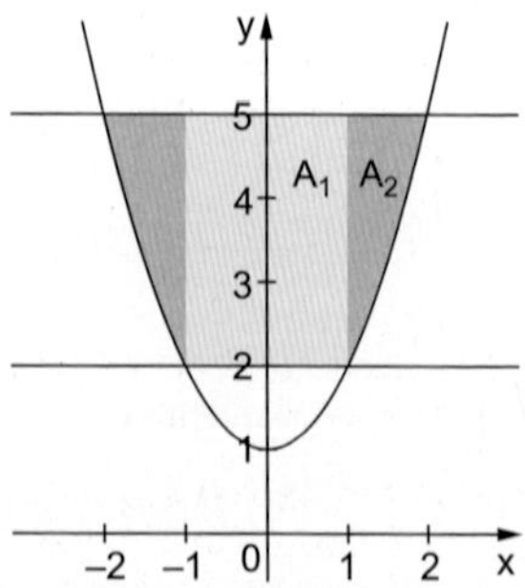

Gegeben sind die Funktion f mit $f(x) = 1 + x^2$ sowie die Geraden g: $y = 2$ und h: $y = 5$.

Um den Inhalt der markierten Fläche berechnen zu können, bestimmt man zunächst die Schnittpunkte des Graphen von f mit den Geraden g und h.

Für die Schnittpunkte des Graphen mit der Geraden g wählt man den Ansatz:

$$1 + x^2 = 2$$
$$x^2 = 1$$
$$x_{1,2} = \pm 1$$

Entsprechend erhält man mit $1 + x^2 = 5$ für die Schnittpunkte mit der Geraden h: $x_{3,4} = \pm 2$

Die markierte Fläche setzt sich aus den Teilflächen A_1 und A_2 zusammen, aus Symmetriegründen kommen diese jeweils zweimal vor.

Für den Inhalt des Rechtecks A_1 erhält man $A_1 = (5 - 2) \cdot 1 = 3$ (siehe Skizze).

Für den Inhalt der Fläche A_2 gilt:

$$A_2 = \int_1^2 (h(x) - f(x))\,dx = \int_1^2 (5 - (1 + x^2))\,dx = \int_1^2 (4 - x^2)\,dx$$
$$= \left[4x - \frac{1}{3}x^3\right]_1^2$$
$$= 8 - \frac{8}{3} - \left(4 - \frac{1}{3}\right)$$
$$= \frac{16}{3} - \frac{11}{3} = \frac{5}{3}$$

Damit ergibt sich aufgrund der Symmetrie für den gesuchten Flächeninhalt:

$$A = 2 \cdot (A_1 + A_2) = 2 \cdot \left(3 + \frac{5}{3}\right) = 2 \cdot \frac{14}{3} = \frac{28}{3}$$

Der Inhalt der markierten Fläche beträgt $\mathbf{A = \frac{28}{3}}$.

Aufgabe 3

Gegeben sind die Funktionen f und g mit $f(x)=a+\dfrac{b}{x^2+c}$ und $g(x)=a+\dfrac{b}{(x+c)^2}$.

a) Der abgebildete Graph ist offensichtlich symmetrisch zur Geraden $x=1$, der Graph von f hingegen ist symmetrisch zur y-Achse, denn:

$$f(-x)=a+\frac{b}{(-x)^2+c}=a+\frac{b}{x^2+c}=f(x)$$

Damit kann es sich bei dem abgebildeten Graphen nicht um den von f handeln.

b) • Der Graph von g hat die waagrechte Asymptote $y=4$. Wegen

$$\lim_{x\to\pm\infty}\frac{b}{(x+c)^2}=0 \text{ gilt } \lim_{x\to\pm\infty} g(x)=a \text{ und daraus folgt } \mathbf{a=4.}$$

• Ferner besitzt der Graph von g die senkrechte Asymptote $x=1$, d. h., der Nenner wird für $x=1$ null. Aus $(1+c)^2=0$ folgt $\mathbf{c=-1}$.

• Der Wert von b kann nicht sofort abgelesen werden. Da nun aber a und c bereits bekannt sind, führt eine Punktprobe zum Ziel. Wählt man z. B. für die Punktprobe den Punkt $O(0\,|\,0)$, erhält man aus $g(0)=0$:

$$4+\frac{b}{(0-1)^2}=0$$

$$4+b=0 \quad |-4$$

$$\mathbf{b=-4}$$

Aufgabe 4

(1) Die Aussage ist **wahr**.

Wenn die Stammfunktion F im angegebenen Intervall genau ein lokales Minimum besitzt, hat $f(x)=F'(x)$ dort genau eine Nullstelle mit einem Vorzeichenwechsel von – nach +. Der Abbildung entnimmt man, dass es im genannten Intervall genau einen Vorzeichenwechsel dieser Art (an der Stelle $x=1$) gibt.

(2) Die Aussage ist **wahr**.

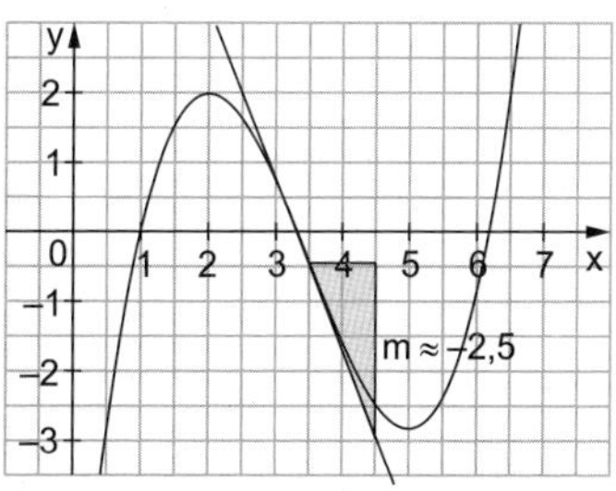

Die Begründung erfolgt mithilfe des Monotoniesatzes.

Für die Ableitung g' der Funktion g gilt:

$g'(x)=f'(x)+5$

Um abzuschätzen, welche Werte f'(x) annimmt, kann man z. B. die Tangente des Graphen von f im Wendepunkt skizzieren (siehe Abbildung), da dort die Steigung den betragsmäßig größten negativen Wert annimmt. Man erkennt, dass f' im Intervall [1; 6] nur Werte größer gleich –2,5 annimmt. Damit gilt

$g'(x)=f'(x)+5\geq -2{,}5+5=2{,}5>0$ in [1; 6]

und somit ist g streng monoton steigend im angegebenen Intervall.

Aufgabe 5

a) Zunächst sind die Spurpunkte der Ebene $G_7: 9x_2 + 3x_3 = 18$ zu bestimmen.

Für $x_2 = 0$ erhält man $S_3(0|0|6)$, mit $x_3 = 0$ ergibt sich $S_2(0|2|0)$.

Bei der Darstellung ist nach dem Einzeichnen dieser Spurpunkte dann noch die Parallelität der Ebene zur x_1-Achse zu beachten.

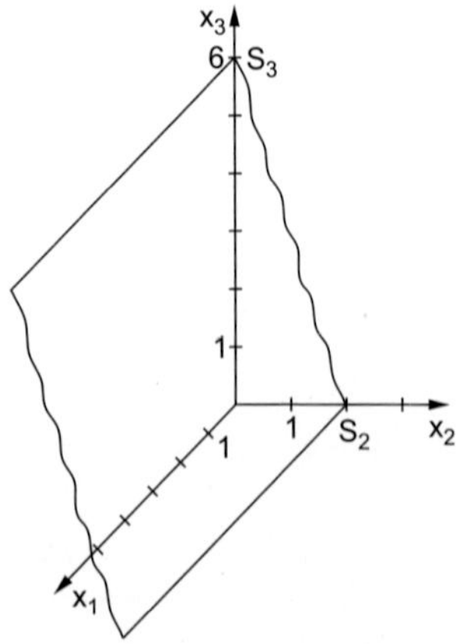

b) Der Schnitt von E, F und G_r führt auf das LGS:

$$\left(\begin{array}{ccc|c} 1 & -5 & -2 & 6 \\ 2 & -1 & -1 & 3 \\ 0 & 9 & 3 & r+11 \end{array}\right) \quad |\cdot(-2)$$

$$\left(\begin{array}{ccc|c} 1 & -5 & -2 & 6 \\ 0 & 9 & 3 & -9 \\ 0 & 9 & 3 & r+11 \end{array}\right) \quad |\cdot(-1)$$

$$\left(\begin{array}{ccc|c} 1 & -5 & -2 & 6 \\ 0 & 9 & 3 & -9 \\ 0 & 0 & 0 & r+20 \end{array}\right)$$

Der letzten Zeile entnimmt man, dass das LGS nur für $r = -20$ lösbar ist. Da für $r = -20$ die letzte Zeile $0 = 0$ lautet, besitzt das LGS in diesem Fall offensichtlich unendlich viele Lösungen.

Für $\mathbf{r = -20}$ besitzen die Ebenen eine gemeinsame Schnittgerade.

Aufgabe 6

Gegeben sind der Punkt $P(-1|1|-1)$ und die Gerade $g: \vec{x} = \begin{pmatrix} 1 \\ -1 \\ 7 \end{pmatrix} + t \cdot \begin{pmatrix} 1 \\ 2 \\ -2 \end{pmatrix}, t \in \mathbb{R}$, sowie der Punkt $Q(3|3|3)$, der auf g liegt.

a) Wenn Q derjenige Punkt auf g ist, der zu P den kleinsten Abstand hat, muss Q der Lotfußpunkt von P auf g sein (siehe Abbildung).

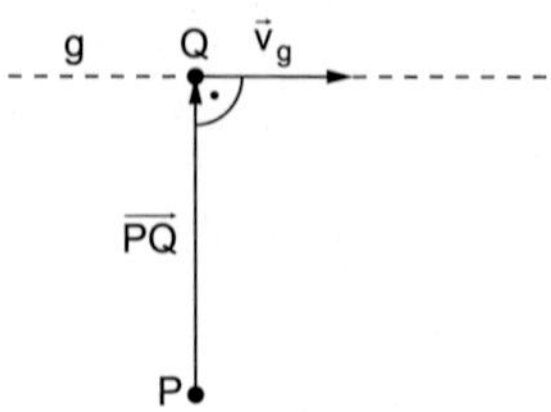

Man erhält:

$$\overrightarrow{PQ} = \begin{pmatrix} 3 \\ 3 \\ 3 \end{pmatrix} - \begin{pmatrix} -1 \\ 1 \\ -1 \end{pmatrix} = \begin{pmatrix} 4 \\ 2 \\ 4 \end{pmatrix}$$

$$\overrightarrow{PQ} \cdot \vec{v}_g = \begin{pmatrix} 4 \\ 2 \\ 4 \end{pmatrix} \cdot \begin{pmatrix} 1 \\ 2 \\ -2 \end{pmatrix} = 4 + 4 - 8 = 0$$

Somit hat Q den kleinsten Abstand zu P.

b) Da bereits gezeigt wurde, dass es sich um ein rechtwinkliges Dreieck handelt, ergibt sich für den Flächeninhalt A des Dreiecks:

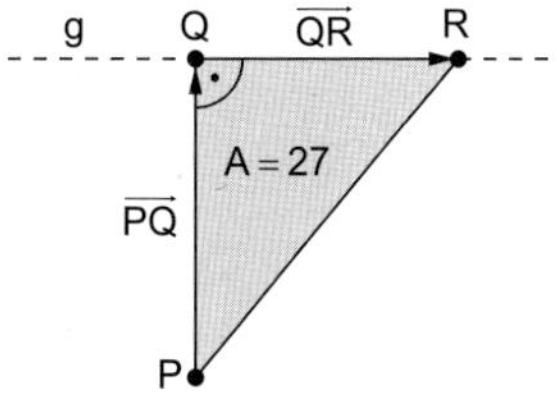

$A = \frac{1}{2} \cdot |\overrightarrow{PQ}| \cdot |\overrightarrow{QR}|$ (siehe Skizze)

Mit $|\overrightarrow{PQ}| = \left|\begin{pmatrix} 4 \\ 2 \\ 4 \end{pmatrix}\right| = \sqrt{4^2 + 2^2 + 4^2} = 6$ erhält man:

$A = \frac{1}{2} \cdot 6 \cdot |\overrightarrow{QR}| = 3 \cdot |\overrightarrow{QR}| = 27$, also $|\overrightarrow{QR}| = 9$

Für den Betrag des Richtungsvektors $\vec{v}_g$ von g gilt:

$$|\vec{v}_g| = \left|\begin{pmatrix} 1 \\ 2 \\ -2 \end{pmatrix}\right| = \sqrt{1^2 + 2^2 + (-2)^2} = \sqrt{9} = 3$$

Daraus folgt beispielsweise:

$$\overrightarrow{OR} = \overrightarrow{OQ} + 9 \cdot \frac{1}{|\vec{v}_g|} \cdot \vec{v}_g = \overrightarrow{OQ} + 9 \cdot \frac{1}{3} \cdot \begin{pmatrix} 1 \\ 2 \\ -2 \end{pmatrix} = \begin{pmatrix} 3 \\ 3 \\ 3 \end{pmatrix} + 3 \cdot \begin{pmatrix} 1 \\ 2 \\ -2 \end{pmatrix} = \begin{pmatrix} 6 \\ 9 \\ -3 \end{pmatrix}$$

Somit erhält man für die Koordinaten eines Punktes z. B. **R(6 | 9 | –3)**.

Anmerkung: Über den Ansatz $\overrightarrow{OR_2} = \overrightarrow{OQ} - 9 \cdot \frac{1}{|\vec{v}_g|} \cdot \vec{v}_g$ erhält man den zweiten möglichen Punkt $R_2(0 | -3 | 9)$.

Aufgabe 7

Die Gesamtzahl der Kugeln wird mit g bezeichnet.

Für die Wahrscheinlichkeit, zwei schwarze Kugeln zu ziehen, gilt dann:

$$P(ss) = \frac{4}{g} \cdot \frac{4}{g} = \left(\frac{4}{g}\right)^2$$

Werden Kugeln unterschiedlicher Farbe gezogen, kann zunächst die schwarze und dann die weiße Kugel gezogen werden oder umgekehrt. Die Wahrscheinlichkeit, zwei Kugeln unterschiedlicher Farbe zu ziehen, ist somit:

$$P(sw) + P(ws) = \frac{4}{g} \cdot \frac{g-4}{g} + \frac{g-4}{g} \cdot \frac{4}{g} = 2 \cdot \frac{4}{g} \cdot \frac{g-4}{g}$$

Der Ansatz $P(ss) = 2 \cdot (P(sw) + P(ws))$ führt auf:

$$\left(\frac{4}{g}\right)^2 = 2 \cdot 2 \cdot \frac{4}{g} \cdot \frac{g-4}{g}$$

$$\frac{16}{g^2} = \frac{16 \cdot (g-4)}{g^2} \qquad \Big| \cdot g^2$$

$$16 = 16g - 64 \qquad \Big| +64$$

$$80 = 16g \qquad \Big| :16$$

$$g = 5$$

Es sind insgesamt **5 Kugeln** in der Urne.

Aufgabe 8

a) Die Summe aller Wahrscheinlichkeiten einer Wahrscheinlichkeitsverteilung ist 1.
Wäre $P(X = 2) \geq 0{,}5$, müsste daher gelten
$1 - P(X = 2) = P(X = 0) + P(X = 1) + P(X = 3) + P(X = 4) \ldots \leq 0{,}5$
und damit auch:
$P(X = 2) \geq P(X = 0) + P(X = 1) + P(X = 3) + P(X = 4) \ldots$
Der Abbildung entnimmt man aber, dass bereits $P(X = 2) < P(X = 0) + P(X = 1)$ ist.
Daher muss $P(X = 2) < 0{,}5$ gelten.

b) Für eine binomialverteilte Zufallsgröße Y gilt:

$$P(Y = k) = \binom{n}{k} \cdot p^k \cdot (1-p)^{n-k}$$

Mit den Parametern $n = 8$ und $0 < p < 1$ erhält man entsprechend:

$$P(Y = 0) = \binom{8}{0} \cdot p^0 \cdot (1-p)^8 = \binom{8}{0} \cdot (1-p)^8 \quad \text{bzw.} \quad P(Y = 1) = \binom{8}{1} \cdot p^1 \cdot (1-p)^7$$

Aus $P(Y = 1) = 2 \cdot P(Y = 0)$ folgt daher:

$$\binom{8}{1} \cdot p^1 \cdot (1-p)^7 = 2 \cdot \binom{8}{0} \cdot (1-p)^8$$

$$8 \cdot p \cdot (1-p)^7 = 2 \cdot 1 \cdot (1-p)^8 \qquad \Big| :(1-p)^7$$

$$8p = 2 \cdot (1-p)$$

$$8p = 2 - 2p \qquad \Big| +2p$$

$$10p = 2 \qquad \Big| :10$$

$$p = \frac{1}{5}$$

Für die Wahrscheinlichkeit p erhält man $\mathbf{p = \frac{1}{5}}$.

Aufgabe 1

Gegeben ist die Funktion f mit
$f(x) = 4x - x^2$.
Die Abbildung zeigt ihren Graphen G_f sowie die Tangenten an G_f in den Schnittpunkten mit der x-Achse.

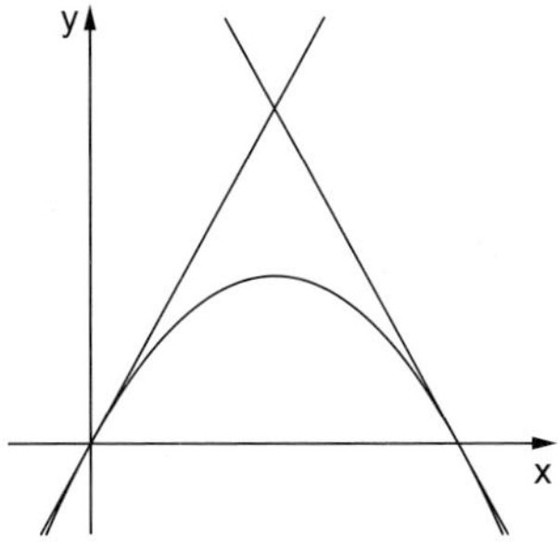

a) Weisen Sie nach: Die Tangente an G_f an der Stelle $x = 0$ hat die Steigung 4. 0,5 VP

b) Die beiden Tangenten schneiden sich in einem Punkt S.
Berechnen Sie den Abstand des Punkts S vom Ursprung. 2 VP

Aufgabe 2

Die Abbildung zeigt die Graphen der Funktionen f und g mit $f(x) = e^{-x}$ und $g(x) = x + 1$, deren Schnittpunkt auf der y-Achse liegt.

Die Graphen begrenzen mit der x-Achse und der Geraden $x = u$ $(u > 0)$ eine Fläche. Diese Fläche wird von der y-Achse in zwei inhaltsgleiche Teilflächen geteilt.
Berechnen Sie den Wert von u. 2,5 VP

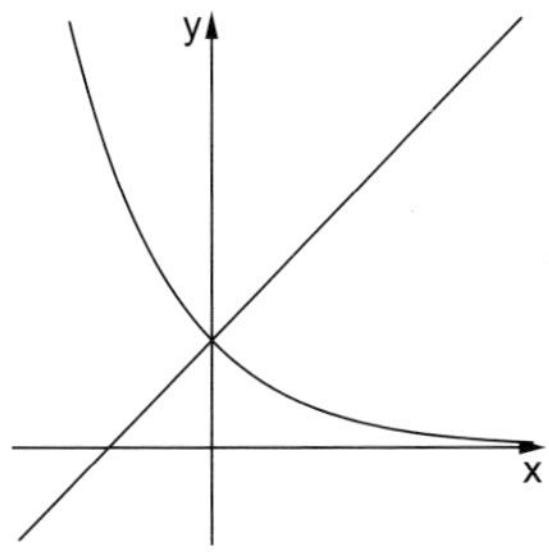

Aufgabe 3

Die Abbildung zeigt den Graphen einer trigonometrischen Funktion.

Bestimmen Sie einen möglichen Funktionsterm. 2,5 VP

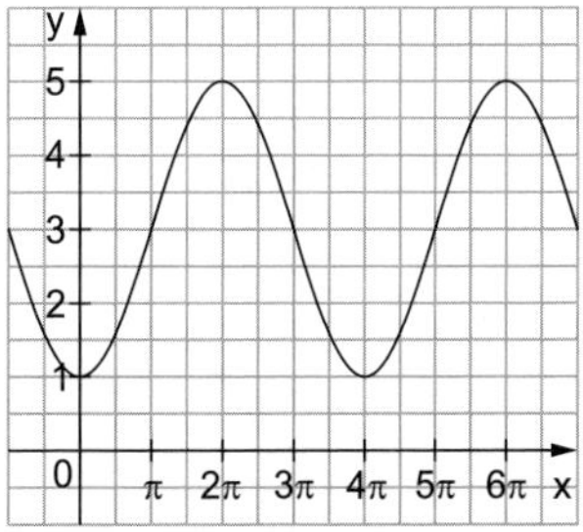

Aufgabe 4

Die Abbildung zeigt den Graphen der Funktion f.

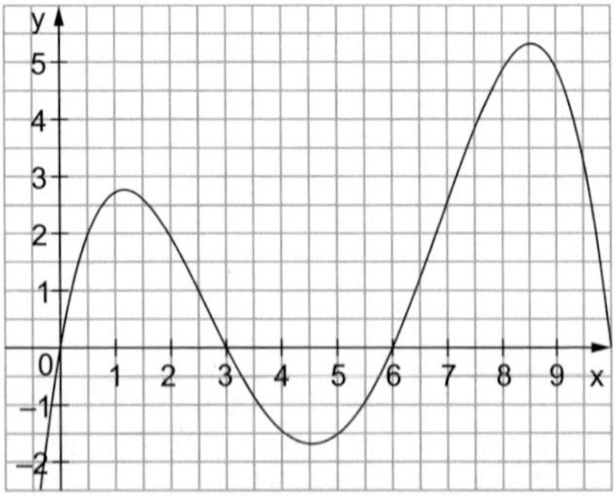

a) Begründen Sie, dass die Ableitungsfunktion f' im Intervall [5; 8] nicht monoton ist. 1 VP

b) Bestimmen Sie die Anzahl der Nullstellen der Funktion I_2 mit

$$I_2(x) = \int_2^x f(t)\,dt,\ 2 \le x \le 9.$$ 1,5 VP

Aufgabe 5

Gegeben sind die Punkte $A(6\,|\,4\,|\,-1)$ und $B(0\,|\,-5\,|\,2)$ sowie die Ebene $E: 2x_1 - 2x_2 + x_3 = 6$.

a) Die Gerade durch A und B schneidet E im Punkt S. Bestimmen Sie die Koordinaten von S. 1,5 VP

b) Untersuchen Sie, ob der Punkt S auf der Strecke AB liegt. 1 VP

Aufgabe 6

Gegeben ist die Ebene $E: 3x_2 - 4x_3 = 2$.

a) Beschreiben Sie die besondere Lage von E im Koordinatensystem. 0,5 VP

b) Die Ebene F ist orthogonal zu E und hat zur x_1-Achse den Abstand 2. Bestimmen Sie eine mögliche Koordinatengleichung von F. 2 VP

Aufgabe 7

Ein Verein erhält eine Lieferung gebrauchter Computer und Bildschirme. Von den 10 Computern und 15 Bildschirmen funktionieren jeweils drei Geräte nicht. Jemand wählt zufällig einen Computer und einen Bildschirm aus.

a) Berechnen Sie die Wahrscheinlichkeit dafür, dass beide ausgewählten Geräte funktionieren. 1 VP

b) Nach Inbetriebnahme der zwei ausgewählten Geräte stellt sich heraus, dass beide Geräte funktionieren. Anschließend wählt jemand aus den übrigen Geräten der Lieferung zwei Computer aus. Berechnen Sie die Wahrscheinlichkeit dafür, dass mindestens einer der beiden zuletzt ausgewählten Computer funktioniert. 1,5 VP

Aufgabe 8

Ein idealer Würfel wird 20-mal geworfen. Betrachtet wird die Anzahl der gewürfelten Sechsen. Gegeben sind drei Terme:

I: $\left(\frac{1}{6}\right)^{11} \cdot \left(\frac{5}{6}\right)^{9}$ II: $\binom{20}{11} \cdot \left(\frac{1}{6}\right)^{11} \cdot \left(\frac{5}{6}\right)^{9}$ III: $1 - \binom{20}{9} \cdot \left(\frac{5}{6}\right)^{9} \cdot \left(\frac{1}{6}\right)^{11}$

a) Geben Sie an, mit welchem der drei Terme die Wahrscheinlichkeit des Ereignisses „Es wird genau 11-mal eine Sechs gewürfelt." berechnet werden kann. 0,5 VP

b) Formulieren Sie für jeden der beiden verbleibenden Terme ein Ereignis im Sachzusammenhang, dessen Wahrscheinlichkeit mit dem jeweiligen Term berechnet werden kann. 2 VP

TIPP Lösungshinweise zum Pflichtteil – Aufgabensatz 2

Aufgabe 1

Teilaufgabe a

Wie erhält man die Steigung einer Tangente an einer Stelle bei gegebenem Funktionsterm?

Setzen Sie den entsprechenden Wert für x in die Ableitung ein.

Teilaufgabe b

Berechnen Sie die Nullstellen der Funktion f.

Wegen der offensichtlichen Symmetrie können Sie damit bereits die Stelle angeben, an der sich die beiden Tangenten schneiden.

Wie bestimmen Sie die Gleichung einer Tangente, von der Sie die Steigung und einen Punkt kennen?

Berechnen Sie mithilfe der Tangente die fehlende Koordinate des Schnittpunktes.

Um den Abstand des Punktes S vom Ursprung zu berechnen, können Sie ggf. zur Hilfe ein geeignetes rechtwinkliges Dreieck skizzieren.

Aufgabe 2

Bezeichnen Sie die linke Teilfläche z. B. mit A_1, die rechte mit A_2.

Wie berechnen Sie den Flächeninhalt eines rechtwinkligen Dreiecks?

Bestimmen Sie die Schnittpunkte der Geraden g mit den Koordinatenachsen.

Wie berechnen Sie den Inhalt einer Fläche, die vom Graphen einer Funktion, den Koordinatenachsen und einer Parallele zur y-Achse begrenzt wird?

Geben Sie den Inhalt der rechten Teilfläche zunächst in Abhängigkeit von u an.

Der Ansatz $A_1 = A_2$ führt auf eine einfache Exponentialgleichung für u.

Aufgabe 3

Warum ist es sinnvoll, hier die allgemeine Kosinusfunktion anzusetzen? Wie lautet diese?

Wählen Sie folgenden Ansatz: $f(x) = a \cdot \cos(b \cdot (x - c)) + d$

Welche Werte nimmt die zur Abbildung gehörende Funktion an? Damit können Sie bereits die Verschiebung in y-Richtung, also d, und die Amplitude bestimmen.

Auf der y-Achse liegt ein Tiefpunkt. Was folgt daraus für das Vorzeichen von a sowie für den Wert von c?

Bestimmen Sie die Periode z. B. mithilfe zweier benachbarter Tiefpunkte und berechnen Sie damit b.

Aufgabe 4

Teilaufgabe a

Welche Bedingung müsste gelten, damit f' im angegebenen Intervall monoton ist?

Wie können Sie anhand des Graphen von f erkennen, dass diese Bedingung nicht erfüllt ist?

Welche Rolle spielen in diesem Zusammenhang Wendestellen?

Teilaufgabe b

Welche anschauliche Bedeutung hat die Funktion I_2?

Für welchen Wert von x ist I_2 auf jeden Fall null? (Eine Nullstelle können Sie sofort angeben.)

Betrachten Sie anhand der Abbildung geeignete Teilflächen, die oberhalb bzw. unterhalb der x-Achse liegen, und vergleichen Sie deren Inhalt.

Aufgabe 5

Teilaufgabe a

Wie stellen Sie die Gleichung einer Geraden durch zwei gegebene Punkte auf?

Wie schneidet man eine Gerade mit einer Ebene?

Entsprechendes Einsetzen liefert eine lineare Gleichung für den Geradenparameter t.

Berechnen Sie mit dem Wert von t die Koordinaten des Schnittpunktes.

Teilaufgabe b

Wie könnten Sie die Strecke AB mithilfe der bereits bestimmten Geraden angeben? Welche Werte nimmt hier der Parameter t an?

Was folgt daraus für den Punkt S, für dessen Bestimmung Sie den Wert des Parameters berechnet haben?

Aufgabe 6

Teilaufgabe a

In der Ebenengleichung taucht x_1 nicht auf. Was folgt daraus für die Lage von E?

Teilaufgabe b

Um einen möglichen Normalenvektor von F zu bestimmen, sind zwei Bedingungen zu berücksichtigen:

(1) Wie liegen die Ebenen E und F zueinander? Was bedeutet dies für die Normalenvektoren von E und F?

(2) Welche gegenseitige Lage haben die Ebene F und die x_1-Achse? Welche Bedingung für den Normalenvektor von F können Sie daraus ableiten?

Um eine mögliche Koordinatengleichung für F angeben zu können, fehlt noch die rechte Seite der Ebenengleichung ($\ldots = d$).

Welche Darstellungsform einer Ebene verwenden Sie häufig in Zusammenhang mit Abstandsberechnungen?

Die Ebene F hat zur x_1-Achse den Abstand 2. Einsetzen eines beliebigen Punktes der x_1-Achse in die HNF von F führt auf eine Betragsgleichung für d. Geben Sie einen möglichen Wert für d an.

Aufgabe 7

Teilaufgabe a

Wie groß ist die Wahrscheinlichkeit dafür, dass ein zufällig ausgewählter Computer funktioniert?

Wie groß ist die entsprechende Wahrscheinlichkeit bei einem Bildschirm?

Wie können Sie damit die gesuchte Wahrscheinlichkeit berechnen?

Teilaufgabe b

Bei der Formulierung „mindestens ein" ist der Übergang zum Gegenereignis oft sinnvoll. Wie lautet hier das entsprechende Gegenereignis?

Wie groß ist die Wahrscheinlichkeit für dieses Gegenereignis?

Was folgt daraus für die gesuchte Wahrscheinlichkeit?

Aufgabe 8

Teilaufgabe a

Wie wäre eine Zufallsgröße X verteilt, die die Anzahl der gewürfelten Sechsen beschreibt?

Damit können Sie entweder sofort entscheiden, welcher der Terme der Wahrscheinlichkeit $P(X=11)$ entspricht, oder zwei Terme ausschließen, die eine andere Struktur aufweisen.

Teilaufgabe b

Wie groß ist die Wahrscheinlichkeit, n-mal hintereinander eine Sechs zu würfeln?

Was bedeutet in diesem Sachzusammenhang $\left(\frac{5}{6}\right)^k$?

Geben Sie damit ein Ereignis für Term I an.

Vergleichen Sie die Terme II und III. Was fällt Ihnen auf?

Beachten Sie, dass Binomialkoeffizienten eine gewisse Symmetrie aufweisen. (Vielleicht kennen Sie auch das Pascal'sche Dreieck.)

Aufgabe 1

Gegeben ist die Funktion f mit $f(x) = 4x - x^2$.

a) Die Steigung der Tangente an der Stelle $x = 0$ stimmt mit der des Graphen G_f von f an dieser Stelle überein. Den Wert der Steigung erhält man mithilfe der ersten Ableitung von f. Für diese erhält man:

$f'(x) = 4 - 2x$ und damit $f'(0) = 4 - 2 \cdot 0 = 4$

Damit hat die Tangente an G_f an der Stelle $x = 0$ die Steigung 4.

b) Wegen $f(x) = 4x - x^2 = x \cdot (4 - x)$ hat f die Nullstellen $x_1 = 0$ und $x_2 = 4$.

Aus Symmetriegründen schneiden sich die beiden Tangenten an der Stelle $x_3 = 2$.

Wegen $f(0) = 0$ erhält man als Gleichung für die Tangente im Ursprung t_1: $y = 4x$; die Tangenten schneiden sich also im Punkt $S(2 \mid 8)$.

Den Abstand d von S zum Ursprung berechnet man mit dem Satz des Pythagoras (siehe Abbildung) und erhält:

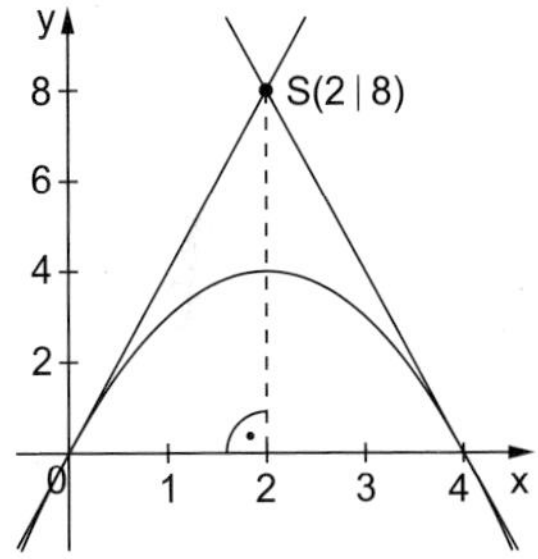

$d = \sqrt{(2-0)^2 + (8-0)^2} = \sqrt{2^2 + 8^2} = \sqrt{68}$

Der Punkt S hat vom Ursprung den Abstand $\boldsymbol{\sqrt{68}}$.

Aufgabe 2

Die linke Teilfläche werde mit A_1 bezeichnet, die rechte mit A_2 (siehe Abbildung).

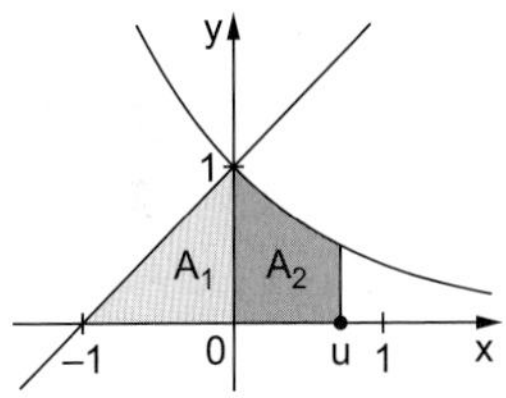

Wegen $g(0) = 1$ und $g(-1) = 0$ schneidet die Gerade g die Koordinatenachsen in $S_x(-1 \mid 0)$ und $S_y(0 \mid 1)$. Damit erhält man für den Inhalt des rechtwinkligen Dreiecks:

$$A_1 = \frac{1}{2} \cdot 1 \cdot 1 = \frac{1}{2}$$

Für die rechte Teilfläche A_2 erhält man:

$$A_2 = \int_0^u e^{-x}\,dx = \left[-e^{-x}\right]_0^u = -e^{-u} + 1$$

Aus der Bedingung $A_1 = A_2$ folgt:

$$-e^{-u} + 1 = \frac{1}{2} \qquad |-1 \quad |\cdot(-1)$$

$$e^{-u} = \frac{1}{2}$$

$$-u = \ln\left(\frac{1}{2}\right)$$

$$\mathbf{u} = -\ln\left(\frac{1}{2}\right) = \mathbf{\ln(2)}$$

Aufgabe 3

Bei trigonometrischen Funktionen gibt es mehrere sinnvolle Funktionsterme. (Daher ist auch nach *einem möglichen* Funktionsterm gefragt.)

Da der gegebene Graph einen Extrempunkt auf der y-Achse besitzt, ist es vorteilhaft, als Ansatz die allgemeine Kosinusfunktion zu wählen, also:
$f(x) = a \cdot \cos(b \cdot (x - c)) + d$

Wegen des Tiefpunktes des Graphen auf der y-Achse kann dann $c = 0$ gesetzt werden. (Der Graph ist nicht in x-Richtung verschoben.)

Wegen $1 \le f(x) \le 5$ erhält man für $d = \frac{1+5}{2} = 3$, d. h., vom Graphen der Kosinusfunktion ausgehend ist der Graph um 3 nach oben verschoben.

- Ferner folgt aus $1 \le f(x) \le 5$ zunächst $|a| = 2$, die Amplitude ist also 2.
- Wegen des Tiefpunktes auf der y-Achse gilt $a = -2$.
- Mithilfe z. B. der Tiefpunkte $T_1(0\,|\,1)$ und $T_2(4\pi\,|\,1)$ erhält man für die Periode $p = 4\pi$. Aus $p = \frac{2\pi}{b}$ folgt: $b = \frac{2\pi}{p} = \frac{2\pi}{4\pi} = \frac{1}{2}$

Ein möglicher Funktionsterm ist $\mathbf{f(x) = -2 \cdot \cos\left(\frac{1}{2}x\right) + 3}$.

Anmerkung: Der Ansatz $f(x) = a \cdot \sin(b \cdot (x - c)) + d$ liefert entsprechend:
$f(x) = 2 \cdot \sin\left(\frac{1}{2} \cdot (x - \pi)\right) + 3$

Aufgabe 4

a) Wendestellen der Funktion f sind Extremstellen ihrer 1. Ableitung. Da die Funktion f im Intervall [5; 8] eine Wendestelle besitzt, hat f' somit in diesem Intervall eine Extremstelle und ist folglich nicht monoton.

b) Die Funktion I_2 mit

$$I_2(x) = \int_2^x f(t)\,dt$$

gibt den orientierten Flächeninhalt zwischen dem Graphen von f und der x-Achse im Intervall [2; x] an.

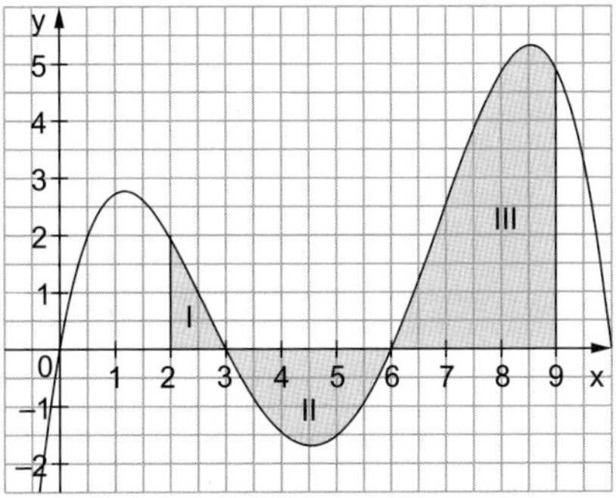

Eine Nullstelle von I_2 ist $x_1 = 2$, da nach dem Hauptsatz der Differenzial- und Integralrechnung bei übereinstimmenden Integrationsgrenzen jedes Intergral den Wert 0 besitzt.

Betrachtet und vergleicht man die Teilflächen, die der Graph von f im Bereich [2; 9] mit der x-Achse einschließt, erkennt man, dass gilt:

- $I_2(3) > 0$ (Im Intervall [2; 3] liegt die Fläche vollständig oberhalb der x-Achse.)
- $I_2(6) < 0$ (Der Betrag des orientierten Flächeninhalts der Fläche II, die unterhalb der x-Achse liegt, ist größer als der Inhalt der Fläche I.)
- $I_2(9) > 0$ (Der Inhalt der beiden Flächen I und III, die oberhalb der x-Achse liegen, ist größer als der der Fläche II, die unterhalb liegt.)

Zwischen den genannten Stellen muss jeweils eine Nullstelle liegen.

Die Funktion I_2 besitzt im Intervall [2; 9] insgesamt **drei Nullstellen**.

Aufgabe 5

Gegeben sind die Punkte $A(6\,|\,4\,|\,-1)$ und $B(0\,|\,-5\,|\,2)$ sowie die Ebene
$E\colon 2x_1 - 2x_2 + x_3 = 6$.

a) Eine mögliche Gleichung der Geraden g durch A und B lautet:

$$g\colon \vec{x} = \overrightarrow{OA} + t \cdot \overrightarrow{AB} = \begin{pmatrix} 6 \\ 4 \\ -1 \end{pmatrix} + t \cdot \begin{pmatrix} 0-6 \\ -5-4 \\ 2-(-1) \end{pmatrix} = \begin{pmatrix} 6 \\ 4 \\ -1 \end{pmatrix} + t \cdot \begin{pmatrix} -6 \\ -9 \\ 3 \end{pmatrix};\ t \in \mathbb{R}$$

Für die Koordinaten eines allgemeinen Geradenpunktes G_t erhält man:
$G_t(6-6t\,|\,4-9t\,|\,-1+3t);\ t \in \mathbb{R}$

Einsetzen von G_t in die Ebenengleichung von E führt auf die Gleichung:

$$\begin{aligned} 2\cdot(6-6t) - 2\cdot(4-9t) - 1 + 3t &= 6 \\ 12 - 12t - 8 + 18t - 1 + 3t &= 6 \\ 9t + 3 &= 6 \quad |-3 \quad |:9 \\ t_1 &= \frac{1}{3} \end{aligned}$$

Einsetzen von $t_1 = \frac{1}{3}$ in die Gleichung von g liefert für den Schnittpunkt S:

$$\overrightarrow{OS} = \begin{pmatrix} 6 \\ 4 \\ -1 \end{pmatrix} + \frac{1}{3} \cdot \begin{pmatrix} -6 \\ -9 \\ 3 \end{pmatrix} = \begin{pmatrix} 4 \\ 1 \\ 0 \end{pmatrix}$$

Die Koordinaten von S lauten also **S(4 | 1 | 0)**.

b) Die Strecke AB ist gegeben durch:

$$AB: \vec{x} = \overrightarrow{OA} + t \cdot \overrightarrow{AB} = \begin{pmatrix} 6 \\ 4 \\ -1 \end{pmatrix} + t \cdot \begin{pmatrix} -6 \\ -9 \\ 3 \end{pmatrix};\ 0 \le t \le 1$$

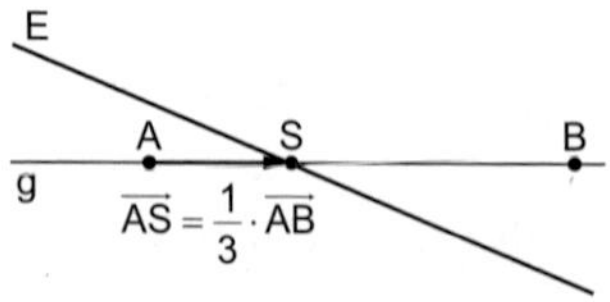

Wegen $0 \le t_1 \le 1$ **liegt S somit auf der Strecke AB**.

Aufgabe 6

Gegeben ist die Ebene E: $3x_2 - 4x_3 = 2$.

a) Da x_1 in der Ebenengleichung nicht vorkommt, liegt E **parallel zur x_1-Achse**.

b) Der Normalenvektor von F wird mit $\vec{n}_F = \begin{pmatrix} n_1 \\ n_2 \\ n_3 \end{pmatrix}$ bezeichnet, der Normalenvektor von E mit $\vec{n}_E$. Der Koordinatenform von E entnimmt man:

$$\vec{n}_E = \begin{pmatrix} 0 \\ 3 \\ -4 \end{pmatrix}$$

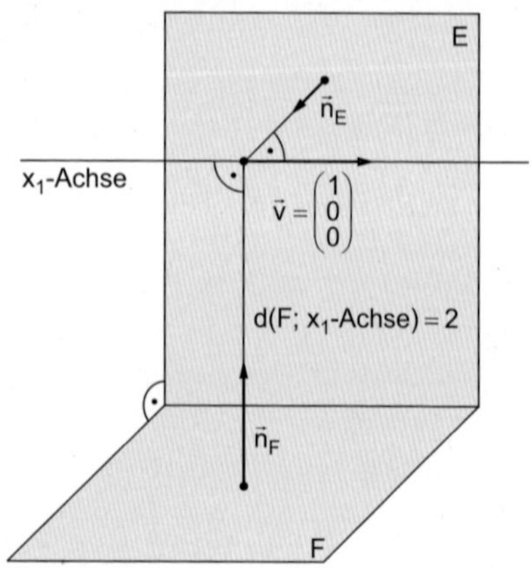

Da die Ebene F laut Aufgabenstellung orthogonal zu E steht, gilt:

(1) $\vec{n}_F \cdot \begin{pmatrix} 0 \\ 3 \\ -4 \end{pmatrix} = 0$

Die Ebene E ist parallel zur x_1-Achse (s. o.), außerdem liegt die Ebene F parallel zur x_1-Achse (siehe Abbildung), d. h., es gilt:

(2) $\vec{n}_F \cdot \begin{pmatrix} 1 \\ 0 \\ 0 \end{pmatrix} = 0$

Aus (2) folgt unmittelbar $n_1 = 0$.

Aus (1) ergibt sich:

$3n_2 - 4n_3 = 0$ mit einer möglichen Lösung $n_2 = 4$ und $n_3 = 3$.

Damit erhält man für die Ebene F zunächst F: $4x_2 + 3x_3 = d$.

Da die Ebene F parallel zur x_1-Achse mit dem Abstand 2 verläuft, gilt mithilfe der HNF von F:

$$\frac{|-d|}{\sqrt{4^2+3^2}}=2 \qquad \text{(Setzen Sie z. B. den Punkt } P(0|0|0) \text{ in die HNF ein.)}$$

Eine mögliche Lösung für $\frac{|d|}{5}=2$ ist $d_1=10$.

Eine mögliche Koordinatengleichung von F lautet damit:

F: $4x_2+3x_3=10$

Anmerkung: Die andere Lösung der Betragsgleichung ist $d_2=-10$. Die zweite mögliche Lösung lautet deshalb F: $4x_2+3x_3=-10$.

Aufgabe 7

Da 7 der 10 Computer funktionieren, beträgt die Wahrscheinlichkeit dafür, dass ein zufällig ausgewählter Computer funktioniert, $\frac{7}{10}$, entsprechend erhält man für die Wahrscheinlichkeit, einen intakten Bildschirm zufällig auszuwählen $\frac{12}{15}$.

a) Da die Auswahl des Computers und des Bildschirms sowie deren Funktionsfähigkeit unabhängig voneinander sind, beträgt die gesuchte Wahrscheinlichkeit:

$$p=\frac{7}{10}\cdot\frac{12}{15}=\frac{7}{5}\cdot\frac{2}{5}=\frac{14}{25}$$

Die Wahrscheinlichkeit, dass beide Geräte funktionieren, beträgt:

$$\mathbf{p=\frac{14}{25}}$$

b) Von den verbleibenden 9 Computern sind 3 defekt.

Das Gegenereignis zu „Mindestens einer der beiden Computer funktioniert" ist „Beide ausgewählten Computer sind defekt".

Damit erhält man:

$$p=1-\underbrace{\frac{3}{9}\cdot\frac{2}{8}}_{\text{beide PC defekt}}=1-\frac{1}{3}\cdot\frac{1}{4}=1-\frac{1}{12}=\frac{11}{12}$$

Die Wahrscheinlichkeit dafür, dass mindestens einer der zuletzt ausgewählten Computer funktioniert, beträgt:

$$\mathbf{p=\frac{11}{12}}$$

Aufgabe 8

a) Führt man für die Anzahl der gewürfelten Sechsen eine Zufallsgröße X ein, ist diese binomialverteilt mit den Parametern $n=20$ und $p=\frac{1}{6}$.

Für die Wahrscheinlichkeit, genau 11-mal eine Sechs zu würfeln, gilt dann:

$$P(X=11)=\binom{20}{11}\cdot\left(\frac{1}{6}\right)^{11}\cdot\left(\frac{5}{6}\right)^{9}$$

Es handelt sich also um **Term II**.

b) Term I: Es taucht kein Binomialkoeffizient auf, denken Sie z. B. an einen Pfad in einem Baumdiagramm. Somit ergibt sich als mögliches Ereignis:
„Bei den ersten 11 Würfen wird jedes Mal eine Sechs gewürfelt, bei den 9 verbleibenden Würfen erscheint keine Sechs mehr.“

Term III: Wegen der Symmetrie der Binomialkoeffizienten gilt:

$$\binom{20}{9}=\binom{20}{11}$$

Offensichtlich handelt es sich also um das Gegenereignis zum Ereignis aus Teilaufgabe a:
„Es wird nicht genau 11-mal eine Sechs gewürfelt.“

Aufgabe A 1.1

Das Gelände eines Abenteuerspielplatzes besteht aus einer Hochfläche, an die sich ein Hang mit einer Senke anschließt. Die Profillinie des Geländes wird für $-3 \leq x \leq 0$ durch die Gerade mit der Gleichung $y = 5$ und für $0 \leq x \leq 11$ durch den Graphen der Funktion f

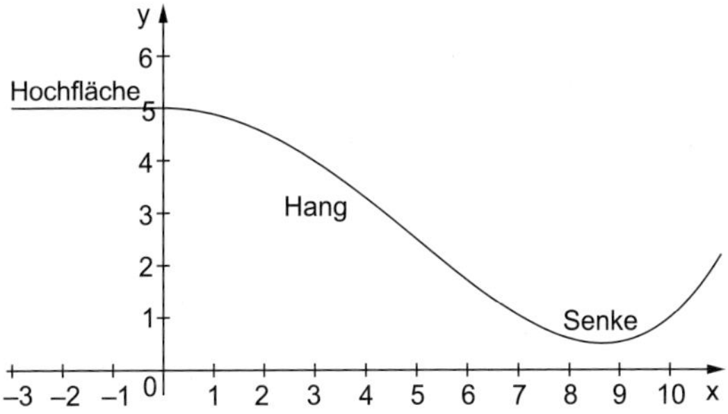

mit $f(x) = 0{,}0008x^4 - 0{,}12x^2 + 5$ beschrieben.
Die Abbildung zeigt diese Profillinie (1 LE entspricht 1 m).

a) Berechnen Sie die Koordinaten des tiefsten Punkts der Profillinie. 2 VP
Weisen Sie rechnerisch nach, dass der Hang zwischen Hochfläche und Senke an der Stelle $x = 5$ am steilsten abfällt und dort ein Gefälle von 80 % hat. 2 VP
Zeigen Sie, dass die Profillinie beim Übergang von der Hochfläche zum Hang knickfrei ist. 1 VP

(Teilergebnis: Der tiefste Punkt hat die y-Koordinate 0,5.)

b) Zwischen zwei Befestigungspunkten, die im Modell durch $P(5 \mid f(5))$ und $Q(10 \mid f(10))$ dargestellt werden, wird ein Seil straff gespannt.
Berechnen Sie die Länge des Seils. 1,5 VP
Beschreiben Sie ein Verfahren, mit dem man die maximale vertikale Höhe des Seils über dem Gelände berechnen kann. 2 VP

c) Auf der Hochfläche, einen Meter vom Übergang zum Hang entfernt, steht ein vertikaler Lichtmast, von dem aus das gesamte Gelände ausgeleuchtet werden kann.
Berechnen Sie die Mindestlänge dieses Lichtmasts. 2,5 VP

d) Bei einem Umbau soll die Senke auf 5 m Länge so mit Sand aufgefüllt werden, dass eine horizontale rechteckige Fläche entsteht, die 0,5 m oberhalb des tiefsten Punkts der Senke liegt.
Berechnen Sie das Volumen des dafür benötigten Sandes. 3,5 VP

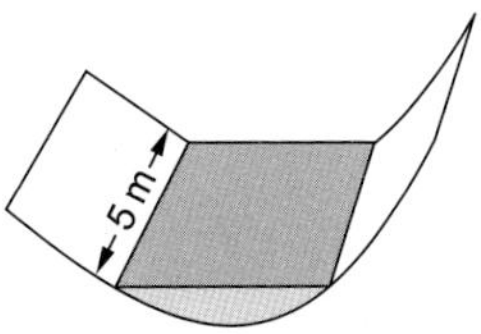

Aufgabe A 1.2

Abgebildet sind die Graphen G_u und G_v zweier Funktionen u und v.

Die Funktion f ist gegeben durch $f(x) = v(u(x))$.
Bestimmen Sie $f(-1)$. 1 VP

Ermitteln Sie die Anzahl der Nullstellen von f im abgebildeten Bereich. 1,5 VP

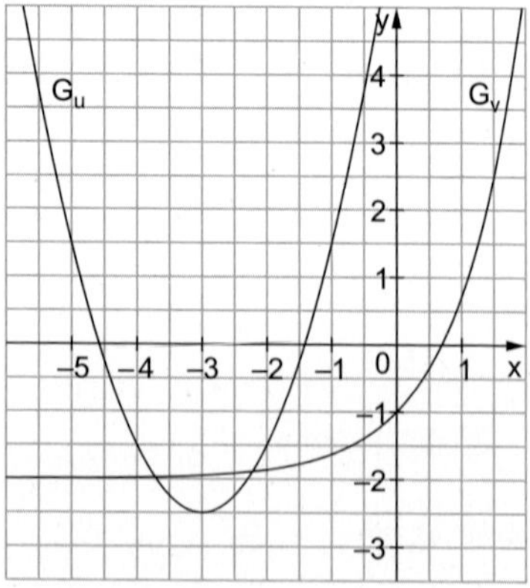

Aufgabe A 1.3

Die Funktion w ist auf $\mathbb{R}$ definiert und zweimal differenzierbar.
Für die Funktion g gilt $g(x) = e^{w(x)} - 2$.
Zeigen Sie: Wenn x_0 eine Wendestelle von w und von g ist, dann hat der Graph von w bei x_0 eine waagrechte Tangente. 3 VP

TIPP Lösungshinweise zum Wahlteil Analysis – Aufgabe A 1

Aufgabe A 1.1 – Teilaufgabe a

Tiefster Punkt

Wie lautet die notwendige Bedingung für Extrema?

Beachten Sie, welche Werte x annehmen kann.

Wird in diesem Fall die hinreichende Bedingung benötigt?

Am steilsten abfallende Stelle

Gesucht ist eine geeignete Extremstelle der 1. Ableitung. Wie bestimmen Sie diese?

Handelt es sich um eine Minimum- oder Maximumstelle der 1. Ableitung?

Wie berechnen Sie die Steigung an der gesuchten Stelle?

Zeigen Sie, dass diese den Betrag 0,8 hat.

Knickfreier Übergang

Bei einem knickfreien Übergang zweier Funktionsgraphen an einer Stelle x_0 stimmen die Funktionswerte und die ersten Ableitungen an dieser Stelle überein.

Weisen Sie diese beiden Bedingungen nach.

Aufgabe A 1.1 – Teilaufgabe b

Länge des Seils

Wie berechnen Sie allgemein den Abstand zweier Punkte im Koordinatensystem?

Schlagen Sie ggf. in der Merkhilfe nach.

Verfahren

Die lineare Funktion, die im Modell das Seil beschreibt, werde mit s bezeichnet.

Geben Sie zunächst an, wie eine Gleichung von s bestimmt werden kann.

Welche Funktion d gibt die vertikale Höhe des Seils über dem Gelände an, wenn das Seil im Modell durch die Funktion s und das Gelände durch die Funktion f dargestellt wird?

Aufgabe A 1.1 – Teilaufgabe c

Mindestlänge des Lichtmastes

Der Lichtmast soll das ganze Gelände ausleuchten, muss also auch die Stelle mit dem größten Gefälle erreichen. Diese Stelle kennen Sie bereits.

Stellen Sie die Gleichung einer geeigneten Tangente auf.

Wie erhalten Sie mithilfe dieser Tangente den höchsten Punkt des Mastes? Berücksichtigen Sie die Lage der Hochfläche.

Aufgabe A 1.1 – Teilaufgabe d

Volumen des Sandes

Sie kennen bereits die Koordinaten des tiefsten Punktes der Senke; die rechteckige Fläche liegt 0,5 m oberhalb dieses Punktes. Welche Höhe (y-Koordinate) ergibt sich daraus für diese Fläche?

Die Lösungen welcher Gleichung liefert Ihnen damit die x-Koordinaten der Randpunkte?

Welche Form hat diese Gleichung? Welche Strategie kennen Sie, solche Gleichungen zu lösen? Welche Lösungen sind im Sachzusammenhang relevant?

Das gesuchte Volumen ergibt sich aus der Querschnittsfläche und der Länge.

Wie erhalten Sie mithilfe der Funktion f die entsprechende Querschnittsfläche?

Aufgabe A 1.2

Funktionswert

Lesen Sie zunächst $u(-1)$ ab.

Was ergibt sich daraus für $f(-1) = v(u(-1))$?

Anzahl der Nullstellen

An welcher Stelle x_0 nimmt die Funktion v den Wert null an? Entnehmen Sie den entsprechenden Näherungswert dem Schaubild.

Wie viele Stellen gibt es, an denen die Funktion u den Wert x_0 annimmt und damit f null wird?

Aufgabe A 1.3

Welche Steigung besitzt eine waagrechte Tangente?

Welche Bedingung muss somit die Ableitung w' der Funktion w erfüllen, wenn der Graph von w bei x_0 eine waagrechte Tangente hat?

Berechnen Sie mithilfe von Produkt- und Kettenregel die Ableitungen g' und g''.

Die Stelle x_0 ist nach Voraussetzung eine Wendestelle von w und g. Was ergibt sich daraus für $w''(x_0)$ und $g''(x_0)$?

Zeigen Sie, dass aus $g''(x_0) = 0$ die Behauptung $w'(x_0) = 0$ folgt.

Aufgabe A 1.1

Gegeben ist u. a. die Funktion f mit $f(x) = 0{,}0008x^4 - 0{,}12x^2 + 5$ für $0 \le x \le 11$.

a) **Tiefster Punkt:**

Für die Ableitung von f erhält man $f'(x) = 0{,}0032x^3 - 0{,}24x$.

Die notwendige Bedingung für Extremstellen $f'(x) = 0$ führt auf die Gleichung:

$$0{,}0032x^3 - 0{,}24x = 0$$
$$x \cdot (0{,}0032x^2 - 0{,}24) = 0$$
$$\Rightarrow \quad x_1 = 0 \quad \text{oder} \quad 0{,}0032x^2 - 0{,}24 = 0 \quad |+0{,}24 \quad |:0{,}0032$$
$$x^2 = 75$$
$$x_{2;\,3} = \pm\sqrt{75}$$

Weil die Abbildung zeigt, dass ein tiefster Punkt im Bereich $0 \le x \le 11$ existiert, kann auf die Überprüfung der hinreichenden Bedingung verzichtet werden.

Ferner kommen nur Werte von $x > 0$ infrage, also ist $x_2 = \sqrt{75}$ der relevante Wert.

$f(\sqrt{75}) = 0{,}0008 \cdot (\sqrt{75})^4 - 0{,}12 \cdot (\sqrt{75})^2 + 5 = 0{,}5$

Die Koordinaten des Tiefpunktes lauten also $\mathbf{T(\sqrt{75} \mid 0{,}5)}$.

Am steilsten abfallende Stelle:

Die gesuchte Stelle ist eine Extremstelle der ersten Ableitung. Diese bestimmt man mithilfe der 2. Ableitung:

$f''(x) = 0{,}0096x^2 - 0{,}24$

Ferner ist $f'''(x) = 0{,}0192x$.

Der Ansatz $f''(x) = 0$ führt auf:

$$0{,}0096x^2 - 0{,}24 = 0 \quad |+0{,}24 \quad |:0{,}0096$$
$$x^2 = 25$$
$$x_{4;\,5} = \pm 5$$

Da wieder $x > 0$ gilt, ist nur die Lösung $x_4 = 5$ relevant.

Wegen $f'''(5) = 0{,}0192 \cdot 5 > 0$ besitzt f' die Minimumstelle $x = 5$, d. h., dort fällt das Gelände am steilsten ab.

Aus

$f'(5) = 0{,}0032 \cdot 5^3 - 0{,}24 \cdot 5 = -0{,}8$

folgt, dass der Hang dort ein Gefälle von 80 % besitzt.

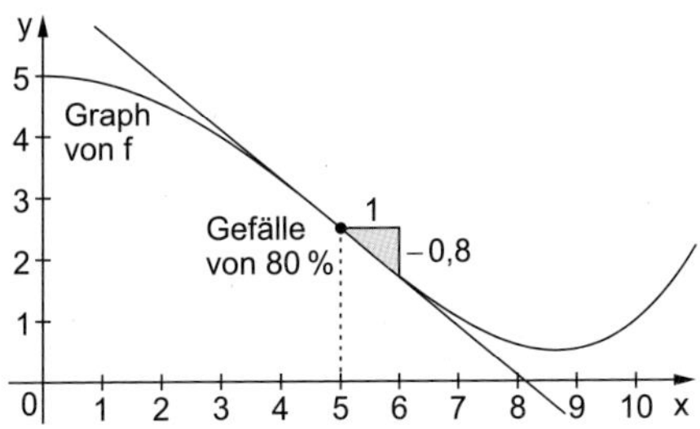

Knickfreier Übergang:

Allgemein ist der Übergang der Graphen zweier Funktionen f und g an einer Stelle x_0 knickfrei, wenn gilt:

$f(x_0) = g(x_0)$ und $f'(x_0) = g'(x_0)$

Für den Übergang von der Hochfläche zum Hang an der Stelle $x_0 = 0$ gilt für die Funktion f und die horizontal verlaufende (Steigung m = 0) Gerade $g(x) = 5$:

$f(0) = 0{,}0008 \cdot 0^4 - 0{,}12 \cdot 0^2 + 5 = 5 = g(0)$

$f'(0) = 0{,}0032 \cdot 0^3 - 0{,}24 \cdot 0 = 0 = g'(0)$

Somit ist der Übergang knickfrei.

b) **Länge des Seils:**

Die Länge L des Seils bzw. den Abstand der Befestigungspunkte, die im Modell durch die Punkte $P(5 \mid f(5))$ und $Q(10 \mid f(10))$ dargestellt werden, bestimmt man mithilfe des Satzes von Pythagoras (siehe Skizze und ggf. siehe Merkhilfe).

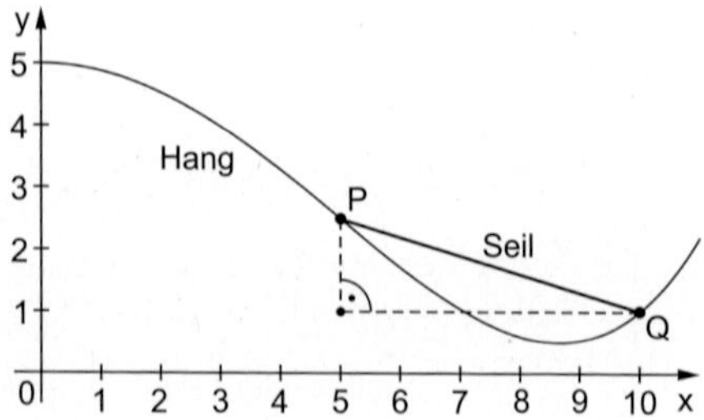

Mit

$f(5) = 0{,}0008 \cdot 5^4 - 0{,}12 \cdot 5^2 + 5 = 2{,}5$ und $f(10) = 0{,}0008 \cdot 10^4 - 0{,}12 \cdot 10^2 + 5 = 1$

erhält man die Koordinaten:

$P(5 \mid 2{,}5)$ und $Q(10 \mid 1)$

Damit ergibt sich für die Länge L:

$L = \sqrt{(10-5)^2 + (1-2{,}5)^2} \approx 5{,}22$

Das Seil hat eine Länge von **ca. 5,22 m**.

Verfahren:

Man bestimmt eine Gleichung der linearen Funktion s, deren Graph P und Q enthält.

Die Funktion $d(x) = s(x) - f(x)$ gibt die vertikale Höhe des Seils über dem Gelände an (siehe Skizze).

Das Maximum dieser Funktion d im Intervall [5; 10] entspricht der gesuchten maximalen vertikalen Höhe des Seils über dem Gelände.

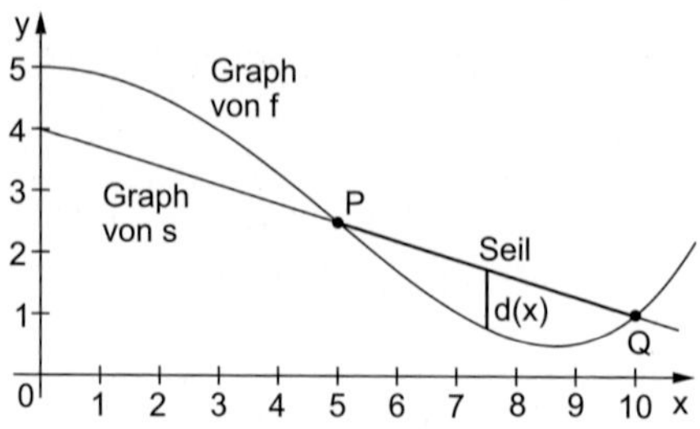

c) **Mindestlänge des Lichtmastes:**

Wenn das Licht die Stelle mit dem größten Gefälle erreicht, wird das gesamte Gelände ausgeleuchtet (siehe Skizze).

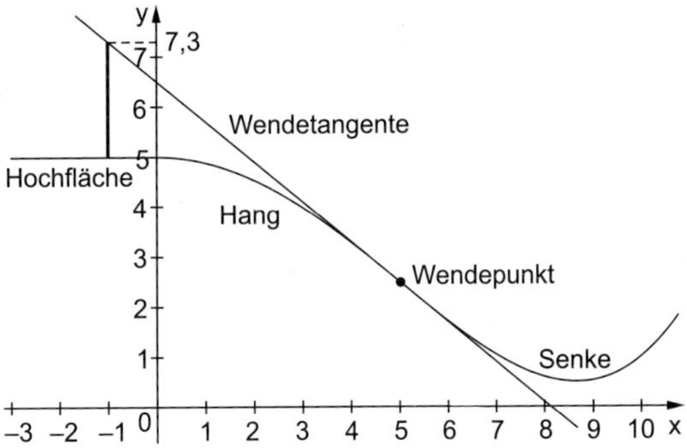

Die am steilsten abfallende Stelle ist bei $x=5$ (siehe Teilaufgabe a), d. h., zunächst ist die Gleichung der Tangente an den Graphen von f im Wendepunkt zu bestimmen.

Der Ansatz $y=f'(u)\cdot(x-u)+f(u)$ führt auf $y=f'(5)\cdot(x-5)+f(5)$.

Aus $f'(5)=-0{,}8$ (siehe Teilaufgabe a) und $f(5)=2{,}5$ (siehe Teilaufgabe b) folgt:

$y=-0{,}8\cdot(x-5)+2{,}5=-0{,}8\cdot x+6{,}5$

Da der Lichtmast einen Meter vom Übergang zum Hang entfernt steht, ist $x=-1$ einzusetzen und man erhält:

$y=-0{,}8\cdot(-1)+6{,}5=7{,}3$

Berücksichtigt man die Lage der Hochfläche ($y=5$) ergibt sich aus $7{,}3-5=2{,}3$ die gesuchte Höhe. Der Mast ist **mindestens 2,3 m lang**.

d) **Volumen des Sandes:**

Da der tiefste Punkt des Geländes die y-Koordinate 0,5 hat (Teilaufgabe a) und die horizontale Fläche 0,5 m oberhalb dieses Punktes liegen soll, liefert der Ansatz $f(x)=0{,}5+0{,}5=1$ die für die Querschnittsfläche benötigten Integrationsgrenzen (siehe Skizze).

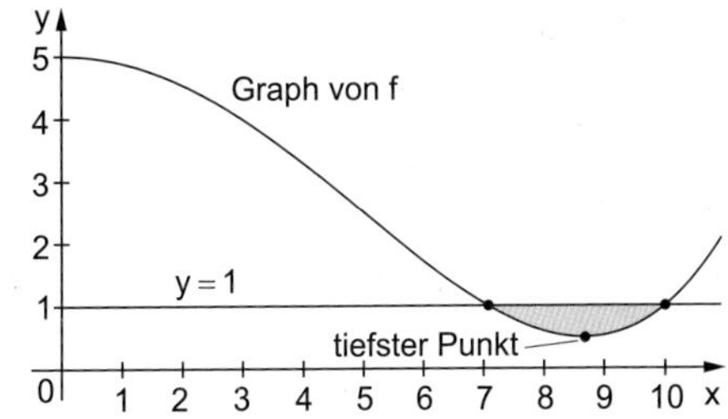

Die biquadratische Gleichung

$0{,}0008x^4-0{,}12x^2+5=1$ bzw. $0{,}0008x^4-0{,}12x^2+4=0$

löst man mithilfe der Substitution $z=x^2$:

$0{,}0008z^2-0{,}12z+4=0$

$$z_{1;\,2}=\frac{0{,}12\pm\sqrt{0{,}12^2-4\cdot 0{,}0008\cdot 4}}{2\cdot 0{,}0008}$$

$$z_{1;\,2}=\frac{0{,}12\pm 0{,}04}{2\cdot 0{,}0008}$$

$$z_1=100 \quad \text{und} \quad z_2=50$$

Wegen $x > 0$ ergeben sich als relevante Lösungen für $x = \sqrt{z}$:

$x_1 = 10$ und $x_2 = \sqrt{50}$

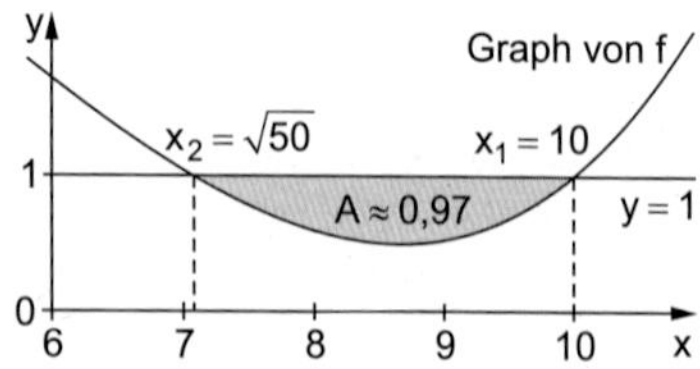

Da es für $x > 0$ keine weiteren Lösungen der Gleichung $f(x) = 1$ gibt, kann der Inhalt der Querschnittsfläche A direkt berechnet werden:

$$A = \int_{\sqrt{50}}^{10} (1 - f(x))\, dx$$

$$= \int_{\sqrt{50}}^{10} (1 - (0{,}0008x^4 - 0{,}12x^2 + 5))\, dx$$

$$= \left[-0{,}00016x^5 + 0{,}04x^3 - 4x\right]_{\sqrt{50}}^{10}$$

$$= -0{,}00016 \cdot 10^5 + 0{,}04 \cdot 10^3 - 4 \cdot 10 - (-0{,}00016 \cdot \sqrt{50}^5 + 0{,}04 \cdot \sqrt{50}^3 - 4 \cdot \sqrt{50})$$

$$\approx 0{,}97$$

Da die Senke auf 5 m Länge mit Sand gefüllt werden soll, ergibt sich für das gesuchte Volumen:

$V = A \cdot 5 \approx 0{,}97 \cdot 5 = 4{,}85$

Das Volumen des benötigten Sandes beträgt **etwa 4,85 m³**.

Aufgabe A 1.2

Die Funktion f ist gegeben durch $f(x) = v(u(x))$.

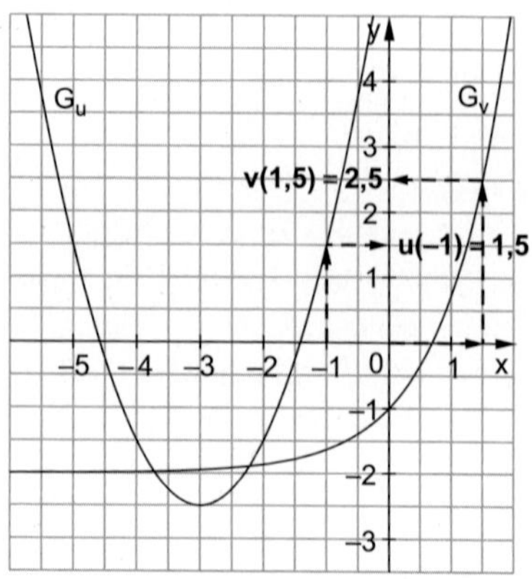

Funktionswert:

Der Abbildung entnimmt man:

$u(-1) = 1{,}5$

Damit ergibt sich:

$f(-1) = v(u(-1)) = v(1{,}5) = \mathbf{2{,}5}$

Anzahl der Nullstellen:

Wegen $f(x) = v(u(x))$ sucht man im ersten Schritt Schnittstellen des Graphen G_v mit der x-Achse und liest als einzige Nullstelle $x_0 \approx 0{,}7$ ab (siehe Abbildung).

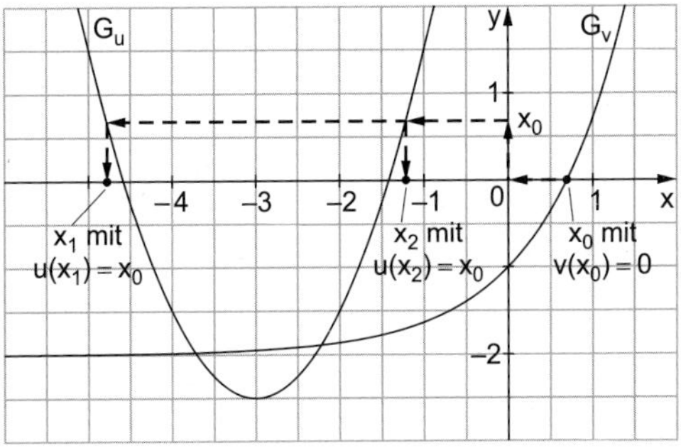

Um die Anzahl der Nullstellen der Funktion f im abgebildeten Bereich zu ermitteln, bestimmt man nun die Anzahl der Stellen, an denen $u(x) = x_0$ gilt. Der Abbildung lässt sich entnehmen, dass es zwei solcher Stellen x_1 und x_2 gibt.

Somit hat die Funktion f im abgebildeten Bereich **zwei Nullstellen**.

Aufgabe A 1.3

Nachweis:

Da eine waagrechte Tangente die Steigung 0 hat und die Ableitung von w die Steigung angibt, ist zu zeigen, dass $w'(x_0) = 0$ gilt.

Für die Ableitungen der Funktion g erhält man mithilfe von Produkt- und Kettenregel:

$g'(x) = w'(x) \cdot e^{w(x)}$ und $g''(x) = w''(x) \cdot e^{w(x)} + (w'(x))^2 \cdot e^{w(x)}$

Da x_0 nach Voraussetzung Wendestelle von w ist, gilt:

$w''(x_0) = 0$

Daraus, dass x_0 auch Wendestelle von g ist, folgt:

$g''(x_0) = 0$

Dies führt auf:

$$g''(x_0) = \underbrace{w''(x_0)}_{=0 \text{ n. V.}} \cdot e^{w(x_0)} + (w'(x_0))^2 \cdot \underbrace{e^{w(x_0)}}_{\neq 0} = 0$$

Da der erste Summand null ist, muss wegen $g''(x_0) = 0$ auch der zweite null sein. Daraus folgt:

$(w'(x_0))^2 = 0$ und somit $w'(x_0) = 0$, womit die Behauptung gezeigt ist.

Wahlteil: Analysis A 2

Aufgabe A 2.1

Die Funktion f beschreibt für $0 \leq t \leq 8$ modellhaft die Wachstumsgeschwindigkeit eines Apfelbaums, der zu Beobachtungsbeginn 0,8 m hoch ist (t in Jahren nach Beobachtungsbeginn, f(t) in Meter pro Jahr).

a) Die Abbildung in der Anlage zeigt den Graphen G_f von f.
Bestimmen Sie die Länge des Zeitraums, in dem die Wachstumsgeschwindigkeit des Apfelbaums größer als 0,5 Meter pro Jahr ist. 1 VP
Bestimmen Sie die Höhe des Apfelbaums zwei Jahre nach Beobachtungsbeginn. 2 VP

Die Wachstumsgeschwindigkeit eines Birnbaums, der zu Beobachtungsbeginn 1,2 m hoch ist, wird für $0 \leq t \leq 8$ modellhaft beschrieben durch die Funktion g mit

$g(t) = t^2 \cdot e^{-t}$

(t in Jahren nach Beobachtungsbeginn, g(t) in Meter pro Jahr).

Für die Ableitungen der Funktion g gilt:

$g'(t) = 2t \cdot e^{-t} - t^2 \cdot e^{-t}$, $\quad g''(t) = 2e^{-t} - 4t \cdot e^{-t} + t^2 \cdot e^{-t}$

b) Berechnen Sie den Zeitpunkt, zu dem die Wachstumsgeschwindigkeit des Birnbaums am größten ist, und geben Sie diese Wachstumsgeschwindigkeit an. 2 VP
Begründen Sie, dass der Birnbaum ab diesem Zeitpunkt weiterhin wächst, die Wachstumsgeschwindigkeit jedoch ständig abnimmt. 2 VP
Formulieren Sie eine Frage im Sachzusammenhang, die auf die Gleichung
$\frac{1}{5} \int_x^{x+5} g(t)\,dt = 0{,}3$ führt. 1,5 VP

c) Zeigen Sie, dass für $0 \leq t \leq 8$ die Funktion h mit
$h(t) = (-t^2 - 2t - 2) \cdot e^{-t} + 3{,}2$
die Höhe des Birnbaums beschreibt (t in Jahren nach Beobachtungsbeginn, h(t) in Meter). 2 VP

d) Durch die Zugabe eines Düngers wird das Wachstum von Birnbäumen beeinflusst.
Die Höhe eines gedüngten Birnbaums wird durch die Funktion k beschrieben mit
$k(t) = -2{,}3e^{-t} + 3{,}5$
($t \geq 0$ in Jahren nach Beobachtungsbeginn, k(t) in Meter).
Die Höhe eines ungedüngten Birnbaums wird weiterhin durch die Funktion h beschrieben. Beide Birnbäume haben zu Beobachtungsbeginn dieselbe Höhe.

Berechnen Sie den Zeitpunkt, bis zu dem die Wachstumsgeschwindigkeit des gedüngten Birnbaums größer ist als die des ungedüngten Birnbaums. 2 VP

Untersuchen Sie rechnerisch, welcher der beiden Bäume zuerst eine Höhe von 3,1 m erreicht. 1,5 VP

Aufgabe A 2.2

Für jedes $t > 0$ ist eine Funktion f_t gegeben durch $f_t(x) = -4x^3 + 12tx^2$.

a) Bestimmen Sie die Nullstellen von f_t. 1 VP

Der Graph von f_t schließt mit der x-Achse eine Fläche mit dem Inhalt A_t ein.

Ermitteln Sie denjenigen Wert von t, für den $A_t = \frac{16}{3}$ gilt. 2,5 VP

b) Für $t = \frac{2}{3}$ gibt es Tangenten an den Graphen von f_t, die den Punkt $S(3\,|\,0)$ enthalten.

Berechnen Sie die x-Koordinaten der zugehörigen Berührpunkte. 2,5 VP

Abbildung zu Aufgabe A 2.1

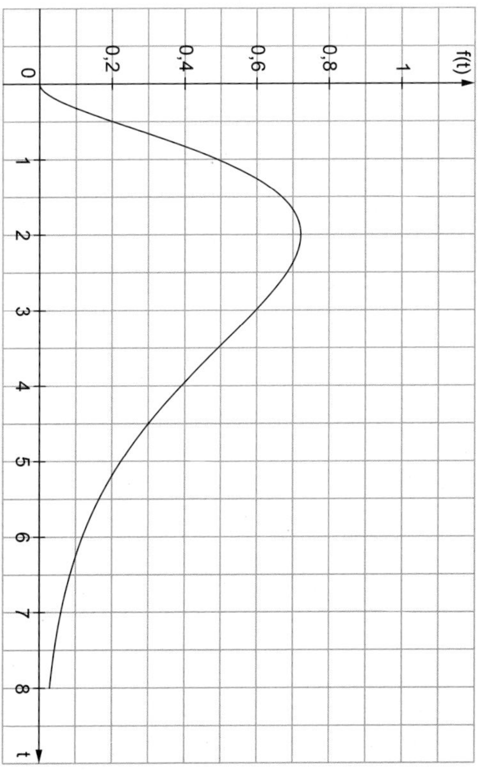

TIPP Lösungshinweise zum Wahlteil Analysis – Aufgabe A 2

Aufgabe A 2.1 – Teilaufgabe a

Länge des Zeitraums

Zeichnen Sie eine entsprechende Gerade in das Koordinatensystem ein und lesen Sie dann die Schnittstellen dieser Geraden mit dem Graphen von f ab.

Beachten Sie, dass nach der Länge des Zeitraums gesucht ist.

Höhe

Wie erhält man allgemein mithilfe des Graphen der Änderungsrate den Bestand?

Bestimmen Sie den Inhalt der entsprechenden Fläche näherungsweise. Achten Sie dabei auf die Einheiten an den Achsen.

Wie hoch war der Baum zu Beobachtungsbeginn?

Aufgabe A 2.1 – Teilaufgabe b

Zeitpunkt und Wachstumsgeschwindigkeit

Wie lautet die notwendige, wie eine hinreichende Bedingung für lokale Extrema?

Verwenden Sie die gegebenen Ableitungen und klammern Sie zur Lösung der entstehenden Gleichung aus.

Was muss zusätzlich bei der Bestimmung globaler Extrema beachtet werden?

Berechnen Sie die Wachstumsgeschwindigkeit an der gefundenen Maximumstelle.

Begründung

Was muss für die Funktion g für $t > 2$ gelten, wenn der Baum weiterhin wächst?

Die erste Ableitung gibt die Änderung der Wachstumsgeschwindigkeit an.

Überprüfen Sie die Behauptung mithilfe von g' für $t > 2$.

Frage im Sachzusammenhang

Betrachten Sie die Differenz der Integrationsgrenzen und den Faktor vor dem Integral. Was fällt Ihnen auf? Was gibt diese Gleichung also an? (Verwenden Sie bei Bedarf die Merkhilfe.)

Beachten Sie die Einheiten der Werte der Funktion g. Welche Bedeutung hat damit x?

Aufgabe A 2.1 – Teilaufgabe c

Nachweis

Welche Höhe hat der Birnbaum zu Beobachtungsbeginn? Liefert die Funktion h diesen Wert?

Welcher Zusammenhang muss zwischen den Funktionen g und h bestehen, wenn h die Höhe des Baums beschreibt und g die Wachstumsgeschwindigkeit?

Welche Ableitungsregeln benötigen Sie für den Nachweis?

Aufgabe A 2.1 – Teilaufgabe d

Zeitpunkt

Bestimmen Sie die Funktion, die die Wachstumsgeschwindigkeit des gedüngten Birnbaums beschreibt.

Vergleichen Sie diese Funktion mit der Funktion, die die Wachstumsgeschwindigkeit des ungedüngten Birnbaums darstellt.

Lösen Sie die entsprechende Ungleichung für $t \geq 0$.

Höhe 3,1 m

Berechnen Sie zunächst den Zeitpunkt t, zu dem der gedüngte Baum die Höhe von 3,1 m erreicht. Sie erhalten eine Exponentialgleichung. Wie lösen Sie eine solche Gleichung?

Berechnen Sie die Höhe des ungedüngten Birnbaums zu diesem Zeitpunkt t und vergleichen Sie die Werte.

Aufgrund welcher Eigenschaft der Funktion g können Sie damit schon die Frage beantworten?

Aufgabe A 2.2 – Teilaufgabe a

Nullstellen

Welchen Ansatz wählen Sie für die Berechnung von Nullstellen?

Klammern Sie zur Berechnung geeignet aus.

Wert von t

Wie bestimmt man den Inhalt der Fläche, die von einem Graphen und der x-Achse eingeschlossen wird? (Die Schnittstellen haben Sie bereits berechnet.)

Berechnen Sie diesen Inhalt in Abhängigkeit von t und damit den Wert von t, für den $A_t = \frac{16}{3}$ gilt. Welche Werte kann t annehmen?

Aufgabe A 2.2 – Teilaufgabe b

Berührpunkte

Bestimmen Sie zunächst $f_{\frac{2}{3}}(x)$ und $f'_{\frac{2}{3}}(x)$.

Wie lautet allgemein der Ansatz für die Tangente im Punkt $B(u \mid f_{\frac{2}{3}}(u))$? (Verwenden Sie bei Bedarf die Merkhilfe.)

Welchen Punkt enthalten die gesuchten Tangenten?

Die entsprechende Punktprobe liefert eine Gleichung dritten Grades für u.

Welche Strategien zur Lösung einer solchen Gleichung kennen Sie?

Welche anschauliche Bedeutung besitzen die Lösungen dieser Gleichung?

Aufgabe A 2.1

a) **Länge des Zeitraums:**

Die eingezeichnete Hilfsgerade $y = 0{,}5$ schneidet den Graphen von f an den Stellen $t_1 \approx 1$ und $t_2 \approx 3{,}4$ (siehe Abbildung).

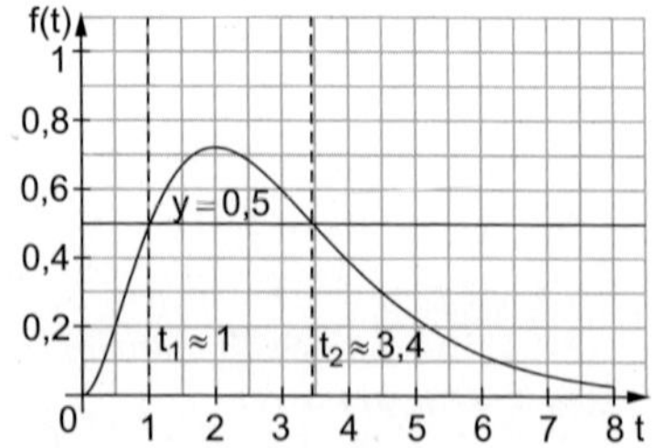

Damit wächst der Apfelbaum etwa $\Delta t = t_2 - t_1 \approx$ **2,4 Jahre lang** schneller als 0,5 Meter pro Jahr.

Höhe:

Da die Funktion f die Wachstumsgeschwindigkeit des Baums angibt, erhält man den Höhenzuwachs als Inhalt der markierten Fläche (siehe Abbildung).

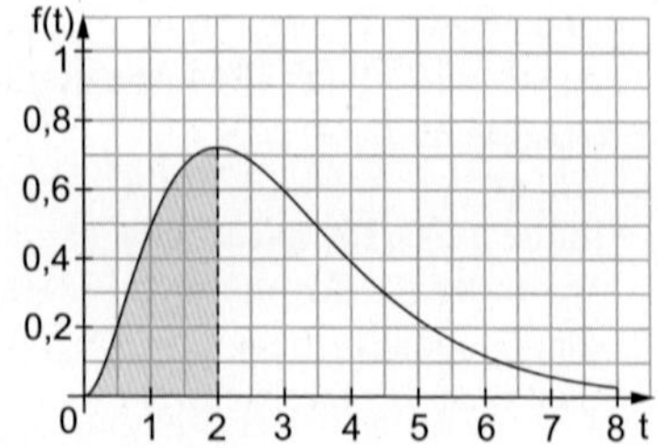

Die markierte Fläche enthält etwa 17 Kästchen.

Berücksichtigt man die Einheiten der Achsen, entspricht ein Kästchen $0{,}5 \cdot 0{,}1 = 0{,}05$.

Damit ergibt sich für die Zunahme der Höhe in zwei Jahren: $17 \cdot 0{,}05 = 0{,}85$

Da der Baum zu Beobachtungsbeginn 0,8 m hoch ist, ergibt sich nach zwei Jahren eine Höhe von $0{,}8 + 0{,}85 = 1{,}65$.

Der Baum ist nach zwei Jahren **1,65 m hoch**.

b) **Zeitpunkt und Wachstumsgeschwindigkeit:**

Die notwendige Bedingung für ein lokales Extremum der Wachstumsgeschwindigkeit g lautet $g'(t) = 0$; eine hinreichende Bedingung für ein lokales Maximum an einer so bestimmten Stelle t_1 ist, dass für die zweite Ableitung $g''(t_1) < 0$ gilt.

Der Ansatz $g'(t) = 0$ führt auf die Gleichung

$$2t \cdot e^{-t} - t^2 \cdot e^{-t} = t \cdot e^{-t} \cdot (2 - t) = \underbrace{e^{-t}}_{>0} \cdot t \cdot (2 - t) = 0$$

mit den Lösungen $t_1 = 0$ und $t_2 = 2$.

Wegen $g''(0) = 2e^{-0} - 4 \cdot 0 \cdot e^{-0} + 0 \cdot e^{-0} = 2 > 0$ und

$g''(2) = (2 - 4 \cdot 2 + 4) \cdot e^{-2} = -2e^{-2} < 0$

besitzt die Wachstumsgeschwindigkeit bei $t_2 = 2$ ein lokales Maximum mit $g(2) = 2^2 \cdot e^{-2} \approx 0{,}54$.

Nun ist zu prüfen, ob es sich bei diesem Maximum sogar um das globale Maximum im Bereich $0 \le t \le 8$ handelt. Die entsprechende Randuntersuchung ergibt (s. Skizze):

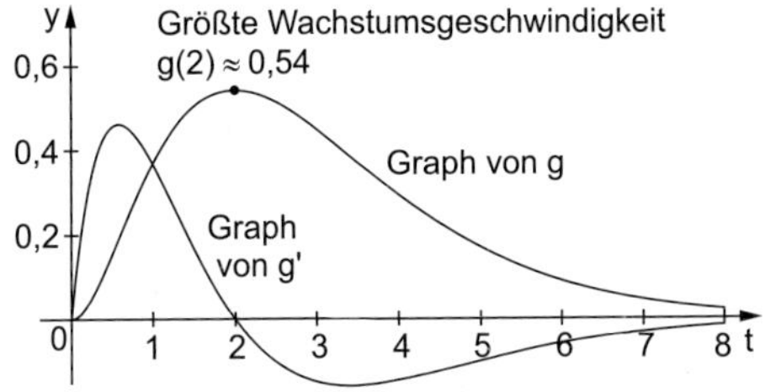

$g(0) = 0^2 \cdot e^{-0} = 0 < 0{,}54$ und

$g(8) = 8^2 \cdot e^{-8} \approx 0{,}02 < 0{,}54$

Also hat die Funktion g an der Stelle $t_2 = 2$ ihr globales Maximum.

Zwei Jahre nach Beobachtungsbeginn ist die Wachstumsgeschwindigkeit mit **ca. 54 cm pro Jahr** am größten.

Hinweis: Die dargestellte Randuntersuchung führt immer zum Ziel. Hier hätte man auch wie folgt argumentieren können: Da es genau zwei lokale Extrema bei $t_1 = 0$ und $t_2 = 2$ gibt und die x-Koordinate des Tiefpunktes $(g''(0) = 2 > 0)$ mit der linken Intervallgrenze übereinstimmt, muss g(0) nicht berechnet werden.
Da es im Intervall $(2; \infty)$ keine weitere lokale Extremstelle gibt, ist $g(2) > g(t)$ für alle $t > 2$ und somit kann auch die Berechnung von g(8) entfallen.
Auch wegen der weiteren Formulierung im Aufgabentext „Begründen Sie, dass der Birnbaum ab diesem Zeitpunkt weiterhin wächst, die Wachstumsgeschwindigkeit jedoch ständig abnimmt." wird die Berechnung von g(8) nicht benötigt.

Wichtig: Ihre Argumentation muss in jedem Fall der Dokumentation Ihrer Lösung zu entnehmen sein.

Begründung:

Der Baum wächst weiterhin, wenn für $t > 2$ die durch g dargestellte Wachstumsgeschwindigkeit positiv bleibt. Dies folgt aus:

$$g(t) = \underbrace{t^2}_{>0} \cdot \underbrace{e^{-t}}_{>0} > 0 \quad \text{für } t > 0$$

Nun ist zu zeigen, dass die Ableitung der Funktion für $t > 2$ negativ ist.
Durch Ausklammern erhält man für $t > 2$:

$$g'(t) = \underbrace{t}_{>0} \cdot \underbrace{(2-t)}_{<0} \cdot \underbrace{e^{-t}}_{>0} < 0$$

Der Baum wächst weiterhin, die Wachstumsgeschwindigkeit nimmt ab.

Frage im Sachzusammenhang:

Da die Differenz der Integrationsgrenzen 5 ist und vor dem Intergral der Faktor $\frac{1}{5}$ steht, erkennt man zunächst, dass die Gleichung einen Mittelwert angibt.

Die Lösung der Gleichung ist die untere Integrationsgrenze x, g(t) gibt die Wachstumsgeschwindigkeit in Meter pro Jahr an. Dies führt auf die Frage:

Wann beginnt ein Fünf-Jahres-Zeitraum, in welchem der Baum durchschnittlich um 30 cm pro Jahr wächst?

c) **Nachweis:**

Zu zeigen ist:

(1) $h(0) = 1{,}2$

(2) $h'(t) = g(t)$

Zu (1): Es ist $h(0) = (-0^2 - 2 \cdot 0 - 2) \cdot e^{-0} + 3{,}2 = -2 + 3{,}2 = 1{,}2$.
Dies entspricht der Höhe des Birnbaums zu Beobachtungsbeginn.

Zu (2): Da g(t) im Modell die Wachstumsgeschwindigkeit darstellt, muss die Funktion g die Ableitung der Funktion sein, die die Höhe beschreibt. Mithilfe der Produkt- und der Kettenregel ergibt sich:

$$\begin{aligned} h'(t) &= (-2t - 2) \cdot e^{-t} + (-t^2 - 2t - 2) \cdot (-1) \cdot e^{-t} \\ &= (-2t - 2) \cdot e^{-t} + (t^2 + 2t + 2) \cdot e^{-t} \\ &= (-2t - 2 + t^2 + 2t + 2) \cdot e^{-t} \\ &= t^2 \cdot e^{-t} = g(t) \end{aligned}$$

Damit beschreibt die Funktion h für $0 \leq t \leq 8$ die Höhe des Birnbaums.

d) **Zeitpunkt:**

Die Wachstumsgeschwindigkeit des gedüngten Birnbaums erhält man mithilfe der ersten Ableitung von k(t):

$k'(t) = -2{,}3 \cdot e^{-t} \cdot (-1) = 2{,}3 \cdot e^{-t}$

Der Vergleich von k'(t) und g(t) ($\triangleq$ Wachstumsgeschwindigkeit des ungedüngten Birnbaums) ergibt (siehe Skizze):

$$\begin{aligned} k'(t) &> g(t) \\ 2{,}3 \cdot e^{-t} &> t^2 \cdot e^{-t} \quad \left| : e^{-t} > 0 \right. \\ 2{,}3 &> t^2 \\ t &< \sqrt{2{,}3} \approx 1{,}5 \quad (t \geq 0) \end{aligned}$$

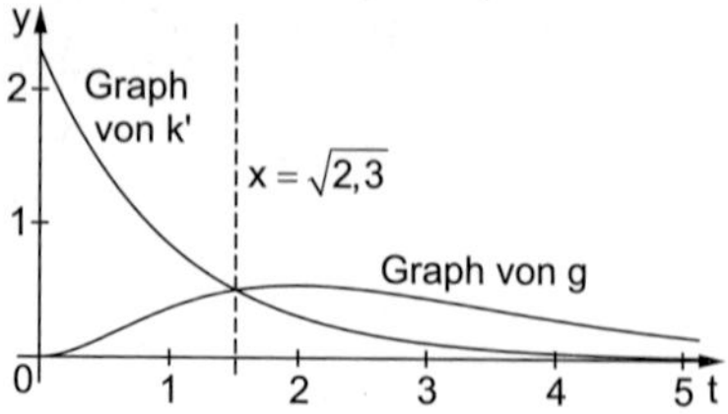

Bis etwa 1,5 Jahre nach Beobachtungsbeginn wächst der gedüngte Baum schneller als der ungedüngte Baum.

Höhe 3,1 m:

Der Ansatz $k(t) = 3{,}1$ führt auf:

$$\begin{aligned} -2{,}3 \cdot e^{-t} + 3{,}5 &= 3{,}1 \quad \left| -3{,}5 \right. \quad \left| : (-2{,}3) \right. \\ e^{-t} &= \frac{-0{,}4}{-2{,}3} = \frac{4}{23} \\ t_3 &= -\ln\left(\frac{4}{23}\right) \approx 1{,}75 \end{aligned}$$

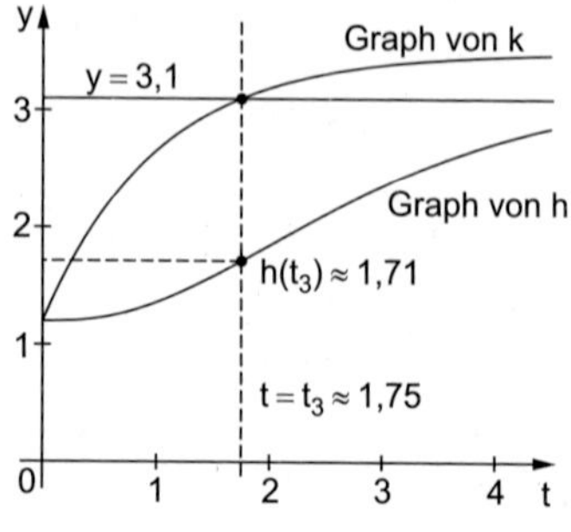

Der gedüngte Baum erreicht die Höhe von 3,1 m also nach ca. 1,75 Jahren.

Einsetzen von t_3 in h ergibt als Höhe des ungedüngten Baums zu diesem Zeitpunkt:

$h(t_3) \approx h(1{,}75) = (-1{,}75^2 - 2 \cdot 1{,}75 - 2) \cdot e^{-1{,}75} + 3{,}2 \approx 1{,}71 < 3{,}1$

Wegen des nachgewiesenen Vorzeichens von g (positiv für $t > 0$) ist die Funktion h monoton wachsend.

Der **gedüngte Baum erreicht zuerst** eine Höhe von 3,1 Meter (siehe Skizze).

Aufgabe A 2.2

a) Gegeben ist die Funktion f_t mit $f_t(x) = -4x^3 + 12tx^2$ für jedes $t > 0$.

Nullstellen:

Aus $f_t(x) = 0$ folgt die Gleichung:

$$-4x^3 + 12tx^2 = 0$$
$$-4x^2 \cdot (x - 3t) = 0$$
$$x_1 = 0 \quad \text{und} \quad x_2 = 3t$$

Die Nullstellen von f_t sind $\mathbf{x_1 = 0}$ **und** $\mathbf{x_2 = 3t}$.

Wert von t:

Den Inhalt der vom Graphen von f_t und der x-Achse eingeschlossenen Fläche A_t erhält man durch:

$$A_t = \int_0^{3t} f_t(x)\,dx = \int_0^{3t} (-4x^3 + 12tx^2)\,dx$$
$$= \left[-x^4 + 4tx^3\right]_0^{3t}$$
$$= -(3t)^4 + 4t \cdot (3t)^3$$
$$= 27t^4$$

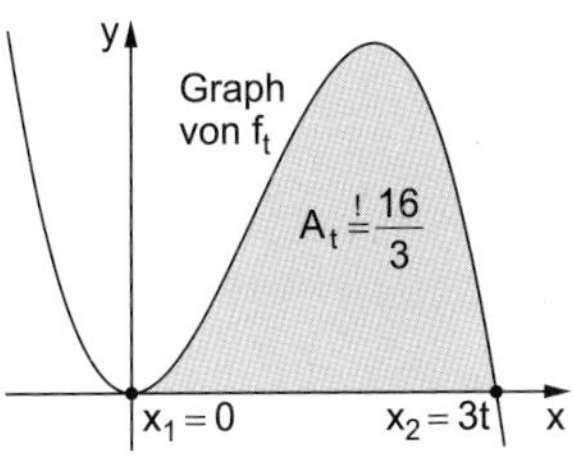

Der Ansatz $A_t = \frac{16}{3}$ führt auf:

$$27t^4 = \frac{16}{3} \qquad |:27$$
$$t^4 = \frac{16}{81} \qquad |\sqrt[4]{}$$
$$t = \frac{2}{3} \qquad (t > 0\,!)$$

Für $\mathbf{t = \frac{2}{3}}$ schließt der Graph von $f_{\frac{2}{3}}$ mit der x-Achse eine Fläche mit dem Inhalt $A_{\frac{2}{3}} = \frac{16}{3}$ ein.

b) **Berührpunkte:**

Für $t = \frac{2}{3}$ erhält man:

$f_{\frac{2}{3}}(x) = -4x^3 + 8x^2$ und $f'_{\frac{2}{3}}(x) = -12x^2 + 16x$

Der allgemeine Ansatz für die Gleichung der Tangente im Punkt $B(u \mid f_{\frac{2}{3}}(u))$ lautet (siehe Merkhilfe):

$y = f'(u) \cdot (x - u) + f(u)$

Durch Einsetzen ergibt sich:

$y = (-12u^2 + 16u) \cdot (x - u) - 4u^3 + 8u^2$

Da die Tangenten den Punkt $S(3 \mid 0)$ enthalten, ergibt eine Punktprobe:

$0 = (-12u^2 + 16u) \cdot (3 - u) - 4u^3 + 8u^2$

Ausmultiplizieren und Umformen führt auf:

$$-36u^2 + 48u + 12u^3 - 16u^2 - 4u^3 + 8u^2 = 0$$
$$8u^3 - 44u^2 + 48u = 0$$
$$4u \cdot (2u^2 - 11u + 12) = 0$$

Mit dem Satz vom Nullprodukt erhält man die Lösung $u_1 = 0$ und die quadratische Gleichung $2u^2 - 11u + 12 = 0$ mit den Lösungen:

$$u_{2;3} = \frac{11 \pm \sqrt{11^2 - 4 \cdot 2 \cdot 12}}{4}$$

$$u_{2;3} = \frac{11 \pm \sqrt{25}}{4} = \frac{11 \pm 5}{4}$$

$$u_2 = \frac{3}{2}; \quad u_3 = 4$$

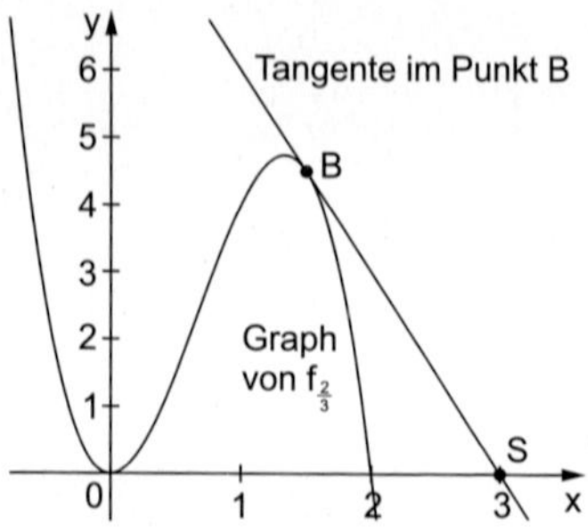

Die x-Koordinaten der gesuchten Berührpunkte sind somit **0, $\frac{3}{2}$ und 4**.

In der Abbildung ist die Situation zur Veranschaulichung exemplarisch für $u_2 = \frac{3}{2}$ dargestellt.

Wahlteil: Analytische Geometrie B 1

Gegeben ist eine gerade Pyramide mit quadratischer Grundfläche.
Die Eckpunkte der Grundfläche sind $A(-3|-3|0)$, $B(3|-3|0)$, $C(3|3|0)$ und D, die Spitze ist $S(0|0|6)$.
Die Ebene E enthält die Punkte A, B und S.

a) Stellen Sie die Pyramide in einem geeigneten Koordinatensystem dar. 1 VP
Bestimmen Sie eine Koordinatengleichung der Ebene E. 2 VP
Berechnen Sie den Oberflächeninhalt der Pyramide. 2 VP
(Teilergebnis: E: $2x_2 - x_3 = -6$)

b) Innerhalb der Pyramide gibt es einen Punkt, dessen Abstand von der Grundfläche der Pyramide $\sqrt{5}$-mal so groß ist wie sein Abstand zu den Seitenflächen.
Berechnen Sie die Koordinaten dieses Punktes. 2,5 VP

c) Betrachtet wird für jedes $a > 0$ die gerade Pyramide mit folgenden Eigenschaften:
- $A(-a|-a|0)$, $B(a|-a|0)$, $C(a|a|0)$ und D sind die Eckpunkte der quadratischen Grundfläche.
- Die x_3-Koordinate der Spitze S ist positiv.
- Die Höhe der Pyramide stimmt mit der Kantenlänge der Grundfläche überein.

M_1 ist die Kantenmitte von AB, M_2 die Kantenmitte von DS.
Zeigen Sie: Die Strecke M_1M_2 ist orthogonal zur Kante DS. 2,5 VP

TIPP Lösungshinweise zum Wahlteil Geometrie – Aufgabe B 1

Aufgabe B 1 – Teilaufgabe a

Darstellung

Denken Sie daran, dass die Einheit der x_1-Achse im räumlichen Koordinatensystem verkürzt dargestellt wird.

Verschaffen Sie sich zunächst einen Überblick darüber, wie groß Sie das Koordinatensystem zeichnen müssen bzw. welche Koordinaten vorkommen.

Koordinatengleichung

Bestimmen Sie zwei mögliche Spannvektoren der Ebene E.
(Hinweis: Die Vektoren dürfen nicht Vielfache voneinander sein!)

Welcher Zusammenhang gilt für die Spannvektoren einer Ebene und einen Normalenvektor dieser Ebene? Berechnen Sie mithilfe des entstehenden LGS einen Normalenvektor von E. Für eine geschickte Wahl von z. B. n_2 erhalten Sie den Normalenvektor in der vorgegebenen Form (vgl. Teilergebnis).

Einsetzen der Koordinaten eines Punktes von E liefert dann eine Koordinatengleichung.

Oberflächeninhalt

Aus welchen Flächen setzt sich die Oberfläche der Pyramide zusammen?

Bestimmen Sie z. B. die Länge der Kante AB und damit den Inhalt der quadratischen Grundfläche.

Welche besondere Eigenschaft besitzen die Dreiecke der Seitenflächen?

Wie berechnet man den Flächeninhalt eines gleichschenkligen Dreiecks? Um die Höhe der Dreiecke zu erhalten, benötigen Sie z. B. den Mittelpunkt der Basis AB.

Geben Sie den Inhalt der gesamten Oberfläche an.

Aufgabe B 1 – Teilaufgabe b

Koordinaten

Laut Aufgabenstellung besitzt der gesuchte Punkt P denselben Abstand von allen Seitenflächen. Was folgt daraus für seine Lage?

Geben Sie die Koordinaten von P zunächst in Abhängigkeit eines Parameters u an. In welchem Intervall muss der gesuchte Wert von u liegen?

Welchen Abstand hat der Punkt P von der Grundfläche?

Berechnen Sie den Abstand des Punktes P zur Seitenfläche ABS in Abhängigkeit von u. Wie berechnen Sie den Abstand eines Punktes von einer Ebene?

Da der Abstand von P von der Grundfläche $\sqrt{5}$-mal so groß ist wie zu den Seitenflächen, erhalten Sie eine Betragsgleichung für u.

Vergessen Sie nicht, die Koordinaten von P anzugeben, nachdem Sie u berechnet haben.

Aufgabe B 1 – Teilaufgabe c

Nachweis

Bestimmen Sie zunächst die Koordinaten des Punktes D. Erstellen Sie hierzu ggf. eine Skizze.

Berechnen Sie die Kantenlänge der Grundfläche.

Die Pyramide ist gerade. Was folgt aus den Koordinaten der gegebenen Eckpunkte damit für die x_1- und x_2-Koordinate der Spitze S? Geben Sie damit und mit der Kantenlänge der Grundfläche die Koordinaten von S an.

Nun können Sie die Koordinaten der Punkte M_1 und M_2 in Abhängigkeit von a berechnen.

Welche Bedingung müssen $\overrightarrow{M_1M_2}$ und $\overrightarrow{DS}$ erfüllen, wenn die Strecke M_1M_2 orthogonal zur Kante DS ist?

a) **Darstellung:**

Pyramide mit A(–3 | –3 | 0), B(3 | –3 | 0), C(3 | 3 | 0), D(–3 | 3 | 0) und Spitze S(0 | 0 | 6).

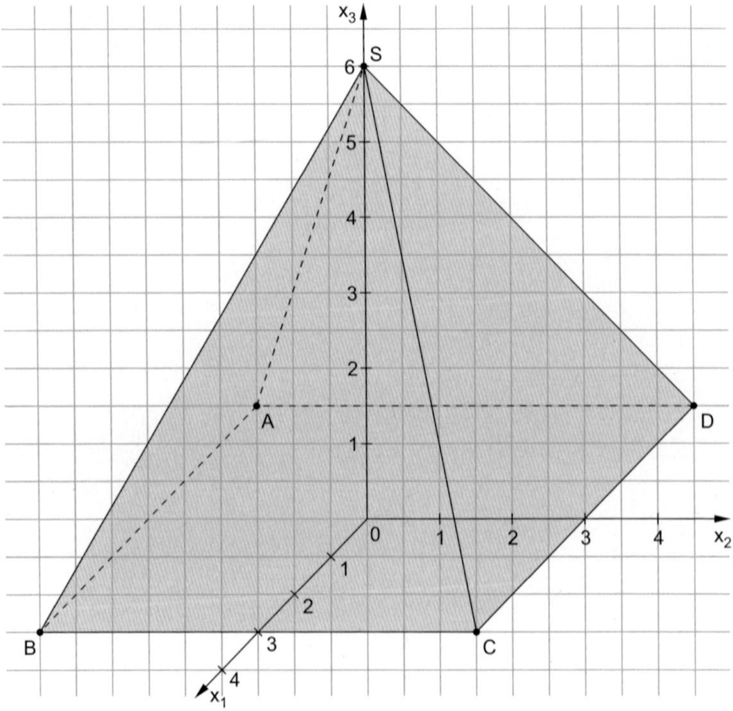

Koordinatengleichung:

Als Spannvektoren der Ebene E wählt man z. B. die Vektoren

$$\overrightarrow{AB} = \begin{pmatrix} 3 \\ -3 \\ 0 \end{pmatrix} - \begin{pmatrix} -3 \\ -3 \\ 0 \end{pmatrix} = \begin{pmatrix} 6 \\ 0 \\ 0 \end{pmatrix} \text{ und } \overrightarrow{AS} = \begin{pmatrix} 0 \\ 0 \\ 6 \end{pmatrix} - \begin{pmatrix} -3 \\ -3 \\ 0 \end{pmatrix} = \begin{pmatrix} 3 \\ 3 \\ 6 \end{pmatrix}.$$

Für einen Normalenvektor $\vec{n} = \begin{pmatrix} n_1 \\ n_2 \\ n_3 \end{pmatrix}$ von E muss gelten:

$$\left.\begin{matrix} \overrightarrow{AB} \cdot \vec{n} = 0 \\ \overrightarrow{AS} \cdot \vec{n} = 0 \end{matrix}\right|; \quad \left.\begin{matrix} 6n_1 = 0 \\ 3n_1 + 3n_2 + 6n_3 = 0 \end{matrix}\right|; \quad \left.\begin{matrix} n_1 = 0 \\ n_2 = -2n_3 \end{matrix}\right|$$

Eine Lösung des LGS ist z. B.: $n_1 = 0$; $n_2 = 2$; $n_3 = -1$

Als Ansatz für eine Koordinatengleichung erhält man: $2x_2 - x_3 = c$

Einsetzen der Koordinaten z. B. des Punktes S(0 | 0 | 6) liefert $c = -6$.

Eine Koordinatengleichung der Ebene ist $\mathbf{E: 2x_2 - x_3 = -6}$.

Oberflächeninhalt:

Der Inhalt der Oberfläche setzt sich zusammen aus dem Inhalt der quadratischen Grundfläche und dem Inhalt der vier dreieckigen Seitenflächen.

Der Inhalt A_{ABCD} der quadratischen Grundfläche ergibt sich mit $|\overrightarrow{AB}| = \left|\begin{pmatrix} 6 \\ 0 \\ 0 \end{pmatrix}\right| = 6$:

$A_{ABCD} = 6^2 = 36$

Das Dreieck ABS ist gleichschenklig, da die Pyramide gerade ist.

Wegen $\vec{m} = \frac{1}{2} \cdot (\vec{a} + \vec{b}) = \frac{1}{2} \cdot \left(\begin{pmatrix} -3 \\ -3 \\ 0 \end{pmatrix} + \begin{pmatrix} 3 \\ -3 \\ 0 \end{pmatrix} \right) = \begin{pmatrix} 0 \\ -3 \\ 0 \end{pmatrix}$ ist $M(0\,|-3\,|\,0)$ der Mittelpunkt der Basis AB und man erhält für die Höhe des Dreiecks:

$$|\overrightarrow{MS}| = \left| \begin{pmatrix} 0 \\ 0 \\ 6 \end{pmatrix} - \begin{pmatrix} 0 \\ -3 \\ 0 \end{pmatrix} \right| = \left| \begin{pmatrix} 0 \\ 3 \\ 6 \end{pmatrix} \right| = \sqrt{3^2 + 6^2} = \sqrt{45} = \sqrt{9 \cdot 5} = 3 \cdot \sqrt{5}$$

Damit ergibt sich für den Flächeninhalt A_{ABS} des Dreiecks:

$$A_{ABS} = \frac{1}{2} \cdot |\overrightarrow{AB}| \cdot |\overrightarrow{MS}| = \frac{1}{2} \cdot 6 \cdot 3 \cdot \sqrt{5} = 9 \cdot \sqrt{5}$$

Für den gesamten Oberflächeninhalt der Pyramide erhält man:

$$O = A_{ABCD} + 4 \cdot A_{ABS} = 36 + 36 \cdot \sqrt{5} \approx \mathbf{116{,}50}$$

b) **Koordinaten:**

Da es sich um eine gerade Pyramide handelt und der gesuchte Punkt P zu allen Seitenflächen denselben Abstand hat, muss er auf der Orthogonalen zur Grundfläche, die durch die Spitze geht, liegen, d. h., seine Koordinaten sind $P(0\,|\,0\,|\,u)$ mit $0 < u < 6$.

Zur Grundfläche hat der Punkt P dann den Abstand u.

Mithilfe der HNF der Ebene E erhält man für den Abstand des Punktes P zu den Seitenflächen (siehe Merkhilfe):

$$d(P; E) = \left| \frac{-u + 6}{\sqrt{2^2 + (-1)^2}} \right| = \frac{|-u + 6|}{\sqrt{5}}$$

Da der Abstand des Punktes P von der Grundfläche $\sqrt{5}$-mal so groß ist wie sein Abstand zu den Seitenflächen, ergibt sich der Ansatz:

$$u = \sqrt{5} \cdot \frac{|-u + 6|}{\sqrt{5}} \quad \text{bzw.} \quad u = |-u + 6|$$

Beim Auflösen des Betrags sind zwei Fälle zu unterscheiden:

1. Fall: $|-u + 6| > 0$

Damit erhält man:

$$u = -u + 6$$
$$2u = 6$$
$$u_1 = 3$$

2\. Fall: $|-u+6|<0$

Hier ergibt sich die Gleichung $u=-(-u+6)=u-6$, die keine Lösung besitzt.

Der Punkt hat also die Koordinaten **P(0|0|3).**

In der Skizze sind der Punkt P und der Lotfußpunkt L der zur Ebene E orthogonalen Geraden durch P dargestellt. Es gilt:

$d(O;P)=\sqrt{5}\cdot d(P;E)=\sqrt{5}\cdot d(L;P)$

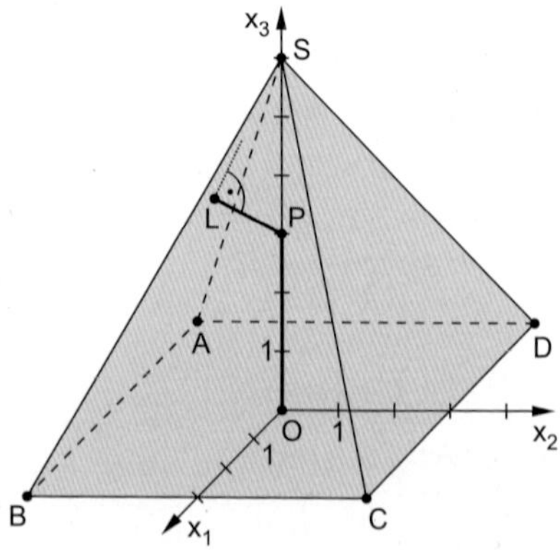

c) **Nachweis:**

Zunächst sind die Koordinaten der Punkte D und S zu bestimmen. Ggf. mithilfe einer Skizze oder durch Vergleich mit den Punkten aus Teilaufgabe a erhält man für die Koordinaten von D: D(−a|a|0)

Da die Höhe der Pyramide mit der Kantenlänge der Grundfläche

$$|\overrightarrow{AB}|=\left|\begin{pmatrix}a\\-a\\0\end{pmatrix}-\begin{pmatrix}-a\\-a\\0\end{pmatrix}\right|=\left|\begin{pmatrix}2a\\0\\0\end{pmatrix}\right|=2a$$

übereinstimmt, ergibt sich aufgrund der Symmetrie für die Koordinaten der Spitze der geraden Pyramide: S(0|0|2a)

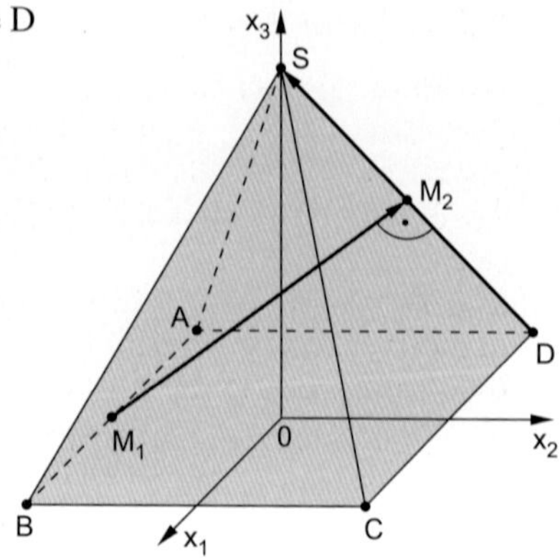

Für die Koordinaten der Punkte M_1 und M_2 berechnet man:

$$\overrightarrow{OM_1}=\frac{1}{2}\cdot(\overrightarrow{OA}+\overrightarrow{OB})=\frac{1}{2}\cdot\left(\begin{pmatrix}-a\\-a\\0\end{pmatrix}+\begin{pmatrix}a\\-a\\0\end{pmatrix}\right)=\begin{pmatrix}0\\-a\\0\end{pmatrix}$$

$$\overrightarrow{OM_2}=\frac{1}{2}\cdot(\overrightarrow{OD}+\overrightarrow{OS})=\frac{1}{2}\cdot\left(\begin{pmatrix}-a\\a\\0\end{pmatrix}+\begin{pmatrix}0\\0\\2a\end{pmatrix}\right)=\begin{pmatrix}-0{,}5a\\0{,}5a\\a\end{pmatrix}$$

Aus $\overrightarrow{M_1M_2}=\begin{pmatrix}-0{,}5a\\0{,}5a\\a\end{pmatrix}-\begin{pmatrix}0\\-a\\0\end{pmatrix}=\begin{pmatrix}-0{,}5a\\1{,}5a\\a\end{pmatrix}$ und $\overrightarrow{DS}=\begin{pmatrix}0\\0\\2a\end{pmatrix}-\begin{pmatrix}-a\\a\\0\end{pmatrix}=\begin{pmatrix}a\\-a\\2a\end{pmatrix}$ folgt:

$$\overrightarrow{M_1M_2}\cdot\overrightarrow{DS}=\begin{pmatrix}-0{,}5a\\1{,}5a\\a\end{pmatrix}\cdot\begin{pmatrix}a\\-a\\2a\end{pmatrix}=-0{,}5a^2-1{,}5a^2+2a^2=0$$

Die Strecke M_1M_2 ist orthogonal zur Kante DS.

Wahlteil: Analytische Geometrie B 2

Eine Firma stellt Gewächshäuser her. Die Ecken der Grundfläche dieser Gewächshäuser können modellhaft durch die Punkte $A(8\,|\,0\,|\,0)$, $B(8\,|\,7\,|\,0)$, $C(0\,|\,7\,|\,0)$ und $D(0\,|\,0\,|\,0)$ beschrieben werden. In diesen Ecken stehen senkrecht zur Grundfläche Pfosten, die das Dach des Gewächshauses tragen (alle Koordinatenangaben in Meter).

a) Bei einem dieser Gewächshäuser können die Ecken der Dachfläche durch die Punkte $E(8\,|\,0\,|\,4)$, $F(8\,|\,7\,|\,5)$, $G(0\,|\,7\,|\,5)$ und $H(0\,|\,0\,|\,4)$ beschrieben werden.
Stellen Sie dieses Gewächshaus in einem geeigneten Koordinatensystem dar. 1 VP
Berechnen Sie den Rauminhalt dieses Gewächshauses. 1,5 VP
Ermitteln Sie eine Koordinatengleichung der Ebene, die die Lage der Dachfläche beschreibt. 2 VP

b) Die Firma bietet die Gewächshäuser mit unterschiedlichen Neigungen der Dachfläche an. Die Lage jeder dieser Dachflächen kann durch eine Ebene beschrieben werden, die zur Schar E_a: $ax_2 - 7x_3 = 7a - 35$ mit $a \geq 0$ gehört.
Berechnen Sie den Wert von a, für den die Neigung der Dachfläche 30° beträgt. 2 VP
Es gibt eine Gerade g, die in allen Ebenen der Ebenenschar liegt.
Bestimmen Sie eine Gleichung dieser Geraden g. 1,5 VP
Untersuchen Sie, für welche Werte von a im gesamten Gewächshaus eine Mindesthöhe von 2 m gegeben ist. 2 VP

TIPP Lösungshinweise zum Wahlteil Geometrie – Aufgabe B 2

Aufgabe B 2 – Teilaufgabe a

Darstellung

Denken Sie daran, dass die Einheit der x_1-Achse im räumlichen Koordinatensystem verkürzt dargestellt wird.

Verschaffen Sie sich zunächst einen Überblick darüber, wie groß Sie das Koordinatensystem zeichnen müssen bzw. welche Koordinaten vorkommen.

Rauminhalt

Sie benötigen zunächst einige Streckenlängen, z. B. die von AE, BF, AB und AD. Diese können Sie in diesem Fall den Koordinaten der gegebenen Punkte unmittelbar entnehmen oder Sie berechnen sie auf dem gewohnten Weg über die Länge bzw. den Betrag der entsprechenden Vektoren.

Betrachten Sie die Form des Gewächshauses. Welchem Körper entspricht diese Form im Modell?

Wie berechnen Sie das Volumen eines Prismas? Nutzen Sie ggf. die Merkhilfe.

Welche Form hat die Grundfläche ABFE? Wie erhalten Sie den Inhalt dieser Fläche? Auch hier können Sie ggf. in der Merkhilfe nachschlagen.

Welche Streckenlänge entspricht der Höhe des Prismas?

Berechnen Sie damit den Rauminhalt des Prismas. Denken Sie an die Einheit.

Koordinatengleichung

Bestimmen Sie zwei mögliche Spannvektoren der Ebene K, die die Lage der Dachfläche beschreibt. Ersetzen Sie ggf. einen Spannvektor zur Vereinfachung der Rechnung durch ein geeignetes Vielfaches. (Hinweis: Die beiden Spannvektoren dürfen nicht Vielfache voneinander sein!)

Welcher Zusammenhang gilt für die Spannvektoren einer Ebene und einen Normalenvektor? Berechnen Sie mithilfe des daraus entstehenden LGS einen Normalenvektor von K.

Einsetzen der Koordinaten eines Punktes von K liefert dann eine Koordinatengleichung von K.

Aufgabe B 2 – Teilaufgabe b

Wert von a

Die Neigung des Daches soll 30° betragen. Dies entspricht im Modell dem Winkel zweier Ebenen. Welche sind das?

Wie berechnet man den Winkel, den zwei Ebenen einschließen? Nutzen Sie ggf. die Merkhilfe.

Der Ansatz, dass die Ebene E_a mit der x_1x_2-Ebene einen Winkel von 30° einschließt, liefert nach entsprechender Umformung eine quadratische Gleichung für a. Welche Werte kann a annehmen?

Gleichung der Geraden

Die Gerade, die in allen Ebenen der Ebenenschar liegt, ist die Schnittgerade aller Ebenen. Da die Aufgabenstellung bereits voraussetzt, dass es so eine Gerade gibt, genügt es, zwei beliebige Ebenen miteinander zu schneiden.

Der Schnitt dieser Ebenen führt auf ein LGS. Wie wählen Sie die beiden Ebenen geschickt, um ein möglichst einfaches LGS zu erhalten?

Werte von a

Da die Ebene aus Teilaufgabe a der Ebene E_1 entspricht, ist es hilfreich, sich die Darstellung aus Teilaufgabe a im Koordinatensystem genauer anzuschauen:
Die Länge der Strecke DH entspricht der geringsten Höhe im Gewächshaus, die Länge der Strecke CG der größten.

Was fällt Ihnen auf, wenn Sie die Gerade g und die Punkte F und G betrachten? Was bedeutet dies für die Höhe des Gewächshauses für alle Werte von a an diesen Stellen?

Berechnen Sie die Koordinaten des Schnittpunktes H_a von E_a mit der x_3-Achse. Warum entspricht die x_3-Koordinate dieses Punktes im Modell der geringsten Höhe des Gewächshauses?

Die Mindesthöhe soll überall 2 Meter betragen. Die x_3-Koordinate von H_a liefert damit eine entsprechende Bedingung für a.

Beachten Sie, dass $a \geq 0$ vorausgesetzt wurde.

a) **Darstellung:**

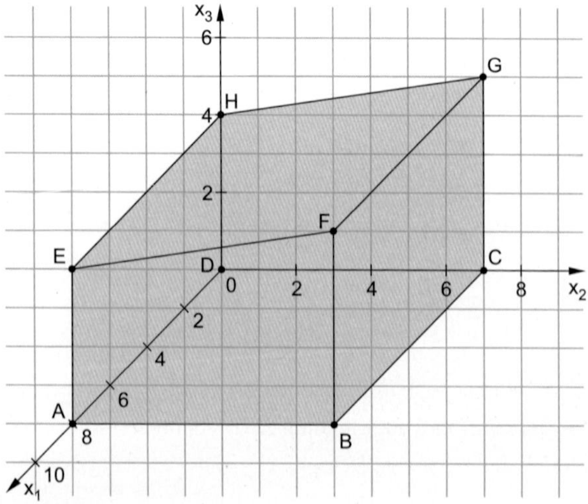

Rauminhalt:

Die Maße bzw. Streckenlängen des modellhaft beschriebenen Gewächshauses lassen sich unmittelbar ablesen, da sich jeweils nur eine Koordinate der entsprechenden Punkte unterscheidet; Sie können sie aber auch wie gewohnt berechnen:

$$|\overrightarrow{AE}| = \left|\begin{pmatrix}8\\0\\4\end{pmatrix} - \begin{pmatrix}8\\0\\0\end{pmatrix}\right| = \left|\begin{pmatrix}0\\0\\4\end{pmatrix}\right| = 4; \quad |\overrightarrow{BF}| = \left|\begin{pmatrix}8\\7\\5\end{pmatrix} - \begin{pmatrix}8\\7\\0\end{pmatrix}\right| = \left|\begin{pmatrix}0\\0\\5\end{pmatrix}\right| = 5;$$

$$|\overrightarrow{AB}| = \left|\begin{pmatrix}8\\7\\0\end{pmatrix} - \begin{pmatrix}8\\0\\0\end{pmatrix}\right| = \left|\begin{pmatrix}0\\7\\0\end{pmatrix}\right| = 7; \quad |\overrightarrow{AD}| = \left|\begin{pmatrix}0\\0\\0\end{pmatrix} - \begin{pmatrix}8\\0\\0\end{pmatrix}\right| = \left|\begin{pmatrix}-8\\0\\0\end{pmatrix}\right| = 8$$

Das Gewächshaus hat (im Modell) die Form eines Prismas mit einem Trapez als Grundfläche. Allgemein gilt für den Rauminhalt eines Prismas $V = G \cdot h$, für den Flächeninhalt eines Trapezes $A = \frac{a+c}{2} \cdot h$ (siehe Merkhilfe).

Wählt man das Trapez ABFE als Grundfläche des Prismas, erhält man damit als Inhalt dieser Fläche:

$$G_{\text{Prisma}} = \frac{|\overrightarrow{AE}| + |\overrightarrow{BF}|}{2} \cdot |\overrightarrow{AB}| = \frac{4+5}{2} \cdot 7 = 31{,}5$$

Da für die Höhe h des Prismas $h = |\overrightarrow{AD}| = 8$ gilt, ergibt sich:
$V = G \cdot h = 31{,}5 \cdot 8 = 252$

Das Gewächshaus hat den Rauminhalt **252 m³**.

Koordinatengleichung:

Als mögliche Spannvektoren der Ebene K, die die Lage der Dachfläche beschreibt, wählt man z. B. wegen

$$\overrightarrow{EH} = \begin{pmatrix} 0 \\ 0 \\ 4 \end{pmatrix} - \begin{pmatrix} 8 \\ 0 \\ 4 \end{pmatrix} = \begin{pmatrix} -8 \\ 0 \\ 0 \end{pmatrix} \quad \text{und} \quad \overrightarrow{EF} = \begin{pmatrix} 8 \\ 7 \\ 5 \end{pmatrix} - \begin{pmatrix} 8 \\ 0 \\ 4 \end{pmatrix} = \begin{pmatrix} 0 \\ 7 \\ 1 \end{pmatrix}$$

die Vektoren

$$\vec{u} = \begin{pmatrix} 1 \\ 0 \\ 0 \end{pmatrix} \quad \text{und} \quad \vec{v} = \begin{pmatrix} 0 \\ 7 \\ 1 \end{pmatrix}.$$

Für einen Normalenvektor $\vec{n} = \begin{pmatrix} n_1 \\ n_2 \\ n_3 \end{pmatrix}$ von K muss gelten:

$$\left.\begin{matrix} \vec{u} \cdot \vec{n} = 0 \\ \vec{v} \cdot \vec{n} = 0 \end{matrix}\right|; \quad \left.\begin{matrix} n_1 = 0 \\ 7n_2 + n_3 = 0 \end{matrix}\right|; \quad \left.\begin{matrix} n_1 = 0 \\ n_3 = -7n_2 \end{matrix}\right|$$

Eine Lösung des LGS ist z. B.: $n_1 = 0$; $n_2 = 1$; $n_3 = -7$

Als Ansatz für eine Koordinatengleichung erhält man: $x_2 - 7x_3 = c$

Einsetzen der Koordinaten z. B. des Punktes H mit H(0|0|4) liefert $c = -28$.

Eine Koordinatengleichung der Ebene ist **K:** $\mathbf{x_2 - 7x_3 = -28}$

b) **Wert von a:**

Die Neigung des Daches entspricht im Modell dem Winkel, den die Ebene E_a mit Normalenvektor $\vec{n}_{E_a} = \begin{pmatrix} 0 \\ a \\ -7 \end{pmatrix}$ mit der x_1x_2-Ebene mit Normalenvektor $\vec{n} = \begin{pmatrix} 0 \\ 0 \\ 1 \end{pmatrix}$ einschließt. Mit diesen Normalenvektoren erhält man somit (siehe Merkhilfe):

$$\cos(30°) = \frac{\sqrt{3}}{2} = \frac{\left| \begin{pmatrix} 0 \\ a \\ -7 \end{pmatrix} \cdot \begin{pmatrix} 0 \\ 0 \\ 1 \end{pmatrix} \right|}{\left| \begin{pmatrix} 0 \\ a \\ -7 \end{pmatrix} \right| \cdot \left| \begin{pmatrix} 0 \\ 0 \\ 1 \end{pmatrix} \right|} = \frac{7}{\sqrt{a^2 + 49}}$$

$$\Rightarrow \quad \frac{\sqrt{a^2 + 49}}{7} = \frac{2}{\sqrt{3}}$$

$$a^2 + 49 = \frac{4}{3} \cdot 49$$

$$a^2 = \frac{49}{3}$$

Wegen $a \geq 0$ ist $a = \frac{7}{\sqrt{3}} = \frac{7}{\sqrt{3}} \cdot \frac{\sqrt{3}}{\sqrt{3}} = \frac{7}{3}\sqrt{3}$ die einzige Lösung.

Für $\mathbf{a = \frac{7}{3}\sqrt{3} \approx 4{,}04}$ beträgt die Neigung der Dachfläche 30°.

Gleichung der Geraden:

In der Aufgabenstellung wird vorausgesetzt, dass es eine Gerade gibt, die in allen Ebenen der Ebenenschar E_a liegt. Damit genügt es, zwei beliebige Ebenen der Schar zu schneiden; die Schnittgerade ist dann die gesuchte Gerade g.

Schneidet man z. B. die Ebenen E_0: $-7x_3=-35$ und E_1: $x_2-7x_3=-28$, ergibt sich das folgende LGS:

$$\left(\begin{array}{ccc|c} 0 & 1 & -7 & -28 \\ 0 & 0 & -7 & -35 \end{array}\right)$$

Der zweiten Zeile entnimmt man unmittelbar $x_3=5$, der ersten damit $x_2-35=-28$ bzw. $x_2=7$. Wegen des Faktors 0, der jeweils vor x_1 steht, sind die Gleichungen für jeden Wert von x_1 erfüllt, man setzt also $x_1=t$ ($t\in\mathbb{R}$).

Somit lautet eine Gleichung der Geraden g, die in allen Ebenen E_a liegt:

$$\mathbf{g}: \vec{x}=\begin{pmatrix} 0 \\ 7 \\ 5 \end{pmatrix}+t\cdot\begin{pmatrix} 1 \\ 0 \\ 0 \end{pmatrix};\ t\in\mathbb{R}$$

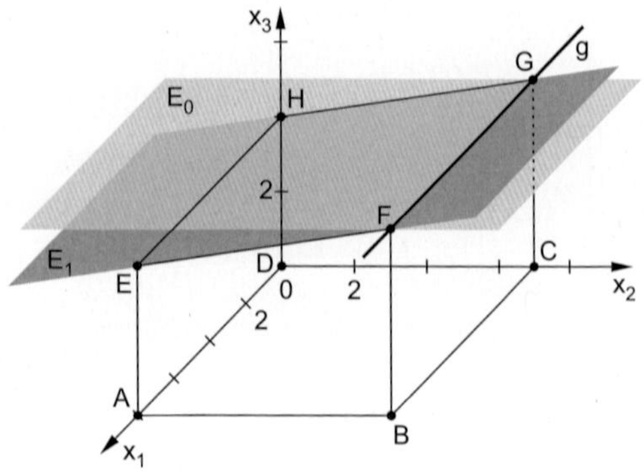

Bemerkung: Ein möglicher Stützpunkt der Geraden g ist der Punkt G; wegen des Richtungsvektors liegt auch der Punkt F auf der Geraden g, d. h., die Dachkante GF liegt im Modell auf der Geraden g (siehe Skizze).

Werte von a:

Die Ebene K aus Teilaufgabe a entspricht der Ebene E_1: $x_2-7x_3=-28$.

Die Wand des Gewächshauses, die im Modell durch das Rechteck BCGF dargestellt wird, hat eine Höhe von 5 m (x_3-Koordinate).
Da die Punkte F (für $t=8$) und G (für $t=0$) auf der Geraden g liegen, ist diese Höhe für alle Werte von a konstant.

Als Schnitt der Ebene E_a mit der x_3-Achse erhält man durch Einsetzen von $x_1=x_2=0$ in E_a:

$-7x_3=7a-35$ bzw. $x_3=-a+5$

Also den Punkt $H_a(0\,|\,0\,|\,5-a)$.

Die x_3-Koordinate dieses Punktes der Ebene E_a stellt die Höhe der Wand dar, die der oben genannten Wand gegenüberliegt. Diese Höhe entspricht der geringsten Höhe im Gewächshaus.

Da die Mindesthöhe im gesamten Gewächshaus 2 m betragen soll, muss damit gelten:

$$
\begin{aligned}
5-a &\geq 2 \quad |-5\\
-a &\geq -3 \quad |\cdot(-1)\\
a &\leq 3
\end{aligned}
$$

Für Werte von a mit $\mathbf{0 \leq a \leq 3}$ ist eine Mindesthöhe von 2 m gegeben.

Bemerkung: Alternativ kann auch der Wert von a bestimmt werden, der zur Mindesthöhe von 2 m gehört, indem man den Punkt $P(0|0|2)$ in die Ebenengleichung E_a: $ax_2-7x_3=7a-35$ einsetzt. Die Gleichung $-7\cdot 2=7a-35$ führt dann ebenfalls auf $a=3$.
Andererseits schneidet die Ebene E_0 die x_3-Achse im Punkt $Q(0|0|5)$.
Somit ist für Werte von a mit $0\leq a\leq 3$ eine Mindesthöhe von 2 m gegeben.

Wahlteil: Stochastik C 1

Ein Unternehmen füllt Honig in Gläser mit der Aufschrift 250 g ab. Die Füllmenge X eines Glases wird als normalverteilt angenommen mit dem Erwartungswert $\mu = 252$ und der Standardabweichung $\sigma = 2$ (alle Angaben in g).

a) Ein Glas wird zufällig ausgewählt.
Bestimmen Sie die Wahrscheinlichkeit dafür, dass weniger als 250 g Honig in diesem Glas sind. 0,5 VP
Ermitteln Sie die Wahrscheinlichkeit dafür, dass die Füllmenge dieses Glases um höchstens 2 % von 250 g abweicht. 1,5 VP

b) Gesucht ist ein Wert $a \neq 245$ mit $P(a \leq X \leq a+5) = P(245 \leq X \leq 250)$.
Begründen Sie, dass es solch einen Wert von a gibt, und geben Sie diesen Wert an. 1,5 VP

c) Bei einer neuen Abfüllanlage beträgt die Standardabweichung der Füllmenge 1 g. Bei ihr kann man durch einen Regler den Erwartungswert der Füllmenge mit einer Genauigkeit von 0,1 g einstellen. Die Wahrscheinlichkeit dafür, dass ein zufällig ausgewähltes Glas weniger als 250 g enthält, soll höchstens 15 % betragen.
Ermitteln Sie, auf welchen Wert der Erwartungswert der Füllmenge mindestens eingestellt werden muss. 1,5 VP

Bei einer Sonderaktion wird jedes fünfte Glas auf der Deckelinnenseite mit einem von außen nicht sichtbaren Gutschein versehen.

d) Lena kauft während der Sonderaktion sechs Gläser und stellt sie in einer Reihe auf. Bestimmen Sie die Wahrscheinlichkeiten der folgenden Ereignisse:
A: „Genau drei dieser Gläser enthalten jeweils einen Gutschein." 0,5 VP
B: „Die beiden ersten Gläser enthalten jeweils einen Gutschein." 1 VP
C: „In genau zwei Gläsern befindet sich jeweils ein Gutschein, und diese Gläser stehen nicht unmittelbar nebeneinander." 1,5 VP

e) Die Gläser werden in Kartons abgepackt und an Lebensmittelgeschäfte ausgeliefert. Jeder Karton enthält 30 Gläser. Ein Kunde nimmt drei Gläser aus dem Karton und hofft, mit einer Wahrscheinlichkeit von mindestens 50 % mindestens einen Gutschein zu erhalten.
Ermitteln Sie die Anzahl der Gläser mit Gutschein, die sich dafür mindestens in dem Karton befinden müssten. 2 VP

TIPP Lösungshinweise zum Wahlteil Stochastik – Aufgabe C 1

Aufgabe C 1 – Teilaufgabe a

Wahrscheinlichkeit für weniger als 250 g Honig

Entnehmen Sie dem Text die Werte der Parameter μ und σ.

Zur Bedienung des WTR können Sie bei WTR 8 nachschlagen.

Wahrscheinlichkeit für Abweichung

Berechnen Sie 2 % von 250.

Welches Intervall ergibt sich damit, wenn die Füllmenge höchstens um 2 % von 250 g abweichen soll?

Berechnen Sie damit die gesuchte Wahrscheinlichkeit (WTR 8).

Aufgabe C 1 – Teilaufgabe b

Begründung und Wert von a

Welche Symmetrie weist die Glockenkurve auf?

Zu welcher Geraden ist in diesem Fall die Glockenkurve symmetrisch?

Auch die beiden Intervalle weisen diese Symmetrie auf.

Bestimmen Sie damit den Wert von a.

Aufgabe C 1 – Teilaufgabe c

Erwartungswert

Führen Sie die Zufallsgröße Y ein zur Beschreibung der neuen Füllmenge.

Was soll für $P(Y < 250)$ gelten?

Den passenden Wert für μ_Y finden Sie durch systematisches Probieren mit dem WTR (WTR 8).

Mit welcher Genauigkeit kann der Regler eingestellt werden?

Geben Sie – wie immer bei solchen Aufgaben – den Wert an, der die gesuchte Bedingung gerade noch nicht erfüllt, und den ersten, für den sie gilt.

Aufgabe C 1 – Teilaufgabe d

Ereignis A

Führen Sie die Zufallsgröße Z_1 für die Anzahl der Gläser mit Gutschein ein.

Wie ist diese verteilt?

Berechnen Sie die Wahrscheinlichkeit mit dem WTR (WTR 4).

Ereignis B

Wie groß ist die Wahrscheinlichkeit, dass ein Glas einen Gutschein enthält?

Was folgt daraus für die Wahrscheinlichkeit, dass die beiden ersten Gläser einen Gutschein enthalten?

Ereignis C

Wie groß ist die Wahrscheinlichkeit, dass die ersten beiden Gläser einen Gutschein enthalten, die übrigen vier aber nicht?

Wie viele Anordnungen gibt es dafür, dass zwei benachbarte Gläser einen Gutschein enthalten, die übrigen vier aber nicht?

Was folgt daraus für die Wahrscheinlichkeit, dass zwei benachbarte Gläser einen Gutschein enthalten, die übrigen vier aber nicht?

Wie groß ist damit die Wahrscheinlichkeit dafür, dass in genau zwei Gläsern Gutscheine sind, die Gläser dabei aber **nicht** nebeneinander stehen?

Aufgabe C 1 – Teilaufgabe e

Mindestzahl der Gläser mit Gutschein

Führen Sie die Zufallsgröße Z_2 für die Anzahl der Gutscheine, die der Kunde erhält, ein.

Wie groß muss dann $P(Z_2 \geq 1)$ sein? Was folgt daraus für $P(Z_2 = 0)$?

Bezeichnen Sie die Anzahl der Gläser mit Gutscheinen im Karton mit u. Wie viele der zunächst 30 Gläser enthalten dann keinen Gutschein?

Berechnen Sie entsprechend $P(Z_2 = 0)$ in Abhängigkeit von u.

Beachten Sie dabei, dass Z_2 nicht binomialverteilt ist, da sich beim Ziehen ohne Zurücklegen die Trefferwahrscheinlichkeit mit jedem Zug ändert.

Den Wert für u erhalten Sie z. B. durch systematisches Probieren oder mithilfe einer Wertetabelle (WTR 2).

Lösungsvorschlag – Wahlteil: Stochastik C 1

Die Füllmenge X eines Honigglases wird als normalverteilt angenommen mit dem Erwartungswert $\mu = 252$ und der Standardabweichung $\sigma = 2$ (alle Angaben in g).

a) **Wahrscheinlichkeit für weniger als 250 g Honig:**

Mit dem WTR (WTR 8) erhält man: $P(X < 250) \approx 0{,}159 = 15{,}9\ \%$

Die Wahrscheinlichkeit dafür, dass weniger als 250 g Honig im Glas sind, beträgt **ca. 15,9 %**.

Anmerkung: Bei der Normalverteilung macht es keinen Unterschied, ob das Ereignis „weniger als 250 g Honig" oder „höchstens 250 g Honig" lautet, da $P(X < 250) = P(X \le 250)$. (Bei der Binomialverteilung müssen Fragestellungen zu „weniger als" und „höchstens" aber unbedingt unterschieden werden!)
Darüber hinaus wird negativen Werten durch die Zufallsgröße X wegen $P(X < 0) \approx 0$ eine vernachlässigbar kleine Wahrscheinlichkeit zugeordnet. Dies würde negativen Füllmengen entsprechen, die in der Realität nicht vorkommen.

Wahrscheinlichkeit für Abweichung:
Mit der Abweichung von höchstens 2 % von 250 g ergibt sich als untere Grenze $0{,}98 \cdot 250 = 245$, als obere entsprechend $1{,}02 \cdot 250 = 255$.

Damit erhält man $P(245 \le X \le 255) \approx 0{,}933 = 93{,}3\ \%$ (WTR 8).

Die Wahrscheinlichkeit dafür, dass die Füllmenge um höchstens 2 % von 250 g abweicht, ist **etwa 93,3 %**.

b) **Begründung und Wert von a:**

Bei einer Normalverteilung mit dem Erwartungswert μ ist die zugehörige Glockenkurve stets symmetrisch zur Geraden mit der Gleichung $x = \mu$, in diesem Fall also zur Geraden mit der Gleichung $x = 252$.

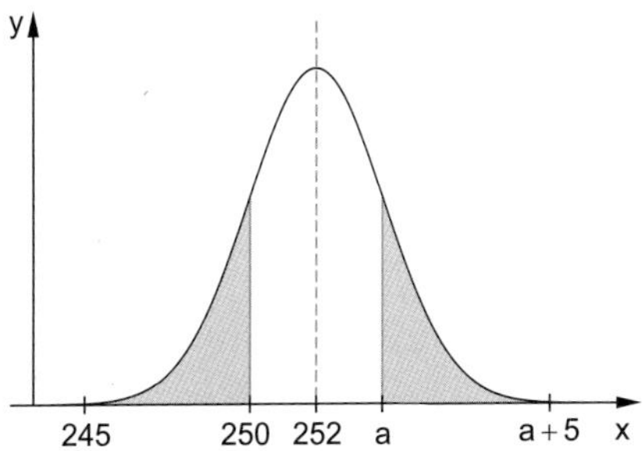

Aus $252 - 250 = 2$ folgt aufgrund der Symmetrie für die Richtigkeit der gegebenen Gleichung:
$a = 252 + 2 = 254$

Daraus ergibt sich $P(245 \le X \le 250) = P(254 \le X \le 259)$ (vgl. Skizze).

Es gibt also einen solchen Wert von a, dieser ist **a = 254**.

c) **Erwartungswert:**

Die Zufallsgröße Y beschreibt die Füllmenge eines Honigglases der neuen Anlage in g. Y ist normalverteilt mit $\sigma_Y = 1$ und unbekanntem Erwartungswert μ_Y.

Gesucht ist der kleinste Wert von μ_Y mit $P(Y < 250) \leq 0{,}15$.

Den entsprechenden Wert für μ_Y bestimmt man durch systematisches Probieren mit dem WTR (WTR 8), wobei zu beachten ist, dass die Genauigkeit 0,1 g beträgt.

Für $\mu_Y = 251{,}0$ ist $P(Y < 250) \approx 0{,}159 > 0{,}15$,
für $\mu_Y = 251{,}1$ ist $P(Y < 250) \approx 0{,}136 < 0{,}15$.

Der Erwartungswert der Füllmenge muss **mindestens 251,1 g** betragen.

d) Jedes fünfte Glas beinhaltet einen von außen nicht sichtbaren Gutschein; sechs dieser Gläser werden der Reihe nach aufgestellt.

Ereignis A:

A: „Genau drei dieser Gläser enthalten jeweils einen Gutschein."

Die Zufallsgröße Z_1 beschreibt die Anzahl der Gläser, die einen Gutschein enthalten. Z_1 ist binomialverteilt mit den Parametern $n = 6$ und $p = 0{,}2$.

Für diese $B_{6;\,0{,}2}$-verteilte Zufallsgröße gilt dann:

$\mathbf{P(A)} = P(Z_1 = 3) \approx \mathbf{0{,}082} = 8{,}2\,\%$ (WTR 4)

Die Wahrscheinlichkeit dafür, dass genau drei der sechs Gläser einen Gutschein enthalten, ist etwa 8,2 %.

Ereignis B:

B: „Die beiden ersten Gläser enthalten jeweils einen Gutschein."

Da die Wahrscheinlichkeit, dass ein Glas einen Gutschein enthält, $p = 0{,}2$ beträgt, erhält man $\mathbf{P(B)} = 0{,}2 \cdot 0{,}2 = \mathbf{0{,}04}$.

Mit der Wahrscheinlichkeit von 4 % enthalten die ersten beiden Gläser jeweils einen Gutschein.

Ereignis C:

C: „In genau zwei Gläsern befindet sich jeweils ein Gutschein, und diese Gläser stehen nicht unmittelbar nebeneinander."

Die Wahrscheinlichkeit P dafür, dass die ersten beiden Gläser einen Gutschein enthalten, die übrigen vier aber nicht, beträgt $P = 0{,}2^2 \cdot 0{,}8^4$.
Insgesamt gibt es fünf Anordnungen, bei denen die beiden Gläser mit Gutschein unmittelbar nebeneinander stehen (1. und 2. Glas, 2. und 3. Glas usw.).

Die Wahrscheinlichkeit für diese fünf Fälle wird von der Wahrscheinlichkeit, genau zwei Gläser mit Gutscheinen zu erhalten, abgezogen. Es ist also:

$\mathbf{P(C)} = P(Z_1 = 2) - 5 \cdot 0{,}2^2 \cdot 0{,}8^4 \approx \mathbf{0{,}164}$

Die Wahrscheinlichkeit, dass genau zwei Gläser einen Gutschein enthalten, diese aber nicht nebeneinander stehen, beträgt ca. 16,4 %.

e) **Mindestzahl der Gläser mit Gutschein:**

Die Zufallsgröße Z_2 gibt an, wie viele Gutscheine der Kunde (beim Entnehmen von drei Gläsern) erhält.

Da die Wahrscheinlichkeit, mindestens einen Gutschein zu erhalten, mindestens 50 % betragen soll, muss gelten: $P(Z_2 \geq 1) \geq 0{,}5$

Aus $P(Z_2 \geq 1) \geq 0{,}5$ folgt für $P(Z_2 = 0) = 1 - P(Z_2 \geq 1)$: $P(Z_2 = 0) \leq 0{,}5$

Bezeichnet u die Anzahl der Gläser im Karton, die einen Gutschein enthalten, so gilt bei drei entnommenen Gläsern (Ziehen *ohne* Zurücklegen!):

$$P(Z_2 = 0) = \underbrace{\frac{30-u}{30}}_{\substack{30-u \text{ Gläser von 30 Gläsern} \\ \text{enthalten keinen Gutschein}}} \cdot \frac{29-u}{29} \cdot \frac{28-u}{28}$$

Den Wert von u bestimmt man mithilfe des WTR durch Eingabe des Funktionsterms $f(x) = \frac{30-x}{30} \cdot \frac{29-x}{29} \cdot \frac{28-x}{28}$ und anschließendes systematisches Probieren für verschiedene Werte von x (WTR 1) oder mithilfe einer Wertetabelle (WTR 2).

Für $u = 5$ ist $P(Z_2 = 0) \approx 0{,}567 > 0{,}5$, für $u = 6$ ist $P(Z_2 = 0) \approx 0{,}499 < 0{,}5$.

Es müssen also **mindestens 6 Gläser mit Gutschein** im Karton sein.

Bemerkung: Bei einer großen Grundgesamtheit wird – auch bei Aufgaben der schriftlichen Abiturprüfung – oft näherungsweise mit der Binomialverteilung modelliert, obwohl dies dem Ziehen *mit* Zurücklegen entsprechen würde. Hier würde dies wegen der kleinen Grundgesamtheit von 30 Gläsern jedoch zu ungenauen bzw. falschen Ergebnissen führen. Denn Z_2 wäre dann $B_{3;\,p}$-verteilt mit $p = \frac{u}{30}$, wobei für u der kleinstmögliche Wert gesucht wäre, für den gilt:

$$P(Z_2 = 0) = \left(\frac{30-u}{30}\right)^3 \leq 0{,}5$$

Systematisches Probieren liefert dann mit $P(Z_2 = 0) = 0{,}512$ für $u = 6$ und $P(Z_2 = 0) \approx 0{,}451$ für $u = 7$ eine falsche Lösung, nämlich dass mindestens 7 Gläser im Karton sein müssten.

Wahlteil: Stochastik C 2

Aufgabe C 2.1

Bei einem Glücksrad gibt es drei farbige Sektoren. Beim einmaligen Drehen beträgt die Wahrscheinlichkeit für rot 60 %, für blau 30 % und für grün 10 %.

a) Das Glücksrad wird 20-mal gedreht. Bestimmen Sie für folgende Ereignisse jeweils die Wahrscheinlichkeit:
A: „Genau 15-mal erscheint rot." 0,5 VP
B: „Bei den ersten zehn Drehungen erscheint genau zweimal blau, insgesamt erscheint höchstens fünfmal blau." 2 VP

b) Bei einem Glücksspiel darf man für einen Einsatz von 6 € das Glücksrad zweimal drehen. Wenn dabei genau einmal rot erscheint, dann erhält man einen bestimmten Auszahlungsbetrag. Wenn zweimal rot erscheint, dann erhält man das Siebenfache dieses Auszahlungsbetrags. Andernfalls erfolgt keine Auszahlung. Das Spiel ist fair. Bestimmen Sie den Auszahlungsbetrag für den Fall, dass genau einmal rot erscheint. 2,5 VP

c) Jemand vermutet, dass die Wahrscheinlichkeit für rot in Wirklichkeit geringer als 60 % ist. Deshalb soll ein Hypothesentest durchgeführt werden. Dabei soll möglichst vermieden werden, dass irrtümlich von einer zu hohen Wahrscheinlichkeit für rot ausgegangen wird. Formulieren Sie eine Nullhypothese, die dieser Zielsetzung entspricht, und begründen Sie Ihre Wahl. 1,5 VP

Aufgabe C 2.2

Bei einem Spielautomaten wird vermutet, dass die Gewinnwahrscheinlichkeit p größer als 10 % ist. Die Vermutung wird mithilfe eines Hypothesentests mit dem Stichprobenumfang von $n = 200$ und einem Signifikanzniveau von 5 % getestet.
Als Nullhypothese wird H_0: $p \geq 0{,}1$ gewählt.
Formulieren Sie die Entscheidungsregel. 2,5 VP
Tatsächlich gilt $p = 0{,}08$.
Bestimmen Sie die Wahrscheinlichkeit für den Fehler zweiter Art. 1 VP

TIPP Lösungshinweise zum Wahlteil Stochastik – Aufgabe C 2

Aufgabe C 2.1 – Teilaufgabe a

Ereignis A

Führen Sie die Zufallsgröße X_1 für die Anzahl der Drehungen, bei denen rot erscheint, ein.

Wie ist X_1 verteilt?

Berechnen Sie die Wahrscheinlichkeit mit dem WTR (WTR 4).

Ereignis B

Die Zufallsgröße X_2 gibt an, wie oft bei den ersten zehn Drehungen blau erscheint, die Zufallsgröße X_3 die Anzahl der Drehungen unter den letzten zehn, bei denen das Glücksrad blau zeigt. Wie sind X_2 und X_3 verteilt?

Welche Werte kann X_3 annehmen, wenn insgesamt höchstens fünfmal blau erscheint, und $X_2 = 2$ gilt?

Berechnen Sie jeweils die entsprechenden Wahrscheinlichkeiten und damit im letzten Schritt die Wahrscheinlichkeit für das Ereignis B.

Aufgabe C 2.1 – Teilaufgabe b

Auszahlungsbetrag

Bezeichnen Sie den Auszahlungsbetrag bei „genau einmal rot“ z. B. mit a und die Zufallsgröße, die die Auszahlung pro Spiel in Euro angibt, mit Y.

Welche Möglichkeiten gibt es für das Zustandekommen von „genau einmal rot“? Wie groß ist dann die Wahrscheinlichkeit für „genau einmal rot“?

Berechnen Sie den Erwartungswert von Y (ggf. siehe Merkhilfe) in Abhängigkeit von a.

Was muss für den Erwartungswert von Y gelten, wenn das Spiel fair ist und der Einsatz 6 € beträgt?

Diese Bedingung liefert eine einfache lineare Gleichung für a.

Aufgabe C 2.1 – Teilaufgabe c

Nullhypothese und Begründung

Was ist in der Regel das Ziel eines Hypothesentests? Bedenken Sie dabei, welcher Fehler bei einem Test kontrollierbar ist.

Hier soll laut Aufgabenstellung möglichst vermieden werden, von einer zu hohen Wahrscheinlichkeit auszugehen.

Was bedeutet das für die Wahl der Nullhypothese?

Aufgabe C 2.2

Entscheidungsregel

Führen Sie die Zufallsgröße X ein, die die Anzahl der gewonnenen Spiele beschreibt.

Sprechen kleine oder große Werte von X gegen die Nullhypothese? Handelt es sich also um einen rechts- oder um einen linksseitigen Test? Was folgt daraus für den Ablehnungsbereich?

Wie ist X im Extremfall, wenn also das „=" gilt, bei zutreffender Nullhypothese verteilt?

Wie verwenden Sie das Signifikanzniveau?

Gesucht ist die größte natürliche Zahl g, für die eine von Ihnen zu formulierende Bedingung erfüllt ist.

Bestimmen Sie – durch systematisches Probieren – den größten Wert von g, für den die Bedingung noch erfüllt ist, und den kleinsten Wert, der sie nicht erfüllt.

Geben Sie unter Verwendung von g den Ablehnungsbereich von H_0 an.

Formulieren Sie im letzten Schritt die Entscheidungsregel. Beachten Sie dabei, dass Nullhypothesen abgelehnt oder nicht abgelehnt, jedoch nie angenommen werden.

Fehler zweiter Art

Wann liegt ein Fehler zweiter Art vor? Schlagen Sie ggf. in der Merkhilfe nach.

Führen Sie die $B_{200;\,0,08}$-verteilte Zufallsgröße Y ein.

Welche Werte muss Y annehmen, damit die Nullhypothese nicht verworfen wird?

Berechnen Sie mit dem WTR (WTR 5) die Wahrscheinlichkeit dafür, dass die Anzahl der gewonnenen Spiele nicht im Ablehnungsbereich liegt.

Aufgabe C 2.1

Bei dem Glücksrad mit drei farbigen Sektoren beträgt die Wahrscheinlichkeit bei einmaligem Drehen für rot 60 %, für blau 30 % und für grün 10 %.

a) Das Glücksrad wird 20-mal gedreht.

Ereignis A:

A: „Genau 15-mal erscheint rot."

Beschreibt die Zufallsgröße X_1 die Anzahl der Drehungen, bei denen rot erscheint, ist X_1 $B_{20;\,0,6}$-verteilt.

Mit dem WTR (WTR 4) erhält man:

$\mathbf{P(A)} = P(X_1 = 15) \approx \mathbf{0{,}075} = 7{,}5\ \%$

Die Wahrscheinlichkeit, dass genau 15-mal rot erscheint, beträgt ca. 7,5 %.

Ereignis B:

B: „Bei den ersten zehn Drehungen erscheint genau zweimal blau, insgesamt erscheint höchstens fünfmal blau."

Die Zufallsgröße X_2 gibt an, wie oft bei den ersten zehn Drehungen blau erscheint. X_2 ist $B_{10;\,0,3}$-verteilt. Auch die Zufallsgröße X_3, die die Anzahl der Drehungen unter den letzten zehn zählt, bei denen blau erscheint, ist $B_{10;\,0,3}$-verteilt.

Wenn bei den 20 Drehungen insgesamt höchstens fünfmal blau erscheint, kann das Glücksrad bei den letzten zehn Drehungen höchstens dreimal blau zeigen.

Aus $P(X_2 = 2) = y \approx 0{,}233$ und $P(X_3 \le 3) = z \approx 0{,}650$ (WTR 4 bzw. WTR 5) ergibt sich aufgrund der Unabhängigkeit der Ergebnisse der Drehungen:

$\mathbf{P(B)} = P(X_2 = 2) \cdot P(X_3 \le 3) = y \cdot z \approx \mathbf{0{,}152}$

Mit der Wahrscheinlichkeit von etwa 15,2 % erscheint bei den ersten zehn Drehungen genau zweimal und insgesamt höchstens fünfmal blau.

b) **Auszahlungsbetrag:**

Die Zufallsgröße Y beschreibt die Auszahlung pro Spiel in Euro; a sei der Auszahlungsbetrag bei „genau einmal rot".

Die Wahrscheinlichkeit P für „genau einmal erscheint rot" ergibt sich aus den Wahrscheinlichkeiten für „erste Kugel rot, zweite nicht" und „erste Kugel nicht rot, zweite rot". Man erhält: $P = 0{,}6 \cdot (1 - 0{,}6) + (1 - 0{,}6) \cdot 0{,}6 = 2 \cdot 0{,}6 \cdot 0{,}4$

Für die Wahrscheinlichkeitsverteilung von Y ergibt sich somit:

	„zweimal rot"	„einmal rot"	„kein rot"
Auszahlung k	$7 \cdot a$	a	0
$P(Y = k)$	$0{,}6^2$	$2 \cdot 0{,}6 \cdot 0{,}4$	$0{,}4^2$

Für den Erwartungswert von Y gilt (siehe Merkhilfe):
$E(Y) = 7a \cdot 0{,}6^2 + a \cdot 2 \cdot 0{,}6 \cdot 0{,}4 + 0 \cdot 0{,}4^2 = 2{,}52a + 0{,}48a = 3a$

Das Spiel ist fair, wenn der Erwartungswert für die Auszahlung pro Spiel genauso groß ist wie der Einsatz, d. h., wenn $E(Y) = 6$ gilt.
Aus $3a = 6$ folgt $a = 2$.

Der Auszahlungsbetrag für den Fall, dass genau einmal rot erscheint, muss **2 €** betragen.

Bemerkung: Alternativ könnte man hier auch den Gewinn pro Spiel als Zufallsgröße Y wählen. In diesem Fall ändert sich die Wahrscheinlichkeitsverteilung entsprechend:

	„zweimal rot“	„einmal rot“	„kein rot“
Gewinn k	$7 \cdot a - 6$	$a - 6$	-6
$P(Y = k)$	$0{,}6^2$	$2 \cdot 0{,}6 \cdot 0{,}4$	$0{,}4^2$

Für den Erwartungswert des Gewinns ergibt sich dann:
$E(Y) = (7a - 6) \cdot 0{,}6^2 + (a - 6) \cdot 2 \cdot 0{,}6 \cdot 0{,}4 - 6 \cdot 0{,}4^2 = 3a - 6$

Für ein faires Spiel gilt $E(Y) = 0$ und damit ergibt sich $3a - 6 = 0$, d. h. $a = 2$.

c) **Nullhypothese und Begründung:**
Es wird vermutet, dass die Wahrscheinlichkeit für rot in Wirklichkeit geringer als 60 % ist. Die Vermutung alleine legt grundsätzlich **nicht** die Nullhypothese fest. Die Zielsetzung des Tests kann darin bestehen, einen statistisch begründeten Anhaltspunkt dafür zu gewinnen, ob diese Vermutung zutrifft oder nicht zutrifft.

Das Ziel eines Hypothesentests kann nur darin bestehen, eine dem Test zugrunde liegende Nullhypothese zu verwerfen, mit dem Wissen, dabei eventuell einen Fehler erster Art zu begehen. Ein Fehler erster Art wird begangen, wenn das Ergebnis der Stichprobe dazu führt, die Nullhypothese zu verwerfen, obwohl diese in Wirklichkeit wahr ist. Der entscheidende Aspekt ist, dass die Wahrscheinlichkeit für den Fehler erster Art (die sogenannte Irrtumswahrscheinlichkeit) durch die geeignete Wahl einer Schranke (Signifikanzniveau) beschränkt werden kann.

Da laut Aufgabenstellung möglichst vermieden werden soll, irrtümlich von einer zu hohen Wahrscheinlichkeit für rot auszugehen, muss die Nullhypothese lauten:
„Die Wahrscheinlichkeit für rot beträgt höchstens 60 %.“

Damit besteht die Zielsetzung des vorliegenden Hypothesentests darin, statistisch zu untermauern, dass die in der Aufgabenstellung formulierte Vermutung, die Wahrscheinlichkeit für rot sei in Wirklichkeit geringer als 60 %, nicht zutrifft.

Aufgabe C 2.2

Entscheidungsregel:
Die Wahrscheinlichkeit für einen Gewinn wird mit p bezeichnet.

Es wird ein linksseitiger Test durchgeführt mit der Nullhypothese
H_0: $p \geq 0{,}1$
und der Alternative
H_1: $p < 0{,}1$
auf der Grundlage einer Stichprobe vom Umfang $n = 200$ und mit einem Signifikanzniveau von 5 %.

Die Zufallsgröße X beschreibt die Anzahl der gewonnenen Spiele. Bei zutreffender Nullhypothese ist X im Extremfall $B_{200;\,0,1}$-verteilt.

Kleine Werte von X sprechen gegen die Nullhypothese. Der Ablehnungsbereich von H_0 hat daher die Form $A = \{0; 1; 2; \ldots; g\}$, wobei g die größte natürliche Zahl ist mit $P(X \leq g) \leq 0{,}05$.

Mit dem WTR (WTR 5 oder WTR 6) erhält man:

$P(X \leq 12) \approx 0{,}032 \leq 0{,}05$

$P(X \leq 13) \approx 0{,}057 > 0{,}05$

Somit ist $g = 12$ und der Ablehnungsbereich von H_0 ist $A = \{0; 1; 2; \ldots; 12\}$.

Entscheidungsregel: Werden höchstens 12 (also weniger als 13) Spiele gewonnen, so wird die Nullhypothese abgelehnt, andernfalls wird sie nicht abgelehnt.

Fehler zweiter Art:
Ein Fehler zweiter Art liegt vor, wenn H_0 falsch ist, aber nicht verworfen wird.

Da die Gewinnwahrscheinlichkeit laut Aufgabenstellung tatsächlich $p = 0{,}08 < 0{,}1$ ist, ist H_0 falsch. Nun ist die Wahrscheinlichkeit dafür zu berechnen, dass die Nullhypothese dennoch nicht abgelehnt wird.

Dazu führt man die $B_{200;\,0,08}$-verteilte Zufallsgröße Y ein.

Die Wahrscheinlichkeit dafür, dass die Anzahl der gewonnenen Spiele **nicht** im Ablehnungsbereich $A = \{0; 1; 2; \ldots; 12\}$ liegt, beträgt demnach:

$P(Y \geq 13) \approx 0{,}818 = 81{,}8\ \%$ (WTR 5)

Die Wahrscheinlichkeit für den Fehler zweiter Art beträgt **etwa 81,8 %**.

Um Ihnen die Prüfung 2022 schnellstmöglich zur Verfügung stellen zu können, bringen wir sie in digitaler Form heraus.

Sobald die Original-Prüfungsaufgaben 2022 freigegeben sind, können sie als PDF auf der Plattform **MyStark** heruntergeladen werden (Zugangscode vgl. Farbseiten vorne im Buch).

Prüfung 2022

www.stark-verlag.de/mystark

PRÜFUNGS-
ANGST

STOPP DIE PANIK

Mit der Fußsohlen-Methode

Prüfungen können Angst- und Fluchtsituationen sein. Dein Körper schüttet Adrenalin aus und dämpft das Gefühl in den Füßen. Z. B. beim Weglaufen ist es gut, wenn man die Füße nicht spürt. Eine Prüfung ist aber **keine Gefahrensituation**. Signalisiere deinem Körper, dass du nicht weglaufen musst, und bring das Gefühl in deine Füße zurück:

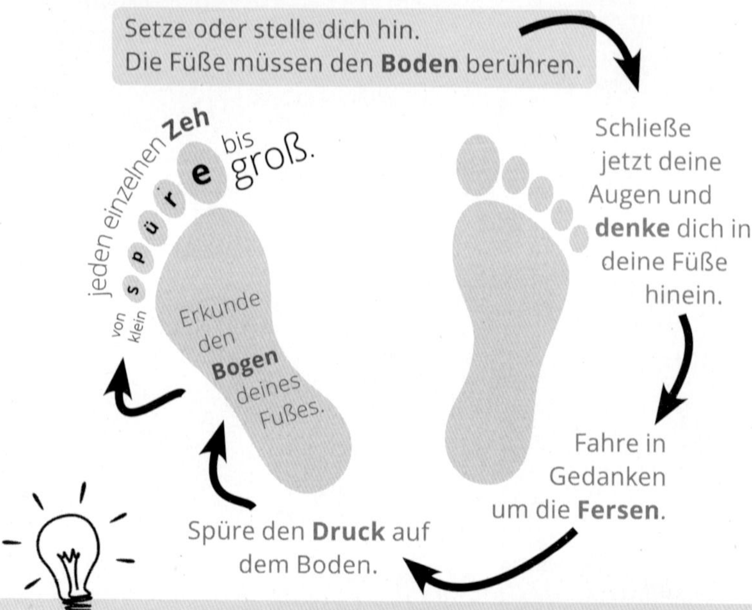

Dein Körper **fühlt** die Füße wieder und denkt, er sei in keiner Panik-Situation, sondern in **Sicherheit**.

www.stark-verlag.de **STARK**